无铅基铋系钙钛矿铁性薄膜

Lead-free Bismuth Based Ferroic Films with Perovskite Structure

赵世峰　白玉龙　陈介煜　著

科 学 出 版 社
北 京

内 容 简 介

无铅基铋系层状多铁薄膜作为一种“绿色”材料，有多种铁有序，诸如铁电、铁磁等，它们的耦合效应在能量转换、弱磁探测、智能机器、高密度信息存储等高新技术领域有着广泛的应用。同时铁有序及其耦合还可以通过元素替换掺杂、周期性电（磁）场、微纳米异质结构设计来进行调控。本书从结构相变入手分析材料的物相结构与铁有序及耦合的关联，并在此基础上进行铁电、铁磁、磁电耦合的宏观测量和铁电畴结构的微观表征；同时结合现有的理论模型进行分析。从物理内因的角度指导材料设计，以期获得实际应用。本书以作者近几年科研一线的亲身体会和科研成果为主线，立足该方向的前沿发展，由浅入深，内容翔实，数据充分，体系完整，概念规范，并辅以必要的基本知识介绍。

本书可供材料科学、应用物理、材料化学和纳米材料等相关领域的科研人员及研究生阅读和参考。

图书在版编目(CIP)数据

无铅基铋系钙钛矿铁性薄膜/赵世峰，白玉龙，陈介煜著. —北京：科学出版社, 2018. 3

ISBN 978-7-03-055664-6

Ⅰ. ①无… Ⅱ. ①赵… ②白… ③陈… Ⅲ. ①薄膜-铁电材料-研究 Ⅳ. ①TM22

中国版本图书馆 CIP 数据核字 (2017) 第 292820 号

责任编辑：周 涵／责任校对：邹慧卿
责任印制：张 伟／封面设计：无极书装

科学出版社出版
北京东黄城根北街 16 号
邮政编码：100717
http://www.sciencep.com
北京虎彩文化传播有限公司印刷
科学出版社发行 各地新华书店经销
*
2018 年 3 月第 一 版 开本: 720 × 1000 B5
2019 年11月第二次印刷 印张: 18
字数: 363 000

定价: 128.00 元

(如有印装质量问题，我社负责调换)

前　言

无铅基铋 (Bi) 系层状多铁薄膜在多物理场中可以发生许多有趣的物理效应。在外磁场作用下可以发生一个内部形变，产生磁电效应，实现磁控电；在外加电场中，可以实现电控磁，这就是所谓的逆磁电效应；光照 (光场) 作用下，可以产生铁电光伏效应；在变温度场中可以产生电卡或磁卡效应。同时这些新异的物理效应还可以通过元素替换掺杂、周期性电 (磁) 场、微纳米结构设计来进行调控。Bi 系层状多铁薄膜作为一种“绿色”薄膜多铁材料，深受广大科研工作者的关注。它在能量转换、弱磁探测、智能机器、高密度信息存储等高新技术领域有着广泛的应用。

本书主要是以作者近几年来对无铅基 Bi 系层状多铁薄膜的研究成果为蓝本，对其进行了深入挖掘和内容的丰富，并结合国内外同行近年的研究成果编写而成。本书较为详细地介绍了用简易的溶胶–凝胶 (sol-gel) 法制备 Bi 层状铁性薄膜，并从物相定量分析、微结构形貌、铁电性、磁性、磁电耦合等角度进行了论述，同时通过元素掺杂替换、周期性场等物理手段对相应的性能进行调控，并分析内在机理和建立相关的物理模型。

本书分为 6 章，系统介绍无铅基 Bi 系层状铁性薄膜，具体结构安排如下：

第 1 章铁性薄膜材料及其应用，主要介绍了铁性薄膜材料的铁电性、磁性、磁电效应及其他的唯象理解。以层状 Bi 薄膜 $BiFeO_3$、$Bi_{0.5}Na_{0.5}TiO_3$、$Bi_4Ti_3O_{12}$、$Bi_5Ti_3FeO_{15}$，以及铁磁性薄膜 $CoFe_2O_4$ 为依托，进行了具体性质的概述。

第 2 章铁性纳米结构薄膜的结构和性能检测技术，包括纳米薄膜的微观形貌、表面状态、组织结构等各种表面特性和多铁特性等分析以及表征设备的原理及构造。

第 3 章无铅基 Bi 系单层钙钛矿结构薄膜的多铁性能及调控，研究了单层钙钛矿铁性薄膜 $BiFeO_3$ (BFO) 的元素替换掺杂多铁特性的调控，并从物相结构的调控、掺杂相变、铁电性、疲劳性能和铁磁性等角度进行了论述。同时表征了 $Na_{0.5}Bi_{0.5}TiO_3$ 纳米薄膜的铁电畴结构，分析并建立了宏观铁电极化与微观电畴翻转动力学之间的联系。

第 4 章无铅基 Bi 系单相层状钙钛矿薄膜多铁耦合及调控，主要介绍了奥利维亚 (Aurivillius) 相结构的 $Bi_4Ti_3O_{12}$ 和 $Bi_5Ti_3FeO_{15}$ 单相纳米薄膜室温多铁耦合效应和铁电疲劳行为，并通过元素替换掺杂进行调控。

第 5 章无铅基 Bi 系多层状钙钛矿结构复合薄膜的多铁耦合，以铁性复合薄膜为依托，从微结构物相分析入手，结合已有的物理模型阐述了多层状磁电复合薄膜的耦合效应和微观机理。

第 6 章总结与展望，对已有的成果进行概括和总结，并分析了其中不尽如人意之处，展望未来发展趋势和研究方向以及应用价值。

本书以具体材料为依托，力图反映当前国内外的最新研究成果，是作者多年来科研成果的结晶，为学术专著。本书行文清晰易懂，实验内容丰富，且有一定的理论深度，可以供多铁材料的初学者入门，也可以供相关专业的研究生和科研人员参阅。

作者期望本书的出版有助于推动无铅基 Bi 系层状铁性薄膜材料与相关器件在国内的研究和进一步发展。由于作者水平有限，书中不妥之处在所难免，恳请广大读者不吝指正，并表示感谢。

赵世峰

2017 年 5 月

目 录

第 1 章　铁性薄膜材料及其应用

本章简要介绍了铁性薄膜材料的研究进展，并且深入介绍了铁性薄膜的各种性能及其基本概念，详细阐述了铋 (Bi) 基铁性薄膜材料的多铁耦合在材料科学研究和实际产业化应用中的重要地位。

1.1　铁性薄膜材料

随着信息技术的不断发展，对器件的小型化、多功能化提出了越来越多的要求。于是，多铁性 (multiferroic) 材料的研究应运而生并迅速崛起。1970 年，Aizu 根据铁电、铁磁、铁弹三种性质有一系列的相似点 (畴、回线以及临界温度附近序参量的发散性) 将其归结为一类，提出了铁性材料 (ferroics) 的概念[1]。而 “multiferroic” 这一词是 1994 年瑞士日内瓦大学的 Schmid 教授提出的[2]。多铁性材料不但同时具有铁电、铁磁等单一铁性，而且由于不同铁性之间的耦合作用能够产生新的效应，如磁电效应 (magnetoelectric effect，ME effect)：材料在外电场的作用下能够产生磁极化，或者在外磁场的作用下能够产生电极化。这一额外的功能大大拓宽了铁性材料的应用范围，使其在新型磁电存储器件、自旋电子器件等高技术领域展示了巨大的应用潜力。在过去的十几年里我们目睹了铁性薄膜材料在存储领域、传感器、转换器、衰减器、滤波器、场探针、自旋阀、读取技术等诸多领域有着较大的应用潜力，期待随着多铁性材料的不断发展与进步，它最终能为人类所用，实现纳米世纪的技术突破及其器件的巨大变革和发展[3]。在此基础上发展起来两种重要的铁电材料器件技术：动态随机存储器 (dynamic random access memories, DRAM’s) 和非易失性铁电随机存储器 (non-volatile ferroelectric random access memories, NV-FRAM’s)。铁性材料在非易失存储器中作为基本单元，这极大地催生了对材料和物理本质的理解以及薄膜器件微型化的研究。

1.1.1　铁电材料

铁电材料是一种热释电晶体，在热稳定状态下有两个自发的电极化状态 $-\vec{P}$，$+\vec{P}$。外加电场 (一般大于矫顽场) 可以使原有的电极化状态发生翻转。热释电是晶体的一种对称性，而铁电性是一种工程使用性能。一般而言，铁电材料在外电场中会表现出电滞回线 $\vec{D}(\vec{E})$ (等同于 $\vec{P}(\vec{E})$) 关系，如图 1.1 所示。$\vec{D}$ 是电位移矢量，$\vec{E}$ 是外加电场，$\vec{P}$ 是极化。

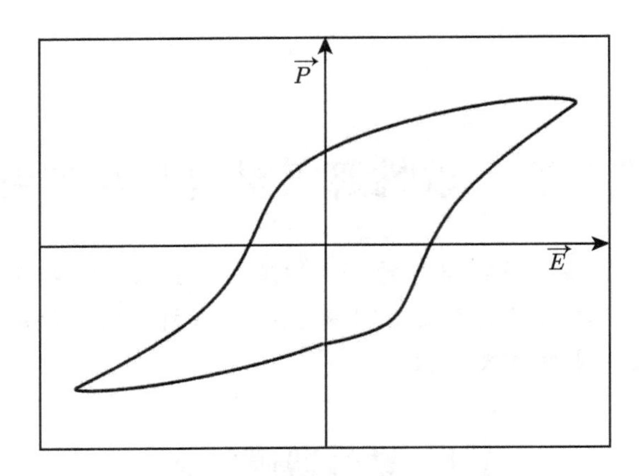

图 1.1　典型的铁电材料的电滞回线

铁电材料的基本性能起源于晶体中的离子处于双势阱位置，在低温时所有离子均占据晶体中的部分双势阱位置，这些被占据的区域叫做畴。畴的大小可以小于晶粒的大小，也就是说，畴壁与晶界不是等同的。在单位体积中畴所包含的所有处于双势阱同一侧的离子产生的净电偶极子矢量和，称为电极化 $\overrightarrow{P}$。在薄膜材料中，有许多极化取向随机的畴，总的宏观极化矢量和为零。这些铁电薄膜样品在外加电场的时候会被极化，也就是说，会有更多的畴取向与外加电场一致，在表面出现极化电荷。

唯象的 Landau-Devonshire 理论认为亥姆霍兹 (Helmholtz) 自由能 F 可以按照体系的一系列有序参数进行级数展开。对铁电体宏观的有序参数是极化 $\overrightarrow{P}(T)$。微观极化是离子偏离双势阱中心势的距离。势垒与位移 $\overrightarrow{X}$ 有关，自由能可以写成如下形式[4]:

$$F(\overrightarrow{P},T,\overrightarrow{E}) = -\overrightarrow{E}\cdot\overrightarrow{P} + c + A\overrightarrow{P}^2 + B\overrightarrow{P}^4 + C\overrightarrow{P}^6 \tag{1.1}$$

其中，c 是一个不太重要的常数，系数 A 有下列形式:

$$A = A_0\,(T - T_{\mathrm{C}}) \tag{1.2}$$

T_{C} 是居里 (Curie) 温度，不同于相变温度 T_0，其 (1.2) 式是平均场理论的结果。这种理论认为晶体中处于双势阱中的离子与其他等地位的离子相互作用，强弱取决于彼此之间的距离。尽管这种假设非常粗糙，但是提供了一个可供思考的物理图像。在铁电材料中是一种长程库仑相互作用，随 $1/r$ 缓慢地衰减。

对任何体系而言处于平衡态时，有最小的自由能。在 (1.1) 式中考虑 $\overrightarrow{P}$ 是温度的函数 $\overrightarrow{P}(T)$，如果系数 $B>0$ 我们可以忽略系数 C。如图 1.2 (a) 所示，二级

相变连续，无相变潜热，且 $T_{\mathrm{C}}=T_0$。故有

$$\overrightarrow{P}(T)=\overrightarrow{P}(0)\left(\frac{T_{\mathrm{C}}-T_0}{T_{\mathrm{C}}}\right)^{1/2} \tag{1.3}$$

如果 $B<0$，则一级相变不连续，$T_{\mathrm{C}}>T_0$，从介电常数 ε 或者极化率 χ 随温度 T 的变化关系可以验证上面结论。

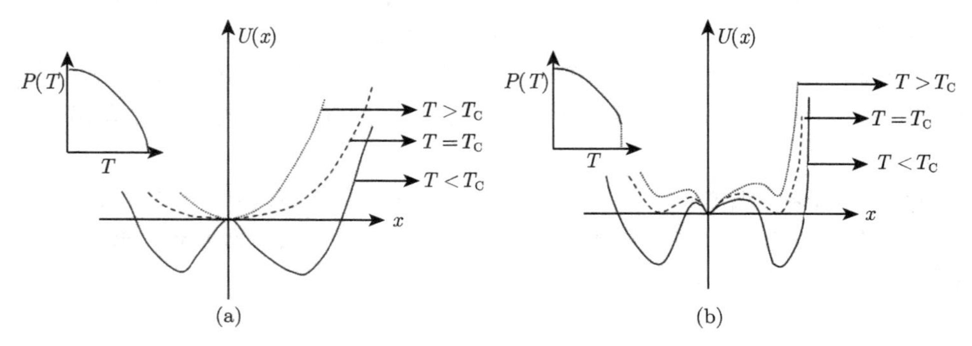

图 1.2 二级相变势能 $U(x,T)$ 与温度的关系，插入图为极化期望值随温度的变化

介电常数 $\varepsilon(T)$ 或者 $\chi(T)$ 可以定义为

$$\overrightarrow{P}(\overrightarrow{E},T)=\chi(T)\overrightarrow{E} \tag{1.4}$$

$\overrightarrow{E}$ 是外加电场，由 (1.3) 式可以得出

$$\chi(T)=\chi(0)\frac{T_{\mathrm{C}}}{T_{\mathrm{C}}-T} \tag{1.5}$$

对于铁电薄膜考虑电容器的串联效应：薄膜的本征电容和电极–铁电材料界面电容为 C_{i}

$$C^{-1}(T)=C_{\mathrm{i}}^{-1}+\chi^{-1}(T)\,d/A \tag{1.6}$$

通常界面电容与温度无关，与界面是否均一以及缺陷的多少相联系。定义乘积 $\chi(0)T_{\mathrm{C}}$ 为居里常数。事实上，电极化率的偏移 $(T_{\mathrm{C}}-T)^{-1}$ 是平均场相变理论表征材料的一个重要参数。更一般的表达式，定义系统的所有相变为

$$\chi(T)=\chi(0)\left(\frac{T_{\mathrm{C}}}{T-T_{\mathrm{C}}}\right)^{\gamma} \tag{1.7}$$

在平均场理论中 γ=1，在 D=2 的伊辛 (Ising) 模型中 $\gamma\approx$1.25，在 D=3 的海森伯 (Heisenberg) 模型中 $\gamma\approx$1.4。

1.1.2　铁磁材料

铁磁性作为一个古老的课题，已经被人们研究了近 3000 年，指南针是其中的一项重要研究结果。铁磁现象被认为来源于铁磁物质的自发磁化，所谓自发磁化，就是各原子的磁矩在一定空间范围内自发地呈现有序排列而达到的磁化。

具有铁磁性的物质被称为铁磁体，包括所有能自发磁化的物质，在没有外界磁场的情况下，铁磁体也能够展现出磁性。其中，铁磁性物质内的原子磁矩，通过相邻晶格结点原子的电子壳层的作用，克服热运动的无序效应，按区域自发平行排列、有序取向，按不同的小区域分布。这种现象称为自发磁化, 其中，每一个小区域被称为磁畴 (magnetic domain), 不同区域间会形成间界，称为畴界或畴壁 (domain wall)。

磁滞回线是铁磁体的一个宏观特征，磁化强度随外加磁场的变化而变化, 且表现出滞后行为，磁场在正负饱和值之间循环一周，磁化强度与磁场的关系曲线称为磁滞回线，如图 1.3 所示。

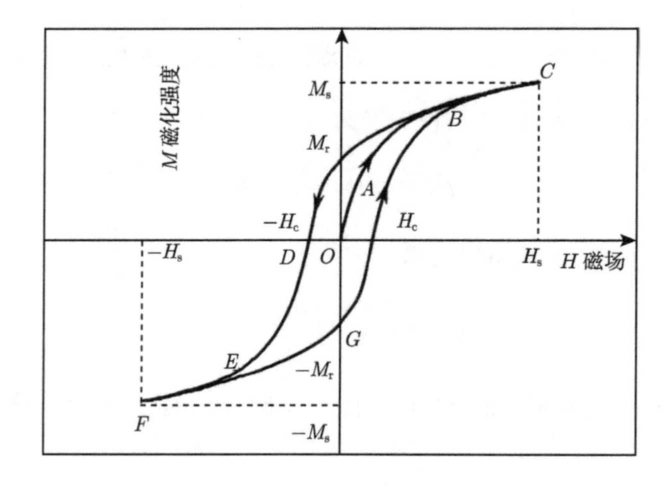

图 1.3　磁滞回线

未磁化的铁性磁性材料处于外加磁场时，磁化强度 $\vec{M}$ 随磁场强度 $\vec{H}$ 的增大而增大，也就是磁畴在成长，如图中 OAB 段；到达 B 点后 $\vec{M}$ 将随 $\vec{H}$ 呈线性变化 (BC 段), 在外加磁场达到某一饱和磁场强度 H_s 时，能获得饱和磁化强度 (saturation magnetization)M_s；此刻材料内部的磁畴生长完成且翻转基本上都取向一致，其与外加磁场方向相同，若再增大磁场强度，磁化强度值也无法得到明显的增大；磁场 $\vec{H}$ 若下降，$\vec{M}$ 并不会沿原曲线下降，而是将沿 CBD 曲线下降，表现为一种滞后特性。铁磁体在反复磁化的过程中，它的磁感应强度的变化也总是滞后于它的磁场强度，这种现象就是我们常指的磁滞现象。当 $\overrightarrow{H}$ 降为零时，磁化强度 $\overrightarrow{M}$ 也无法立刻降为零而为 M_r，称为剩余磁化强度 (remnant magnetization)，只有加上反磁场 H_c 时磁化强度才能降为零，H_c 称为铁磁材料的矫顽磁场强度，曲线 $CBDEGC$ 段构成整个磁滞回线。

从微观上分析磁性的起源是由于构成物质的原子中的电子具有磁性。原子中电子的磁性来源于自旋磁性和轨道磁性两方面。自旋磁性是由电子自身自旋而产生的，轨道磁性是由电子绕原子核所做的轨道运动而产生的。

磁性材料通常依据磁化率来进行分类。磁化率是表示物质磁化的难易程度的物理量，通常定义为单位体积或单位质量内物质的总磁矩。若物质是均匀磁化 (各向同性)，则磁化强度 $\overrightarrow{M}$ 与外磁场的磁场强度 $\overrightarrow{H}$ 之间有关系式：$\overrightarrow{M} = \chi\overrightarrow{H}$。$\chi$ 称为物质的磁化率，其数值大小和符号与材料本身的属性有关。由电磁学的知识知，磁感应强度 $\overrightarrow{B}$ 与 $\overrightarrow{M}$ 及 $\overrightarrow{H}$ 的关系式为

$$\overrightarrow{B} = \mu_0\overrightarrow{H} + \mu_0\overrightarrow{M} = \mu_0(1+\chi)\overrightarrow{H} = \mu_0\mu_r\overrightarrow{H} = \mu\overrightarrow{H} \tag{1.8}$$

式中，$\mu_0 = 4\pi \times 10^{-7}$ H/m 为真空中的磁导率；$\mu_r = 1 + \chi$ 称为物质的相对磁导率；$\mu = \mu_0 \cdot \mu_r$ 称为物质的磁导率。

事实上，三个磁性参量μ、μ_r、χ描述同一种客观材料，只要知道其中之一，就可以确定另外两个。在实践中，人们根据磁化率的大小、符号，以及磁化率、温度和磁场的关系，将材料的磁性分为以下五类：抗磁性、顺磁性、铁磁性、反铁磁性、亚铁磁性。

1. 抗磁性 (亦称逆磁性)

抗磁性物质的 $\chi < 0$，$\mu_r < 1$，且 χ 的绝对值数量级在 $10^{-5} \sim 10^{-7}$。所有的物质都有抗磁性，只是大部分物质的抗磁性被顺磁性掩盖没有表现出来，所以我们看到的事实就是抗磁性只是一部分物质所具有的性质。真正能够表现出抗磁性的物质，当其被置于外磁场 H 中时，会感生出与原磁场方向相反的磁化强度。抗磁物质主要包括：① 不含过渡元素的离子晶体 (如 NaCl) 及其共价化合物 (如有机化合物和 CO、CO_2) 等；② 部分金属，如 Cu、Au、Ag、Pt、Hg 等，它们的χ不随温度变化，而 Bi、Ga、Sb、Sn、In 等的 χ 随温度变化；③ 某些非金属，如 C、Si、S、P 等；④ 惰性气体。

上列物质的原子或离子各电子壳层都是充满的 (共价键则通过公有电子填满电子层)，因此它们的原子磁矩为零。在外磁场的作用下，电子会做拉莫尔进动而产生附加角动量及相应的附加磁矩，这即是抗磁性的来源。根据楞次定律，由磁场感应而产生的磁矩与外磁场的方向相反，所以磁化率为负值。由于抗磁性来源于电子轨道运动，故任何物质在外磁场中均应有抗磁性效应。而实际中只有次电子层填

满电子的物质，才表现出抗磁性，否则抗磁性被掩盖。

2. 顺磁性

顺磁性物质的 $\chi > 0$, $\mu_{\mathrm{r}} > 1$，且 χ 的值分布在 $10^{-5} \sim 10^{-3}$。它的磁化强度与外磁场的方向相同，其磁化率服从居里定律：$\chi = C/T$(C 为居里常数，T 为绝对温度)，然而大多数顺磁性物质磁化率和温度的关系可能没那么简单，而是会更好地符合居里–外斯 (Cuire-Weiss) 定律：$\chi = C/(T - T_{\mathrm{p}})$，$T_{\mathrm{p}}$ 为临界温度，即顺磁居里温度。对于顺磁性物质，居里或居里–外斯定律都显示了物质的磁化率随温度的升高而减小这一关系。顺磁性物质在外磁场作用下，原子固有磁矩趋于有序化，这其实是非常困难的，因为任何物质在升高温度时离子和电子的热运动都会增强，这必然会增加结构的无序化。所以原子固有磁矩需要不断地克服由于离子、电子热运动而产生的无序化效应。因此，外加磁场一旦被撤消，所有固有磁矩取向又会变得无序[5]。顺磁物质主要有：

(1) 某些过渡族 (d 族、f 族) 元素的金属和合金，如居里温度 T_{C} 以上的 Fe、Co、Ni 及稀土金属、碱金属、碱土金属。

(2) 含过渡元素的化合物及顺磁盐，如 $MnSO_4 \cdot 4H_2O$、$FeCl_3$、$FeSO_4 \cdot 7H_2O$、Gd_2O_3 等。

顺磁性物质的原子或者分子都具有未充满的电子壳层，故具有未被抵消的电子磁矩，从而具有固有的原子或分子磁矩。但是，这些物质的原子或分子磁矩之间相互作用十分微弱，热运动很容易使它们的磁矩取向杂乱无章，对外作用相互抵消，物质便不表现出宏观磁性。然而若在外磁场作用下，原子或分子磁矩也会微弱地转向外磁场方向排列，这样便显示出微弱磁性，即 $\chi > 0$。

3. 铁磁性

铁磁性物质的磁化率是特别大的正数，χ 的值为 $10^{-1} \sim 10^{5}$(且与外磁场呈非线性关系变化)，即在不很强的外磁场下，就可得到很大的磁化强度，其主要特点如下。

1) 与温度密切相关

铁磁性材料与其他材料还有一个最显著的差别，即使没有外加磁场作用，原子磁矩也存在长程有序。即铁磁性是自发的，这是铁磁性材料的一个重要的内在特征。换句话说，铁磁体的磁化过程只是把铁磁体物质本身的磁性显示出来的过程。铁磁材料也有一个临界温度点，在高于临界温度点时自发长程有序就会消失，故存在一个由铁磁 → 顺磁的转变温度，叫居里温度 (T_{C})。当高于该温度后，物质的铁磁性消失，变成了顺磁体。到目前为止，在元素周期表中，在室温以上呈铁磁性的只有 4 种金属元素，即 Fe、Co、Ni、Gd；在极低温度下也只有 5 种元素呈铁磁性，即 Tb、Dy、Ho、Er、Tm。它们的居里温度如表 1.1 所示。

表 1.1 几种常见元素的居里温度

元素	Fe	Co	Ni	Gd	Tb	Dy	Ho	Er	Tm
居里温度/K	1041	1343	643	293	220	86	19	18	32

2) 磁化曲线 ($\vec{M}-\vec{H}$) 是非线性的

如图 1.3 中 OA 段 (又叫做起始磁化曲线) 所示，当外场 $\vec{H}$ 施于一个未磁化的铁磁材料上时，$\vec{M}$ 随着 $\vec{H}$ 开始增加较缓慢，然后迅速变快，再转而缓慢增加，最后达到饱和 M_s。

3) 存在 "磁滞" 现象

将材料磁化饱和后，再减小 $\vec{H}$，则 $\vec{M}$ 也随之减小，这个过程叫做退磁化过程。然而 $\vec{M}$ 并不按起始磁化曲线方向进行，而是按另一条曲线变化，在退磁化过程中 $\vec{M}$ 的变化总是落后于 $\vec{H}$ 的变化，该现象称为 "磁滞现象"。磁滞回线所包围的面积表征磁化一周所消耗的功，称为 "磁滞损耗"。

$$Q=\int \vec{H}\mathrm{d}B \quad (\mathrm{J/m^3}) \tag{1.9}$$

除此之外，磁性材料还具有两个重要的特征：磁各向异性和磁致伸缩效应。下面就这两个特性逐一说明。

对于单晶材料，其磁化曲线随晶轴方向的不同而有所差别，即磁性随晶轴方向显示各向异性，称磁各向异性。磁各向异性存在于所有铁磁性晶体中，由于单晶体不同晶向上的原子排列不同，原子间相互作用不同，因而铁磁体达到饱和磁化强度所需能量是不同的，此能量称为磁化功。沿磁化功最小方向的晶轴称为易磁化轴，沿磁化功最大方向的晶轴称为难磁化轴。铁磁体从退磁状态被磁化到饱和磁化强度时，对材料所做的磁化功为

$$W=\mu_0\int_0^{M_s}\vec{H}\cdot\mathrm{d}\vec{M}=\int_0^{M}\mathrm{d}E=E(\vec{M})-E(0) \tag{1.10}$$

沿不同方向的磁化能不同，反映了磁化强度矢量在不同取向的能量不同，当 M_s 沿易磁化轴时所需能量最低，沿难磁化轴时所需能量最高。上式右端为铁磁性材料在磁化过程中所增加的自由能，这种与磁化方向有关的自由能称为磁晶各向异性能。

磁致伸缩效应是磁性材料的基本现象，广泛存在于铁磁性、亚铁磁性、反铁磁性等材料中。从磁致伸缩现象被发现至今，已经历了一个多世纪，人们对这种材料的研究一直没有停止过，而且其越来越显示出重要的应用价值。

磁致伸缩效应的大小可以用磁致伸缩系数 λ(或应变) 来描述，λ 以材料的相对形变量来表示，即

$$\lambda = \Delta l/l_0 = (l_H - l_0)/l_0 \tag{1.11}$$

其中，l_0 代表磁性材料原来的长度，l_H 代表磁性材料在外磁场 $\vec{H}$ 作用下伸长 (或缩短) 后的长度。

一般情况下，沿不向方向测量出的 λ 不同。沿平行磁场方向测量的磁致伸缩系数用 $\lambda_{//}$ 来表示，称为横向磁致伸缩系数。沿垂直磁场方向测量的磁致伸缩系数用 $\lambda_{\perp}$ 来表示，称为纵向磁致伸缩系数。即

$$\lambda_{//} = [\Delta l/l_0]_{//} = [(l_H - l_0)/l_0]_{//} \tag{1.12}$$

$$\lambda_{\perp} = [\Delta l/\Delta l_0]_{\perp} = [(l_H - l_0)/l_0]_{\perp} \tag{1.13}$$

以上这些铁磁性材料的特性，均是由其原子磁矩的自发极化 (即铁磁性质的来源) 引起的。

根据自发磁化理论以及磁畴理论，铁磁性材料在无外磁场作用的情况下，具有自发磁化强度。其数值大小与温度有关，且在居里温度以上表现为顺磁性，无自发磁化产生。但是，自发磁化理论与铁磁性物质宏观不显磁性的现象是相互矛盾的。外斯又发展了磁畴理论，指出磁畴是一个个磁矩自发平行排列的小区域，在同一个磁畴中磁矩方向相同，在不同磁畴中磁矩方向为无规则的排列，因而宏观不显磁性。

自发磁化理论表明物质的铁磁性是自发产生的，与外磁场的存在与否无关，物质磁性来源于其自身的原子磁矩。原子磁矩包括三个部分，即电子轨道磁矩、电子自旋磁矩、原子核自旋磁矩。原子核比电子重 1000 多倍，运动速度仅为电子速度的几千分之一，原子核的自旋磁矩仅为电子自旋磁矩的 1/1836.5，因而可以忽略不计。在晶体中，电子的轨道磁矩受晶格场的作用，其方向是变化的，不能形成一个联合磁矩，对外没有磁性作用。因此，物质的磁性不是由电子轨道磁矩和原子核自旋磁矩引起，而是主要由电子自旋磁矩引起。

人们在研究反常塞曼效应和碱金属光谱的精细结构时，发现这些现象不能用电子轨道理论解释，因此逐渐认识到电子除轨道运动外，还存在自旋运动，其自旋磁矩为

$$|\mu_{\mathrm{s}}| = 2\sqrt{s(s+1)}\mu_{\mathrm{B}} \tag{1.14}$$

式中，s 为自旋量子数，其值仅能取 1/2；μ_{B} 称为玻尔磁子，是原子磁矩的基本单位，其大小为

$$\mu_{\mathrm{B}} = \frac{eh}{4\pi m} \tag{1.15}$$

自旋磁矩在外磁场方向的投影为

$$\mu_{\mathrm{s},z} = 2m_{\mathrm{s}}\mu_{\mathrm{B}} \tag{1.16}$$

式中，$m_{\mathrm{s}} = \pm 1/2$，表明电子自旋磁矩在空间只有两个可能的量子化方向，其绝对值大小为一个玻尔磁子。在考虑电子自旋磁矩时，满电子壳层的电子自旋磁矩相互抵消，其值为零。因此仅需考虑未被填满的电子壳层。原子中如有未被填满的电子壳层，其电子自旋磁矩未被抵消，原子具有永久磁矩。

在考虑铁磁性时，除电子自旋磁矩的作用外，还需考虑原子之间的相互作用。原子之间有两种类型的力，包括磁力和静电力，磁力相较于静电力作用要小得多，因而可忽略不计，单考虑静电力作用。

根据量子力学的观点，相邻原子之间存在来源于静电力的交换作用，正是这种交换作用的影响，使得原子磁矩相互平行或反平行排列。交换作用是指处于相邻原子的、未被填满壳层上的电子之间发生的特殊相互作用。参与这种作用的电子已不再局限于原来的原子，而是“公有化”了，原子间好像在交换电子，故称为交换作用。以两个相邻氢原子为例解释这种交换作用，相邻氢原子的系统能量如下式所示：

$$E_1 = 2E_0 + k\frac{e^2}{r_{\mathrm{ab}}} + C - A \quad \text{自旋平行} \tag{1.17}$$

$$E_1 = 2E_0 + k\frac{e^2}{r_{\mathrm{ab}}} + C + A \quad \text{自旋反平行} \tag{1.18}$$

式中，E_0 指原子处于基态时的能量；C 是由于电子之间、核与电子之间的库仑作用而增加的能量项；A 是两个原子的电子交换而产生的相互作用能，称为交换能或交换积分，与原子间电子云的交叠程度有关。由上式看出，当 $A < 0$ 时，$E_1 > E_2$，电子自旋反平行排列为稳定态；当 $A > 0$ 时，$E_1 < E_2$，电子自旋平行排列为稳定态。相关实验表明，A 为负值，因而相邻氢原子的电子自旋磁矩是反向平行排列。

与氢原子间的交换作用类似，其他物质中也存在着同样的交换作用，正是这种交换作用使得原子磁矩平行排列，从而达到自发磁化。理论计算表明，交换积分 A 的正负及大小主要与原子核距离 R_{ab}(晶格常数) 相关，如图 1.4 所示。可以用一个简明的式子来说明磁性的来源。设 i 原子的总自旋角动量为 $\overrightarrow{S}_i$，j 原子的总自旋角动量为 $\overrightarrow{S}_j$，则根据量子力学，i、j 原子的交换作用能为

$$E_{ij} = -2A_{ij}\overrightarrow{S}_i \cdot \overrightarrow{S}_j \tag{1.19}$$

根据能量最小原理可知，当交换积分常数 $A_{ij} > 0$ 时，相邻原子磁矩要正平行排列才会使 E_{ij} 最小，这就是自发磁化，也就是铁磁性的起因。

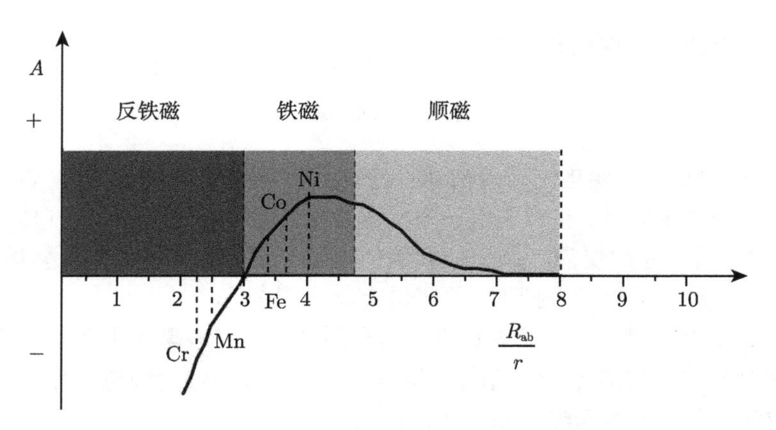

图 1.4 交换积分 A 与原子间距 R_{ab} 的关系

铁磁性的产生总结起来有两点要求: ① 原子内部结构中必须要有未填满的电子壳层，保证原子本征磁矩不是零; ② R_{ab}/r 的数值必须大于 3，这样才能使交换积分 A 数值为正，其中 R_{ab} 是点阵常数，r 是电子与原子核之间的距离，这样保证物质有一定的晶体结构。

4. *反铁磁性*

这类物质的磁化率是小的正数，χ 值一般在 $10^{-5} \sim 10^{-3}$，$\mu_{\mathrm{r}} > 1$。在温度低于某一温度 T_{N} 时，它的磁行为类似顺磁体；在 T_{N} 时 χ 有极大值。

MnO 是典型的反铁磁体，还有金属 Mn、Cr 及一些化合物 NiO、铁氧体 $ZnFe_2O_3$ 等。对于 MnO，研究认为它由两个子晶格 A 和 B 组成，子晶格 A 中每个离子的近邻是子晶格 B 的离子；子晶格 B 中每个离子的近邻是子晶格 A 的离子。晶体内有两种内场起作用，导致 AA、BB、$\cdots$ 同向平行排列，或者 AB、BA、$\cdots$ 反向排列。

在反铁磁性物质中存在温度临界值 T_{N}(奈尔温度)[6]，在这一温度点的前后，磁化率的变化趋势是完全不同的。具体来说，在临界温度点以下时，反铁磁性物质的磁化率会随着温度升高而增加[7]。原因在于反铁磁性物质处在临界温度点以下时，其材料内部磁结构中的次晶格呈自旋反平行排列，每个次晶格磁矩大小相等且方向相反，其结果就是宏观上的合磁矩为零。在临界温度以上时，自旋呈现无规则分布的状态，随温度变化，磁化率的变化符合居里–外斯定律，磁化率随着温度的降低而增大，并达到极大值，这与顺磁性物质相类似，但是反铁磁性物质 T_{p} 通常表现为负值[8]。所以在奈尔温度处磁化率达到最大值。

反铁磁物质一般都是非金属氧化物，例如，轻稀土元素和 3d 过渡金属与氧硫硒等非磁性元素组成的化合物或是合金。

5. **亚铁磁性**

这类物质的 χ 是比较大的正数，但不如铁磁性那么大。其内部的原子磁矩之间存在着反铁磁相互作用，只是两种相反平行排列的磁矩大小不同，导致了一定的自发磁化，所以在外磁场中的现象与铁磁性相似。

亚铁磁性物质有：

(1) 铁氧体，人们最初发现天然磁铁矿 (Fe_3O_4) 是一种亚铁磁性物质，后来认识到其中的铁离子有 2 价的，也有 3 价的。如将其中的二价铁离子被 Mn^{2+}、Co^{2+}、Ni^{2+}、Cu^{2+}、Mg^{2+}、Zn^{2+}、Cd^{2+} 等取代后，也具有亚铁磁性。于是将这一类材料统称为铁氧体。其中包括：

尖晶石型铁氧体，指 $MgAl_2O_4$ 结构。

石榴石型铁氧体，指 $M_3Fe_5O_{12}$ 结构，其中的 M 是 Y^{3+} 或 G^{3+}，也可能是其他稀土 3 价离子 R^{3+}，由于其结构与石榴石一样，故此得名。

(2) 一些过渡族金属、非金属或半金属化合物，如 V、Cr、Mn、Fe、Co 与 O、S、Te、P、As、Sb 等化合物。

(3) 某些金属间化合物，如稀土金属与 3d 金属形成的化合物。图 1.5 示意画出五类磁性材料的磁化曲线。

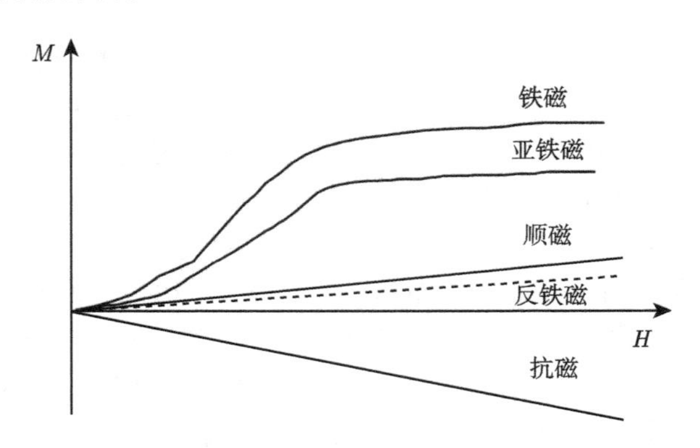

图 1.5 五类磁性材料的磁化曲线

1.1.3 磁电材料

磁电材料同时存在至少两种铁有序状态 (铁电性、铁磁性、铁弹性等)，它们由于可能用在多功能器件上而引起人们的广泛关注。在铁性材料中不同的有序参量之间相互耦合作用会产生新的效应，如磁电效应。磁电效应是材料在外加磁场的情况下会诱发出电极化，或者在外加电场的情况下会诱发出磁极化。一般用磁电耦合系数 α 来描述磁电材料的响应程度：

$$\alpha = E/H \tag{1.20}$$

磁电效应首先在单晶中被观察到[9]，紧接着在多晶体单相材料中也测量到了磁电效应，但是磁电耦合系数比较小而且是仅在低温状态[10]。各单相复合薄膜虽然都有各自的优点，但是其缺点也是普遍存在的，随着今天对材料集成化和多功能化的要求越来越高，磁电复合薄膜已经成为现在材料学的研究热点之一。磁电材料是铁电材料与多铁材料的叠加区域，也就是说，如果一个材料是磁电材料则它必是多铁材料，从材料组成上来说磁电材料分为单相磁电材料和复合磁电材料。单相磁电材料是指单一的化合物材料通过电畴和磁畴的翻转来获得磁电效应，但是在自然界中单相磁电材料少之又少，而且它们通常很难获得较大的磁电效应。例如，我们所熟知的单相磁电材料包括 $Bi_5Ti_3FeO_{15}$、$BiFeO_3$ 等，它们通常获得的磁电系数较小，更不能满足实际需求，因此，人们把目光转向了包含压电相和压磁相的复合材料。在讨论复合磁电材料之前我们先看两组公式。

复合材料的磁电效应是张量的乘积，来源于在压磁相的磁致伸缩效应 (磁/机械) 与压电相的电致伸缩效应 (机械/电) 的乘积，如下：

$$\begin{aligned} \mathrm{ME}_H\,\text{效应} &= \frac{\text{磁}}{\text{力}} \times \frac{\text{力}}{\text{电}} \\ \mathrm{ME}_E\,\text{效应} &= \frac{\text{电}}{\text{力}} \times \frac{\text{力}}{\text{磁}} \end{aligned} \tag{1.21}$$

这是电和磁通过弹力相互作用的现象。在外加磁场中，磁电复合材料的压磁相会有形变产生，压电相会有电荷极化出现，产生电信号。磁电耦合效应是复合材料的一种本征行为，依赖于复合材料的微结构，以及两种相界面之间的耦合作用。磁电复合材料的磁电效应机理我们可以用以下原理来解释：当施加外部磁场时，复合材料中的铁磁相就会产生磁致伸缩效应，导致内部产生位移，从而使其应力发生改变。当这个应力通过界面的耦合效应传递到铁电相时，铁电相中的压电效应的产生促使样品内部产生电极化，这就是正磁电效应。反过来通过外加电场产生电致伸缩效应就是逆压电效应，这个应力被传递到铁磁相，通过压磁效应诱导磁化变化，这就是逆磁电效应。而相应的正磁电效应和逆磁电效应的乘积效应，通过界面之间的机械耦合来实现应力的传递。

为此，要想获得较大的磁电耦合系数，需要选用较大的压电相和压磁相作为复合磁电材料的成分。其次要选择两种相之间的连通方式。我们可以用记法如 0-3，2-2，1-3 等来表示各相之间的连通。例如，0-3 型复合材料，是一种相颗粒 (用 0 表示) 镶嵌在另一种相基质 (用 3 表示) 中。0-3 复合材料指的是将铁磁性微粒分散到铁电相材料中去从而获得 0-3 复合薄膜，其通过烧结将不同性质的材料复合在一起。其制作简单，可以大量生产，但是漏电较大，界面严重损伤，可变因素多，不能获得较大的磁电输出。1-3 型复合薄膜是将柱状的铁磁相纳米线或纳米管镶嵌到铁电相中形成铁电复合薄膜，其制备工艺要求较高，工业生产困难，磁电输出也不是十分理想。而且 0-3 和 1-3 型薄膜由于几何尺寸的限制不利于其获得较大的磁电效应。相比于其他两种复合材料，2-2 复合材料可以利用黏合剂将铁磁相和铁电相通过机械黏合的方式复合在一起，形成复合多铁材料，其获得相对较大的接触面积有利于应力在相与相之间传递，从而获得较大的磁电耦合输出。然而块体磁电耦合材料不仅体积比较大，界面的可控性也较差，因此不能使器件小型化和多功能化。相比于以上几种复合材料，2-2 型多铁复合薄膜可以克服它们的缺点，实现纳米级别材料复合，因此可以形成良好的界面。而且这种复合薄膜界面一般存在晶格、电荷、自旋、轨道等自由度之间的强烈耦合和竞争，因而会出现很多新颖的物理现象，如轨道重构、界面磁电耦合、界面多铁性，其搭配模式较多，易于实现，并且获得了相对较大的磁电效应。但是现在大部分薄膜都集中在铅基材料和强磁性材料的复合模式中，虽然它们表现出优良的磁电效应，但是其对环境的污染也是不容忽视的。采用上述几种材料制备 $Bi_4Ti_3O_{12}/Bi_5Ti_3FeO_{15}$、$BiFeO_3/Bi_4Ti_3O_{12}$、$Bi_4Ti_3O_{12}/CoFe_2O_4$ 这三种环境友好型复合薄膜，进行多铁性能和磁电性能的研究，这不仅有利于环境保护，而且还会形成许多新颖的物化特性。图 1.6 给出了三种常见的复合结构示意图。

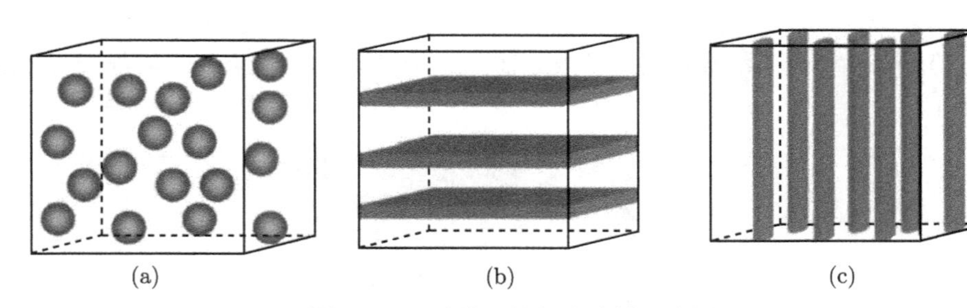

图 1.6 三种常见的复合结构示意图

唯象理论认为，一个连续系统的磁电效应可以从它的自由能表达式中提取出。

$$F\left(\vec{E},\vec{H}\right)=F_0-P_i^{\mathrm{S}}E_i-M_i^{\mathrm{S}}H_i-\frac{1}{2}\in_0\in_{ij}E_iE_j-\frac{1}{2}\mu_0\mu_{ij}H_iH_j-\alpha_{ij}E_iE_j-\frac{1}{2}\beta_{ijk}E_iH_jH_k-\frac{1}{2}\gamma_{ijk}H_iE_jE_k-\cdots \tag{1.22}$$

其中，$\vec{E}$ 和 $\vec{H}$ 分别是响应的电场和磁场。对上式作微分可以得出

电极化 (polarization)

$$P_i\left(\vec{E},\vec{H}\right)=-\frac{\partial F}{\partial E_i}=\vec{P}_i^{\mathrm{S}}+k\varepsilon_0\varepsilon_{ij}E_j+\alpha_{ij}H_j+\frac{1}{2}\beta_{ijk}H_jH_k+\gamma_{ijk}H_iE_j-\cdots \tag{1.23}$$

磁极化 (magnetization)

$$M_i\left(\vec{E},\vec{H}\right)=-\frac{\partial F}{\partial H_i}=\vec{M}_i^{\mathrm{S}}+\mu_0\mu_{ij}H_j+\alpha_{ij}E_i+\beta_{ijk}E_iH_j+\frac{1}{2}\gamma_{ijk}E_jE_k-\cdots \tag{1.24}$$

式中，$\overrightarrow{P}^{\mathrm{S}}$ 和 $\overrightarrow{M}^{\mathrm{S}}$ 分别是自发的电极化和磁极化；ε 和 μ 是电极化率和磁极化率；张量 α 是电 (磁) 场诱导出的磁 (电) 极化，这里特指线性磁电耦合效应。对于高阶的张量 β 和 λ 对应高阶的磁电效应，而我们目前研究的磁电效应主要集中在低阶的张量 α 系数。

1.1.4　电 (磁) 卡效应

1. 电卡效应

具有电卡效应的介电材料在外加电场中电偶极子极化状态改变引起温度和熵的改变。介电材料的电卡效应直接与极化在外电场中的改变有关。大的电极化的改变对于获得大的电卡效应是首要条件。

在外加电场中铁性薄膜部分偶极子呈有序排布，且方向与外场趋于一致，系统的无序程度下降，即熵在减小。在等温条件下，系统会向外界环境放热的定量关系：$Q = T\Delta S, T$ 是绝热温度，ΔS 是绝热熵变。或者在绝热过程中保持总的熵不变，系统的绝热温度会增加 ΔT，绝热温变定量的关系：$Q = C\Delta T$，C 是系统的比热容。

在外电场降为零的相反过程中，系统的电偶极子的有序极化会减小，即熵增加。在等温条件下，系统会从外界吸热。图 1.7 给出了电卡效应中电场与熵变的示意图[11]。

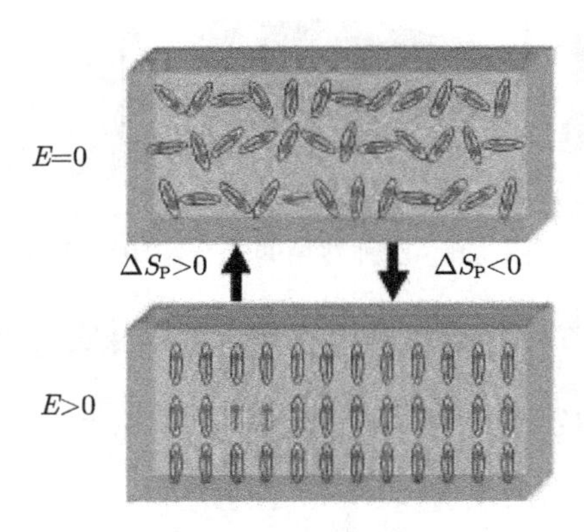

图 1.7　电场与熵变示意图

电卡效应的唯象理论解释:

从热动力学的角度来考虑具有大电卡效应的材料。吉布斯自由能可以表述成温度 T，熵 S，形变 X_{i}，应力 x_{i}，电场 E 和电位移 D 的函数。诸如形式：$G = U - TS - X_{\mathrm{i}}x_{\mathrm{i}} - E_{\mathrm{i}}D_{\mathrm{i}}$，其中，$U$ 是系统内能，应力和场用爱因斯坦求和记号。对上式求微分有

$$\mathrm{d}G = -S\mathrm{d}T - x_{\mathrm{i}}\mathrm{d}X_{\mathrm{i}} - D_{\mathrm{i}}\mathrm{d}E_{\mathrm{i}} \tag{1.25}$$

熵 S，应力 x_i 和电位移 D_i 可以表示成其他两个变量的函数

$$S=-\left(\frac{\partial G}{\partial T}\right)_{X,D},\quad x_i=-\left(\frac{\partial G}{\partial X_i}\right)_{T,D},\quad D_i=-\left(\frac{\partial G}{\partial E_i}\right)_{T,X} \tag{1.26}$$

根据麦克斯韦 (Maxwell) 关系

$$\left(\frac{\partial S}{\partial E_i}\right)_{T,X}=\left(\frac{\partial D_i}{\partial T}\right)_{E,X} \quad 或 \quad \left(\frac{\partial T}{\partial E}\right)_S=\frac{T}{c_E}\left(\frac{\partial D}{\partial T}\right)_E \tag{1.27}$$

对上式积分，可以得出绝热熵变和绝热温变

$$\begin{aligned}\Delta S&=\int_{E_1}^{E_2}\left(\frac{\partial D}{\partial T}\right)_E \mathrm{d}T\\ \Delta T&=-\frac{T}{\rho}\int_{E_1}^{E_2}\frac{1}{c_E}\left(\frac{\partial D}{\partial T}\right)_E \mathrm{d}E\end{aligned} \tag{1.28}$$

由此可以看出，要获得较大的温变，需要大的热释电系数和高的电场。

同时把吉布斯自由能表示成电位移的级数展开有

$$G=\frac{1}{2}\alpha D^2+\frac{1}{4}\xi D^4+\frac{1}{6}\zeta D^6 \tag{1.29}$$

其中，$\alpha=\beta(T-T_0)$。从 $\left(\frac{\partial G}{\partial T}\right)_D=-\Delta S$，可以得出

$$\Delta S=-\frac{1}{2}\beta D^2 \tag{1.30}$$

$$\Delta T=-\frac{1}{2c_E}\beta T D^2 \tag{1.31}$$

当材料体系在外加电场或压力等条件下，极化状态从无序变为有序，熵减少。与熵变和温变有关的唯象系数 β，电位移 D，以及 D^2 都发生改变。

2. *磁卡效应 (磁制冷技术)*

磁卡效应是磁性材料的固有属性，表述磁性材料在磁场中的热行为：在外加磁场中磁性材料的磁熵会发生改变。

1) 磁卡效应基本原理

从磁热系统的热力学麦克斯韦关系式开始讨论磁卡效应。一个磁系统的状态可以用 T、H、M 这三个变量来描述，但其中只有两个是独立的。当一个固态系统中的磁化状态发生改变时，由热力学第一、二定律得

$$\mathrm{d}U=\mathrm{d}Q+H\mathrm{d}M=T\mathrm{d}S+H\mathrm{d}M \tag{1.32}$$

即系统的内能增加 $\mathrm{d}U$ 等于系统所吸收的热量 $\mathrm{d}Q$ 与外磁场对系统所做的磁化功 $H\mathrm{d}M$ 的和。

一个磁系统的吉布斯函数 G 与其焓 Z、内能 U、温度 T、熵 S、磁化强度 M 及外磁场 H 的关系为

$$\mathrm{d}G=\mathrm{d}U-H\mathrm{d}M-M\mathrm{d}H-T\mathrm{d}S-S\mathrm{d}T=-M\mathrm{d}H-H\mathrm{d}M \tag{1.33}$$

再利用数学关系：

$$\begin{aligned} &y=y(x,z)\\ &\mathrm{d}y=\left(\frac{\partial x}{\partial y}\right)_z\mathrm{d}x+\left(\frac{\partial y}{\partial z}\right)_x\mathrm{d}z=P\mathrm{d}x+Q\mathrm{d}y \end{aligned} \tag{1.34}$$

所以

$$\left(\frac{\partial P}{\partial z}\right)_x=\frac{\partial^2 y}{\partial x\partial z}=\frac{\partial^2 y}{\partial z\partial x}=\left(\frac{\partial Q}{\partial x}\right)_z$$

可以得出

$$\left(\frac{\partial M}{\partial T}\right)_H=\left(\frac{\partial S}{\partial H}\right)_T \tag{1.35}$$

该式称为磁系统的热力学麦克斯韦关系。

在一个磁系统中，考虑熵 S 是温度 T 和磁场 H 的函数，则 S 的全微分形式：

$$\begin{aligned} \mathrm{d}S&=\left(\frac{\partial S}{\partial T}\right)_H\mathrm{d}T+\left(\frac{\partial S}{\partial H}\right)_T\mathrm{d}H\\ T\mathrm{d}S&=T\left(\frac{\partial S}{\partial T}\right)_H\mathrm{d}T+T\left(\frac{\partial S}{\partial H}\right)_T\mathrm{d}H \end{aligned} \tag{1.36}$$

再利用恒磁场比热公式：

$$C_H=\left(\frac{\mathrm{d}Q}{\mathrm{d}T}\right)_H=T\left(\frac{\partial S}{\partial T}\right)_H \tag{1.37}$$

可以得出

$$T\mathrm{d}S=C_H+T\left(\frac{\partial M}{\partial T}\right)_H\mathrm{d}H \tag{1.38}$$

2) 磁熵变与磁制冷

一个磁系统在等温条件下，施加外磁场 H 或者在退去外磁场的过程中，系统的磁熵变为

$$\begin{aligned} \mathrm{d}S_M&=\left(\frac{\partial M}{\partial T}\right)_H\mathrm{d}H\\ \Delta S_M(T,H)&=\int_{H_1}^{H_2}\left(\frac{\partial M}{\partial T}\right)_H\mathrm{d}H \end{aligned} \tag{1.39}$$

磁系统在绝热过程中，外磁场使物理磁熵改变时所引起的系统的温变，即磁温变：

$$
\begin{aligned}
\mathrm{d}T_M &= -\frac{T}{C_H}\left(\frac{\partial M}{\partial T}\right)_H \mathrm{d}H \\
\Delta T_M &= -\int_{H_1}^{H_2} \frac{T}{C_H}\left(\frac{\partial M}{\partial T}\right)_H \mathrm{d}H
\end{aligned} \tag{1.40}
$$

对于一般磁介质，因为 $(\partial M/\partial T)_H < 0$，故上式所描述的正是退磁降温现象，也就是磁制冷的原理。特别是在居里温度附近，可使磁性熵变 ΔS_M 或磁变 ΔT_M 达到最大。

3) 磁制冷的热力学循环

磁制冷的基本过程是利用热力学循环把去磁吸热和磁化放热过程连接起来，从而实现在一端吸热在另一端放热。

如图 1.8 所示，磁卡卡诺循环包含了 $A \to B$ 和 $C \to D$ 两个等温过程以及 $B \to C$ 和 $D \to A$ 两个绝热过程。在这两个绝热过程中，由于与外部系统之间没有热量交换，系统的总熵保持不变。当磁场使磁熵改变时，必然会导致温度变化，于是在两个等温过程中便可以实现吸热和放热，以达到制冷的目的。

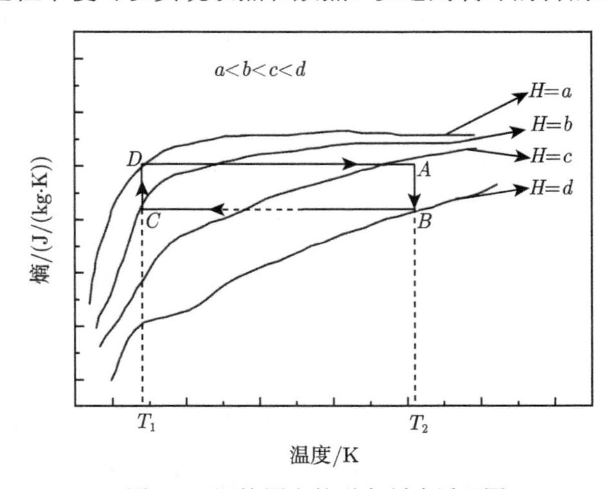

图 1.8　温熵图上的磁卡制冷循环图

可以结合图 1.9 来说明其工作原理：

(1) 等温磁化过程 ($A \to B$过程)：先合上热开关 I，打开热开关 II，然后将磁场增大。通过热开关 I，工作物质向高温热源排出热量，同时磁性工作物质的熵等温减少。

(2) 绝热去磁过程 ($B \to C$过程)：先把热开关 I 和 II 同时打开，然后将磁场 H 退去。由于没有热量流入或流出系统，磁性工作物质的总熵保持不变。磁熵的改变，

使温度从 T_2 降到 T_1。

(3) 等温去磁过程 ($C \to D$过程)：合上热开关Ⅱ，打开热开关Ⅰ，继续将磁场减小，磁性工作物质的熵稳定增加，同时通过热开关Ⅱ从低温热源吸收热量。

(4) 绝热磁化过程 ($D \to A$过程)：把热开关Ⅰ和Ⅱ同时打开，将磁场增大。与过程 (2) 相反，磁性工作物质作等熵变化，磁熵的熵状态改变使其温度升高。

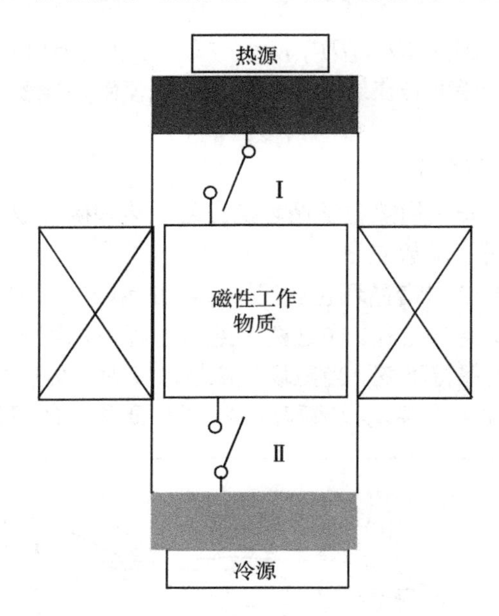

图 1.9 卡诺循环磁制冷工作原理

经过上述讨论结合卡诺循环和磁制冷系统的理论分析可以得出如下结论：

$$(T_X/T_1) = (H_X + H_{\text{int}}) / (H_1 + H_{\text{int}}) \tag{1.41}$$

其中，T_1 是外磁场为 H_1 时的系统温度；T_X 是外磁场变化为 H_X 时的系统温度；H_{int} 为磁性离子间的相互作用。由此看到磁性离子间相互作用 H_{int} 越小，则在外磁场变化时绝热温变就越大。所以要求在低温磁制冷技术中工作物质一般应处于顺磁态。

下面对在低温磁制冷技术中选择磁性工作物质的要求作一个简要说明：

(1) 在构成卡诺循环的温区内，晶格熵 S_{L} 应尽量小到可以忽略的程度。根据熵的性质，工作物质的总熵 S_{total} 应为磁熵 S_{M}、晶格熵 S_{L} 和电子相互作用熵 S_{e} 三项之和，即

$$S_{\text{total}} = S_{\text{M}} + S_{\text{L}} + S_{\text{e}} \tag{1.42}$$

在磁制冷中，可以调控的只有磁熵 S_{M}，其余两项是系统固有的。为此，在磁制冷循环中希望后两项晶格熵 S_{L} 和电子相互作用熵 S_{e} 小到可以忽略的程度。

(2) 磁相变温度 T_{C} 最好低于制冷温度 T 的一半，目的在于保证制冷循环处于磁熵变大的顺磁状态。

(3) 所含的磁性离子密度高且总角动量量子数 J 应该大。在孤立系统中磁性离子的磁矩 $\mu_J = g\sqrt{J(J+1)}$，J 值越大才能获得大的熵变。

(4) 磁性离子的朗德因子 g 数值应该较大。

(5) 热导率要高。这是因为热导率的大小，直接影响磁性工作物质内部和高、低温热源之间热交换时间的长短，所以热导率是一个必须考虑的因素。

1.2 Bi 基铁性薄膜材料

Bi 基层状钙钛矿结构铁性材料是一个十分广泛的家族，包含众多物质，其中典型的有单层钙钛矿结构的 $BiFeO_3$ 和 $Bi_{0.5}(Na_{0.5}K_{0.5})_{0.5}TiO_3$ 以及多层钙钛矿结构的 $Bi_4Ti_3O_{12}$ 和 $Bi_5Ti_3FeO_{15}$。作为一种环境友好型铁电材料，Bi 基层状钙钛矿结构铁性材料与传统的铁电材料锆钛酸铅 (PZT) 相比有着更好的应用前景。其中具有菱方相和四方相准同型相界结构的 $Bi_{0.5}(Na_{0.85}K_{0.15})_{0.5}TiO_3$ 合适的钾钠比例可以使其获得优良的铁电、压电性能和抗疲劳特性。同时可以调控居里温度，使其具有更高的使用价值。$Bi_4Ti_3O_{12}$ 和 $Bi_5Ti_3FeO_{15}$ 作为奥利维亚 (Aurivillius) 家族 $(Bi_2O_2)^{2+}(A_{n-1}B_nO_{3n+1})^{2-}$ (A=Na, Sr, Ba, La, Nd, Bi 等；B=Ti, Fe 等) 中的一员, 有许多独特的性能。然而，单相铁性材料不论是铁电性还是铁磁性其数值达不到实际应用的要求，于是人们通过一系列有效的手段来改进性能，通常掺杂和构建复合薄膜是比较常见的手段。

1.2.1 $BiFeO_3$ 薄膜

$BiFeO_3$ 是一种广为人知的典型的 ABO_3 型 Bi 基铁性薄膜，有较高的铁电居里温度 T_{C}=1143 K 和反铁磁奈尔温度 T_{N}=643K[12]。在室温下晶体结构上属于三方晶系扭曲的钙钛矿 $R3c$ 空间群结构，可以形象地描述为由立方结构沿 [111] 方向拉伸，Bi 元素相对 Fe-O 八面体发生位移，使得立方相发生扭曲，如图 1.10 所示。

主要的晶格扭曲沿着 $[001]_{\mathrm{hex}}$ 方向，氧八面体在 3 倍对称轴附近旋转大约 $\pm\alpha$=13.8°，O—O 键的最小和最大距离是 2.71Å和 3.02Å。铋离子和氧离子在沿着 3 倍轴的方向分别移动了 0.54Å和 0.13 Å。在 $BiFeO_3$ 中，六个氧原子包围一个铁离子，形成 Fe-O 八面体，但由于 Fe、O 原子的差异较大，铁离子偏离 Fe-O 八面体的中心，进而大量正负离子会在自己畴内自发形成有序电极化，表现出铁电性。理论上，$BiFeO_3$ 具有较大的剩余极化强度 (~100μC/cm^2)，但由于实际制备过程及

$BiFeO_3$ 自身存在一系列问题，其在电性上的应用受到阻碍。首先，由于 Bi 元素的易挥发性，像 $Bi_2Fe_4O_9$、$Bi_{25}FeO_{40}$ 等杂质的出现，影响了 $BiFeO_3$ 薄膜的纯度；其次，Fe^{2+}/Fe^{3+} 的价态浮动及氧空位的存在引起 $BiFeO_3$ 薄膜漏电流较大，其电滞回线不能趋近于饱和，从而限制了其铁电性；最后，受制备工艺的影响，$BiFeO_3$ 薄膜表面平整度差，出现空洞、裂痕等现象，致使薄膜的成膜质量差，直接影响到其铁电性的表现[13]。这些空间结构意味着 $BiFeO_3$ 是一种 G 型反铁磁铁电材料。

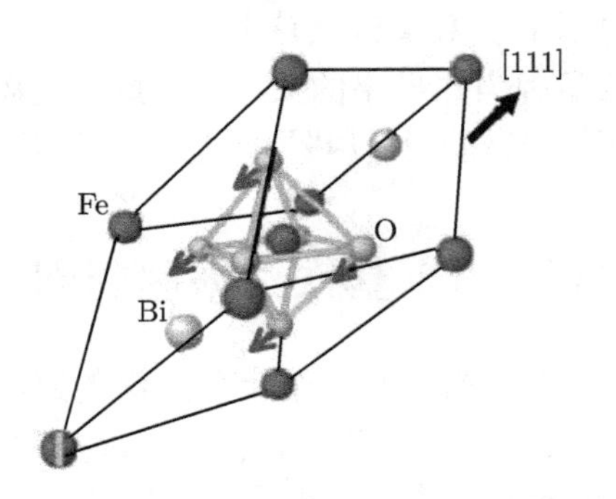

图 1.10 铁酸铋晶体结构示意图

1.2.2 $Bi_{0.5}Na_{0.5}TiO_3$ 薄膜

压电材料广泛地应用于传感器、制动器、换能器和其他电子设备中[14]。压电性能优越的材料如锆钛酸铅 (PZT) 以及其他铅基材料 (钛酸铅 (PT)，锆酸铅 (PZO) 和铌镁酸铅 (PMN)) 引起了广泛关注。然而其含毒性的铅占总质量的 60%以上，将严重影响人们日常生产和生活。无铅基替代材料的发展可以解决这一问题。钛酸铋钠 ($Bi_{0.5}Na_{0.5}TiO_3$) 作为一种无铅基压电材料成为了替代铅基材料的研究热点之一[15−20]。其是 Bi 系单层钙钛矿结构，在晶胞顶端被 Na^+ 和 Bi^{3+} 平分占据着，这是因为 Na-O 多面体与 B-O 多面体面心相同，尺寸效应的影响较小。其具有较高的居里温度 (大约为 320 ℃)，但是较小的剩余极化强度、较弱的压电特性、较弱的抗疲劳特性和较大的矫顽场是不容忽视的[21,22]，这些不利因素将限制它在存储器、制动器等电子器件中的应用。为了解决钛酸铋钠的不利因素，使其能够更广泛地应用于日常生产和生活，通过元素替代的方式使其具有优越的电学性质是一种可行的方法。将 A 位的 Na 元素进行替代很容易形成其他准同型相界 (MPB)[23,24]，在 MPB 附近可能使 $Bi_{0.5}Na_{0.5}TiO_3$ 获得较大的压电特性、铁电特性和疲劳特性[25−27]。准同型相界可能形成的方式主要有以下几种：

$x\mathrm{MTiO_3}+(1-x)\mathrm{Na_{0.5}Na_{0.5}TiO_3}$ (M 表示的是 Ca, Sr, Ba, Pb)

$x\mathrm{MNbO_3}+(1-x)\mathrm{Na_{0.5}Na_{0.5}TiO_3}$ (M 表示的是 K,Li)

$x(\mathrm{Sr}_a\mathrm{Pb}_b\mathrm{Ca}_c)\mathrm{TiO_3}+(1-x)\mathrm{Na_{0.5}Na_{0.5}TiO_3}$ (其中 $a+b+c=1$)

$(1/2)x\mathrm{Bi_2O_3{\cdot}Sc_2O_3}+(1-x)\mathrm{Na_{0.5}Na_{0.5}TiO_3}$

在所有的准同型相界材料中，钛酸铋钠钾 $\mathrm{Bi_{0.5}Na_{0.5}TiO_3}$-$\mathrm{Bi_{0.5}K_{0.5}TiO_3}$(BNT-BKT) 系统因为拥有优越的铁电性和压电性而引起了广泛关注。合适的 K 和 Na 的比例不仅能够增强其铁电特性，也能够增强其压电特性。这是因为不同钾钠比导致了相结构的不同[28]，从而导致性质的不同。随着微型电器设备的迅速发展，薄膜技术的发展已经成为一种不可或缺的趋势。$\mathrm{Bi_{0.5}(Na_{0.85}K_{0.15})_{0.5}TiO_3}$ (BKNT15) 薄膜作为 BKNT 薄膜的一种变体，处于准同型相界附近。Chang 等报道了其卓越的抗疲劳特性、压电特性和介电特性[29]，另外 Yu 等成功地在 Pt/Ti/$\mathrm{SiO_2}$/Si 衬底上生产了 $(1-x)$BNT-xBKT 薄膜，而且 0.85BNT-0.15BKT 薄膜展现出良好的结晶度和铁电特性[30]。这些都能够使 BKNT15 薄膜成为一种替代铅基材料的最好选择。

1.2.3 $\mathrm{Bi_4Ti_3O_{12}}$ 薄膜

作为一种典型的层状钙钛矿结构，$\mathrm{Bi_4Ti_3O_{12}}$ 是一种钙钛矿衍生结构 Aurivillius 型层状化合物，1968 年 Cummins 等[31] 确定了 $\mathrm{Bi_4Ti_3O_{12}}$ 晶体结构为正交晶系，晶格参数为 (a=0.545nm，b=0.541nm，c=3.282nm)。其结构如图 1.11 所示，其结构式为 $\mathrm{(Bi_2O_2)^{2+}(A_{n-1}B_nO_{3m+1})^{2-}}(n=3, \mathrm{Bi_4Ti_3O_{12}})$，作为一种环境友好型材料受到人们的广泛关注。其具有较大的自发极化强度和较高的居里温度，并具有较强的各向异性。但是其较小的剩余极化强度和较差的抗疲劳特性也是不容忽视的问题，这些不利条件都限制了其在铁电存储设备中的应用。而 A 位和 B 位元素替代是解决它本身的缺陷问题的一种切实可行的方法[32,33]，通过元素替代可以获得性质较为优异的无铅基薄膜。

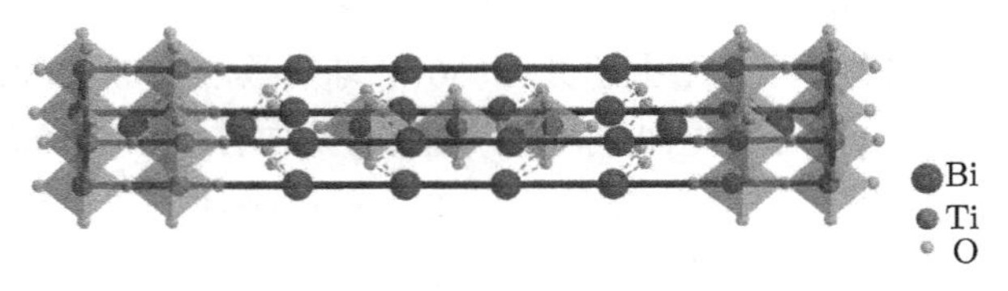

图 1.11 钛酸铋铁电材料结构示意图

钛酸铋作为一种典型的铁电材料不仅具有铁电材料所具有的特性，而且还具有铁电光伏特性。不同于传统的半导体光伏材料，钛酸铋作为一种铁电光伏材料有独特的优势。在铁电光伏材料中稳态光电流和瞬态光电流可同时存在于均匀光照下的均匀介质中，这一现象叫做体光伏效应 (BPVE)。不同于传统的 pn 结半导体光伏效应，铁电光伏效应主要来源于内部电场的铁电极化。因此其光致电压不被光学带隙所限制，获得光电响应不用形成复杂的结型结构，这些特点能够使铁电光伏材料获得光电压，而且光电流正比于极化值。但是到目前为止，大部分的铁电光伏材料，如 $LiNbO_3$、$BaTiO_3$、$Pb(Zr,Ti)O_3$，其光学带隙往往大于 3eV，导致它们的吸收光谱的范围不在可见光范围内，这样的结果限制了它们进一步的发展。钛酸铋作为一种传统的铁电光伏材料，同样拥有较大的光学带隙，这导致钛酸铋的吸收光谱范围固定在紫外区。但是通过 Zr 掺杂之后, 钛酸铋的吸收光谱响应峰范围移动到可见区域，这都有利于钛酸铋这种铁电光伏材料应用于太阳能电池和新型的光电设备中。

1.2.4 $Bi_5Ti_3FeO_{15}$ 薄膜

$Bi_5Ti_3FeO_{15}$(BTF) 作为一种四层状钙钛矿结构，其在室温下具有铁电性和弱铁磁性。它是多铁材料单层状钙钛矿 $BiFeO_3$ 和三层状钙钛矿 $Bi_4Ti_3O_{12}$ 形成的新的 Aurivillius 型层状钙钛矿结构。BTF 是在 c 轴方向上的四层状钙钛矿结构，是两层 $(Bi_2O_2)^{2+}$ 中间夹了一层钙钛矿结构 $(Bi_3Ti_3FeO_{12})^{2-}$ 形成了一种三明治结构。层状钙钛矿结构中铋氧层 $(Bi_2O_2)^{2+}$ 具有绝缘作用，因为其独特的结构，BTF 是为数不多的室温磁电材料。同时 $Bi_5Ti_3FeO_{15}$ 可以看成是 $Bi_4Ti_3O_{12}$ 与 $BiFeO_3$ 的固溶体。实际晶体中，Ti^{4+} 和 Fe^{3+} 在 B 位随机分布，宏观上基于反铁磁本质下表现出了短程的弱铁磁序。

1.3 磁性薄膜 $CoFe_2O_4$

$CoFe_2O_4$ 是一种磁性各向异性很强的材料，其结构为尖晶石结构。其空间群为 $FD\text{-}3m$。尖晶石结构材料是功能材料的重要成员之一，它在介电、磁性、敏感、发光、超导等功能材料中占据着重要的地位，所以尖晶石结构的材料的模拟计算研究有着重要意义。尖晶石结构的材料大致分为正尖晶石与反尖晶石两大类。

空间结构如图 1.12 所示，图上总共有 56 个球。黑色小球代表的是 O 原子所在位置。黑色大球 (Co) 处于黑色小球 (O) 构成的四面体中心，我们称这种位置为 A 位，总共有 8 个这样的位置。灰色球 (Fe) 处于黑色小球 (O) 构成的八面体中心，我们称这种位置为 B 位，总共有 16 个。一个尖晶石结构的分子式为 XY_2O_4。我们令 X^{2+} 二价阳离子占 A 位的百分比为 n，则尖晶石的表达式为

$$\left(X_n^{2+}Y_{1-n}^{3+}\right)_A\left(X_{1-n}^{2+}Y_{1+n}^{3+}\right)_B O_4^{2-}$$

当 n=1 时，该结构为正尖晶石结构，在 A 位都是二价阳离子 X^{2+}，在 B 位都是三价阳离子 Y^{3+}，例如，$MgAl_2O_4$ 就是一个典型的正尖晶石结构，Mg^{2+} 都在 A 位，而 Al^{3+} 都在 B 位。当 n=0 时，该结构为反尖晶石结构，8 个 A 位均成了三价阳离子 Y^{3+}，而在 B 位由同等数量的二价阳离子 X^{2+} 和三价阳离子 Y^{3+} 组成。典型的反尖晶石结构有 $NiFe_2O_4$，其 A 位都是 Fe^{3+}，而在 B 位由 8 个 Ni^{2+} 和 8

个 Fe^{3+} 组成。当 $0 < n < 1$ 时，是所谓的混合尖晶石结构。该结构的情况介于正尖晶石与反尖晶石之间。在尖晶石结构中，A 位中原子的自旋与 B 位中原子的自旋互为反平行。

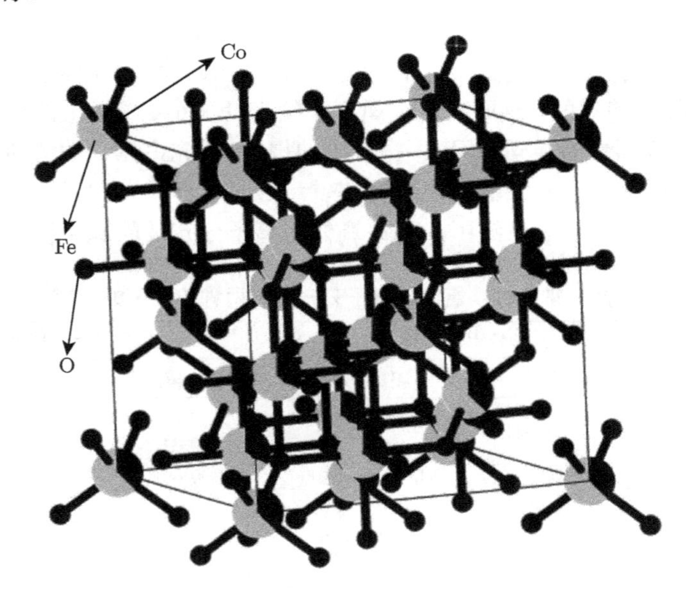

图 1.12 $CoFe_2O_4$ 的结构图

由于尖晶石结构的铁氧体与镁铝氧化物有相同的晶体结构的铁氧体，分子的通式可以表示为 $XO{\cdot}Fe_2O_3$。晶体结构属于立方晶系，空间群为 $O_h^7(F3m)$。二价阳离子和三价阳离子分别占据两种氧离子的空隙位置：一个是四面体中的特殊 Wyckoff 位置上，另一个是八面体中的特殊 Wyckoff 位置上[34,35]。

假设晶格常数为 a(Å), 以晶格中的八面体边上的某个格点为原点，各格点的位置坐标可以表示为[32]

A 位置/八面体边 ($8f$)　　$0,0,0;\frac{1}{4},\frac{1}{4},\frac{1}{4};(+f,c,c)$

B 位置/四面体边 ($16c$)　　$\frac{5}{8},\frac{5}{8},\frac{5}{8};\frac{5}{8},\frac{7}{8},\frac{7}{8};\frac{7}{8},\frac{5}{8},\frac{7}{8};\frac{7}{8},\frac{7}{8},\frac{7}{8};(+f,c,c)$

氧位置 ($32b$)

$$u,u,u;u,\overline{u},\overline{u};u,u,\overline{u};\overline{u},\overline{u},u;\frac{1}{4}-u,\frac{1}{4}-u,\frac{1}{4}-u$$

$$\frac{1}{4}-u,\frac{1}{4}+u,u+\frac{1}{4};u+\frac{1}{4},\frac{1}{4}-u,u+\frac{1}{4}$$

$$u+\frac{1}{4},u+\frac{1}{4},\frac{1}{4}-u;(+f,c,c)$$

其中，u 表示的是氧参数，$\bar{u}$ 表示的是平均值，当晶格没有发生畸变时，u=3/8; ($+f$, c, c) 表示的是在原有的格点上再加上 (0,1/2,1/2)，(1/2,0,1/2)，(1/2,1/2,0) 三个平移。

在铁氧体 $CoFe_2O_4$ 中 Fe^{3+} 与二价阳离子 Co^{2+} 共同占据四面体中心位置。除了 Fe 元素的离子之外，其他金属离子占据八面体中心或是四面体中心并不是随机的，而是具有择优趋势的。这取决于金属离子的半径大小、离子键的库仑作用力及库仑能、场效应等因素的共同作用。根据实验的规律，优先占据八面体的中心位置排序如下：Zn^{2+}、Cd^{2+}、Ga^{2+}、In^{3+}、Mn^{2+}、Fe^{3+}、Mn^{3+}、Fe^{2+}、Mg^{2+}、Cu^{2+}、Co^{2+}、Ti^{4+}、Ni^{2+}、Cr^{3+}。表 1.2 总结了几种铁氧体的离子分布及间隙半径。

表 1.2 几种常见的铁氧体阳离子分布以及两种阳离子的间隙半径

铁氧体	八面体中心位置		四面体中心位置	
	间隙半径/Å	阳离子	间隙半径/Å	阳离子
$NiFe_2O_4$	0.54	Fe^{3+}	0.69	Ni^{2+}, Fe^{3+}
$ZnFe_2O_4$	0.62	Zn^{2+}	0.67	Fe^{3+}
$MgFe_2O_4$	0.54	Mg^{2+}, Fe^{3+}	0.69	Mg^{2+}, Fe^{3+}
$CoFe_2O_4$	0.54	Fe^{3+}	0.69	Co^{2+}, Fe^{3+}
$MnFe_2O_4$	0.61	Mn^{2+}, Fe^{3+}	0.69	Mn^{2+}, Fe^{3+}
$MgAl_2O_4$	0.60	Mg^{2+}	0.55	Al^{3+}

1.4 室温多铁耦合及其应用

磁电耦合效应自从发现以来一直受到广大科研人员的关注[37−40]，从单相磁电材料到复合材料，从块体材料到薄膜材料，科研工作者始终关注的问题是如何提高室温磁电耦合效应。通过制备一些复合纳米薄膜，引入分离的铁磁相来增强磁电耦合效应，通过第一性原理、相场理论、格林函数等方法对磁电耦合的微观模型进行分析。多铁现象与磁电耦合对量子力学相关学科提出了一系列问题和挑战。因为这两种性质以及对应的极化和磁性序参量被证明几乎是完全互斥的。这些体系中铁电序与自旋序之间的调控效应，表现为自旋翻转与铁电翻转的协同进行和室温磁电耦合效应。本书所研究的内容主要集中在如图 1.13 所示的几种物理性能以及它们的相互耦合。限于本书的研究范畴，其中有些关系会重点阐述，有些则简单提及，不作展开。

多铁材料物性的变化和磁电耦合的发生以及调控，总是伴随着晶体结构的变化，晶体结构知识是建立宏观效应和多铁微观理论模型的基础[41]。多铁材料的宏观性能表征离不开基于物理本质的科研仪器。第 2 章中首先介绍一些针对纳米多铁材料的测试表征仪器，并详细介绍仪器的工作原理。第 3 章介绍具体的多铁薄膜材料，以 Bi 系单层钙钛矿结构为主，包括 $BiFeO_3$、$Bi_{0.5}Na_{0.5}TiO_3$ 以及元素替位掺杂对物性的调控。第 4 章介绍 Bi 系单相多层状钙钛矿 Aurivillius 相结构多铁薄膜，以 $Bi_4Ti_3O_{12}$，$Bi_5Ti_3FeO_{15}$ 为主，详细讨论单相薄膜的磁电耦合效应以及元素掺杂和周期性电场对多铁耦合效应的调控。第 5 章介绍 Bi 系多层状钙钛矿复合磁电薄膜，以 2-2 连通型复合为主，突出了复合结构在室温增强的磁电耦合效应。运用 LGD 理论结合弹性力方程构造出磁电耦合系数的表达式，对磁电耦合的机理和材料的设计进行详细的讨论。第 6 章对本书的内容作总结，并对 Bi 系层状钙钛矿材料的研究进行展望。

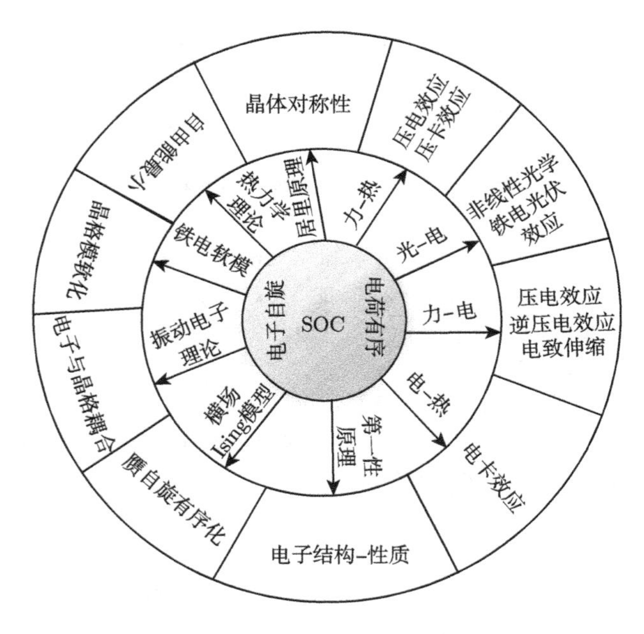

图 1.13 本书所涉及的主要研究内容及关系示意图

多铁薄膜材料的耦合性能在多物理场 (力场、热场、光场、电场、磁场) 中表现出各种有趣的性质。本书结合作者多年的研究，选择具有潜在使用价值和物理效应明显的体系进行阐述，以具体的薄膜材料为依托，强调所论述性质和效应的物理根源以及调控手段和潜在的应用价值，并力图反映最新的研究进展。

参 考 文 献

[1] Aizu K. Possible species of ferromagnetic, ferroelectric, and ferroelastic crystals. Phys. Rev. B, 1970, 2(3) : 754-772.

[2] Schmid H. Multi-ferroic magnetoelectrics. Ferroelectrics, 1994, 162(1): 317-338.

[3] Ramesh R. Thin Film Ferroelectric Materials and Devices. Boston: Kluwer, 1997.

[4] Scott J F. Ferroelectric Memories. Heidelberg: Springer, 2000.

[5] 尚明宇. 单相多铁材料 $YFeO_3$ 的制备以及性质研究. 吉林大学博士学位论文，2013.

[6] Makhlouf S A, Parker F T, Spada F E. Magnetic anomalies in NiO nanoparticles. J. Appl. Phys., 1997, 81(8): 5561-5563.

[7] Oguchi T, Terakura K, Williams A R. Band theory of the magnetic interaction in MnO, MnS, and NiO. Phys. Rev. B, 1983, 28(11): 6443-6452.

[8] Jonker G H, Van Santen J H. Ferromagnetic compounds of manganese with perovskite structure. Physica., 1950, 16(3): 337-349.

[9] Astrov D N. The magnetoelectric effect in antiferromagnetics. Sov. Phys, JETP, 1960, 11(3): 708, 709.

[10] Rado G T, Folen V J. Observation of the magnetically induced magnetoelectric effect and evidence for antiferromagnetic domains. Phys. Rev. Lett., 1961, 7: 310.

[11] Lu S G, Rožič B, Kutnjak Z, et al. Electrocaloric Effect (ECE) in Ferroelectric Polymer Films. INTECH Open Access Publisher, 2010.

[12] Eerenstein W, Morrison F D, Dho J, et al. Comment on epitaxial $BiFeO_3$ multiferroic thin film heterostructures. Science, 2005, 307(5713): 1203.

[13] Eerenstein W, Mathur N D, Scott J F. Multiferroic and magnetoelectric materials. Nature, 2006, 442(7104): 759-765.

[14] 刘俊明, 南策文. 多铁性十年回眸. 物理, 2014, 43(2): 88-98.

[15] Suchanicz J, Kwapulinski J. X-ray diffraction study of the phase transitions in $Na_{0.5}Bi_{0.5}TiO_3$. Ferroelectrics, 1995, 165(1): 249-253.

[16] Suchanicz J. Peculiarities of phase transitions in $Na_{0.5}Bi_{0.5}TiO_3$. Ferroelectrics, 1997, 190(1): 77-81.

[17] Suchanicz J, Poprawski R, Matyjasik S. Some properties of $Na_{0.5}Bi_{0.5}TiO_3$. Ferroelectrics, 1997, 192: 329-333.

[18] Wang D Y, Lin D M , Wong K S, et al. Piezoresponse and ferroelectric properties of lead-free$[Bi_{0.5}(Na_{0.7}K_{0.2}Li_{0.1})_{0.5}]TiO_3$ thin films by pulsed laser deposition. Appl. Phys. Lett., 2008, 92(22): 2909.

[19] Wang D Y, Chan N Y, Li S, et al. Enhanced ferroelectric and piezoelectric properties in doped lead-free $(Bi_{0.5}Na_{0.5})_{0.94}Ba_{0.06}TiO_3$ thin films. Appl. Phys. Lett., 2010, 97(21): 212901.

[20] Cross E. Materials science: Lead-free at last. Nature, 2004, 432(7013): 24, 25.

[21] Zheng X C, Zheng G P, Lin Z, et al. Thermo-electrical energy conversions in $Bi_{0.5}Na_{0.5}TiO_3$-$BaTiO_3$ thin films prepared by sol-gel method. Thin Solid Films, 2012, 522: 125-128.

[22] Roleder K, Franke I, Glazer A M, et al. The piezoelectric effect in $Na_{0.5}Bi_{0.5}TiO_3$ ceramics. J. Phys.: Condens. Mat., 2002, 14(21): 5399.

[23] Zhang S T, Yang B, Cao W. The temperature-dependent electrical properties of $Bi_{0.5}Na_{0.5}TiO_3$-$BaTiO_3$-$Bi_{0.5}K_{0.5}TiO_3$ near the morphotropic phase boundary. Acta Mater., 2012, 60(2): 469-475.

[24] Nagata H, Yoshida M, Makiuchi Y, et al. Large piezoelectric constant and high Curie temperature of lead-free piezoelectric ceramic ternary system based on bismuth sodium titanate-bismuth potassium titanate-barium titanate near the morphotropic phase boundary. Jpn. J. Appl. Phys., 2003, 42(12R): 7401.

[25] Zhang H, Jiang S. Effect of repeated composite sol infiltrations on the dielectric and piezoelectric properties of a $Bi_{0.5}(Na_{0.82}K_{0.18})_{0.5}TiO_3$ lead free thick film. J. Eur. Ceram. Soc., 2009, 29(4): 717-723.

[26] Fu M, Xie T, Jiang S. Rheology and physical properties of $Bi_{0.5}(Na_{0.82}K_{0.18})_{0.5}TiO_3$ piezoelectric thick films by aqueous gel-tape casting process. Ceram. Int., 2009, 35(6): 2463-2467.

[27] Zhou C R, Liu X Y, Li W Z, et al. Dielectric and piezoelectric properties of $Bi_{0.5}Na_{0.5}TiO_3$-$Bi_{0.5}K_{0.5}TiO_3$-$BiCrO_3$ lead-free piezoelectric ceramics. J. Alloys Compd., 2009, 478(1): 381-385.

[28] Trelcat J F, Courtois C, Rguiti M, et al. Morphotropic phase boundary in the BNT-BT-BKT system. Ceram. Int., 2012, 38(4): 2823-2827.

[29] Chang W A, Won S S, Ullah A, et al. Large piezoresponse of lead-free $Bi_{0.5}(Na_{0.85}K_{0.15})_{0.5}TiO_3$ thin film. Curr. Appl. Phys., 2012, 12(3): 903-907.

[30] Yu T, Kwok K W, Chan H L W. The synthesis of lead-free ferroelectric $Bi_{0.5}Na_{0.5}TiO_3$-$Bi_{0.5}K_{0.5}TiO_3$ thin films by sol-gel method. Mater. Lett., 2007, 61(10): 2117-2120.

[31] Cummins S E, Cross L E. Electrical and optical properies of ferroelectric $Bi_4Ti_3O_{12}$ single crystals. Journal of Applied Physics, 1968, 39(5): 2268-2274.

[32] Liu J, Shen Z, Yan H, et al. Dielectric, piezoelectric, and ferroelectric properties of grain-orientated $Bi_{3.25}La_{0.75}Ti_3O_{12}$ceramics. J. Appl. Phys. , 2007, 102(10): 104107.

[33] Sakamoto W, Imada K, Shimura T, et al. Fabrication and characterization of intergrown $Bi_4Ti_3O_{12}$-based thin films using a metal-organic precursor solution. J. Eur. Ceram. Soc., 2007, 27(13): 3765-3768.

[34] Deguire M R, O′Handley R C, Gretchen K. The cooling rate dependence of cation distributions in $CoFe_2O_4$. J. Appl. Lett., 1989, 65(8): 3167-3172.

[35] 廖原愿. 铁酸钴材料 $CoFe_2O_4$ 微结构和光学特性的研究. 华东师范大学硕士学位论文，2013.

[36] 褚君浩. 窄禁带半导体物理学. 北京: 科学出版社, 2004.

[37] 南策文. 多铁性材料研究进展及发展方向. 中国科学，2015, 45(4): 339-357.

[38] 迟振华, 靳常青. 单相磁电多铁性体研究进展. 物理学进展, 2007, 27(2): 225-238.

[39] Setter N, Damjanovic D, Eng L, et al. Ferroelectric thin films: Review of materials, properties, and applications. J. Appl. Phys., 2006, 100(5): 051606.

[40] Zhao S F, Wu Y J, Wan J G, et al. Strong magnetoelectric coupling in Tb-Fe/$Pb(Zr_{0.52}Ti_{0.48})O_3$ thin-film heterostructure prepared by low energy cluster beam deposition. Appl. Phys. Lett., 2008, 92(1): 012920.
[41] 钟维烈. 铁电物理. 北京：科学出版社, 1998.

第 2 章　铁性纳米结构薄膜的结构和性能检测技术

不同于传统的含铅的材料，Bi 基层状钙钛矿铁性薄膜，是“绿色”功能性材料，同时还兼具多种性能，如铁电性、铁磁性，以及一些耦合产生的新效应 (如磁电效应或逆磁电效应)。其制备工艺对物性有很大的影响，需要从多个角度对材料进行表征分析，以期达到实际应用的要求。对于多铁性纳米结构薄膜的磁/电畴结构、形貌、成相、化学成分等结构特征，检测其铁磁性、铁电性、磁致伸缩效应、磁电效应等性能特点，需要一些不同于传统块体材料的测试设备与表征技术。本章着重介绍了一些铁性薄膜的性能分析常用的检测手段，从物相到形貌再到性能检测等方面作尽可能详尽的介绍。

2.1　引　　言

Bi 基层状铁性纳米薄膜属于二维纳米材料，其独特的性能和优异的磁 (电) 及其耦合性能源于一个维度上具有纳米尺度，其他两个维度具有宏观尺度，因而其表面的原子排列、电荷分布、原子振动、化学成分等物理、化学特性信息有一定的量子效应，与薄膜内部有显著的不同。因此，Bi 基铁性纳米薄膜的结构表征技术具有特殊性，既要兼顾面内的宏观横向尺度，又要揭示表面 (界面) 现象的微观实质，分析表面形貌及成分结构，表征其磁学、电学等各方面性能，不但是铁性纳米结构薄膜理论研究的需要，也是改进其制备工艺，提高其性能并最终商业化的必要依据。

全面认识纳米薄膜的微观形貌、表面状态、组织结构等各种表面特性，需从宏观到微观逐层次对薄膜进行表征和分析，并研究薄膜组织形貌与制备工艺的关系，以及分析结构特征和物理性能之间的联系。

铁性纳米结构薄膜的微观结构信息主要有：

(1) 表面形貌：晶粒尺寸、形状、取向及空间分布等；

(2) 相结构：晶态、晶系类型、晶格常数等；

(3) 化学成分：元素组成、价态、相对化学计量比等。

而薄膜的性质信息主要包括：

(1) 电学性质：铁电性、压电效应等；

(2) 磁学性质：磁性、磁致伸缩效应等；

(3) 耦合性质：磁电耦合及其逆效应。

对薄膜微观结构的分析包括形貌分析、相结构分析、成分分析等，针对不同的分析需求，对应有多种不同的分析手段，而各种分析手段都有各自适用范围与优缺点，需要根据实际情况进行选择。有时需要综合多种不同的分析方法对同一结构特点进行分析，进而得出准确可靠的结论，这在纳米薄膜的表面分析中是至关重要的。如分析纳米薄膜的表面形貌，可采用扫描隧道显微镜、透射电子显微镜以及原子力显微镜，然后综合获得的形貌信息，作出对薄膜表面形貌的判断。

基于电磁辐射和运动粒子束 (或场) 与物质相互作用的各种性质而建立起来的各种分析方法构成了现代薄膜结构分析方法的主要组成部分。它们大致可分为电子显微分析、衍射分析、电子能谱分析、扫描探针分析、光谱分析以及离子质谱分析等几类主要的分析方法。

当电磁辐射 (X 射线、红外及紫外线等) 或运动载能粒子 (电子、离子、中性粒子等) 与物质相互作用时，会产生反射、散射及光电离等现象。这些被反射、散射后的入射粒子和由光电离激发的发射粒子 (光子、电子、离子、中性粒子或场等) 都是信息的载体，这些信息包括强度、空间分布、能量 (动量) 分布及自旋等。通过对这些信息的分析，可以获得有关表面的微观形貌、结构、化学组成、电子结构 (电子能带结构和态密度，吸附原子、分子的化学态等) 和原子运动 (吸附、脱附、扩散、偏析等) 等性能数据。此外，采用电场、磁场、热或声波等作为表面探测、激发源，也可获得表面的各种信息，以上手段构成各种表面分析方法。

多铁性纳米结构薄膜的磁学性能、电学性能、磁电耦合效应等是评价其性质的最重要的指标。表 2.1 列出了一些可能应用于多铁性纳米结构薄膜的物相结构分析和性能检测的主要方法。

表 2.1　Bi 基层状铁性纳米结构薄膜的分析检测技术 [1]

检测内容	检测方法
形貌分析	扫描电子显微镜 (scanning electron microscope，SEM)
	透射电子显微镜 (transmission electron microscope，TEM)
	原子力显微镜 (atomic force microscope，AFM)
相结构分析	X 射线衍射 (X-ray diffraction，XRD)
	低能电子衍射 (low energy electron diffraction，LEED)
	反射式高能电子衍射 (reflection high-energy electron diffraction，RHEED)
	中子衍射 (neutron diffraction)
	拉曼光谱 (Raman spectrum)
化学成分分析	X 射线光电子能谱 (X-ray photoelectron spectroscopy，XPS)
铁电性	Sawyer-Tower 电路
铁磁性	振动样品磁强计 (vibrating sample magnetometer，VSM)
	超导量子干涉仪 (superconducting quantum interference device，SQUID)
磁致伸缩效应	实验搭建 PSD 光杠杆原理
磁电效应	Super-ME (Ⅱ)

本章着重介绍几种铁性纳米结构薄膜的结构分析技术和性能检测技术。

2.2 结构分析技术

铁性纳米结构薄膜的结构信息包括表面形貌、相结构、化学成分等方面。不同的检测仪器与分析技术，能够探测薄膜样品不同方面的信息，根据不同的需求，选择技术手段，能够对薄膜的形貌、结构、成分等各方面特点进行准确的分析。

结构研究的第一步是认识薄膜的表面形貌，包括薄膜的表面宏观形貌和微观结构的分析。采用的分析手段主要是多种显微镜，包括扫描电子显微镜、透射电子显微镜、原子力显微镜等。根据分辨率的不同需求，选择最为合适、成像效果最优的显微技术。随着显微技术的发展，目前主流的一些显微手段，如高分辨透射电子显微镜、原子力显微镜、扫描隧道显微镜 (scanning tunneling microscope, STM) 等，STM 的分辨能力已经达到原子量级，可直接在显微镜下观测到表面原子的排列，进行晶格点阵的分析。若能在高分辨率显微镜的基础上添加其他信号探测和分析组件，则使得显微镜的功能大大拓展，不但可以观测形貌信息，还能对薄膜样品的晶体结构、化学成分等各方面信息进行分析，从而获得全面而准确的信息。

薄膜的相结构分析的主要目的在于探知薄膜中格点阵类型、原子排列规律、晶体取向、晶格对称性以及原子在晶胞中的位置等晶体结构信息。获得相结构信息的技术手段主要是衍射方法，包括 X 射线衍射、电子衍射、中子衍射等。其中 X 射线衍射是分析薄膜晶体相结构的最常用方法，而电子衍射则更加适用于微晶、表面和薄膜晶体结构的分析和研究。当具有波动性质的电磁辐射 (X 射线) 或粒子 (电子、中子) 流与原子呈周期性排列的晶体相互作用时，由于电子的受迫振动而产生相干散射。散射波干涉的结果是在某些方向上的波相互叠加形成可以观察到的衍射波。衍射波具有两个基本特征，即衍射线 (束) 在空间分布的方位 (衍射方向) 和衍射线的强度，二者都与晶体的结构 (原子排列规律) 密切相关。

薄膜的化学成分分析，主要内容包括测定薄膜的元素组成、化学价态以及元素的分布等。薄膜成分分析方法的选择需要考虑的问题较多，主要包括测定元素的范围、判断元素的化学态、检测的灵敏度、表面探测深度、横向分布与深度分析、能否进行定量分析等，其他如谱峰分辨率、识谱难易程度、探测时对薄膜的破坏性等也应加以考虑。用于分析薄膜化学成分的主要技术手段有 X 射线光电子能谱、俄歇电子能谱、二次离子质谱 (SIMS) 等，从适用范围的广泛性、测试信息的准确性等方面考虑，本书着重介绍 X 射线衍射。

衍射分析的一般过程如图 2.1 所示。

X 射线的波长分布范围如图 2.2 所示，单位为 nm。

用于显微结构分析的 X 射线波长为 0.25~0.05nm。在荷兰帕那科 D/MAX-RA

型 XRD 粉末衍射仪中，测量薄膜时所选用的为 Cu 靶 K_α 射线 (λ 值为 0.15406nm)。X 射线的产生：在真空中，高速运动的电子轰击金属靶时，靶就放出 X 射线。放出的 X 射线分为两类：如果被靶阻挡的电子的能量不超过一定限度，只发射连续光谱的辐射，这种辐射叫做轫致辐射；另外一种为不连续的、只有几条特殊谱线的线状光谱，这种发射线状光谱的辐射叫做特征辐射，又叫标识辐射。连续光谱的性质和靶材料无关，而特征光谱和靶材料有关，不同的材料有不同的特征光谱，这就是称之为“特征”的原因。X 射线是原子中最靠内层的电子跃迁时发射出来的，而光学光谱则是外层的电子跃迁时发射出来的。

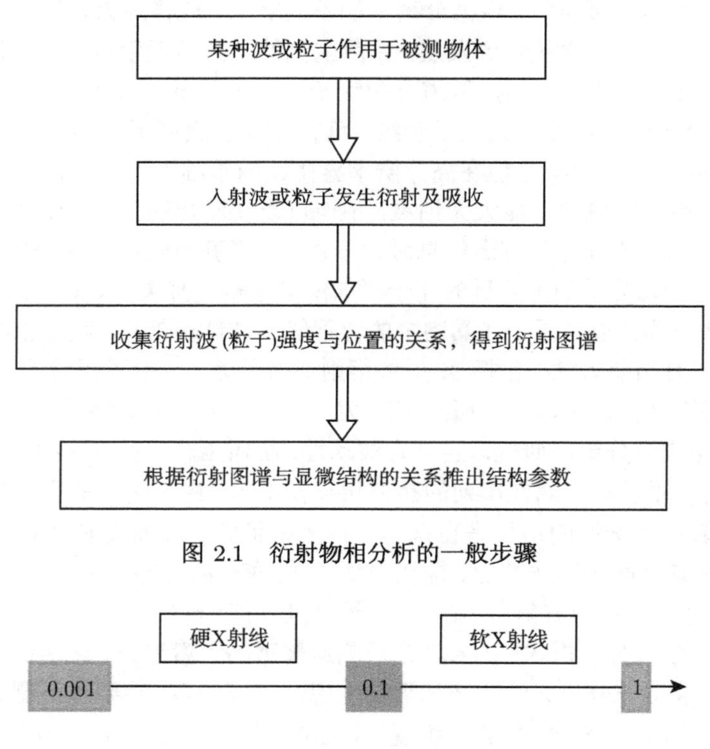

图 2.1　衍射物相分析的一般步骤

图 2.2　X 射线波长的分布

X 射线的产生经由灯丝电源 U_h 对灯丝加热，灯丝放出热电子，电子速度很小，要使电子到达阴极 A 并高速撞击 A，使原子内层电子受到激发才能发出 X 射线，因此 A、C 之间应有电子加速的电场管电压：~104V，管电流：~102mA。图 2.3 是其示意图。

轫致辐射：Cu 的 X 射线轫致辐射图谱如图 2.4 所示。

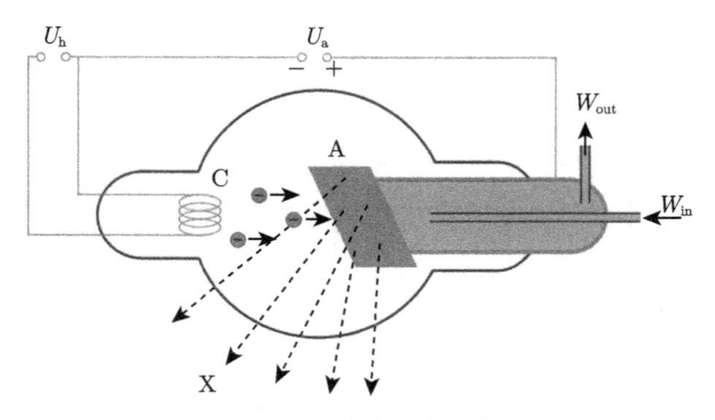

图 2.3 X 射线产生示意图

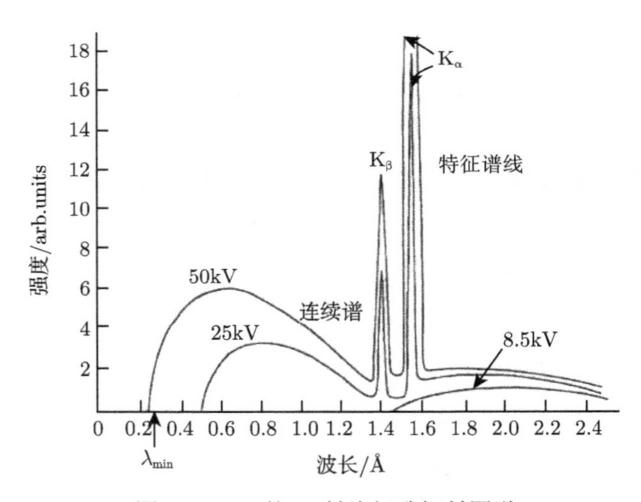

图 2.4 Cu 的 X 射线韧致辐射图谱

在特征峰处强度最大，对应的波长为 1.5406Å，故选用 Cu 的 $K_α$ 射线作为显微结构的 X 射线。而特征峰来源于内层电子的跃迁，表 2.2 给出了几种物质的特征谱。

表 2.2 几种物质的特征谱 (单位：nm)

射线	Cu	Fe	Mo
$K_{α1}$	1.54056	1.93604	0.70930
$K_{α2}$	1.54439	1.93998	0.71359
$K_{β1}$	1.39222	1.75661	0.63229

电子在不同壳层能级之间跃迁满足的规则 (0→0 除外)：$\Delta l = \pm 1, \Delta J = 0, \pm 1$。图 2.5 是内层电子跃迁的谱线。

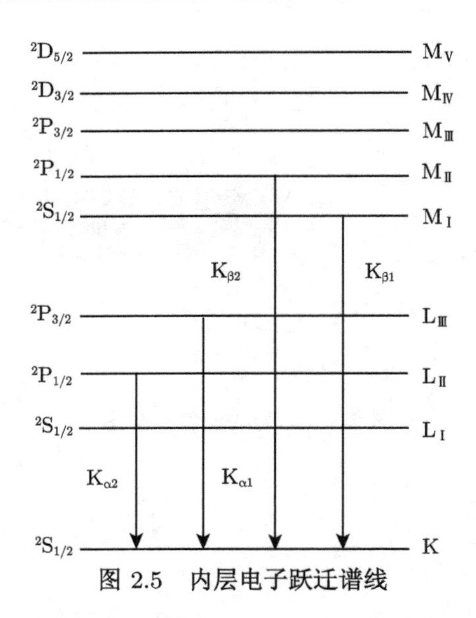

图 2.5　内层电子跃迁谱线

一个元素的 X 射线谱内，强度最高的短波长谱线，与元素的原子序数有关，这称为莫塞莱公式：

$$\begin{aligned}
&K_\alpha : \nu_{K_\alpha} = 0.248 \times 10^{16}(Z-\sigma)^2\ (\text{Hz}) \\
&\Delta E_{K_\alpha} = hRc(Z-\sigma)^2\left(\frac{1}{1^2}-\frac{1}{2^2}\right) \approx \frac{3}{4} \times 13.6 \times (Z-\sigma)\ (\text{eV}) \\
&\sqrt{\nu_{K_\alpha}} = Q(Z-\sigma)
\end{aligned} \tag{2.1}$$

X 射线与物质的相互作用：

X 射线与材料相互作用后的结果有如下几种情形，如图 2.6 所示。相干散射 (汤姆孙散射)：X 射线光子与电子碰撞以后波长不变，能够在空间形成干涉 (X 射线衍射分析的基础)；非相干散射 (康普顿散射)：X 射线光子与电子碰撞以后波长改变；光电效应；荧光辐射 (二次特征辐射，为光致发光，区别于电子轰击导致的特征辐射)；俄歇效应 (KLL，LMM，MNN)；热效应。

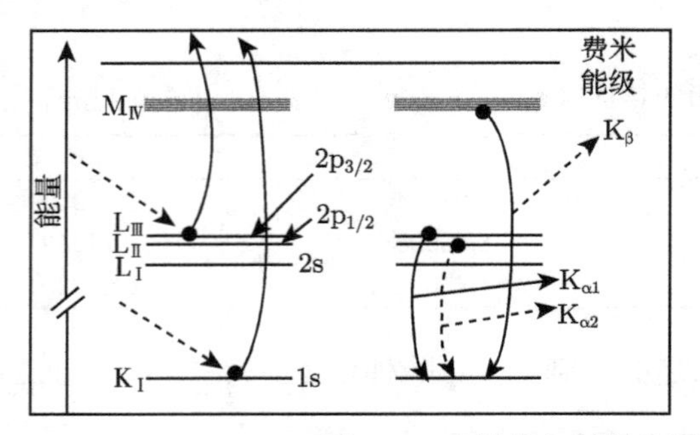

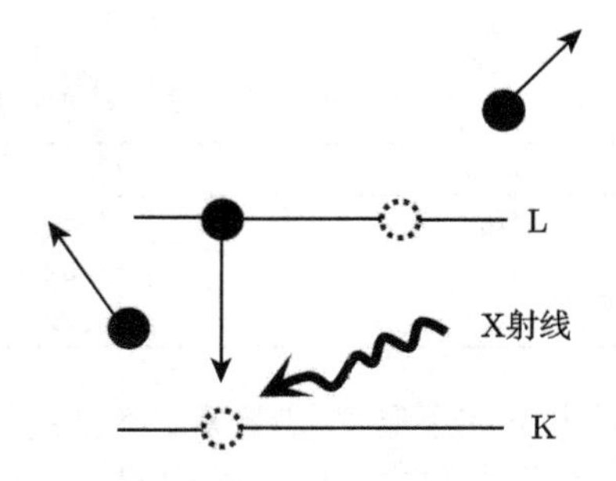

图 2.6　X 射线与材料作用能级跃迁示意图

为了进一步联系晶体的结构与 X 射线，可以从另一个角度来考虑 X 射线与材料的相互作用——衍射运动学理论。

衍射运动学理论的出发点可以有几个假设：①晶体原子具有规则的点阵排列；②将原子视为散射点源，只考虑一次散射 (原子只散射入射波) 且忽略晶体对射线的吸收，认为晶体折射率为 1；③不考虑全过程的能量守恒。实验表明只有第一个假设与实际相符。

运动学理论适用于小晶体，如粉末多晶、薄膜材料等，其成功之处在于给出了晶体的有效信息：确定衍射极强方位——布拉格 (Bragg) 方程；衍射峰强正比于结构因子的平方；衍射峰宽反比于晶粒尺寸——谢乐 (Scherrer) 公式。

确定衍射极强方位——布拉格方程

X 射线与晶体相互散射示意图如图 2.7 所示。

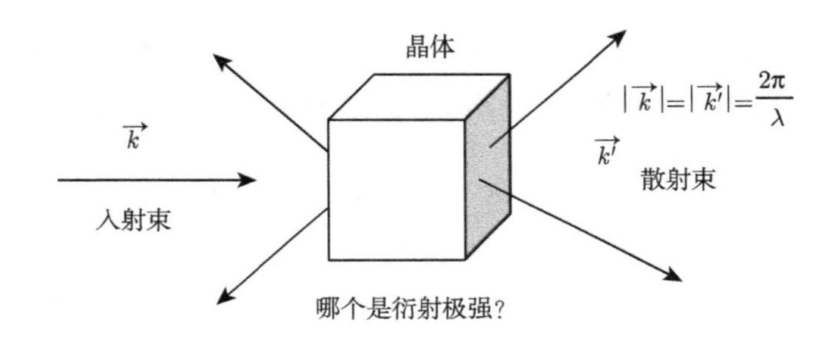

图 2.7　X 射线与晶体相互散射分布

以一维原子链为例来作简要的说明：

入射的 X 射线与原子表面作用发生散射，在散射增强处必然出现一个峰值，峰值出现的位置对应光程差为 λ 的整数倍，可以用一维原子链来说明问题，如图 2.8 所示。

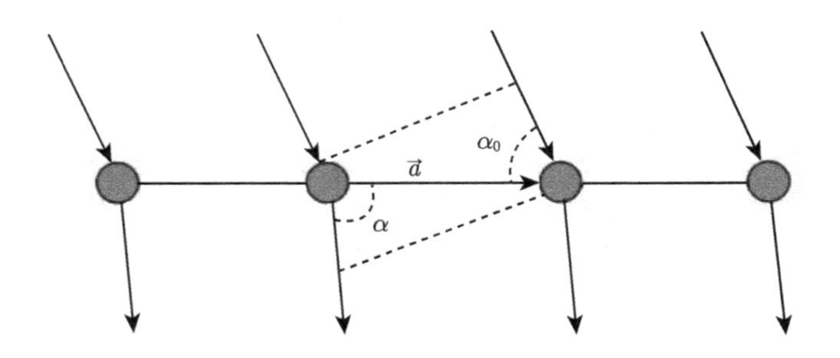

图 2.8　X 射线一维原子链衍射极强

波长与衍射角之间有关系式：

$$a(\cos\alpha - \cos\alpha_0) = h\lambda \quad (h = 0, \pm1, \pm2, \pm3, \cdots) \tag{2.2}$$

现在一维原子链中有如上关系，推广到三维晶体中，可以得到劳厄 (Laue) 方程。在三维晶体中有

$$\begin{aligned} a(\cos\alpha - \cos\alpha_0) &= H\lambda \quad (H = 0, \pm1, \pm2, \pm3, \cdots) \\ b(\cos\beta - \cos\beta_0) &= K\lambda \quad (K = 0, \pm1, \pm2, \pm3, \cdots) \\ c(\cos\gamma - \cos\gamma_0) &= L\lambda \quad (K = 0, \pm1, \pm2, \pm3, \cdots) \end{aligned} \tag{2.3}$$

晶体的宏观特征在外形上表现为晶面、晶体的对称性和晶面夹角的守恒，其微观本质是构成晶体的原子或原子团在三维空间的周期性排列。因此晶体在周期性的对称操作下具有某些不变性，例如，晶体的任何具有局域特征的物理性质均在空间平移操作下保持不变，如电荷密度、电子态密度、磁矩密度。晶体的绝大多数性质由电子态密度决定，电子态密度是一个周期性函数。

周期性函数 $f(\vec{r})$ 可以展开为一个傅里叶级数，在晶体的周期性势场中有 $f(\vec{R}+\vec{r})$，它的零级傅里叶分量就是倒格矢量。在三维空间中任何周期势函数可以表述为 [2]

$$n(\vec{r} + \vec{R}_{l,m,n}) = n(\vec{r}) = \sum_{\alpha,\beta,\gamma} n\,(\alpha,\beta,\gamma) \mathrm{e}^{\mathrm{i}\vec{G}_{\alpha,\beta,\gamma}\cdot\vec{r}} \tag{2.4}$$

$$n(\alpha,\beta,\gamma) = \int \frac{\mathrm{d}^3 r}{\Omega_0} n\,(\vec{r})\,\mathrm{e}^{\mathrm{i}\vec{G}_{\alpha,\beta,\gamma}\cdot\vec{r}} \equiv n\left(\vec{G}\right) \tag{2.5}$$

在电子与电磁场相互作用的体系中，哈密顿量 (Hamiltonian) 可以写成

$$H = \frac{1}{2m}\sum_j [\vec{p}_j - e\vec{A}\,(\vec{r}_j)]^2 \tag{2.6}$$

其中，$\vec{p}_j$ 是电子的动量；$A\,(\vec{r}_j)$ 是 X 射线在电子位置 $\vec{r}_j$ 处的矢势；e，m 是电子的电量和质量。X 射线与电子的非线性相互作用是

$$V = \frac{e^2}{2m}\sum_j \vec{A}^2\,(\vec{r}_j) = \frac{e^2}{2m}\int \mathrm{d}^3 r n\,(\vec{r})\vec{A}^2\,(\vec{r}) \tag{2.7}$$

如果光子的初始波矢是 $\vec{k}_\mathrm{i}$，作用后的波矢是 $\vec{k}_\mathrm{f}$，矢势 $\vec{A}\,(\vec{r})$ 可以写成

$$\begin{aligned} &\vec{A}(\vec{r}) = \vec{A}_\mathrm{i}\mathrm{e}^{\mathrm{i}\vec{k}_\mathrm{i}\cdot\vec{r}_j} + \vec{A}_\mathrm{f}\mathrm{e}^{\mathrm{i}\vec{k}_\mathrm{f}\cdot\vec{r}_j} \\ &|\vec{A}\,(\vec{r})\,|^2 = |\vec{A}_\mathrm{i}|^2 + |\vec{A}_j|^2 + 2\vec{A}_\mathrm{i}\cdot\vec{A}_j\mathrm{e}^{\mathrm{i}\left(\vec{k}_\mathrm{i}-\vec{k}_j\right)\cdot\vec{r}_j} \end{aligned} \tag{2.8}$$

其中，有效矩阵元：

$$V = \frac{e^2}{m}\vec{A}_\mathrm{i}\cdot\vec{A}_j\sum_G n\left(\vec{G}\right)\int \mathrm{d}^3 r \mathrm{e}^{\mathrm{i}\vec{r}\cdot\left(\vec{k}_\mathrm{i}+\vec{G}-\vec{k}_j\right)} \tag{2.9}$$

全积分符号 $\int \mathrm{d}^3 r$ 只有在 $\vec{k}_\mathrm{f} = \vec{k}_\mathrm{i} + \vec{G}$ 时是非零的。弹性散射通过倒易晶格矢量改变了声子的波矢，散射矩阵元与声子成正比。

所以 (2.3) 式作傅里叶变换可以得出

$$\begin{aligned} \vec{a} \cdot (\vec{k}' - \vec{k}) &= 2\pi H \quad (H = 0, \pm1, \pm2, \pm3, \cdots) \\ \vec{b} \cdot (\vec{k}' - \vec{k}) &= 2\pi K \quad (K = 0, \pm1, \pm2, \pm3, \cdots) \\ \vec{c} \cdot (\vec{k}' - \vec{k}) &= 2\pi L \quad (L = 0, \pm1, \pm2, \pm3, \cdots) \end{aligned} \tag{2.10}$$

其中，$\Delta\vec{k} = \vec{k}' - \vec{k} = \vec{G}$ 是散射矢量。

晶体在实空间中的信息通过 X 射线衍射转换成傅里叶空间中的倒易点阵，而倒易点阵的周期性分布取决于晶体中原子的周期排布。因此，晶体在实空间中的点阵 (原子的周期排布) 与在傅里叶空间中的点阵 (周期性波矢的动量空间的分布) 是相对应的。

为了方便处理实际问题，定义在倒易空间中的基矢量，即倒格子基矢，用 $\vec{a}^*$，$\vec{b}^*$，$\vec{c}^*$ 来表示，与正格子基矢 $\vec{a}$，$\vec{b}$，$\vec{c}$ 存在如下关系 [3]：

$$\begin{aligned} \vec{a}^* \cdot \vec{b} = \vec{a}^* \cdot \vec{c} = 0, &\quad \vec{a}^* \cdot \vec{a} = 2\pi \\ \vec{b}^* \cdot \vec{a} = \vec{b}^* \cdot \vec{c} = 0, &\quad \vec{b}^* \cdot \vec{b} = 2\pi \\ \vec{c}^* \cdot \vec{a} = \vec{c}^* \cdot \vec{b} = 0, &\quad \vec{c}^* \cdot \vec{c} = 2\pi \end{aligned} \tag{2.11}$$

倒格子基矢：

$$\begin{aligned} &\vec{a}^* = 2\pi \frac{\vec{b} \times \vec{c}}{V}, \quad \vec{b}^* = 2\pi \frac{\vec{c} \times \vec{a}}{V}, \quad \vec{b}^* = 2\pi \frac{\vec{a} \times \vec{b}}{V} \\ &V = \vec{a} \cdot \left(\vec{b} \times \vec{c}\right) = \frac{(2\pi)^3}{V^*} \end{aligned} \tag{2.12}$$

寻找衍射极强的条件，散射矢 $\Delta\vec{k} = \vec{k}' - \vec{k} = \vec{G}$ 有如下表达式：

$$\Delta\vec{k} = H\vec{a}^* + K\vec{b}^* + L\vec{c}^* = \vec{G}_{HKL} \quad (H, K, L = 0, \pm1, \pm2, \pm3, \cdots) \tag{2.13}$$

上式是衍射极强的必要条件。而倒格矢 $\vec{G}_{HKL}$ 垂直于米勒指数为 (H, K, L) 的晶面，倒格矢是晶面的法向方向。

由于 X 射线衍射仪的 X 射线波长短，穿透能力强，XRD 空间分辨率很高，能够反映体内整体信息。同时也可以采用掠入射的 X 射线技术 (grazing incident X-ray technology) 来对材料的表面进行分析。在测试时，X 射线以很小角度入射到样品表面。对于掠入射的 X 射线一般有两种测量模式：对称耦合模式和非对称耦合模式 [4]。

对称耦合模式测试也称为 X 射线反射率测量 (X-ray reflectivity rate test，XRR)，其特点是入射角与反射角同步长增加，常用于测试薄膜的密度、厚度、粗糙度及密度分布等 [5]。

当 X 射线以大于发生全反射的临界角 (θ_0) θ 入射时，X 射线在薄膜中穿梭并在上下两个表面发生反射。在上表面发生反射的 X 射线与经过下表面发生反射后在上表面发生折射的 X 射线形成干涉条纹，称为基斯格 (Kiessig) 条纹，如图 2.9 所示。

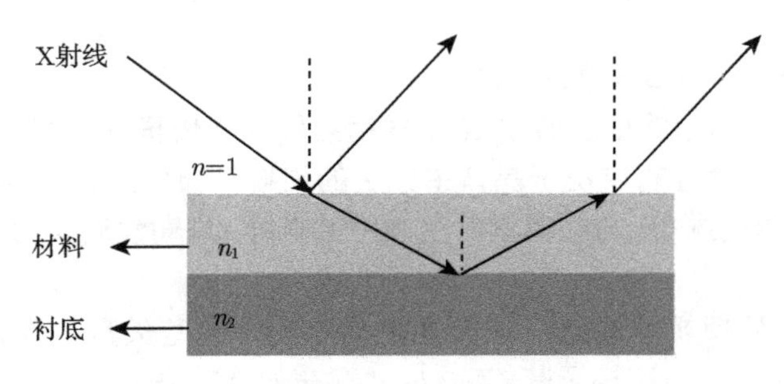

图 2.9　发射全反射干涉条纹示意图

由入射角变化时产生条纹的振动周期$\Delta\theta$可以求出薄膜的厚度 (thickness)：

$$T = 2\pi/\Delta k_z = \lambda/(2\sin\theta) \approx \lambda/(2\Delta\theta) \tag{2.14}$$

式中，Δk_z 是 z 方向上的散射波矢差；λ=1.5406Å是 X 射线的波长。

XRR 分析基于表面界面 X 射线反射，不仅可以很好地表征薄膜材料的表面、界面微结构，还可以通过散射方程计算镜面和非镜面散射场，并且通过 X 射线反射率的数据进行拟合可以求出表面和界面的粗糙度。

非对称耦合模式下，X 射线以接近平行薄膜表面入射，此时界面的入射角小于薄膜与基底全反射临界角，探测器在大角度区域扫描测量衍射信号，也称为掠入射 X 射线衍射 (grazing incident X-ray diffraction，GIXRD)。这种扫描方式可以用来表征薄膜的结晶信息 (如晶形、取向、结晶度、微晶尺寸等)[6]。对于 GIXRD 衍射分析手段主要分为两种 [7]：由于衍射晶面与样品表面形成近布拉格角，入射线、镜面反射线和衍射线共面，也称为共面极端非对称布拉格反射几何；衍射晶面与样品表面垂直，衍射矢量位于样品表面，入射线、镜面发射线和衍射线不共面，称为非共面布拉格–劳厄几何。

表 2.3 把 X 射线衍射仪的常用扫描方式与所对应各种界面表面分析功能进行了归纳。

不论采用哪种扫描测试方式，X 射线衍射仪的构造是通用的，主要由以下几个部分构成：X 射线源、测角台、探测器、单色器、控制与记录系统以及其他组件。X

射线源已经在前部分作了较为详细的说明，现对测角台等部件逐一进行介绍。

表 2.3 X 射线衍射仪各种扫描方式与对应分析功能 [4]

分析功能	XRR	HRXRD	GIXRD	Φ 扫描
层厚 (非晶)	◆			
层厚 (结晶)	◆	◆		
晶格失配		◆	◆	
应变和弛豫		◆	◆	
化学成分	◆	◆	◆	
粗糙度	◆			
缺陷		◆		
晶粒尺寸		◆		
基片取向				◆
层取向			◆	◆
密度	◆			

测角台是衍射仪的核心部件，是一个精密的圆盘状机械装置，其作用是支承试样，通过光路狭缝系统连接探测器，使试样与探测器联动。它的结构有水平式和垂直式两种，目前商业上水平式居多。图 2.10 是水平式测角台示意图 [7]，图中圆周上的 F 为 X 射线管焦斑，通常为线焦斑，其长轴方向垂直于图面，DS为发散光阑，用以限制入射 X 射线在水平方向的发散度。S 是置于试样台上的平板粉末试样。RS为接收狭缝，SS为防辐射狭缝，用以防止杂散辐射进入探测器。C 为计数

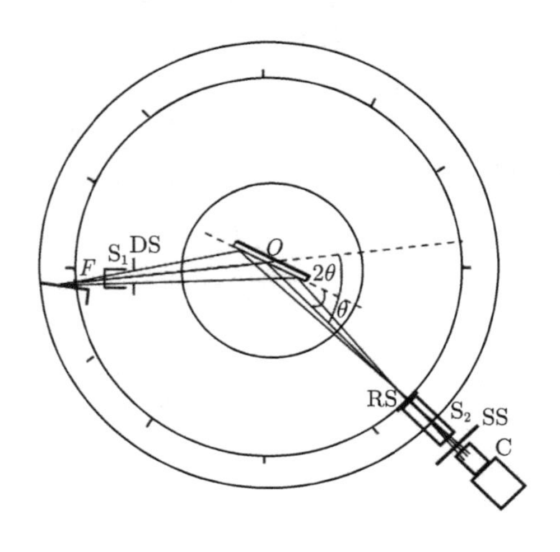

图 2.10 衍射仪测角台示意图

器或探测器，S_1，S_2 是梭拉狭缝，是由一组相互平行的金属薄皮组成的，用以限制入射线束和衍射线束在垂直方向的发散度。SS，S_2，RS和 C 均固定在探测器臂上。外面的大圆称为衍射仪圆，样品放置在衍射仪圆中心的样品台上，并保证试样被照射的表面与轴线 O 严格重合。计数器可沿以 O 为中心的衍射仪圆转动，其角度可从边缘的刻度尺读出，样品也可以轴线 O 为中心转动，其角位置由试样台的刻度给出。试样台和探测器支架既可以单独转动，又可以联合转动，联合转动时，两者的角速度比为 1:2，即试样转动 θ，探测器转动 2θ，这种 θ-2θ 联动方式，可保证探测器始终处于衍射线方向。

当平板样品绕其表面中心轴匀速转动时，入射束方向一定，衍射束随 θ 角从小到大连续扫描。θ 角连续改变，但是衍射束并非在任何位置都能发生，且晶面间距 d 大的晶面在低角区发生衍射，d 小的出现在高角区，可以从布拉格定律得出此结论。接收狭缝RS与 X 射线源两者到转轴 O 的距离是相等的，称为测角台半径，通常在 165～200mm。F 处发散的线束经试样反射后会聚于RS处，F、O、RS决定的圆为聚焦圆。X 射线管焦斑的几何位置在调换 X 射线管时可能有前后左右的偏离，使得焦斑中心线与DS中线和转轴 O 不共面，进而 X 射线主光路不通过 θ 和 2θ 轴心，造成零点偏离并使衍射角和强度测量不准确，角分辨差。因此需要对测角台进行精细的调整，包括：①调整 X 射线管套和测角台底座旋钮，使焦斑中心、测角台各狭缝中心和样品表面中心在同一水平线上；②利用仪器自带光路调整附件进行调零，使焦斑中心轴线 O、各狭缝中心轴线与表面共面；③调整其他显示装置使显示值与实际值相符。当然不同型号仪器在使用时略有差别，可以根据说明书进行调试。

测角仪的光路系统如图 2.11 所示，X 射线经线状焦点 S 发出，为了限制 X 射线的发散，在照射路径中加入 S_1 梭拉光阑限制 X 射线在高度方向的发散，加入DS发散狭缝光阑限制 X 射线的照射宽度。试样产生的衍射线也会发散，同样在试样到探测器的光路中也设置防散射光阑RS、梭拉光阑 S_2 和接收狭缝光阑SS，这样限制后仅让聚焦照向探测器的衍射线进入探测器，其余杂散射线均被光阑遮挡。

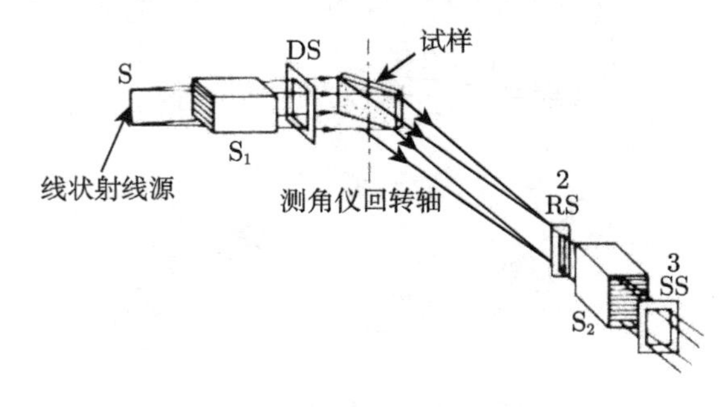

图 2.11　测角仪光路系统示意图

探测器通常采用正比计数器或者闪烁计数器。当衍射束中一个 X 射线光子被探测器吸收后，就在其中形成一个电脉冲，经放大器放大后由脉冲高度分析器甄别，通过定标器加以定标记录下反映晶体信息的 X 射线强度–角度曲线。现对正比计数器和闪烁计数器分别作一简述。

1) 正比计数器的结构及其工作原理

正比计数器的结构如图 2.12 所示。它由中心线极 (阳极) 与金属管壳 (阴极) 组成。管壳上有 X 射线入射窗口，窗口材料一般用铍片，里面充氙气或者氩气作为工作气体，在工作时两极之间通直流高压，当 X 射线光子入射计数器将工作物质电离，产生 P_0 ($P_0 = E_x/e$) 对初生电子–离子对，E_x 是 X 射线能量，e_1 为产生一个电子–离子对的平均能量。初生电子–离子对在加速电场中加速运动从而使更多的气体电离，这样逐级电离增大形成一次雪崩放电。假设到达阳极的电子总数为 N，则有关系式 $N = GP_0 = GE_x/e_1$，其中 G 为气体放大因子。在给定计数器下，G 和 e_1 被认为是常数，故电子数 $N \sim E_x$。

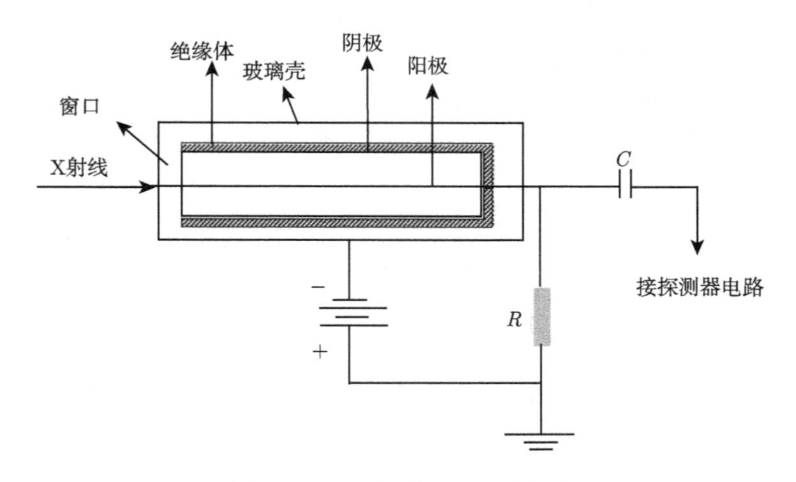

图 2.12 正比计数器及基本电路

2) 闪烁计数器的结构及工作原理

闪烁计数器主要由铊激活的碘化钠晶体和光电倍增管组成。当 X 射线光子被晶体吸收产生光电子、俄歇电子及碘的标识辐射等时，它们都能将铊激发，在铊回到基态时，发射出可见光子群。这些光子投射到光电倍增管的光阴极上时，产生 N 个光电子，经过多次放大后，倍增电极产生一个输出电压脉冲，幅度为 P，其过程如图 2.13 所示。产生的光子数 N 近似正比于 X 射线光子能量，故脉冲幅值 P 的平方与 X 射线光子能量近似成正比。

物相分析原理及方法:

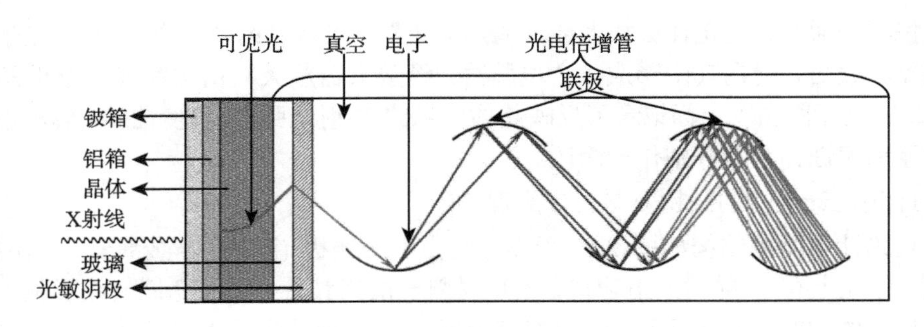

图 2.13　真空闪烁计数器管

每一种结晶物质均有其特定的结构参数，包括点阵类型、晶胞大小、晶胞中原子的种类及其数目与位置等。X 射线衍射对这些信息均有反映，对单相物质晶体的物相标志是多晶衍射线条的位置和强度。而多相物质的衍射图谱是所含各单相物质衍射图谱的叠加。在鉴定物相时，由未知物相的衍射图测算出各个衍射线条的面间距 d 值和相应的相对强度值，把这些实测数据与已知物相的数据进行比较，如果两者均相同，则待鉴定的物相就是该已知物相。有 40000 多种晶体的衍射数据已被测定，由粉末衍射标准联合委员会 (the Joint Committee on Powder Diffraction Standards，JCPDS) 收集、校订并编辑成卡片。图 2.14 是 PDF 卡片的实例图。

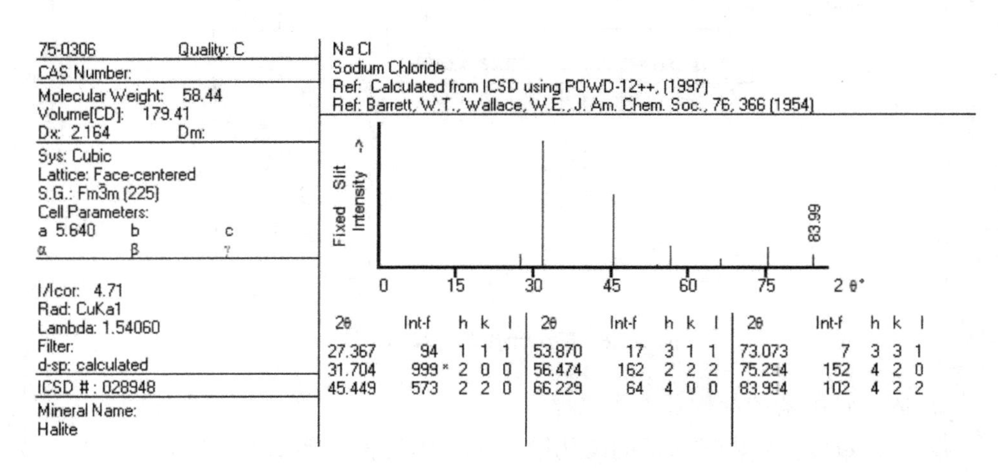

75-0306　Quality: C
CAS Number:
Molecular Weight: 58.44
Volume[CD]: 179.41
Dx: 2.164　Dm:
Sys: Cubic
Lattice: Face-centered
S.G.: Fm3̄m (225)
Cell Parameters:
a 5.640　b　c
α　β　γ
I/Icor: 4.71
Rad: CuKa1
Lambda: 1.54060
Filter:
d-sp: calculated
ICSD #: 028948
Mineral Name:
Halite

Na Cl
Sodium Chloride
Ref: Calculated from ICSD using POWD-12++, (1997)
Ref: Barrett, W.T., Wallace, W.E., J. Am. Chem. Soc., 76, 366 (1954)

2θ	Int-f	h	k	l	2θ	Int-f	h	k	l	2θ	Int-f	h	k	l
27.367	94	1	1	1	53.870	17	3	1	1	73.073	7	3	3	1
31.704	999 *	2	0	0	56.474	162	2	2	2	75.294	152	4	2	0
45.449	573	2	2	0	66.229	64	4	0	0	83.994	102	4	2	2

图 2.14　PDF 卡片实例图

X 射线衍射仪直接测试出的 $BiFeO_3$ 粉末衍射图样如图 2.15 的实例图所示，其横坐标是衍射角 2θ，纵坐标是衍射线的绝对强度，需要对其进行计算加工才能与 PDF 标准卡片进行比对。可用衍射线的峰高比 (最强线的峰高比为 100) 代表相对强度 I/I_1，衍射角 2θ 可根据衍射线的峰顶位置来确定，然后按布拉格方程求出 d

值。在物相分析的过程中，低角度区衍射数据比高角度区衍射数据重要。这是因为低角度区的衍射线对应 d 值较大的晶面族，不同晶体的 d 值差别较大，衍射线相互重叠的机会较少，不易相互干扰。高角度区的衍射线对应于 d 值较小的晶面族，不同晶体的 d 值相近的机会较多，衍射线容易重叠而相互混淆。

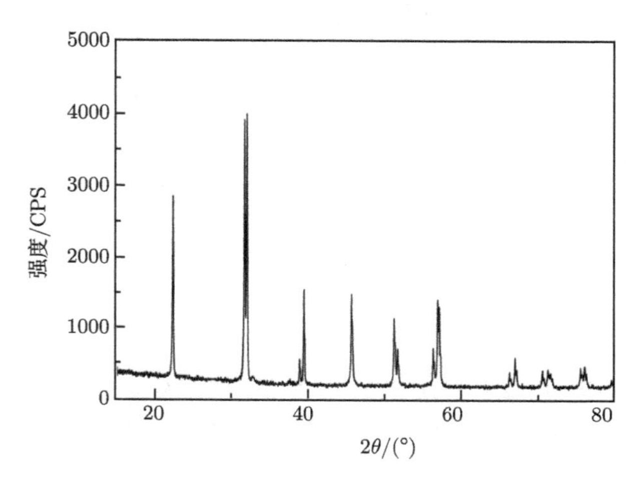

图 2.15 X 射线衍射实例图

2.3 形貌分析技术

从几何光学观点看，一个无像差的光学系统的分辨本领是无限的，实际上光束在成像时受有效光阑的限制，有衍射现象。因此，点物不能成点像，而是一个夫琅禾费圆孔衍射图样。常把衍射亮斑 (艾里斑) 称为衍射像。如果两个物点的衍射像发生部分重叠，则二者中央极大愈靠近，就愈难分辨两个点，这就限制了仪器的分辨本领。助视仪的分辨本领是指仪器分辨开相邻两个物点的像的能力。

衍射相关的分辨率 (瑞利判据): U 为两发光点对光具组入射光瞳中心所张的角，如图 2.16 所示，一个物点的衍射图样中央极大与另一物点的衍射图样中央极大旁边的第一极小相重合时，此两物点刚能分辨。据计算，其总光强照度分布曲线中央凹下部分强度约为每一曲线最大值的 74%，则分辨极限为

$$U=\theta_1=0.61\frac{\lambda}{R}=0.61\frac{\lambda}{n\sin\alpha}=0.61\frac{\lambda}{\mathrm{N.A.}} \tag{2.15}$$

因此，为了可以观察到更加精细的微结构，需要以波长更短的电子束来代替可见光，于是扫描电子显微镜、透射电子显微镜等显微技术应运而生。

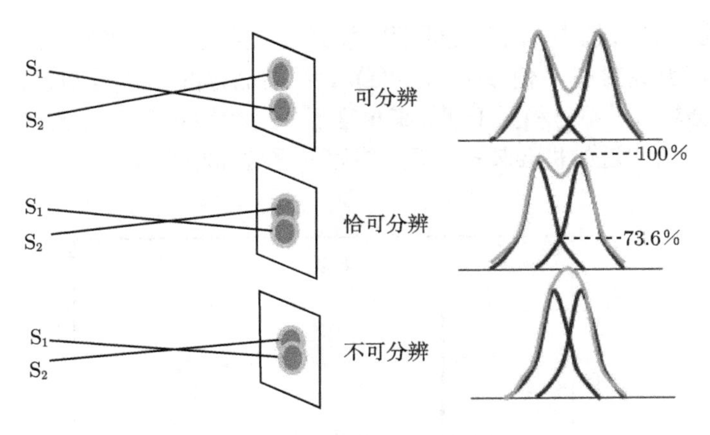

图 2.16　瑞利判据示意图

2.3.1　扫描电子显微镜

扫描电子显微镜 (SEM) 由电子枪、聚光镜 (其中最接近试样的一个聚光镜常称为物镜)、电子束偏转线圈和信号探测器等主要部件构成。

1. 基本原理

电子束与固体样品作用是一个复杂的散射过程，如图 2.17 所示，会产生二次电子、背散射电子、吸收电子、X 射线、俄歇电子、阴极发光灯信号，一般的扫描电子显微镜主要利用前三种信号成像。

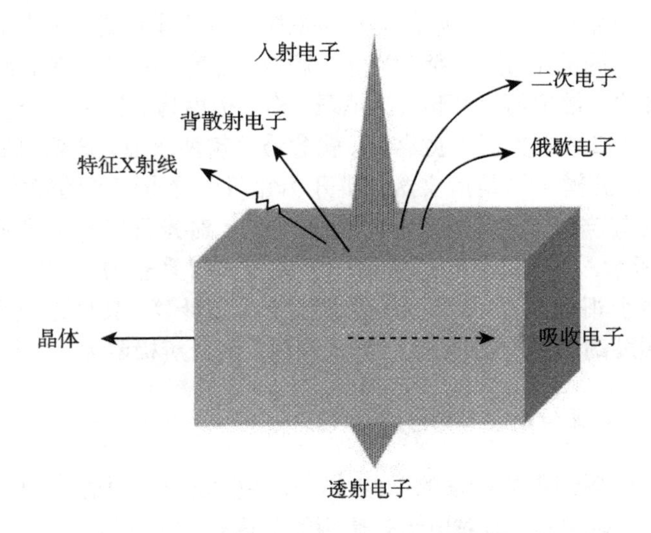

图 2.17　电子束与固体作用示意图

电子束与固体作用发生复杂的散射过程，为了简化物理过程可以认为电子发生的是弹性散射，并且使电子能量衰减的是单电子激发，于是复杂的电子散射转化为一个简化的随机弹性散射物理过程：电子经过一次随机弹性散射后运动一段路程再进行一次弹性散射，在路程中能量连续衰减，在路程末方向发生变化；这样的过程在晶体中重复多次，直到电子能量衰减为零，或者经过多次散射后携带部分能量离开晶体。

只考虑核电势对电子的散射，忽略电子云的贡献，电子的随机散射所服从的卢瑟福散射公式为

$$\cot\theta = bE/0.00072Z \tag{2.16}$$

式中，2θ 为散射角；b 是瞄准距离或者也称为碰撞参量 (单位是 nm)；E 是入射电子能量 (单位是 keV)；Z 是原子序数。从量子力学知识知道散射的方位角由下式决定：

$$\phi = 2\pi\,(\mathrm{RN}) \tag{2.17}$$

RN 是一个随机数，取值分布在 0~1。

电子在晶体运动的路程的大小可以用另一个参数——阻止本领来描述。阻止本领定义为单位质量路程的能量损失，可以表述为

$$s = -\frac{1}{\rho}\frac{\mathrm{d}E}{\mathrm{d}x} \tag{2.18}$$

式中，ρ 是晶体的密度；x 是曲折入射电子的路程；ρx 是质量路程；负号表示电子能量随质量路程的增大而减小。不同实物粒子的阻止本领不同。在扫描电子显微镜中常用的阻止本领表达式为

$$s = -\frac{2\pi e^4 N_{\mathrm{A}} Z}{A}\frac{1}{E}\ln\frac{1.166E}{J} \tag{2.19}$$

式中，N_{A} 是阿伏伽德罗常量；Z 和 A 分别是晶体的原子序数和原子质量；J 是平均电离能。原子序数与原子质量比 Z/A 随着原子序数增大从 He(0.5) 到 U(0.39) 缓慢减小，平均电离能 J 近似正比于原子序数，$J \sim Z$。结合 (2.19) 式可以定性知道原子序数越大原子中的电子越不容易被电离，相应的阻止本领越小。此外，阻止本领还随入射电子的能量增大而减小，这是由于高能电子与原子中的电子相互作用时间缩短，越不容易使原子电离。图 2.18 给出在不同能量下阻止本领与原子序数关系的定性描述。

图 2.17 中一些电子经过曲折路程折回晶体表面，称为背散射电子。背散射电子与原子序数有明显的依赖关系，背散射系数 (背散射电子数与入射电子数之比) 随原子序数的增长关系可以从 (2.16) 式作一个定性理解，Z 愈大，散射角 2θ 愈大，

散射机会增多，背散射系数易增大，图 2.19 给出背散射系数与原子序数的定性依赖关系。

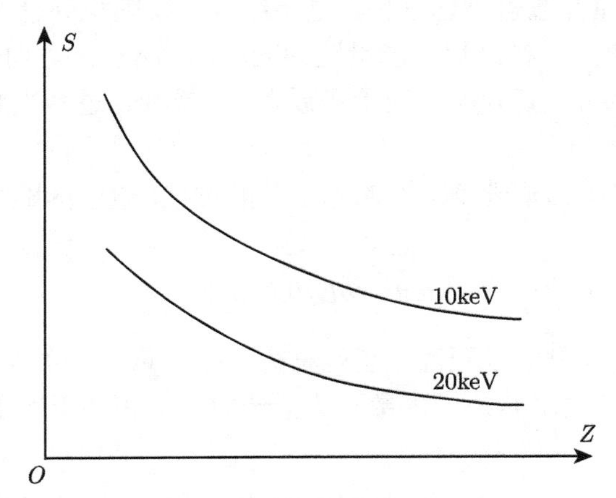

图 2.18　阻止本领随原子序数和电子能量变化示意图

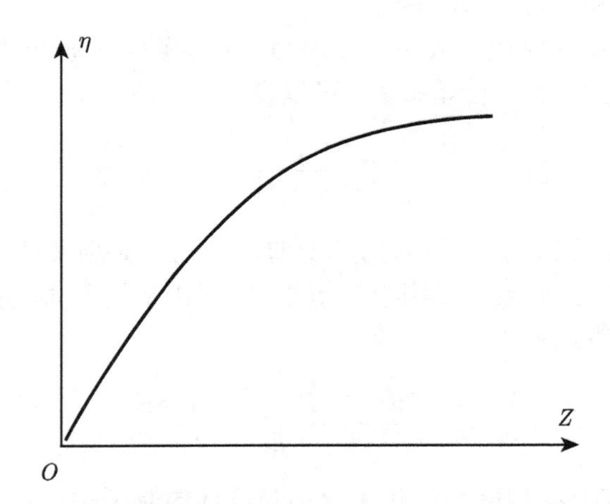

图 2.19　背散射系数与原子序数的定性依赖关系示意图

从元素的背散射电子能量分布图看，以约化能量 W(背散射电子能量与入射电子能量之比) 为横坐标，以约化能量间隔中的背散射系数 $\mathrm{d}\eta/\mathrm{d}W$ 为纵坐标，作出电子能量分布曲线，对曲线积分可以得出背散射系数:

$$\eta = \int_0^1 \frac{\mathrm{d}\eta}{\mathrm{d}W}\mathrm{d}W \tag{2.20}$$

图 2.20 给出几种常见元素的背散射电子能量分布图。

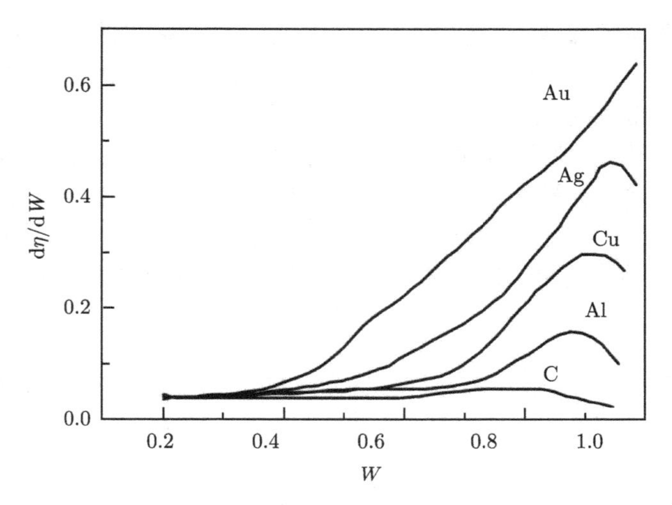

图 2.20 背散射电子能量分布

在电子束与固体作用图 2.17 中有部分样品被入射电子激发，样品内的电子被轰击出来并离开样品表面，称为二次电子。由于原子核和外层价电子的结合能很小，因此外层的电子比较容易脱离原子。当原子的核外电子从入射电子获得了相应的结合能后，可离开原子而变成自由电子。如果这种散射过程发生在比较接近样品表面处，那些能量大于材料逸出功的自由电子可从样品表面逸出，变成真空中的自由电子，即二次电子。一个能量很高的入射电子射入样品时，可以产生许多自由电子，而在样品表面上方检测到的二次电子绝大部分来自价电子。二次电子来自表面 5~50nm 处，能量为 50eV，它对样品表面状态非常敏感，能有效地显示样品表面的微观形貌。由于它来自样品表面层，入射电子还没有较多次的散射，因此产生二次电子的面积与入射电子的入射面积近乎一致。所以二次电子的分辨力较高，一般可达 5~10nm。扫描电子显微镜的分辨力通常就是二次电子分辨力。二次电子产额随原子序数的变化不明显，它主要取决于表面形貌。图 2.21[8] 给出入射电子 100eV 激发出的二次电子的能量分布及二次电子产额与入射电子能量的关系图。

入射电子进入样品后，经多次非弹性散射能量损失殆尽 (假定样品有足够的厚度没有透射电子产生)，最后被样品吸收而成为吸收电子。如果将样品与纳安表连接并接地，将会显示出吸收电子产生的吸收电流。显然，样品的厚度越大，密度越大，原子序数越大，吸收电子就越多，吸收电流就越大，反之亦然。因此，不但可以利用吸收电流信号成像，还可以得出原子序数不同的元素的定性分布情况。

透射电子显微镜利用透射电子来成像，如果被分析的样品很薄，厚度只有 10~20nm，透射电子中就会有一部分入射电子穿过薄样品而成为透射电子。如果样品很薄，透射电子的主要组成部分是弹性散射电子，成像比较清晰，电子衍射斑点也比较明锐。如果样品较厚，则透射电子中有相当一部分是非弹性散射电子，能量低于 E_0，并且是一变量，经磁透射成像后，由于色差的存在，因而影响成像清晰度。一般金属薄膜样品的厚度在 200~500nm，在入射电子穿透样品的过程中将与原子核或者核外电子发生有限次数的弹性或非弹性散射。因此，样品下方检测到的透射电子信号中，除了有能量与入射电子相当的弹性散射电子外，还有各种不同能量损失的非弹性散射电子。其中有些特征能量损失 ΔE 的非弹性散射电子和分析区域的成分有关，因此，可以用特征能量损失电子配合电子能量分析进行微区成分分析。

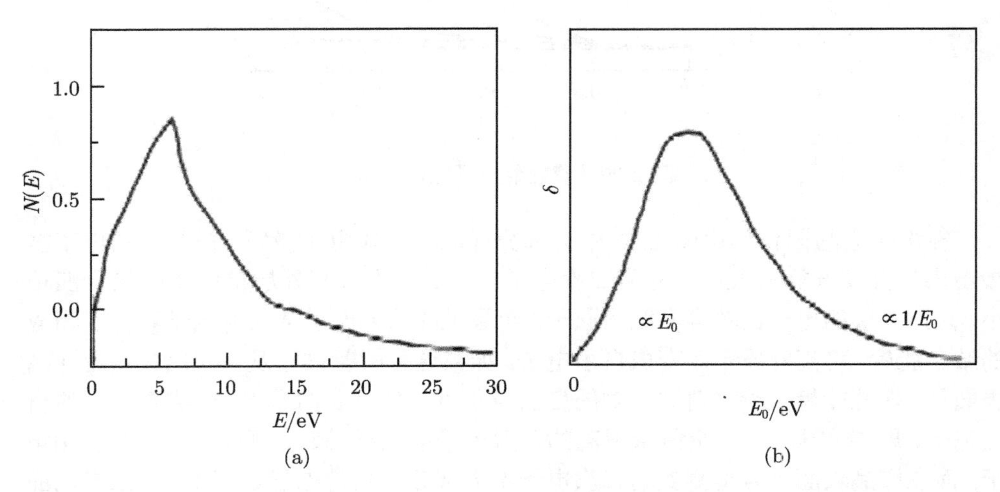

图 2.21　(a) 二次电子的能量分布曲线；(b) 二次电子产额和入射电子能量 E_0 的关系

样品的密度与厚度的乘积越小，透射电子系数越大；反之，则吸收电子系数和背散射电子系数越大。图 2.22 是电子在铜样品中的透射电子系数、吸收电子系数和背散射电子系数 (包括二次电子) 随样品质量厚度 ρZ 的变化。

当样品原子的内层电子被入射电子激发或电离时，原子就会处于能量较高的激发状态，此时外层电子将向内层跃迁以填补内层电子的空缺，从而使具有特征能量的 X 射线释放出来。在入射电子激发样品的特征 X 射线过程中，如果在原子内层电子能级跃迁过程中释放出来的能量并不以 X 射线的形式发射出去，而是用这部分能量把空位层内的另一个电子发射出去 (或使空位层的外层电子发射出去)，这个被电离出来的电子称为俄歇电子。因每一种原子都有自己特定的壳层能量，所以它们的俄歇电子能量也各有特征值，一般在 50~1500eV 范围。俄歇电子是由样品表面极有限的几个原子层中发出的，这说明俄歇电子信号适用于表面化学成分分析。

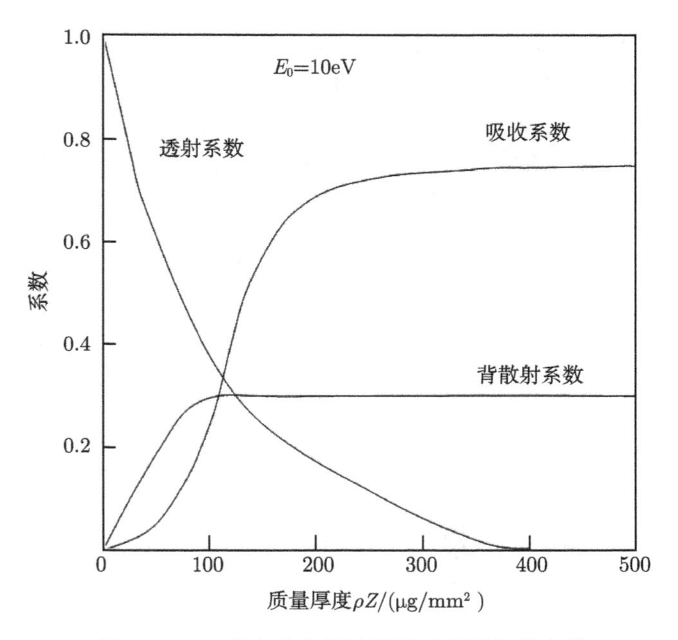

图 2.22 各种电子信号随样品质量厚度的变化

2. *扫描电子显微镜的结构及工作原理*

扫描电子显微镜由三个基本系统组成，分别是电子光学系统，信号收集、处理、显像系统，真空系统，图 2.23 为其结构原理的示意图。由电子枪发射能量为 5～35keV 的电子，以其交叉斑作为电子源，经二级聚光镜和物镜的会聚形成具有一定能量、一定束流强度和束斑直径的电子束，在扫描线圈的驱动下，于样品表面按一定时间、空间顺序作栅网式扫描。聚焦电子束与样品相互作用，产生二次电子以及其他的物理信号，二次电子产额随样品表面形貌的不同而变化。二次电子信号被探测器收集转换成电信号，经视频放大后输入显像管栅极，调制与入射电子束同步扫描的显像管亮度，得到反映样品表面形貌的二次电子像。扫描电子显微镜的电子光学系统包括电子枪、电磁透镜、扫描线圈和样品室四个部分。

电子枪的作用是产生电子照明源，其加速电压要低于透射电子显微镜，它的性能决定了扫描电子显微镜的质量，电子枪的亮度限制了扫描电子显微镜的分辨率。电子束流由电子枪的阴极发射，随着阴极材料的电子逸出功的减小，以及阴极发射的温度升高，所形成的电子束流的强度逐渐增大，因而电子枪的亮度越来越高。阴极发射电流密度 J_{K} 的表达式如下所示:

$$J_{\mathrm{K}} = A_0 T \exp(-e\varphi/kT) \tag{2.21}$$

其中，A_0 为发射常数；φ 为阴极材料的逸出功。从上式可以看出，影响电子枪发射性能的因素有如下四个方面：一是阴极材料本身的热电子发射性质 (如电子逸出功、几何形状等)；二是阴极的加热电流，发射电流强度随着阴极加热电流的增加而增加；三是阴极尖端到栅极孔的距离；四是阴极的加速电压，高的加速电压可以获得大的发射电流强度，从而获得高亮度的电子电流。

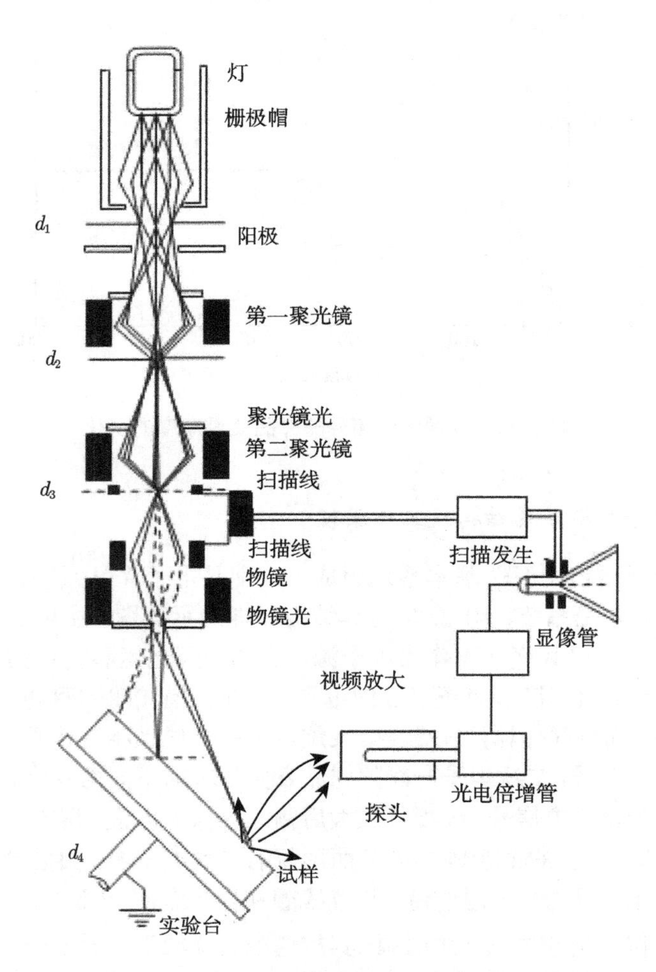

图 2.23　扫描电子显微镜的结构原理图

目前，应用于扫描电子显微镜的电子枪可以分为三类，分别是直热式发射型电子枪、旁热式发射型电子枪和场致发射型电子枪。其中，直热式电子枪的阴极材料是直径为 0.1~0.15mm 的钨丝，通常制成发夹式或者针尖式，并利用直接电阻加热来发射电子，目前，这是一种商业化应用最为广泛的电子枪。此种电子枪的寿命在 30～100h，且成像不如其他两种明亮，但其成本较低，因而应用广泛。旁热式电子枪的阴极材料是用电子逸出功较小的 LaB_6、YB_6、TiC 或 ZrC 等材料制造的，其中 LaB_6 应用最多，它是用旁热式加热阴极来发射电子的。LaB_6 的寿命在 200～1000h，成像比钨丝明亮，需要压强小于 10^{-7}torr(1torr=1.33322×10^2Pa) 的真空环境，但成本要高于钨丝大约十倍。场致发射型电子枪的阴极是用 (310) 钨单晶针尖制造的，针尖的曲率半径大约为 100nm，利用场致发射效应来发射电子。此种电子枪需要压强小于 10^{-10}torr 的极高真空环境，其寿命达到 1000h 以上，且不需要电磁透镜系统。

电磁透镜在扫描电子显微镜中起会聚作用，而不作成像透镜使用。将多级透镜组合使用，把电子枪的束斑 (虚光源) 逐级聚焦缩小，使原来直径约为 50μm 的束斑缩小成一个只有数纳米的细小斑点。扫描电子显微镜一般有三个电磁透镜，其中第一聚光镜和第二聚光镜为强磁透镜，并由一组会聚光圈与之相配，可把电子束光斑缩小。第三个透镜是弱磁透镜，具有较长的焦距，可将电子束的焦点会聚到样品表面，此透镜又被称为物镜。布置此物镜的目的在于使样品室和透镜之间留有一定的空间，以便装入各种信号探测器。扫描电子显微镜中照射到样品上的电子束直径越小，就相当于成像单元的尺寸越小，相应的分辨率就越高。采用普通热阴极电子枪时，扫描电子束的束径可达到 6nm 左右，而若采用 LaB_6 作为阴极材料的场致发射型电子枪，电子束束径还可进一步缩小。调节透镜的总缩小倍数即可得到不同直径的电子束斑，随着束斑直径的减小，电子束流将减小。

扫描线圈的作用是使经电磁透镜会聚后的电子束发生偏转，并在样品表面做规律的扫描动作，因为由同一扫描发生器控制，故电子束在样品上的扫描动作和显像管的扫描动作是严格一致的。当进行形貌分析时，采用光栅扫描方式，即让入射电子束在上偏转线圈和下偏转线圈的作用下发生两次偏转，之后通过物镜照射到样品表面。当电子束偏转的同时还带有一个逐行扫描动作，电子束在上下偏转线圈的作用下，在样品表面扫描出放行区域，相应地画出一帧比例图像。在进行电子通道花样分析时，采用角光栅扫描方式，即只经过上偏转线圈的偏转作用，然后直接由物镜入射到样品表面。入射束被上偏转线圈转折的角度越大，则电子束在入射点上摆动的角度也越大。

样品室除放置样品外，还在其中安装信号探测器，探测器的安放位置和信号的收集精度有很大的关系，若安放不当，很有可能造成收集不到信号或者收集到的信号很弱。探测器前可以加 100V 左右的正偏压和负偏压，加正偏压时可以把不同方向射出的低能量的二次电子拉向探测器，增强二次电子信号。背散射电子能量高，只有直接射向探测器时才能被探测到，因此背散射电子信号比二次电子信号弱得多、探测器前加负偏压时，二次电子受阻挡，这时探测到的仅仅是背散射电子信号。二次电子探测器由闪烁体和光电倍增管组成，闪烁体将电子信号转换成光信号，光电倍增管将光信号转换成电信号并放大。样品台除能固定样品外，还可做平移、转动、倾斜等运动，便于对样品的每一个指定位置进行精确的分析，若能搭配附件，还可在样品台上对样品进行加热、冷却、拉伸和疲劳等性能测试。

信号收集、处理、显像系统能够检测二次电子、背散射电子、透射电子等的信号，并经数据处理，显示出样品的形貌图像，此系统通常由扫描系统、信号探测系统和图像显示记录系统等几部分组成。通过光导管将可见光信号送入光电倍增器，放大光信号，转化成电流信号输出，电流信号经视频放大器放大后就称为调制信号。由于镜筒中的电子束和显像管中的电子束是同步扫描的，而荧光屏上每一点的亮度是根据样品上被激发出来的信号强度来调制的，因此样品上各点的状态不同，所接收到的信号也不相同，于是能在显像管上看到一幅反映样品各点状态的扫描电子显微图像。

真空系统是使镜筒内有一定的真空度，保证扫描电子显微镜中电子光学系统的正常工作。通常情况下，真空度为 $1.33\times10^{-3}\sim1.33\times10^{-2}$Pa 时，就可防止样品的污染。如果真空度不足，除样品被严重污染外，还会出现灯丝寿命下降、极间放电、虚假二次电子效应、透镜光阑和样品表面受碳氢化合物污染加速等现象，从而严重影响成像质量。因此，真空系统的质量是衡量扫描电子显微镜质量的重要参考标准。常用的真空系统有三种，分别是油扩散泵系统、涡轮分子泵系统、离子泵系统。油扩散泵可获得 $10^{-5}\sim10^{-3}$Pa 的真空度，基本能满足扫描电子显微镜对真空度的要求，但是容易使样品和电子光学系统的内壁受到污染。涡轮分子泵系统的真空度可达 10^{-4}Pa 以下，其优点为无油污染的存在，但是噪声和振动较大，因而限制了其在扫描电子显微镜中的应用。离子泵系统的真空度可达 $10^{-8}\sim10^{-7}$Pa 的极高真空度，可满足在扫描电子显微镜中采用 LaB_6 电子枪和场致发射型电子枪对真空度的要求。

3. *扫描电子显微镜的特点*

扫描电子显微镜之所以在世界范围内获得了广泛的应用，是因为其具有不同于其他显微分析技术的诸多特点。

(1) 测试样品的尺寸范围较大，最大可观察直径为 30mm 的大块样品。

(2) 制样方法简单，对于表面清洁的导电材料可不用制样而直接进行观察；对表面清洁的非导电材料只要在表面蒸镀一层导电层后即可进行观察。

(3) 场深大，通常为几纳米厚。在扫描电子显微镜中，位于焦平面上下的一小层区域内的样品点都可以得到良好的聚焦而成像，这一小层的厚度曾称为场深。因为其具有较大的场深，所以适用于粗糙表面和断口的分析观察，且得到的图像富有立体感、真实感，易于识别和解释，也可以用于纳米级样品的三维成像。如果增加工作距离，可以在其他条件不变的情况下获得更大的场深；而如果减小工作距离，则可以在其他条件不变的情况下获得更高的分辨率。

(4) 放大倍数变化范围大且连续可调，一般为 15~200000 倍，最大可达 300000 倍，对于多相、多组成的非均匀材料，便于低倍下的全局观察和高倍下的局部观察分析。

(5) 分辨率高，一般为 3~6nm，最高可达 2nm。扫描电子显微镜的分辨率是指能分开的两点之间的最小距离，是其主要性能指标之一。表 2.4 列出了扫描电子显微镜主要信号的成像分辨率。从表中可以看出，扫描电子显微镜的不同成像信号的分辨率是不同的，二次电子像的分辨率最高，X 射线像的分辨率最低。除与信号种类有关外，扫描电子显微镜的分辨率还与入射电子束斑的大小有关。扫描电子显微镜是通过电子束在样品上逐点扫描成像，因此任何小于电子束斑的样品细节都不能在荧光屏图像上得到显示，也就是说扫描电子显微镜图像的分辨率不可能小于电子束斑直径。

表 2.4 成像信号与分辨率的关系

信号	二次电子	背散射电子	吸收电子	特征 X 射线	俄歇电子
分辨率/nm	5~10	50~200	100~1000	100~1000	5~10

(6) 可通过电子学方法有效控制和改善图像质量，如通过 γ 调制可改善图像反差的宽容度，使图像各部分亮暗适中。采用双放大倍数装置或图像选择器，可在荧光屏上同时观察不同放大倍数或不同形式的图像。

(7) 可进行功能扩展，实现多种功能的测试分析。与 X 射线谱仪配接，可在观察形貌的同时进行微区成分分析；配有光学显微镜和单色仪等附件时，可观察阴极荧光图像和进行阴极荧光光谱分析；连接半导体样品座附件，可利用电子束电导和电子伏特信号观察晶体管或集成电路中的 pn 结及缺陷。

(8) 可使用加热、冷却和拉伸等样品台进行动态试验，观察样品在各种环境条件下的相变及形态变化等。

4. 扫描电子显微镜的分辨率和衬度分析

二次电子像的分辨率可以达到几纳米，背散射电子像的分辨率约为 100nm，标识 X 射线的分辨率约为 1μm，这是由于图像的分辨率决定于信号集中产生的范围。入射电子产生的二次电子集中在比束直径稍大一些的区域内，而背散射电子产生的二次电子分散在比束直径大约 100nm 量级的范围内，因此当电子束直径在几纳米内时，二次电子集中产生的范围也只有几纳米，这也就是二次电子像的分辨率。有背散射电子的产生范围较大，其分辨率要小于二次电子分辨率；标识 X 射线产生的范围更大，故其分辨率较差。不论二次电子成像、背散射电子像还是其他信号的像，相邻像元的信号差 ΔS 必须超过噪声 N 的 5 倍才能被区分开，于是引入衬

度的概念，定义为：相邻像元信号差与相邻像元的平均信号之比。可以区别相邻像元的衬度条件是

$$\Delta S/S > 5S/N \tag{2.22}$$

S/N 是信噪比，提高信噪比就可以区别衬度更小的相邻像元。二次电子探测器前加正偏压以接收更多的二次电子，在待测样上方设置环状背散射电子探测器以便接收更多的二次电子等，都是为了提高信噪比。根据衬度形成的依据，可将其分为表面形貌衬度、原子序数衬度和电压衬度，此处重点介绍前两者。

1) 表面形貌衬度

表面形貌衬度是由于样品表面的形貌差异而形成的衬度。利用对样品表面形貌变化敏感的物理信号如二次电子、背散射电子等作为显像管的调制信号，可以得到形貌衬度像，其强度是样品表面倾角的函数。而样品表面微区形貌的差别实际上就是由各微区表面相对于入射束的倾角不同造成的，因此电子束在样品表面扫描时任意两点的形貌差别，表现为信号强度的差别，从而在图像中形成显示形貌的衬度。二次电子像的衬度是最典型的表面形貌衬度，下面以二次电子像为例说明形貌衬度的形成过程。二次电子信号主要用于分析样品的表面形貌。二次电子只能从样品表面 5~10nm 深度范围内被入射电子束激发出来，大于 10nm 时，虽然入射电子也能使核外电子脱离原子而变成自由电子，但因其能量较低且平均自由程较短，不能逸出样品表面，最终只能被样品吸收。被入射电子束激发出的二次电子数量和原子序数没有明显的关系，但是二次电子对微区表面的几何形状十分敏感。图 2.24 说明了二次电子产额与入射角的关系。

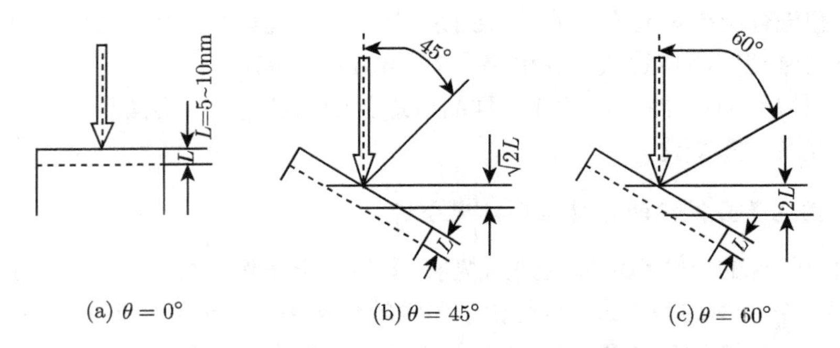

(a) $\theta = 0°$　(b) $\theta = 45°$　(c) $\theta = 60°$

图 2.24　二次电子产额与入射角的关系

入射电子束和样品表面法线平行时，即图 2.24(a) 中 θ=0°，二次电子的产额最少。若入射角为 45°，则电子束穿入样品激发二次电子的有效深度增加到 θ=0° 时的 $\sqrt{2}$ 倍，入射电子束距表面 5~10nm 的作用体积内逸出表面的二次电子数目增多。当入射角度为 60° 时，有效深度增加为 θ=0° 时的 2 倍，激发出更多的二次电

子。因此可以看出，随着入射角的增大，二次电子的产额增加。图 2.25 为根据上述原理画出的产生二次电子形貌衬度的示意图。样品 B 面的倾斜角度最小，二次电子产额最小，亮度最低，其他面的倾斜角度较大，因而亮度较大。

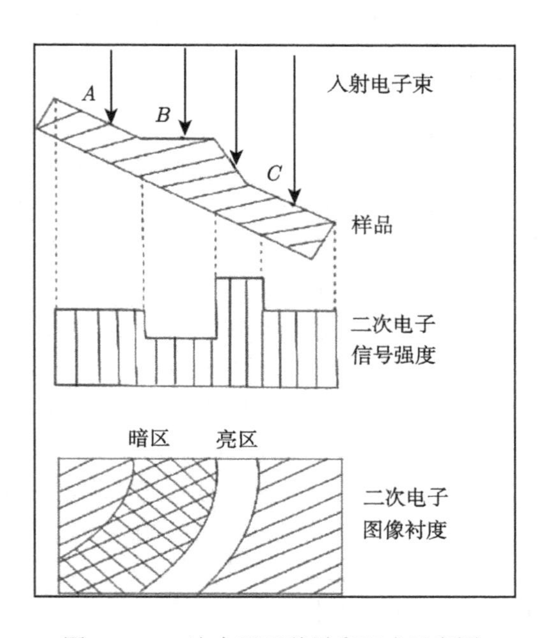

图 2.25 二次电子形貌衬度形成示意图

2) 原子序数衬度

原子序数衬度是由样品表面物质原子序数 (或化学成分) 的差异所形成的衬度。利用对样品表面原子序数 (或化学成分) 变化敏感的物理信号作为显像管的调制信号，可以得到原子序数衬度图像。特征 X 射线像的衬度是原子序数衬度，背散射电子像、吸收电子像的衬度包含原子序数衬度。如果样品表面存在形貌差异，则背散射电子像还包括表面形貌衬度。

背散射电子的信号既可以用来进行形貌分析，也可以用于成分分析。在进行晶体结构分析时，背散射电子信号的强弱是造成通道花样衬度的原因。用背散射电子进行形貌分析时，其分辨率远比二次电子低，因为背散射电子是在一个较大的作用体积内被入射电子激发出来的，成像单元变大是分辨率降低的原因。此外，背散射电子的能量很高，它们以直线轨迹逸出样品表面，对于背向检测器的样品表面，因检测器无法收集到背散射电子而变成一片阴影，因此在图像上显示出很强的衬度，衬度太大会失去细节的层次，不利于分析。用二次电子信号作形貌分析时，可以在检测器收集栅上附加一定大小的正电压 (一般为 250~500V)，来吸引能量较低的二次电子，使它们以弧形路线进入闪烁体，这样在样品表面某些背向检测器或者凹坑等部位上逸出的二次电子也能对成像有所贡献，从而使图像层次 (景深) 增加，细节清楚。虽然背散射电子也能进行形貌分析，但是它的分析效果远不及二次电子。因此，在作无特殊要求的形貌分析时，都不用背散射电子信号成像。

5. 扫描电子显微镜的实际应用

在扫描电子显微镜的实际使用过程中，试样制备技术占有重要的地位，它直接关系到电子显微图像的观察效果和对图像的正确解释。如果制备不出适合扫描电子显微镜特定观察条件的试样，即使仪器性能再好也不会得到好的观察效果。对于大小不同的导电固体试样，如块体、薄膜、颗粒等，可在真空中直接进行观察，而对于不导电的试样，需要在其表面蒸镀一层金属导电膜。如果在观察过程中，试样表面不导电或导电性不好，将产生积累电荷和放电现象，使得入射电子束偏离正常路径，最终造成图像不清晰甚至无法观察和拍相。

对于块体导电性材料，其大小不应超过仪器的规定 (如试样直径最大为 25mm，最厚不超过 20mm 等)。用双面胶带将试样粘在载物盘上，再用导电银浆连通试样与载物盘以确保导电良好，待银浆干透之后就可放到样品室中直接观察。而对于非导电块体材料，应在涂导电银浆的时候将其从载物盘一直连接到块体材料的上表面，因为观察时电子束是直接照射在试样的上表面的。

对于粉末状试样，首先在载物盘上粘上双面胶带，然后取少量粉末试样放在胶带上靠近载物盘的圆心位置，用吹气橡胶球朝载物盘径向的外方向轻吹，以使粉末可以均匀分布在胶带上，也可以把粘结不牢的粉末吹走，以免污染镜体。再在胶带边缘涂上导电银浆以连接样品和载物盘，等银浆干了之后就可以进行最后的蒸金处理。无论是导电还是不导电的粉末试样都必须进行蒸金处理，因为试样即使导电，在粉末状态下颗粒间紧密接触的概率也是很小的，除非采用价格较昂贵的碳导电双面胶带。

对于溶液试样，一般采用薄铜片作为载体。首先，在载物盘上粘上双面胶带，然后粘上干净的薄铜片，把溶液小心滴在上面，待溶液干了之后观察析出的样品量是否足够，如果不够再滴一次，等再次干了之后就可以涂导电银浆和蒸金了。

以上介绍了各种试样的制备过程，下面说明蒸金的具体方法。

利用扫描电子显微镜观察高分子材料 (塑料、纤维、橡胶等)、陶瓷、玻璃等不导电或导电性很差的非金属材料时，一般都要事先用真空镀膜机或离子溅射仪在试样表面上蒸镀一层重金属导电薄膜，通常为一层金膜，这样既可以消除试样荷电现象，又可以增加试样表面的导电导热性，减少电子束造成的试样损伤，提高二次电子发射率。

除用真空镀膜机制备导电膜外，利用离子溅射仪制备试样表面导电膜能收到更好的效果。溅射过程是在真空度为 2.66~26.6Pa 条件下，阳极 (试样) 与阴极 (金靶) 之间加 500~1000V 直流电压，使残余气体产生电离后的阳离子及电子在极间电场作用下分别移向阴极和阳极。在阳离子轰击下，金靶表面迅速产生金粒子溅射，并在不断地遭受残余气体散射的过程中，金粒子从各个方向落到阳极位置的试样表面，形成一定厚度的导电膜，整个过程只需要 1~2min。离子溅射法设备简单，操作方便，喷涂导电膜具有较好的均匀性和连续性，是日益被广泛采用的方法。此外，利用离子溅射仪对试样进行选择性减膜 (蚀刻) 或清除表面污染物等工作也很有效。

在日常操作中，需要对扫描电子显微镜的控制参数进行选择和调节，这些参数主要有电子的加速电压、透镜的励磁电流、工作距离、末级透镜光阑孔径和帧扫描时间等。电子加速电压越大，电子探针容易聚焦得更细，故采用高的加速电压对提高图像的分辨率和信噪比是有利的。但是，如果观察的对象是高低不平的表面或深孔，为了减小入射电子探针的贯穿深度和散射体积，从而改善在不平的表面上获得图像的清晰度，采用较低的加速电压是适宜的。对于容易发生充电的非导体试样或容易烧伤的生物试样，则宜采用较低的加速电压。电子探针的高斯斑尺寸是随着透镜电流的增加而减小的，因此，高的透镜励磁电流对提高图像的分辨率是有利的，但对信噪比不利，如果用低的透镜电流则刚好相反。为了兼顾这种矛盾，通常先选取中等水平的透镜电流，如果对观察试样所采用的观察倍数不高，并且图像质量的主要矛盾是信噪比不够，则可以采用较小的透镜电流值，如果要求观察的倍数较高，并且图像质量的主要矛盾在分辨率，则应逐步增加透镜电流。对于工作距离参数，为了获得高的图像分辨率，采用小的工作距离的观察条件是可取的。但如果要观察的试样是一种高低不平的表面，要获得较大的景深，采用大的工作距离是必要的，但要注意图像的分辨率将会降低。

2.3.2 透射电子显微镜

透射电子显微镜 (TEM) 由照明系统 (电子枪、加速管、聚光与偏转系统)，成像系统 (物镜、中间镜、投影镜和光阑)，观察和照相系统，样品台和式样架，以及真空系统等组成。整个镜筒在高真空环境中，电子能量一般为 120keV，由德布罗意关系：$\lambda = h/(mv)$，相应的波长约为 0.003nm。理论分辨率可以到达 0.02Å，实际分辨率可以达到 2Å。

1. 透射电子显微镜的工作原理及结构

1) 电子与待测样品的作用

电子与待测样品中的原子或原子团发生弹性散射和非弹性散射。用经典的弹性散射模型来处理问题可以得出卢瑟福散射公式：

$$\sigma(2\theta) = Z^2e^2/(16E^2 \cdot \sin^4\theta) \tag{2.23}$$

入射方向和散射方向的夹角为 2θ，E 是电子的能量，Z 是原子序数，σ 是微分散射截面 (电子散射到 2θ 方向单位立体角内的概率)。为使卢瑟福散射公式描述更为精确，考虑电子云的屏蔽效应，可以得出修正后的微分散射截面公式 [9]：

$$\sigma(2\theta) \equiv |f(\theta)|^2 = \left[\frac{me^2}{2h^2}\left(\frac{\lambda}{\sin\theta}\right)^2(Z - f_x)\right]^2 \tag{2.24}$$

$f(\theta)$ 是原子对电子的散射振幅，与 $(Z - f_x)$ 成正比，其中 Z 表示原子核的贡献，$-f_x$ 表示电子云的贡献。将微分散射截面在 4π 立体角范围内积分就可以得到原子的总散射截面 σ，在轴对称条件下可以写成

$$\sigma = \int_0^{\pi} \sigma(2\theta)\, 2\pi \sin 2\theta \mathrm{d}(2\theta) \tag{2.25}$$

它表示一个原子使入射电子发生弹性散射的总概率。

2) 电子衍射

120keV 电子束的波长是 0.003nm，埃瓦尔德 (Ewald) 球半径等于波长的倒数。由衍射理论知，光栅条纹为 N 时衍射峰值正比于 N^2，衍射峰宽正比于 $1/N$，与 X 射线衍射不同的是电子衍射样品很薄，在垂直于薄膜法线方向的晶面相当少，等同于使倒格点周围的半峰值轮廓在法线向上拉伸，形成倒易杆。图 2.26 是电子衍射的埃瓦尔德图，C 为埃瓦尔德球心，O 为倒格子原点，G 是倒格点，$\vec{k}_0$ 是入射波矢，数值等于 $1/\lambda$。只要倒易杆和埃瓦尔德球面相交，球心与此交点的连线就是衍射波矢 $\vec{k}$，由于埃瓦尔德球半径很大，倒易杆较长，所以交点有很多。

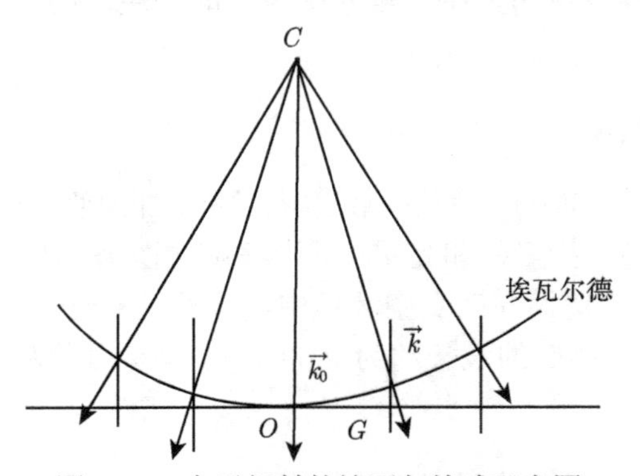

图 2.26　电子衍射的埃瓦尔德球示意图

3) 电子衍射动力学理论

当平行电子束垂直到达待测样品表面时，可以把电子看成是一束振幅和相位都相同的平面波，在晶体内传播时发生衍射，并且在待测样品下表面处发生振幅和

相位的变化。用量子力学对这一问题进行处理，平行入射的电子波矢为 $\psi(\vec{r})$，在真空和晶体中的薛定谔 (Schrödinger) 方程分别为

$$-\frac{h^2}{8\pi^2 m}\nabla^2\psi(\vec{r}) = eE\psi(\vec{r}) \tag{2.26}$$

和

$$\left[-\frac{h^2}{8\pi^2 m}\nabla^2 - eV(\vec{r})\right]\psi(\vec{r}) = eE\psi(\vec{r}) \tag{2.27}$$

式中，h 是普朗克常量；m 和 e 是电子的质量和电荷；eE 是电子的能量；$V(\vec{r})$ 是晶体内势场。

真空中电子的平面波函数是

$$\psi(\vec{r}) = \mathrm{e}^{2\pi \mathrm{i}\vec{\chi}\cdot\vec{r}} \tag{2.28}$$

晶体势场是周期函数，故可以把势场和势场中电子的波函数展开为傅里叶级数，周期势和波函数分别是

$$V(\vec{r}) = \sum_{\vec{g}} V_{\vec{g}}\mathrm{e}^{2\pi \mathrm{i}\vec{g}\cdot\vec{r}} \tag{2.29}$$

和

$$\psi(\vec{r}) = \sum_{\vec{k}} C\left(\vec{k}\right)\mathrm{e}^{2\pi \mathrm{i}\vec{k}\cdot\vec{r}} \tag{2.30}$$

代入 (2.27) 式得出

$$\sum_{\vec{k}}\frac{h^2\vec{k}^2}{2m}C\left(\vec{k}\right)\mathrm{e}^{2\pi \mathrm{i}\vec{k}\cdot\vec{r}} - \sum_{\vec{g}}\sum_{\vec{k}} eV_{\vec{g}}C\left(\vec{k}\right)\mathrm{e}^{2\pi \mathrm{i}\left(\vec{k}+\vec{g}\right)\cdot\vec{r}} = eE\sum_{\vec{k}} C\left(\vec{k}\right)\mathrm{e}^{2\pi \mathrm{i}\vec{k}\cdot\vec{r}} \tag{2.31}$$

其中，$\vec{g}$ 是倒格矢；$\vec{k}$ 是电子波函数的波矢；$V_{\vec{g}}$ 和 $C(\vec{k})$ 是傅里叶系数。

波函数傅里叶系数 (平面波的振幅)$C(\vec{k})$ 和 $C(\vec{k}-\vec{g})$ 有解的条件:

$$\begin{vmatrix} K^2 - h^2 & U_{-\vec{g}} \\ U_{\vec{g}} & K^2 - \left(\vec{k}-\vec{g}\right)^2 \end{vmatrix} = 0 \tag{2.32}$$

满足布拉格条件，即倒格点在埃瓦尔德球上时的特解:

$$\left.\begin{aligned} b^{(1)}(\vec{r}) &= \frac{1}{\sqrt{2}}\exp[2\pi \mathrm{i}\left(\vec{k}^{(1)} + \vec{g}/2\right)\cdot\vec{r}]\cdot 2\cos(\pi\vec{g}\cdot\vec{r}) \\ b^{(2)}(\vec{r}) &= \frac{1}{\sqrt{2}}\exp[2\pi \mathrm{i}\left(\vec{k}^{(2)} + \vec{g}/2\right)\cdot\vec{r}]\cdot 2\sin(\pi\vec{g}\cdot\vec{r}) \end{aligned}\right\} \tag{2.33}$$

波函数的通解是特解的线性组合：

$$\psi(\vec{r}) = \psi^{(1)} b^{(1)}(\vec{r}) + \psi^{(2)} b^{(2)}(\vec{r}) \tag{2.34}$$

$\psi^{(1)}$ 和 $\psi^{(2)}$ 可以由边界条件给出，在布拉格衍射条件下它们都等于 $1/\sqrt{2}$。$b^{(1)}(\vec{r})$ 和 $b^{(2)}(\vec{r})$ 是布洛赫 (Bloch) 波，由埃瓦尔德球图容易理解：$(\vec{k}+\vec{g}/2)$ 垂直于 $\vec{g}$，而 $\vec{g}$ 垂直于对应的晶面 (hkl)，故布洛赫波传播方向 $(\vec{k}+\vec{g}/2)$ 平行于晶面 (hkl)，由于倒格矢长度等于对应晶面间距的倒数 $(|\vec{g}|=1/d_{hkl})$，有如下关系：

$$\begin{aligned} \cos(\pi\vec{g}\cdot\vec{r}) &= \cos(\pi x/d) \\ \sin(\pi\vec{g}\cdot\vec{r}) &= \sin(\pi x/d) \end{aligned} \tag{2.35}$$

x 是以某一晶面上的点为原点、沿着晶面法向方向的距离。

如上所述，电子衍射是晶体周期势引起的，双束近似下得到的晶格像衬度是以 d 为周期的余弦函数，如采取一系列 (如 $-2\vec{g}$、$-\vec{g}$、0、$\vec{g}$、$2\vec{g}$ 等) 衍射束成像，就能获得一维方向的细节。若用几十束二维排列的衍射束成像，得到的将是二维晶格像，在这种情况下，如果晶胞尺寸远大于分辨率，还可以得到反映晶胞内原子排列信息的结构像。

4) 透射电子显微镜的结构

透射电子显微镜是一种具有高分辨率、高放大倍数的电子光学显微镜，是观察和分析材料的形貌、组织与结构的有效工具。它用聚焦电子束作为照明源，使用对电子束透明的薄膜样品 (几十到几百纳米)，以透射电子为成像信号。1924 年，德布罗意发现电子波的波长是可见光的十万分之一，两年后布施 (Busch) 指出轴对称非均匀磁场能使电子波聚焦，在此基础上，1932~1933 年，卢斯卡 (Ruska) 等在研究高压阴极射线示波管的基础上制成了第一台透射式电子显微镜。1940 年，第一批商用透射电子显微镜问世，使电子显微镜进入实用阶段，到 20 世纪 70 年代，透射电子显微镜的分辨率达到 0.3nm，是目前材料显微分析中常用的一种工具。

透射电子显微镜由三个基本系统组成，分别是电子光学系统，电源与控制系统，真空系统，图 2.27 为其结构原理的示意图。由电子枪 (或场发射源) 发射出来的电子在几百千伏的加速电压的加速下，经聚光镜 (2~3 个磁透镜) 会聚成电子束照射在样品上。由于电子的穿透能力弱，样品必须很薄，对电子束呈透明状，其厚度决定于样品成分、加速电压等，一般小于 200nm。穿过样品的电子的强度分布与所观察的样品区的形貌、组织、结构一一对应，它们经物镜、中间镜、投影镜的三级磁透镜聚集放大透射在观察图形的荧光屏上，荧光屏把电子强度分布转变为人眼可见的光强分布，于是在荧光屏上显示出与样品形貌、组织、结构相对应的图像。透射电子显微镜的电子光学系统通常称为镜筒，是透射电子显微镜的核心，它的光路原理与透射光学原理十分相似，分为三个部分，分别是照明系统、成像系统和观察记录系统。照明系统由电子枪、聚光镜和相应的平移对中、倾斜调节装置组成，其作用是提供一束亮度高、照明孔径角小、平行度好、束流稳定的照明源。为满足明场和暗场成像的需要，照明束可倾斜 2°～3°。

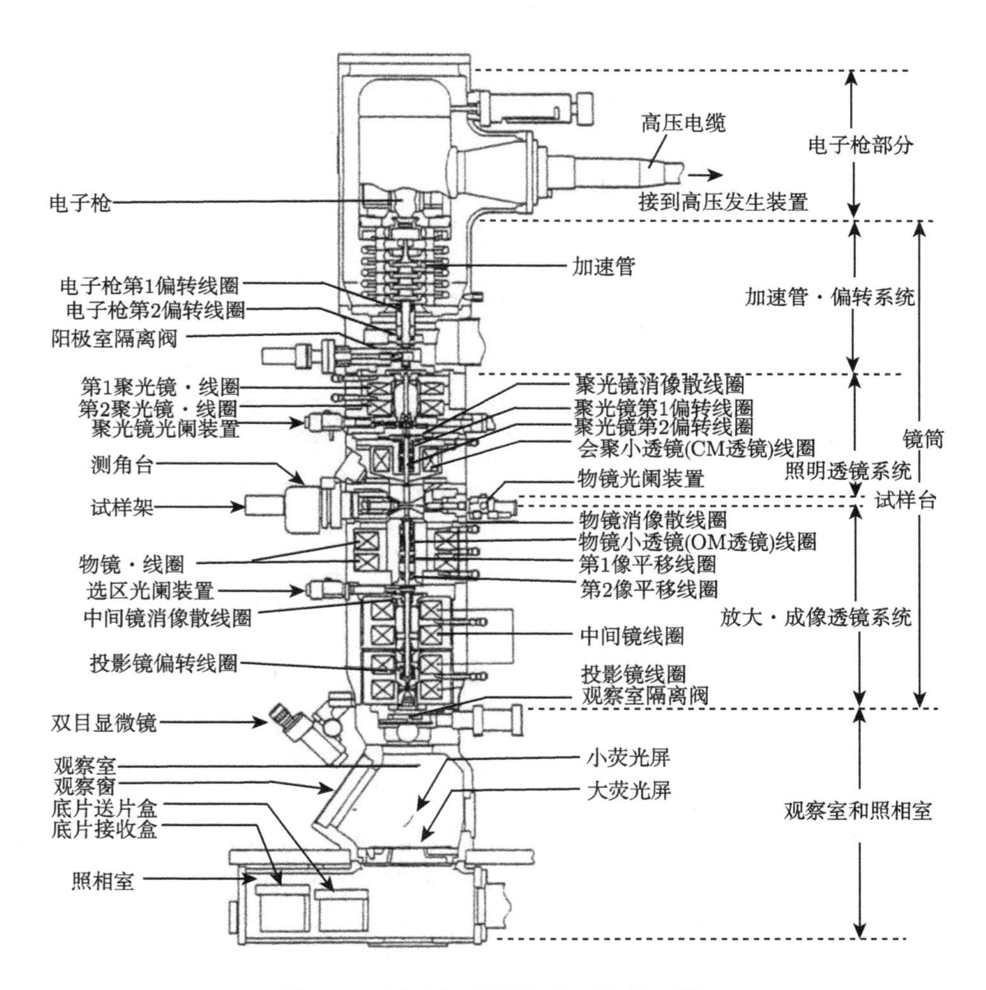

图 2.27　透射电子显微镜的结构原理图

电子枪是透射电子显微镜的电子源，常用的是热阴极三级电子枪，它由发夹形钨丝阴极、栅极和阳极组成，如图 2.28 所示。在电子枪的自偏压回路中，负高压直接加在栅极上，而阴极和负高压之间因加上了一个偏压电阻，使栅极和阴极之间有一个数百伏的电势差。图 2.28(b) 中反映了阴极、栅极和阳极之间的等电位面分布情况。因为栅极比阴极电位值更负，所以可以用栅极来控制阴极的发射电子有效区域。当阴极流向阳极的电子数量加大时，在偏压电阻的两端的电位值增加，使栅极电位比阴极电位进一步变负，由此可以减小灯丝有效发射区域的面积，束流随之减小。若束流因某种原因而减小，偏压电阻两端的电压随之下降，致使栅极和阴极之间的电势差减小。此时，栅极排斥阴极发射电子的能力减弱，束流又可望上升。因此，自偏压回路可以起到限制和稳定束流的作用。由于栅极的电位比阴极负，所以自阴极端点引出的等位面在空间呈弯曲状。在阴极和阳极之间的某一地点，电子束会会聚成一个交叉点，这就是通常所说的电子源，交叉点处电子束直径约几十微米。

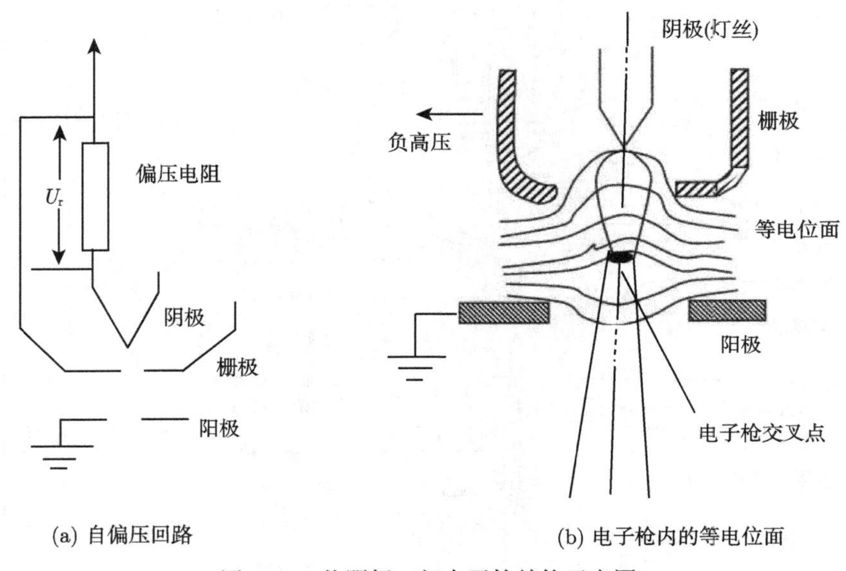

图 2.28　热阴极三级电子枪结构示意图

聚光镜用来会聚电子枪射出的电子束，以最小的损失照明样品，调节照明强度、孔径角和束斑大小。一般都采用双聚光镜系统，如图 2.29 所示。第一聚光镜是强激磁透镜，束斑缩小率在 1/50~1/10，将电子枪第一交叉点束斑缩小为 1~5μm；而第二聚光镜是弱激磁透镜，适焦时放大倍数在数倍。结果在样品平面上可获得 2~10μm 的照明电子束斑。

电子光学系统中的成像系统主要由物镜、中间镜和投影镜组成。

物镜是用来形成第一幅高分辨率电子显微图像或电子衍射花样的透镜。透射电子显微镜分辨本领的高低主要取决于物镜，因为物镜的任何缺陷都将被成像系统中的其他透镜进一步放大。欲获得物镜的高分辨本领，必须尽可能降低像差，通常采用强激磁、短焦距的物镜，像差小，放大倍数较高，一般在 100~300 倍。目前，高质量的物镜的分辨率可达 0.1nm 左右。物镜的分辨率主要取决于极靴的形状和加工精度，一般来说，极靴的内孔和上下极靴之间的距离越小，物镜的分辨率就越高。为了减小物镜的球差，往往在物镜的后焦面上安放一个物镜光阑。物镜光阑不仅具有减小球差、像散和色差的作用，而且可以提高图像的衬度。此外，当物镜光阑位于后焦面位置时，可以方便地进行暗场及衍衬成像操作。在用电子显微镜进行图像分析时，物镜和样品之间的距离总是固定不变的，即物距 L_1 不变。因此改变物镜放大倍数成像时，主要是改变物镜的焦距和像距来满足成像条件。

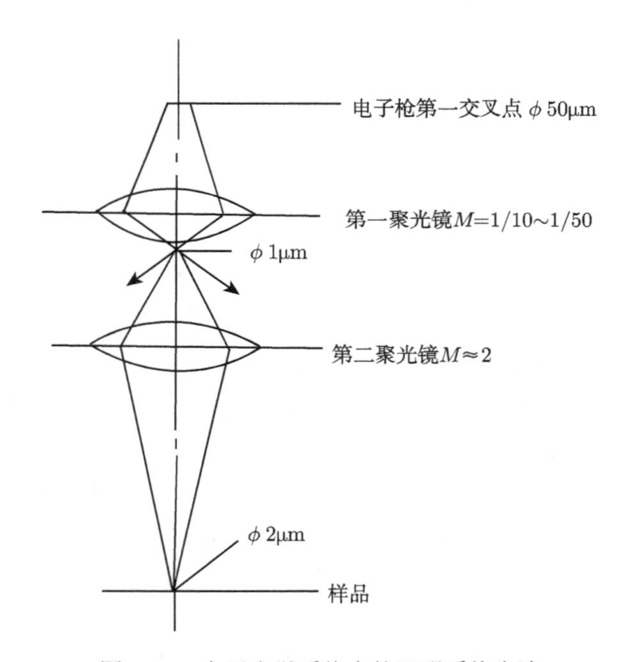

图 2.29 电子光学系统中的照明系统光路

中间镜是一个弱激磁的长焦距变倍透镜，可在 0~20 倍范围调节。当放大倍数大于 1 时，用来进一步放大物镜像，当放大倍数小于 1 时，用来缩小物镜像。在电子显微镜操作过程中，主要是利用中间镜的可变倍率来控制电镜的总放大倍数。如果物镜的放大倍数 M_0=100，投影镜的放大倍数 $M_{\rm p}$=100，则中间镜放大倍数 $M_{\rm i}$=20 时，总放大倍数 M=100×20×100=200000 倍。若 $M_{\rm i}$=1，则总放大倍数为 10000 倍。如果把中间镜的物平面和物镜的像平面重合，则在荧光屏上将得到一幅放大像，这就是电子显微镜中的成像操作，如图 2.30(a) 所示；如果把中间镜的物平面和物镜的焦平面重合，则在荧光屏上将得到一幅电子衍射花样，这就是透射电子显微镜中的电子衍射花样，如图 2.30(b) 所示。

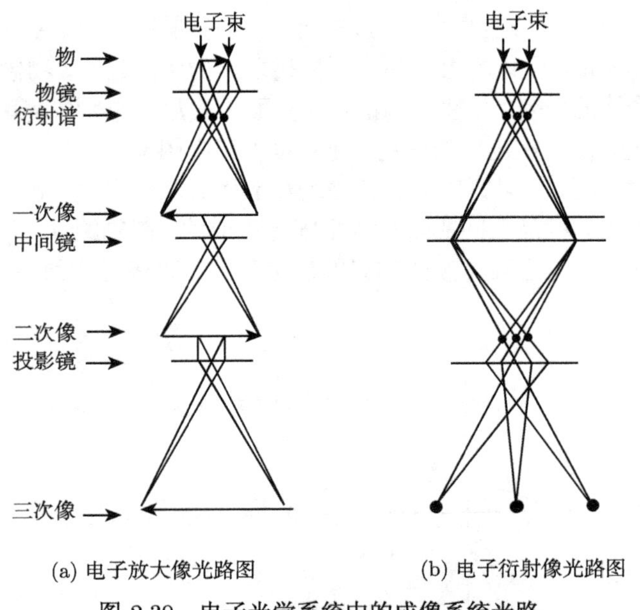

(a) 电子放大像光路图　　(b) 电子衍射像光路图

图 2.30　电子光学系统中的成像系统光路

投影镜的作用是把中间镜放大 (或缩小) 的像或电子衍射花样进一步放大，并投影到荧光屏上，它和物镜一样，是一个短焦距的强磁透镜。投影镜的励磁电流是固定的，因为成像电子束进入投影镜时孔径角很小，约 10^{-5}rad，因此它的景深和焦长都非常大。即使改变中间镜的放大倍数，使显微镜的总放大倍数有很大的变化，也不会影响图像的清晰度。有时，中间镜的像平面会出现一定的位移，由于这个位移距离仍处于投影镜的景深范围之内，因此，在荧光屏上的图像依旧是清晰的。

电子光学系统中的观察记录系统包括荧光屏和照相机，其中照相机是在荧光屏的下面放置一个可以自动换片的照相暗盒。照相时只要把荧光屏掀起一侧垂直竖起，电子束即可使照相底片曝光。由于透射电子显微镜的焦长很大，虽然荧光屏和底片之间有数厘米的间距，但仍能得到清晰的图像。通常采用在暗室操作情况下人眼较敏感的、发绿光的荧光物质来涂制荧光屏，这样有利于高放大倍数、低亮度图像的聚焦和观察。电子感光片是一种对电子束曝光敏感、颗粒度很小的溴化物乳胶底片，它是一种红色盲片。由于电子与乳胶相互作用比光子强得多，照相曝光时间很短，只需几秒钟。早期的电子显微镜用手动快门，构造简单，但曝光不均匀。新型电子显微镜均采用电磁快门，与荧光屏动作密切配合，动作迅速，曝光均匀。有的还装有自动曝光装置，根据荧光屏图像的亮度，自动地确定曝光所需的时间，如果配上适当的电子线路，还可以实现拍片自动计数。

透射电子显微镜的电源与控制系统主要包括三部分，其中灯丝电源和高压电源使电子枪产生稳定的高能照明电子束；各磁透镜的稳压稳流电源，使各磁透镜具有高的稳定度；电气控制电路用来控制真空系统、电气合轴、自动聚焦、自动照相等。

透射电子显微镜的镜筒必须具有较高的真空度，因而需要真空系统。若电子枪中存在气体，会产生气体电离和放电，炽热的阴极灯丝受到氧化或腐蚀而烧断，高速电子受到气体分子的随机散射而降低成像衬度以及污染样品，因而真空系统保证了透射电子显微镜高效稳定地工作。一般电子显微镜镜筒的真空度要求在 10^{-4}~10^{-6}torr。真空系统由二级真空泵组成，前级泵为机械泵，将镜筒预抽至 10^{-3}torr，二级泵为油扩散泵，将镜筒抽至 10^{-4}~10^{-6}torr。当镜筒内达到 10^{-4}~10^{-6}torr 的真空度后，透射电子显微镜才可以开始工作。在整个工作过程中，镜筒必须处于真空状态。新式的透射电子显微镜中电子枪、镜筒和照相室之间都装有气阀，各部分都可单独地抽真空和单独放气，因此，在更换灯丝、清洗镜筒和更换底片时，可不破坏其他部分的真空状态。

2. 透射电子显微镜的制样方法

利用透射电子显微镜对样品进行测试，其前提是制备出适合透射电子显微镜观察用的试样，也就是要制备出厚度仅为 100~200nm，甚至几十纳米的对电子束“透明”的试样。对材料研究来说这些试样有三种类型：一是经悬浮分散的超细粉末颗粒；二是用一定方法减薄的薄膜材料；三是用复型方法将材料表面或断口形貌复制下来的复型膜。粉末颗粒试样和薄膜试样因其是所研究材料的一部分，属于直接试样，复型膜试样仅是所研究形貌的复制品，属于间接试样。

粉末样品的制备，首先应用超声波分散器将需要的粉末在不与粉末发生反应的溶液中分散成悬浮液。再用滴管滴几滴在覆盖有碳加强火胶棉支持膜的电镜铜网上，待其干燥或用滤纸吸干后，再蒸上一层碳膜，即成为观察用的分散情况。也可把载有粉末的铜网再做一次投影操作，以增加图像的立体感，并可根据投影“影子”的特征来分析粉末颗粒的立体形状。

块状材料是通过减薄的方法制备成对电子束透明的薄膜样品，在减薄之前需要先进行机械或化学方法的预减薄。减薄的方法有超薄切片、电解抛光、化学抛光和离子轰击等。超薄切片适用于生物试样，电解抛光适用于金属材料，化学抛光适用于在化学试剂中能均匀减薄的材料，如半导体、单晶体、氧化物等。离子轰击适用于无机非金属材料，是一种 20 世纪 60 年代初发展起来的减薄装置。离子轰击减薄是将待观察的试样按预定取向切割成薄片，再经机械减薄抛光等过程预减薄至 30~40μm 的薄膜，在薄膜钻取或切取成尺寸为 2.5~3mm 的小片，装入离子轰击减薄装置进行离子轰击减薄和离子抛光。离子轰击减薄装置提供一个高真空的环境，两个相对的冷阴极离子枪，提供高能量的氩离子流，以一定角度对旋转的样品的两面进行轰击。当轰击能量大于样品表面原子的结合能时，样品表面原子受到氩离子轰击而发生溅射，经较长时间的连续轰击、溅射，最终样品中心部分穿孔。穿孔后的薄膜在孔的边缘处极薄，对电子束是透明的，就成为薄膜试样。

复型制样方法是用对电子束透明的薄膜把材料表面或断口的形貌复制下来，其中使用较为普遍的方法是碳一级复型、塑料–碳二级复型和萃取复型。对已经充分暴露其组织结构和形貌的试样表面或断口，除在必要时进行清洁外，不需要作任何处理即可进行复型，当需要观察倍基体包埋的第二相时，则需要选用适当的侵蚀剂和侵蚀条件侵蚀试样表面，使第二相粒子突出，形成浮雕，然后再进行复型。

碳一级复型是通过真空蒸发碳，在试样表面直接沉积形成连续碳膜制成，如图 2.31 所示。其具体方法是：在试样待观察表面垂直蒸镀一层厚 10~30nm 的碳膜，用针尖将碳膜划成 2mm 见方的小方块，然后慢慢浸入对试样有轻度腐蚀作用的溶液中，使碳膜逐渐与试样分离，漂浮于液面，碳膜经蒸馏水漂洗后用电镜铜网将其小心地捞于网上，晾干后即为碳一级复型样品。

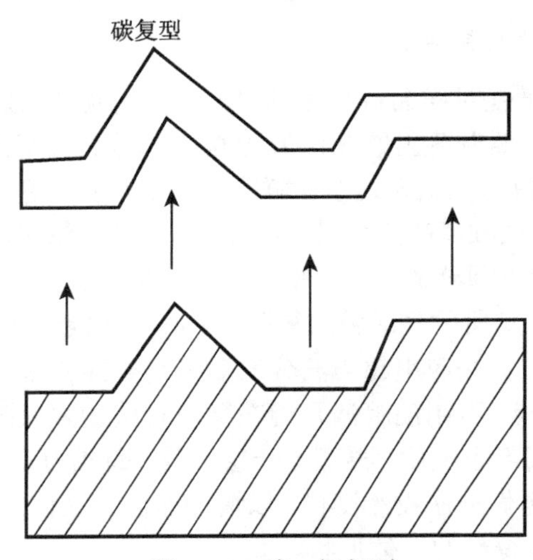

图 2.31　碳一级复型

塑料–碳二级复型是无机非金属材料形貌与断口观察中最常用的一种制样方法，如图 2.32 所示。具体过程为：在待观察试样表面滴上一滴丙酮或醋酸甲酯，在丙酮未完全挥发或被试样吸干之前贴上一块醋酸纤维素塑料膜 (简称 AC 纸)，膜和试样表面间不能留有气泡。待丙酮挥发后将 AC 纸揭下，面向试样的膜面已经复制下试样表面的形貌，此过程为第一级塑料复型。在塑料复型膜的复型面上垂直蒸镀一层 10~30nm 的碳膜，此过程为第二级碳复型。为了增强衬度和立体感，可在碳复型形成前后以一定角度投影重金属。将经投影和蒸镀后的塑料膜剪成边长为 2mm 的小方块，在丙酮溶液中溶去塑料膜，碳膜漂浮于丙酮中。经漂洗后，利用丙酮调节水的表面张力使卷曲的碳膜展开并浮于液面，用电镜铜网将碳膜平正地捞于网上，晾干后即为塑料–碳二级复型样品。

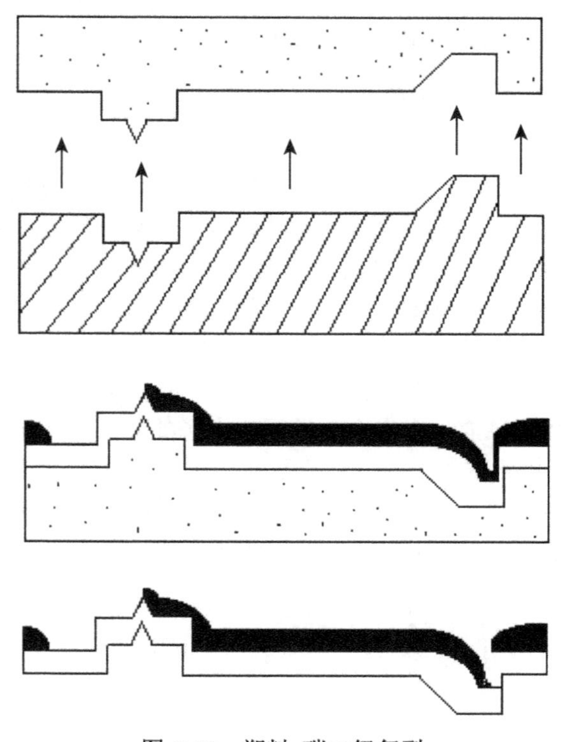

图 2.32 塑料–碳二级复型

萃取复型既可以复制试样表面的形貌，又能够把第二相离子粘附下来并基本上保持原来的分布状态，如图 2.33 所示。通过它不仅可观察基体的形貌，直接观

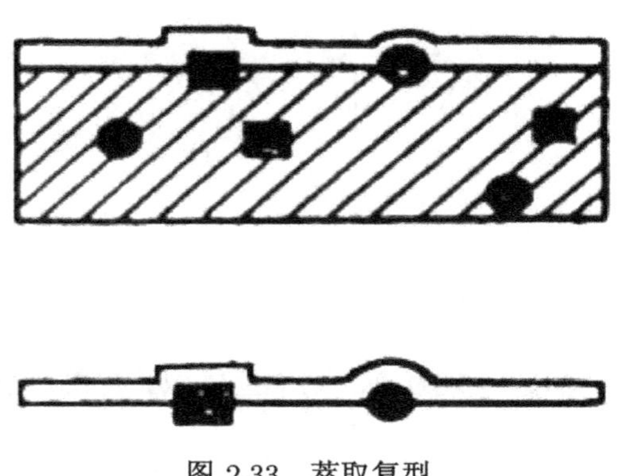

图 2.33 萃取复型

察第二相的形态和分布状态，还可以通过电子衍射来确定其物相。因此，萃取复型兼有复型试样和薄膜试样的优点。其具体过程为：首先侵蚀试样，形成浮雕；然后蒸碳、形成碳膜并将凸出的第二相粒子包埋住；再在侵蚀液中使碳膜和凸出的第二相粒子与基体分离；最后清洁碳膜，捞在铜网上备用。

3. 透射电子显微镜的衬度原理

1) 质厚衬度

质厚衬度也可以称为质量厚度衬度，是试样中各部分厚度和密度差别导致对入射电子的散射程度不同而形成的衬度，其适用于解释复型膜和非晶态薄膜。质厚衬度数值较大的，对电子的吸收散射作用强，使电子散射到光阑以外的要多，对应较暗的衬度；而质厚衬度数值较小的，对应较亮的衬度。

对于无定形或非晶体试样，电子图像的衬度是由于试样各部分的密度 ρ(或原子序数 Z) 和厚度 t 不同形成的。在无定形或非晶体试样中，原子的排列是不规则的，电子像的强度可以独立地考虑个别原子对电子的散射并将结果相加。当强度为 I_0 的电子束垂直照射到试样上时，将受到试样原子的散射。如果在试样下部放置一光阑，其孔径半角为 α，则散射角大于 α 的电子将被光阑挡住而不能参与成像，如图 2.34 所示。电子散射后散射角大于 α 的概率用原子散射截面 $\sigma(\alpha)$ 表示。

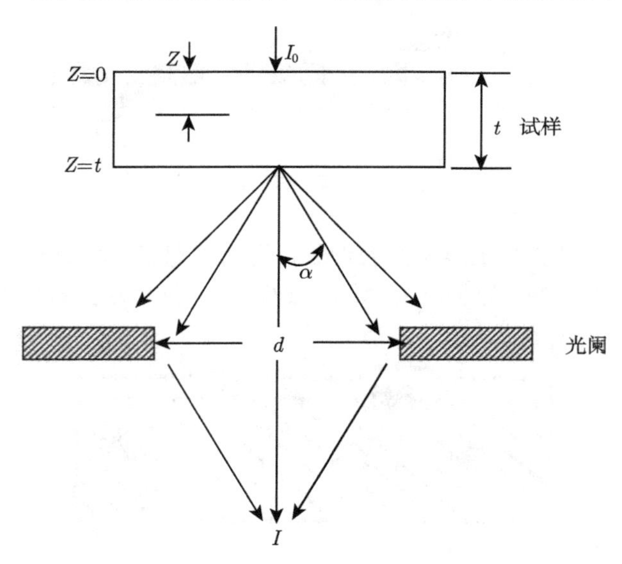

图 2.34　电子的散射

设单位体积试样内的原子数为 N，则单位体积试样的总散射截面为

$$Q = N\sigma(\alpha) = N_0 \frac{\rho}{A}\sigma(\alpha) \tag{2.36}$$

其中，N_0 是阿伏伽德罗常量；ρ 是试样密度；A 是原子量。

若试样中某深度 Z 处的电子束强度为 $I(Z)$，则 $Z+\mathrm{d}Z$处电子束强度为 $I(Z)-\mathrm{d}I(Z)$，如图 2.35 所示。

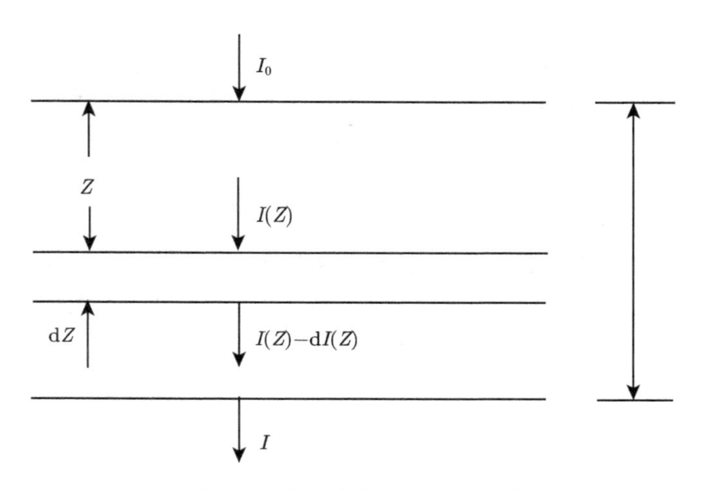

图 2.35 电子束在试样中的衰减

实验得出强度减小率为

$$-\frac{\mathrm{d}I(Z)}{I(Z)}=Q\mathrm{d}Z \tag{2.37}$$

上式积分后得

$$I=I_0\mathrm{e}^{-Qt} \tag{2.38}$$

将 (2.36) 式代入上式得

$$I=I_0\mathrm{e}^{-N_0\frac{\sigma(\alpha)}{A}\rho t} \tag{2.39}$$

其中，I_0 为入射电子束强度；I 为透射电子束 (散射角小于 α) 强度；$\sigma(\alpha)$ 为原子散射截面积；ρ 为试样密度；t 为试样厚度。由此可见，电子束穿透试样后在入射方向的电子数，即散射角小于 α，能通过光阑参与成像的电子数，其随 Qt 或 ρt 的增加而衰减。

现考虑试样中的 A、B 两区域，其厚度分别为 t_A、t_B，总散射截面为 Q_A、Q_B。当强度为 I_0 的入射电子通过 A、B 两区域后能通过光阑成像的电子强度分别为 I_A、I_B，则经电子光学系统投射到荧光屏或照相底片上的电子强度差为$\Delta I=I_B-I_A$(假定 I_B 为背景强度)，则衬度 C 可表示为

$$C=\frac{I_B-I_A}{I_B}=1-\frac{I_A}{I_B} \tag{2.40}$$

因为

$$I_A = I_0 \mathrm{e}^{-Q_A t_A}, \quad I_B = I_0 \mathrm{e}^{-Q_B t_B} \tag{2.41}$$

所以有

$$C = 1 - \mathrm{e}^{-(Q_A t_A - Q_B t_B)} \tag{2.42}$$

这说明不同区域的 Qt 值差别越大，复型的图像衬度越高。倘若复型是同种材料制成的，如图 2.36(a) 所示，则 $Q_A = Q_B = Q$，$Q(t_A - t_B) \ll 1$ 时，上式可以简化为

$$C = 1 - \mathrm{e}^{-(Q_A t_A - Q_B t_B)} = 1 - \mathrm{e}^{-Q(t_A - t_B)} \approx Q(t_A - t_B) \tag{2.43}$$

这说明用来制备复型的材料总散射截面 Q 值越大或复型相邻区域厚度差别越大。

如果复型是由两种材料组成的，如图 2.36(b) 所示，假定凸起部分总散射截面为 Q_A，且 $Q_A(t_A - t_B) \ll 1$，此时复型图像衬度为

$$C = 1 - \mathrm{e}^{-Q_A(t_A - t_B)} \approx Q_A(t_A - t_B) \tag{2.44}$$

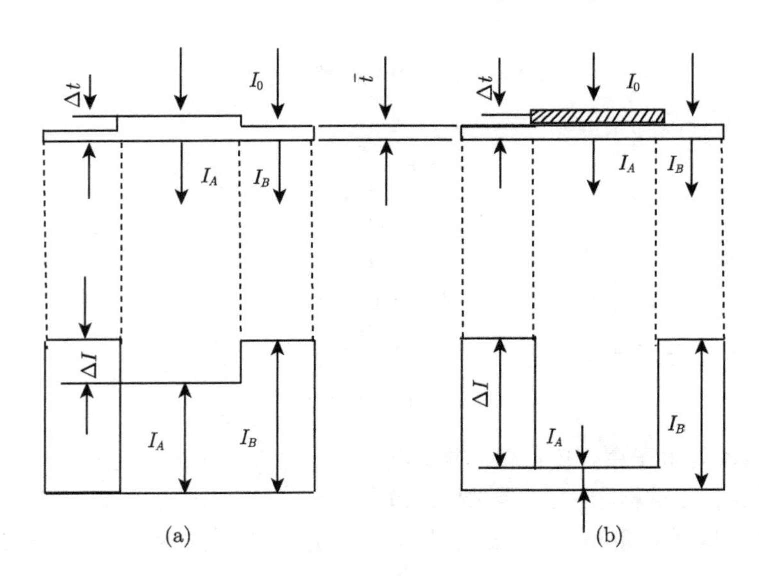

图 2.36　质厚衬度原理

在实际的透射电子显微镜中，阻挡大角度散射电子的光阑置于物镜的后焦面上，称为物镜光阑，如图 2.37 所示。此时若一平行于轴的电子束照射在试样上，从试样上某个物点以角度α散射的电子分成两部分：一部分 $\alpha < \alpha_{物}$ 的电子能通过位于后焦面上的物镜光阑，然后聚焦在像平面上，形成像点，其余 $\alpha > \alpha_{物}$ 的电子被光阑挡住，因而不能参与成像。

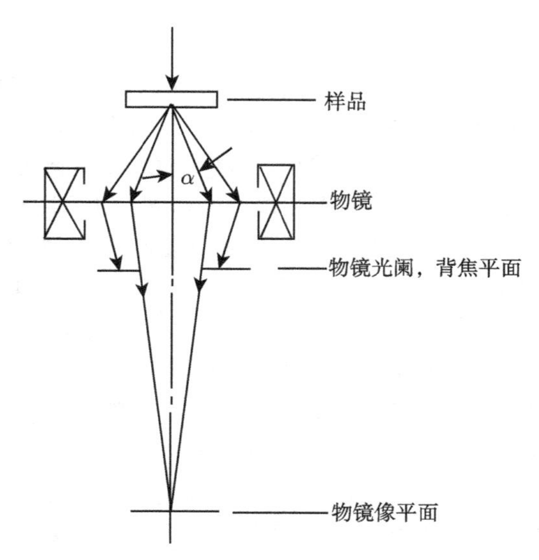

图 2.37 物镜光阑与散射角

若试样有以物点 A、B、C 代表的三个区域如图 2.38 所示，且它们的总散射截面积 Q_A、Q_B、Q_C 的关系为 $Q_A < Q_B < Q_C$。以 C 点为代表的区域散射的电子大部分为物镜光阑所挡住，不能参与成像，以 A 点为代表的区域散射的电子都能通过物镜光阑参与成像，以 B 点为代表的区域的情况则介于两者之间。所以成像后像点 A' 点的亮度 $>$ B' 点的亮度 $>$ C' 点的亮度，因而形成了衬度。由于物镜光阑阻挡了散射角大的电子，改善了衬度，因此它又称为衬度光阑。在一定加速电压下，减小物镜光阑孔径 (即减小$\alpha_{物}$)，则衬度增加；在一定物镜光阑孔径下，随着加速电压增加，衬度减小。

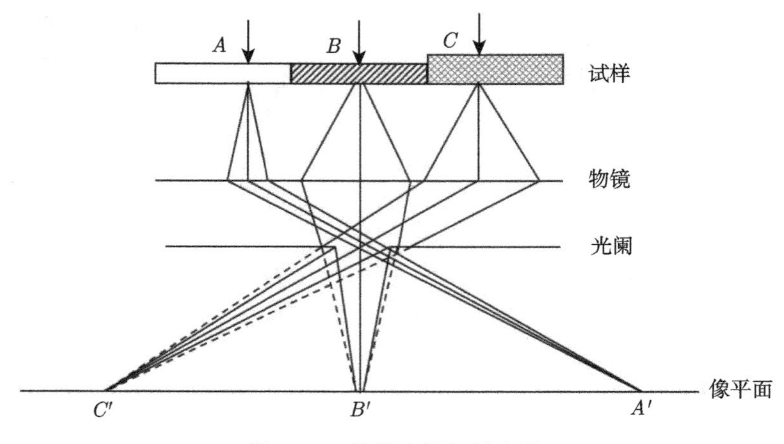

图 2.38 物镜光阑与衬度像

2) 衍射衬度

衍射衬度实际上是入射电子束和薄膜晶体样品之间相互作用后，反映样品内不同部位组织特征的成像电子束在像平面上存在强度差别。由于晶体的衍射强度与其内部缺陷和界面结构有关，用透射电子显微镜观测晶体内部缺陷及界面采用电子衍射。衍射衬度像可以分为明场像和暗场像两种，利用单一透射束通过物镜光阑形成明场像，利用单一衍射束通过物镜光阑形成暗场像。如果采用双光束成像，忽略电子在试样中的吸收，明暗场像衬度是互补的。明场像和暗场像均为振幅衬度，即它们反映的是试样下表面处透射束或衍射束的振幅大小分布，而振幅的平方可以作为强度的量度，由此便获得了一幅通过振幅变化而形成的衍射衬度像。

现以单相多晶薄膜为例说明衍射衬度像的形成过程。按照图 2.39(a) 中所示明场像的形成过程，假设薄膜中有晶粒 A 和 B，晶粒 A 和 B 之间唯有取向不同，当强度为 I_0 的入射电子束照射试样时，若 B 晶粒的某 hkl 晶面严格满足布拉格条件，则入射电子束在 B 晶粒区域内经过散射之后，将分成强度为 I_{hkl} 的衍射束和强度为 I_0-I_{hkl} 的透射束两部分。又设 A 晶粒的各晶面均完全不满足布拉格条件，不能产生衍射，衍射束强度可视为零，于是透射束强度仍近似等于入射束强度 I_0。如果用处于背焦面上的物镜光阑把 B 晶粒的衍射束挡掉，只让透射束通过光阑孔

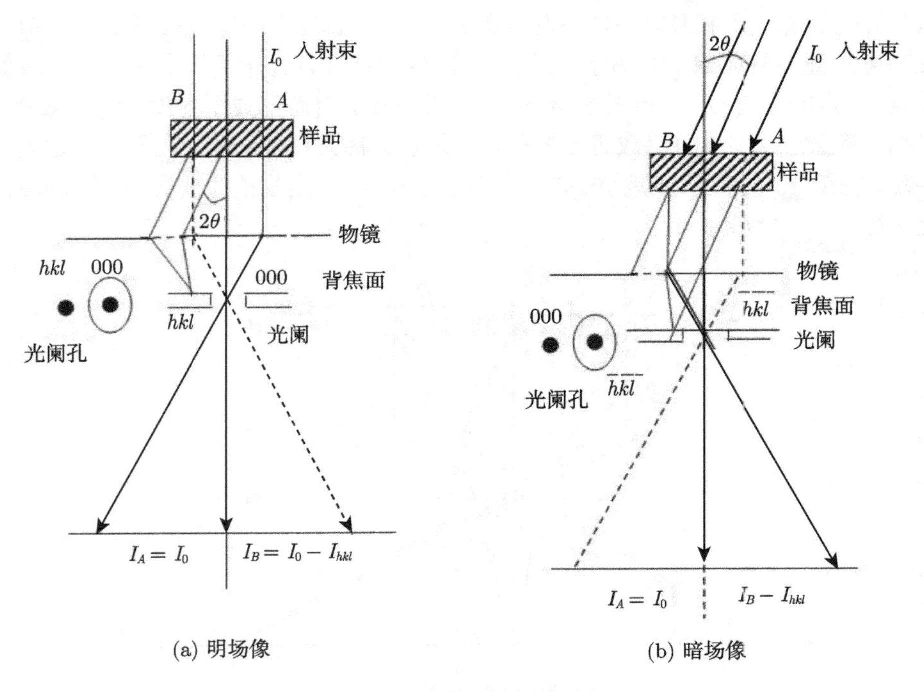

(a) 明场像 (b) 暗场像

图 2.39 衍射衬度成像原理

进行成像，由于 $I_A \approx I_0$，$I_B \approx I_0 - I_{hkl}$，则像平面上两个晶粒的亮度不同，于是形成衬度明场像。此时，A 晶粒形成的像较亮而 B 晶粒形成的像较暗，所成的像为明场像。按照图 2.39(b) 薄膜衬度中心暗场像的形成过程，则可得晶粒的暗场像。把入射电子束方向倾斜 2θ 角度，使 B 晶粒的 $\bar{h}\bar{k}\bar{l}$ 晶面组处于强烈衍射的位向，而物镜光阑仍在光轴位置。此时只有 B 晶粒的 $\bar{h}\bar{k}\bar{l}$ 衍射束正好通过光阑孔，而透射束被挡掉，这叫做中心暗场成像方法。B 晶粒的像亮度为 $I_B \approx I_{hkl}$，而 A 晶粒由于在该方向的散射度极小，像亮度近于零，图像的衬度特征恰好与明场像相反。B 晶粒较亮而 A 晶粒很暗。在衍衬成像方法中，某一最符合布拉格条件的晶面强衍射束起着十分关键的作用，因为它直接决定了图像的衬度。

3) 相位衬度

相位衬度是指在电子束穿过非常薄的试样时，由于微观粒子的波粒二象性，在试样中原子核和核外电子所产生的库仑场的作用下，电子束中的电子波的相位会有起伏，此相位变化所引起的像衬度。如果所用试样的厚度小于 100nm，甚至小于 30nm，并让多束衍射光穿过物镜光阑彼此相干成像，像的分辨细节取决于入射波被试样散射引起的相位变化和物镜球差、散焦引起的附加相位差的选择。相位衬度可以直接显示试样小原子及其排列状态。

入射电子束照射到极薄试样上后，入射电子受到试样原子散射，分成透射波和散射波两部分，它们之间相位差为 $\pi/2$，如图 2.40(a) 所示。由于试样极薄，射散

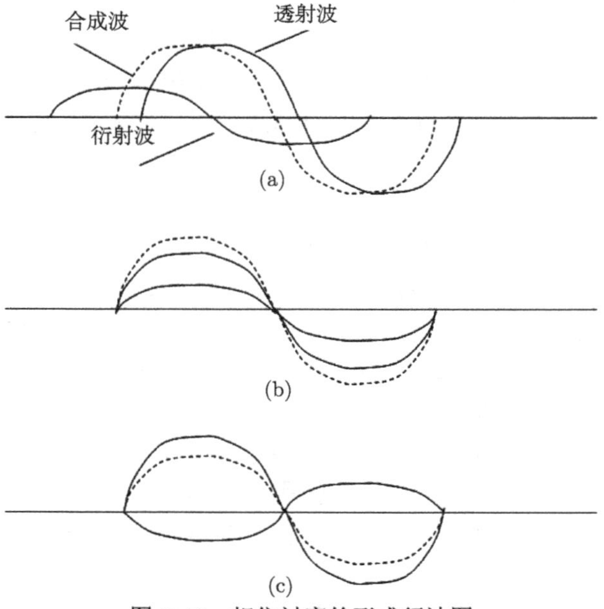

图 2.40 相位衬度的形成行波图

波振幅、电子受到散射后的能量损失 (1~20eV) 和散射角 (10^{-4}rad) 均很小，散射电子差不多都能通过光阑相干成像。如果物镜没有像差，且处于正焦状态，透射波与散射波相干所产生的合成波如图 2.40(a) 所示，合成波振幅与透射波振幅相同或相接近，只是相位稍许不同。由于两者振幅接近，强度差很小，所以不能形成像衬度。如果能设法引入附加的相位差，使散射波的相位改变 $\pi/2$，那么透射波与合成波的振幅就有较大差别，如图 2.40(b) 和 (c) 所示，从而产生衬度，这种衬度称为相位衬度。

引入附加相位差的最常用方法是利用物镜的球差和散焦。在加速电压、物镜光阑和球差一定时，适当选择散焦量使这两种效应引起的附加相位变化是 $(2n-1)\pi/2, n=0,1,2,\cdots$，就可以使相位差变成强度差，从而使相位衬度显示出来，高分辨力像就是利用相位衬度成像。

2.4 组分及性能表征技术

2.4.1 拉曼光谱

1. 拉曼光谱原理

德国物理学家 Asmekal 在 1923 年预言了拉曼效应的存在，1928 年，印度物理学家拉曼 (C. V. Raman) 将自然光聚光后照射到无色透明的液体苯中，通过不同的滤光片观察光的变化情况，发现了与入射光频率不同的散射光，此工作使他在 1930 年获得了诺贝尔物理学奖。为了纪念这一发现，人们将出现与入射光不同频率的散射光这一现象称为拉曼散射，其频率位移称为拉曼位移，此频率位移与发生散射的分子振动频率相等，通过拉曼散射的测定可以得到分子的振动光谱。起初，由于拉曼效应，散射光能量约为入射光的 10^{-6}，并没有获得人们的重视与利用，直到 20 世纪 60 年代激光器的问世，才使拉曼光谱有了迅速的发展。

当一束光的光子与作为散射中心的分子发生相互作用时，如果光的频率未发生改变，仅改变了方向，此现象称为瑞利散射，若光频率与方向都发生变化，此现象称为拉曼散射。其中大部分光子发生的是瑞利散射，发生拉曼散射的散射光的强度占总散射光强度的 10^{-10} ~10^{-6}。拉曼散射产生的原因是光子与分子之间发生了能量交换，光子能量发生改变。

在量子理论中，把拉曼散射看成是光量子与分子相碰撞时产生的非弹性碰撞过程，伴随有能量的交换，拉曼散射的原理如图 2.41 所示。

当激发光与样品分子相互作用时，样品分子被激发至能量较高的虚态，但是激发光的能量并不足以使之发生能级跃迁。图 2.40 中，左边两条线代表分子与光子作用后的能量变化，粗线代表出现的概率大，因为大多数分子都处于基态的最低振动能级。中间两条线代表瑞利散射，分子能级被激发之后又回到初始状态，光子与分子之间发生弹性碰撞，未发生能量的交换作用。右边两条线代表拉曼散射，分子能级被激发之后未回到初始状态，光子与分子之间发生了能量交换。若光子将一部分能量传递给样品分子，从而使样品分子处于激发态，光子以较小的频率散射，则称为斯托克斯 (Stokes) 线；若光子从样品分子处获得一部分能量，分子由初始的激发态回到基态，则光子以较大的频率散射出去，称之为反斯托克斯线，两者统称为拉曼谱线。它们与入射光频率之差称为拉曼位移，拉曼位移的大小和分子的跃迁能级差一致，与入射光的波长无关。因此，对于同一分子能级，斯托克斯线和反斯托克斯线的拉曼位移相等，且跃迁概率也相等。在一般情况下，分子绝大多数处于基态的最低振动能级，所以斯托克斯线的强度远大于反斯托克斯线。

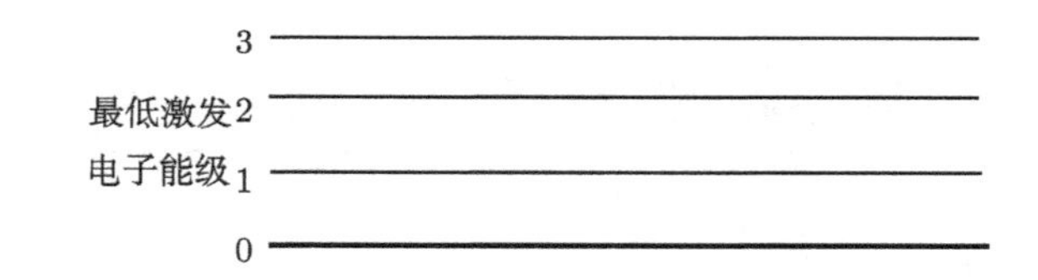

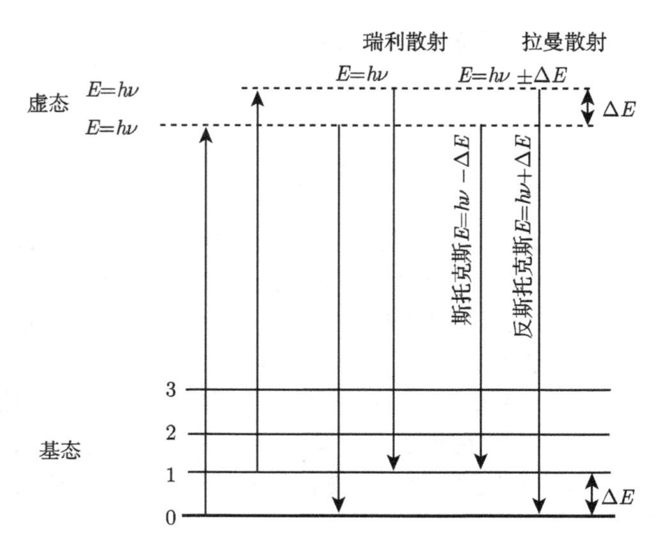

图 2.41 拉曼散射和瑞利散射原理示意图

外加交变电磁场作用于分子内的原子核和核外电子，使带正电的原子核和带负电的电子云发生相对位移，正负电荷中心不重合，因而产生诱导偶极矩。此过程可类比于分子在入射光的电场作用下发生的正负电荷相对位移的情况，也能产生诱导偶极矩。极化率是分子在外加交变电磁场作用下产生诱导偶极矩大小的一种度量，极化率高，表明分子电荷分布容易发生变化。如果分子的振动过程中分子极化率也发生变化，则分子能对电磁波产生拉曼散射，称分子有拉曼活性。

2. 拉曼光谱仪结构

由于拉曼散射光在可见光区，因而对仪器所用的光学元件及材料的要求较简单，激光拉曼光谱仪一般由激光光源、样品池、干涉仪、滤光片、检测器等组成，如图 2.42 所示。

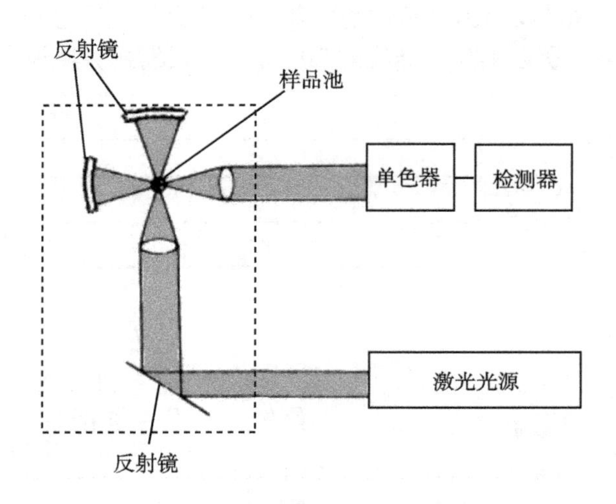

图 2.42 激光拉曼光谱仪结构示意图

由于拉曼散射光较弱，故需要很强的单色光来激发样品。激光具有单色性好、方向性强、功率密度高等特点，因而成为了拉曼光谱仪的理想光源，特别是近年来高质量的双、三单色仪以及高灵敏度探测器的问世，使得激光拉曼光谱仪获得了长足的发展。由于拉曼光谱检测的是可见光，常用 GaAs 光阴级光电倍增管作为检测器。在测定拉曼光谱时，将激光束射入样品池，在与激光束成 90° 处观察散射光，因此，单色器、检测器都安装在与激光束垂直的光路中。拉曼光谱仪一般采用全息光栅的双单色器，其分辨率较高，能在较强的瑞利散射线存在的情况下观测有较小位移的拉曼散射线。

3. 拉曼光谱的应用

拉曼光谱的横纵坐标分别是峰位和峰的强度，其中峰位反映了样品分子的电子能级基态的激发状态，是用入射光与散射光的波数差，也即拉曼位移来表示的，单位为 cm^{-1}，而峰的强度则与探测器测得的散射光的强度成正比。

拉曼光谱图的横坐标为拉曼位移，而不同的分子振动、不同的晶体结构具有不同的特征拉曼位移，也就是说在拉曼光谱上表现出同种样品的拉曼峰位总是固定不变的，因而测量拉曼位移可对物质结构作定性分析。例如，同由碳原子组成的金刚石和石墨有不同的拉曼谱峰，如图 2.43 所示，其中，金刚石的拉曼峰位在 1331.6cm^{-1}，而石墨的拉曼峰位在 1578.9cm^{-1}，说明不同的晶体结构导致了不同的拉曼光谱。

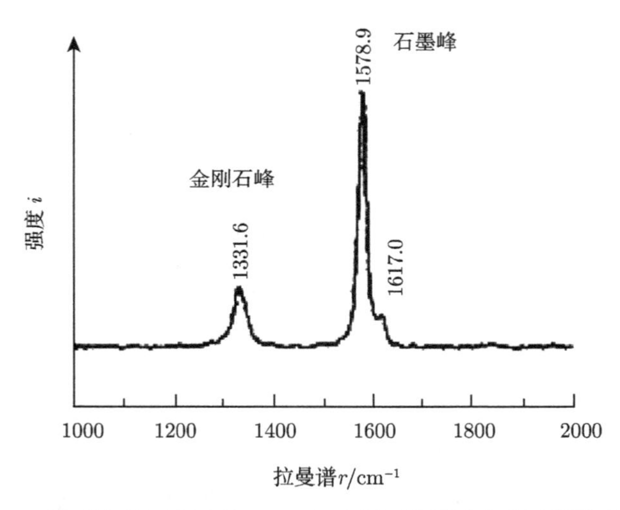

图 2.43 聚晶金刚石复合片 (PDC) 金刚石层激光切割表面拉曼光谱

拉曼光谱能提供快速、简单、可重复、无损伤的定性定量分析，无需复杂准备过程，无任何形状、尺寸、透明度的要求，均可直接通过光纤探头或者玻璃、石英进行测试，并且可直接测试气体、液体和固体样品。由于激光束的准直性，故极微量的样品也可以进行拉曼光谱测试。拉曼光谱一次可以同时覆盖 50~4000cm^{-1} 范围的波数，可对有机物及无机物进行分析，谱峰清晰尖锐，更适合作定性、定量研究。

2.4.2 X 射线光电子能谱

X 射线光电子能谱法 (电子能谱化学分析法) 是由西格巴赫 (Siegbahn) 等在 20 世纪 50 年代提出并用于物质表面化学成分分析的技术，西格巴赫本人由于对光电子能谱技术及相关理论的杰出贡献，在 1981 年获得了诺贝尔物理学奖。X 射线光电子能谱属于电子能谱分析法中的一种，是一种固体表面分析方法。表面分析法的基本原理是由一次束 (包括 X 射线、电子束等) 向固体表面入射，从而产生二次束 (包括电子束、离子束、X 射线等)，分析带有样品信息的二次束，从而实现对样品表面的分析，测定原子的价态、电子结构、原子能级以及分子结构。

1. X 射线光电子能谱的基本原理

物质在入射光的作用下会放出光电子的现象称为光电效应。当具有一定能量 $h\nu$ 的入射光子与样品中的原子相互作用时，光子将能量传递给原子中某壳层上的一个电子，若光子能量大于电子结合能，则电子会被激发成为光电子摆脱原子核的束缚。其过程如图 2.44 所示。由于不同能级上的电子具有不同的结合能，因而使固体发生光电效应的光子能量是不同的。

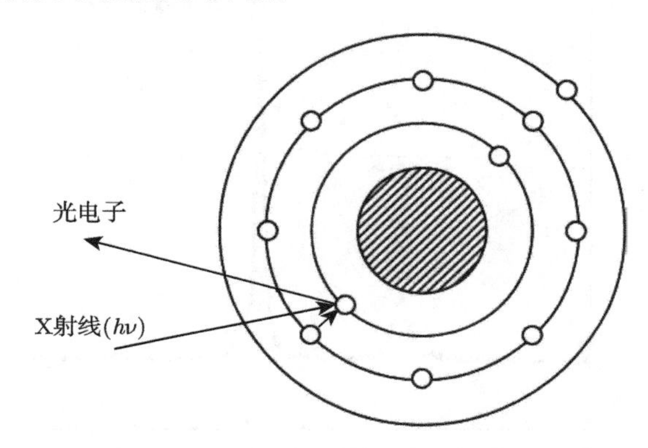

图 2.44　光电效应过程

原子中各能级上的电子在与光子相互作用过程中，发生跃迁而形成光电子的概率是不同的，通常用光电效应截面 σ 来表示一定能级上电子发生光电效应的概率，其与电子所在壳层半径、入射光子频率以及原子序数等因素有关。散射截面越大，光电效应越强，得到的 X 射线光电子能谱上的峰值就越强. 通常利用的都是某元素光电效应散射截面最大的能级上的电子所产生的峰强。光电子的发射通常经历电子受光子激发、向表面移动、克服表面势场逸出三个过程，在整个过程中，由于 X 射线的入射深度要大于光电子的逸出深度，因而有部分受激发的电子最终被固体吸收而未能逸出表面，只有那些处在小于电子逸出深度固体表面处的电子才能最终逸出表面成为光电子。

X 射线中的光子与电子作用后，其能量 $h\nu$ 一部分克服了原子结合能 E_{b} 以及仪器的功函数 W，一部分转化成光电子的动能 E_{k} 以及激发态原子能量变化 E_{r}，一般情况下 E_{r} 较小，通常忽略不计，于是得到下式：

$$E_{\mathrm{b}} = h\nu - E_{\mathrm{k}} - W \tag{2.45}$$

电子结合能 E_{b} 一般可以理解为一个束缚电子从所在能级跃迁到不受原子核束缚并处于最低能态时所需克服的能量。但是对于固体样品，计算结合能的参照点并不是选用真空中的静止电子，而是选用费米能级，因此固体样品中的结合能是指电子从所在能级跃迁到费米能级所需要的能量。对一台仪器而言，其功函数 W 是不变的，而 $h\nu$ 的值是所选用的 X 射线的能量，也是已知的。只要测出光电子的动能，就能计算得到原子不同壳层的结合能 E_b。

X 射线光电子能谱中表征样品芯电子结合能的一系列光电子谱峰称为元素的特征峰，其中芯电子处于原子内层，不主要参与成键，其主要作用是屏蔽带正电的原子核，因而芯电子的结合能可以作为元素的固有特征来表征元素的种类。在成键过程中，因与原子相结合的元素种类和数量不同，以及原子所表现出的价态的不同，芯电子结合能发生变化，则 X 射线光电子能谱峰位发生移动，称为谱峰的化学位移。如图 2.45 所示，a 是清洁表面金属态的 Ni，其 $2p_{3/2}$ 电子结合能为 852.7eV，b 是在氧气条件下氧化 1h 后的 Ni^{3+} 和 Ni，可以看出 Ni^{3+} 的 $2p_{3/2}$ 电子结合能为 856.1eV，即化学位移为 3.4eV。

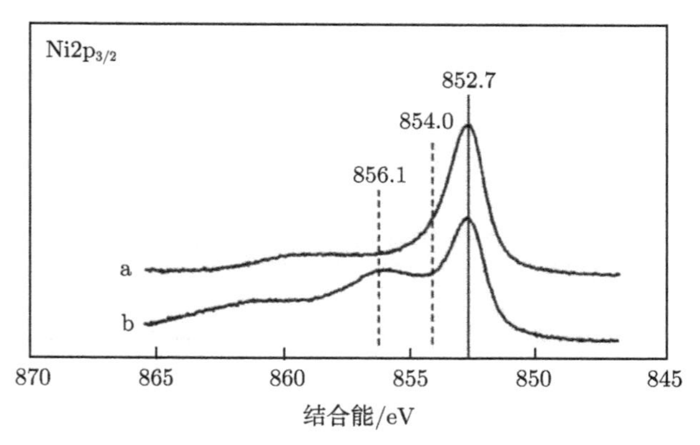

图 2.45 Ni $2p_{3/2}$ 电子的 X 射线光电子能谱

a 为金属态的 Ni；b 为氧化态的 Ni^{3+}

在 X 射线光电子能谱中，还会出现谱峰分裂现象，按原因可分为多重态分裂和自旋–轨道分裂。

多重态分裂是指元素价电子壳层有未成对电子存在，内层芯能级电子在光子作用下电离后会出现未成对电子，这两种未成对电子之间会发生耦合作用，从而造成能级分裂，进而导致光电子谱峰分裂。如图 2.46 所示为 Fe^{3+} 在光致电离之后，3s 层电子出现的两种不同状态，从而出现了能级分裂。

自旋–轨道分裂是指一个处于基态的闭壳层原子光电离后出现一个未成对电子，只要该未成对电子的角量子数 l 大于 0，则必然会产生自旋–轨道偶合作用，使能级发生分裂，对应于内量子数 $j = l + 1/2$ 或者 $j = l - 1/2$，表现在光电子能谱上产生双峰。其双峰分裂间距直接取决于电子的穿透能力，一般电子的穿透能力是

s>p>d，因此，p 轨道的分裂间距大于 d 轨道的分裂间距。如图 2.47 所示是金属 Ag 的 X 射线光电子能谱，除 s 轨道能级外，其 p、d 轨道均出现双峰结构。

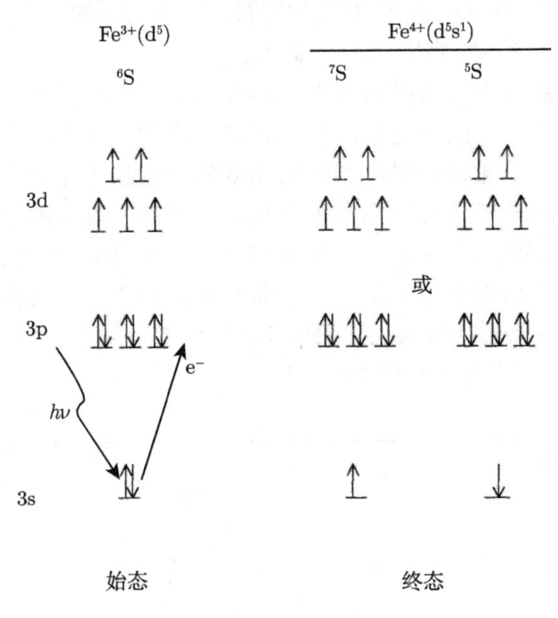

图 2.46　Fe^{3+} 的 3s 轨道电离时的两种终态

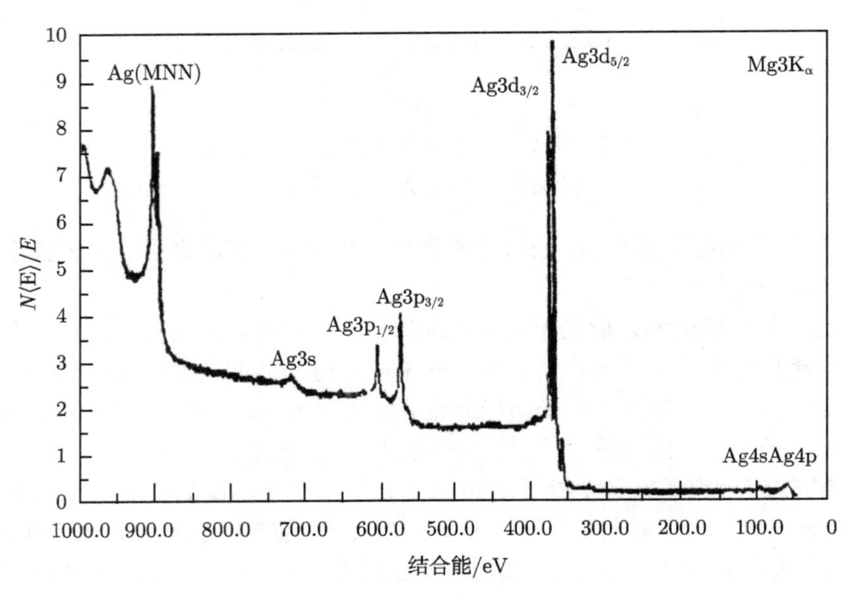

图 2.47　Ag 的 X 射线光电子能谱

2. X 射线光电子能谱仪的结构

X 射线光电子能谱仪通常由 X 射线枪、离子枪、样品室、光电子能量分析器、检测器、真空系统等组成，其结构组成如图 2.48 所示。

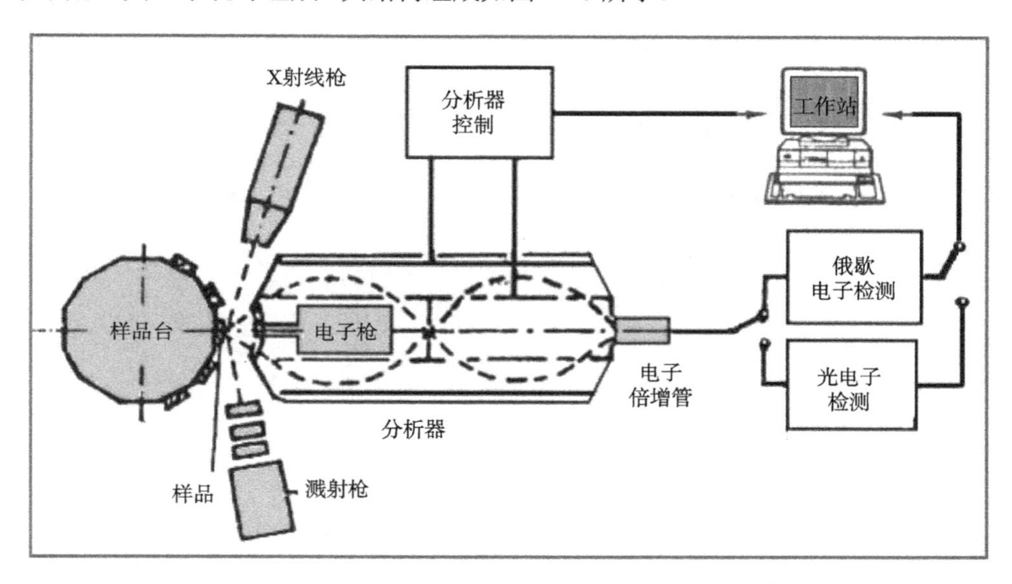

图 2.48 X 射线光电子能谱仪的结构示意图

由于 Mg 靶和 Al 靶所产生的激光的能量和线宽都较为理想，所以通常选用 Mg/Al 双阳极 X 射线源为激发源。在获取 X 射线时虽然用的靶都为纯金属，但是得到的波长并非单一波长，在激光传播过程中总会出现能量分散，在谱中出现伴峰。因而常采用球面弯曲的石英晶体制成单色器，能够使来自 X 射线源的光线产生衍射和“聚焦”，从而去掉伴线和轫致辐射，并降低能量宽度，提高电子能谱的分辨率。

光电子能量分析器的作用是探测样品发射出来的不同能量电子的相对强度，把不同能量的电子分开，使其按能量大小的顺序排列成能谱。为了提高分辨率，光电子在进入能量分析器之前要进行减速，以降低电子能量。通常采用分辨率高的静电型能量分析器，其主要构造是半球形分析器和镜筒分析器，它们的共同特点是通过控制电位来调控到达检测器的光电子能量，从而实现连续改变电位就可以对不同能量的光电子进行全谱扫描。在半球形分析器中，光电子进入分析器的入口后，在两个同心球面上加控制电压后使其偏转，在出口处的检测器上聚焦，如图 2.49 所示。

镜筒式分析器由两个同轴圆筒组成，外筒加上负电压，样品和探测器沿着两个圆筒的公共轴线放置，沿着空心内筒的圆周上开有入口狭缝和出口狭缝，这些狭缝的平面互相平行并垂直于圆筒的公共轴，扫描加于外筒上的电压得到谱线，如图 2.50 所示。

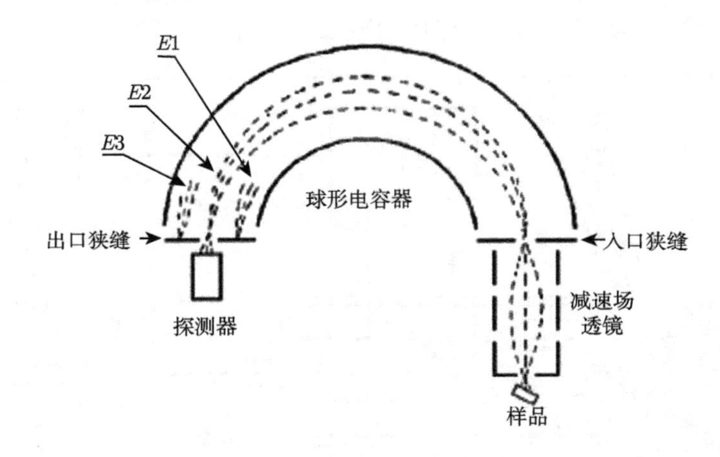

图 2.49　半球形电子能量分析器示意图

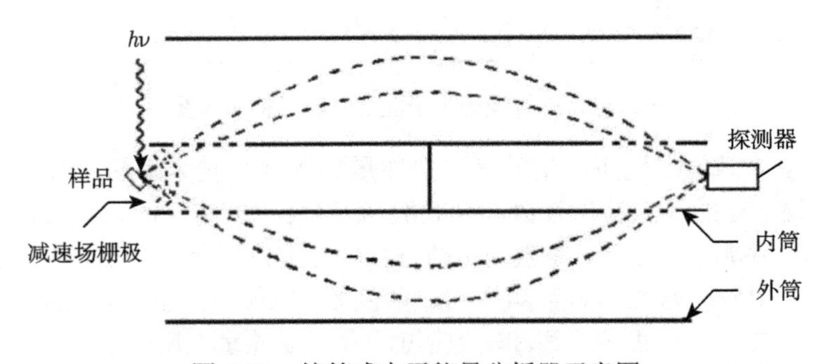

图 2.50　镜筒式电子能量分析器示意图

3. X 射线光电子能谱的应用

尽管 X 射线可穿透样品很深，但只有样品近表面处薄层发射出的光电子可逃逸出来，电子的逃逸深度和非弹性散射自由程为同一数量级，范围从致密材料如金属及其氧化物的 0.5~2.5nm 到有机物和聚合材料的 4~10nm，因而这一技术对固体材料表面存在的元素极为灵敏。再加上非结构破坏性测试能力和可获得化学信息的能力，使得 X 射线光电子能谱成为薄膜样品表面分析的极有力工具。X 射线光电子能谱能提供材料表面丰富的物理、化学信息，是一种无损的微量分析方法，其主要分析手段分为定性分析和定量分析。

定性分析是指利用 X 射线光电子能谱确定样品表面处存在的元素种类及其化学状态，主要手段是以实测谱图与标准谱图进行对照，根据元素特征峰位置及其在化合物中的化学位移来对元素的化学状态作出判断。利用 X 射线光电子能谱，可对除氢、氦元素之外的所有元素进行定性分析，这是因为氢、氦元素没有内层电子。对于一个化学成分未知的样品，首先应作全谱扫描，以初步判定表面的化学成分，能量扫描范围一般取 0~1200eV。通过对样品的全谱扫描，可确定样品中存在的全部或大部分元素。由于各种元素都有其特征的电子结合能，因此在能谱中有它们各自对应的特征谱线，即使是周期表中相邻的元素，它们的同种能级的电子结合能相差相当远，所以可根据这些谱线在能谱图中的位置来鉴定元素种类。然后对所选择的谱峰进行窄区域高分辨细扫描，目的是获取更加精确的信息，如结合能的准确位置，鉴定元素的化学状态等。图 2.51 是高纯 Al 基片上沉积的 $Ti(CN)_x$ 薄膜的 X 射线光电子能谱，在薄膜表面主要有 Ti、N、C、O 和 Al 元素存在，Ti、N 的信号较弱，而 O 的信号很强。这个结果表明形成的薄膜主要是氧化物，氧的存在会影响 $Ti(CN)_x$ 薄膜的形成。

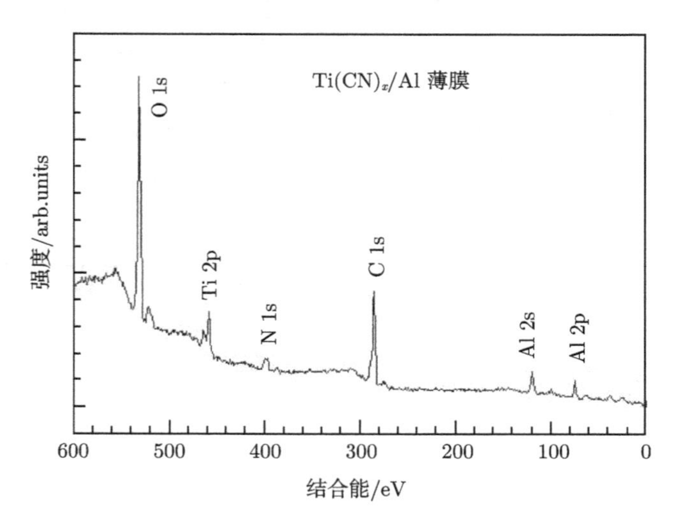

图 2.51 高纯 Al 基片上沉积的 $Ti(CN)_x$ 薄膜的 XPS 谱图，激发源为 Mg-K_α

如前文所述，一定元素的芯电子结合能会随原子的化学状态发生变化，即化学位移，因而化学位移的信息是元素状态分析与相关的结构分析的主要依据。除惰性气体元素与少数位移较小的元素外，大部分元素的单质态、氧化态与还原态之间都有明显的化学位移，如 TiC、石墨、CO_2 中的 C1s 的电子结合能分别为 297.5eV、281.7eV、284.3eV，因而 X 射线光电子能谱常被用来作化学状态的测定。

在 X 射线光电子能谱的表面分析研究中，不但可以定性地确定试样的元素种类及其化学状态，而且能够测得它们的含量，而定量分析的关键是要把所观测到的信号强度转变成元素的含量，即将谱峰面积转变成相应元素的含量。目前定量分析多采用元素灵敏度因子法，该方法利用特定元素谱线强度作参考标准，测得其他元素相对谱线强度，求得各元素的相对含量。元素灵敏度因子法是一种半经验性的相对定量方法。对某一固体试样中两个元素 i 和 j，如已知它们的灵敏度因子 S_i 和 S_j 并测出各自特定谱线强度 I_i 和 I_j，则它们的原子浓度之比为

$$\frac{n_i}{n_j} = \frac{I_i/S_i}{I_j/S_j} \tag{2.46}$$

根据上式，即可计算得到样品的各元素所占的比例。

2.4.3　原子力显微镜

高分辨显微成像技术广泛应用在工程、医疗、自然科学等多个领域。在材料科学和工程领域，材料的表面特征通过传统的光学和电子显微镜，如 SEM 和 TEM 来表征。原子力显微镜 (AFM) 可以在纳米尺度或者更低尺度 (原子水平) 来表征材料的性能，此外原子力显微镜集成多个模块可以测量力学、电学和磁性能等。

AFM 是一种在局域表面成像方面新发展起来的技术，可以表征微米到纳米尺度，是一种强有力的纳米结构分析技术，可以在空气、液体和真空中使用。表 2.5 对 SEM、TEM 和 AFM 各自的表征性能作了一个对比归纳。

表 2.5　不同表面表征工具的比较

测试特点	SEM	TEM	AFM
测试环境	真空	真空	空气、水、气体、真空等
表面高度	不能	不能	能
测试维度	二维	二维	三维
设备尺度	大	大	非常小
成本	昂贵	昂贵	低廉
测试人员要求	专业人员	专业人员	易于操作
测试速度	快	快	快

AFM 针尖对获得高分辨的形貌图至关重要，因此探针的价格是一个非常重要的因素。大多数传统探针是单晶 Si 或者 SiN，新型的纳米探针通过晶须或者碳纤维可以获得更高质量的图片。未来高分辨图片质量依赖于更加精细的针尖–表面力相互作用，图 2.52 (a) 是各种表面分析技术能力的比较，图 2.52(b) 是几种材料表征技术的空间 (横向、纵向) 分辨率比较。

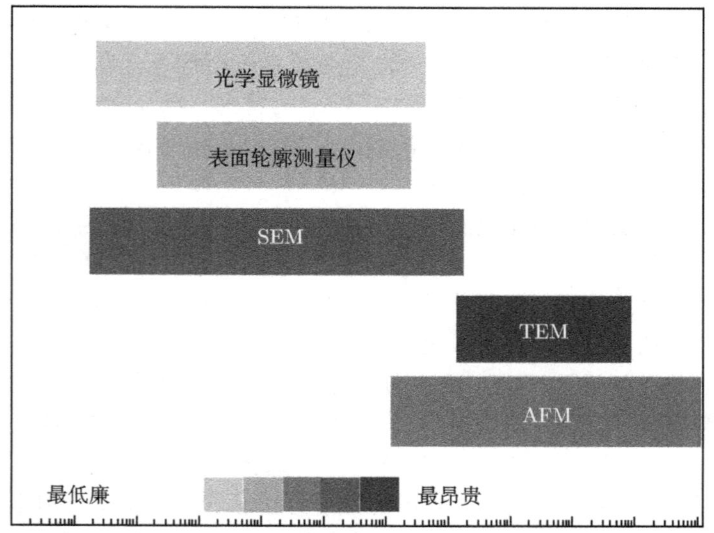

(a)

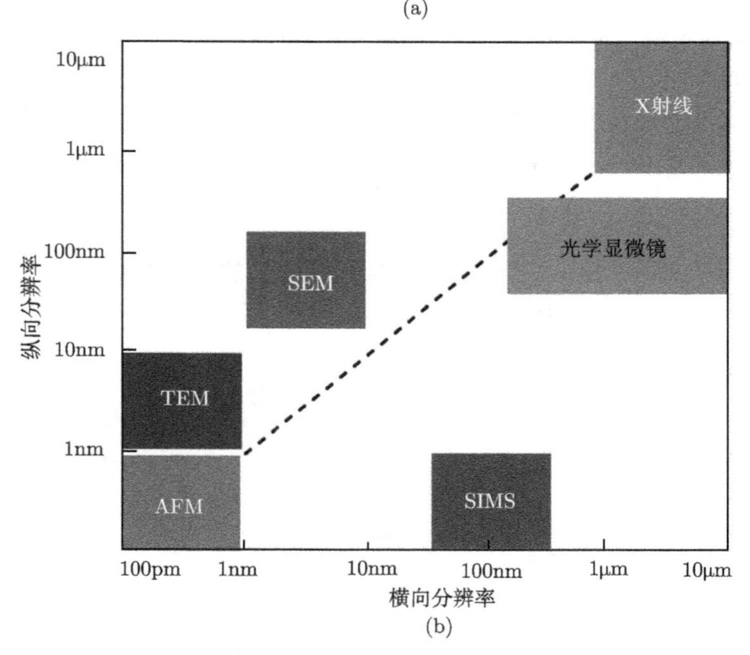

(b)

图 2.52 (a) 不同表面测量工具分辨率和价格的比较; (b) AFM 空间分辨率比较

在 AFM 扫描测试时，尖锐针尖的悬臂梁探针扫描样品，悬臂梁探针对表面和针尖的力相互作用敏感。根据与样品表面的不同接触类型，针尖原子和对样品表面原子的作用通过范德瓦耳斯 (van der Waals) 力进行，可以是短程的排斥作用和长程的吸引作用。当针尖趋近样品表面时，针尖与样品的范德瓦耳斯力对悬臂梁探针有一个吸收的挠度；针尖接触到样品表面产生排斥的范德瓦耳斯力，悬臂梁探针有一个排斥的挠度。激光斑点打在悬臂梁探针端的背部，经反射后被光敏探测器接收，这种挠度的轻微变化用激光斑点的移动来检测，针尖在样品表面来回扫描，光电探测器记录相关信息，得到形貌图。

压电陶瓷在电压梯度场中会伸长或收缩，相反在力学作用下会产生压电势，扫描探针根据压电势的大小记录表面高度，理想的条件是 Z 方向在面外探针的形变严格控制在几纳米范围内。悬臂梁型 AFM 探针适合用在形貌测试中，针尖和悬臂梁构织在微米级的Si和SiN材质上，根据不同的涂层材料 AFM 可以测试多种性能。悬臂梁长度分布在 100~200μm，宽度分布在 10~40μm，厚度分布在 0.3~2μm。针尖持续扫描会变钝，使图片质量下降，接触模式测量形貌由于高的接触力，对样品表面和针尖有损坏。探针的刚度系数 (硬度) 的选择对测试结果影响很大。在测试软材料时使用刚度系数小的探针，测试过程中对样品表面的挠度作用小，不损坏样品。刚度系数大和共振频率稍高的探针可以用非接触模式测试稍微硬的材料和粗糙的表面。

AFM 的基本组成：光二极管 (laser diode)，用来扫描的光电探测器 (photo detector)，悬臂梁，以及一个可以三维移动的样品台。探针位于悬臂梁探针末端，在针尖和样品表面的力依赖于探针的刚度和两者之间的距离。两者之间的相互作用力可以用胡克定律 (Hooke law) 来描述：

$$F = kx \tag{2.47}$$

式中，F 是在扫描过程中施加在针尖上的力；k 是针尖的刚度系数；x 是形变量。图 2.53 给出了 AFM 的基本构型。

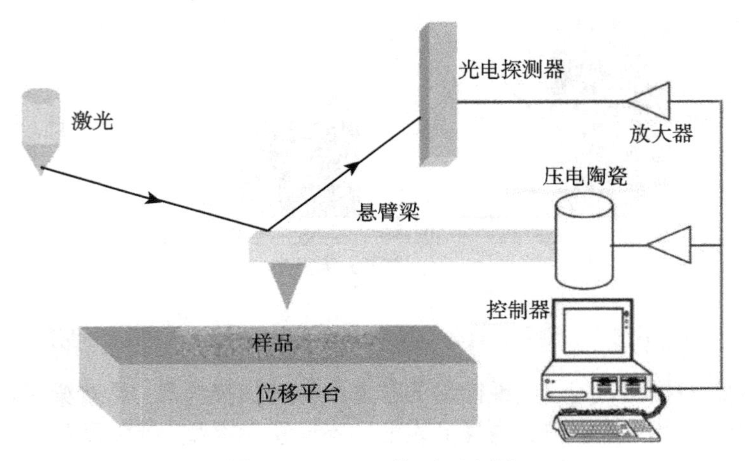

图 2.53　AFM 构型示意图

1. AFM 工作模式

根据针尖和样品之间不同的力相互作用，AFM 常用的有两种工作模式：接触模式 (contract mode)、轻敲模式 (AC mode)。下面就这两种模式分别逐一介绍。

1) 接触模式

在接触模式中，AFM 针尖与样品表面之间的距离小于 0.5nm，通常待测样品表面的刚度小于探针的刚度时，若待测样表面的刚度大于针尖刚度，针尖容易弯折或者折断。针尖一直处于范德瓦耳斯斥力状态下工作，测量系统配置了反馈回路，使针尖距离样品的高度保持恒定，激光斑探测器和合力探测器探测并且记录相关的数据，依据胡克定律可以计算出表面高度，控制器采集数据并绘制出图。图 2.54 给出 AFM 接触模式工作示意图。

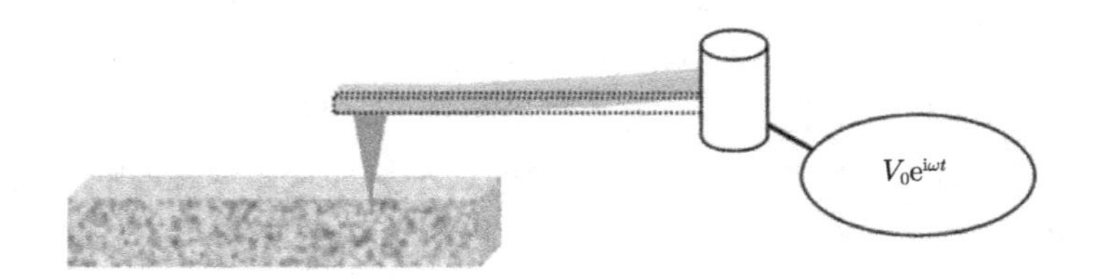

图 2.54 接触模式工作示意图

2) 轻敲模式

在轻敲模式中，探针与样品表面共振间歇式接触，这种模式类似于接触模式。探针的固有频率要略小于系统的共振频率，并且振幅范围在 20～100nm，针尖在横向力的作用下仅在短时间内间歇性地扫描接触样品表面，在共振条件下针尖对来自样品的范德瓦耳斯阻尼力很敏感，记录反馈和初始的信号进行比对，可以绘制出表面形貌图。这种扫描方式针尖与样品的接触时间短，可以保护表面，对于软材料和薄膜材料非常合适，图 2.55 给出这种工作模式的示意图。

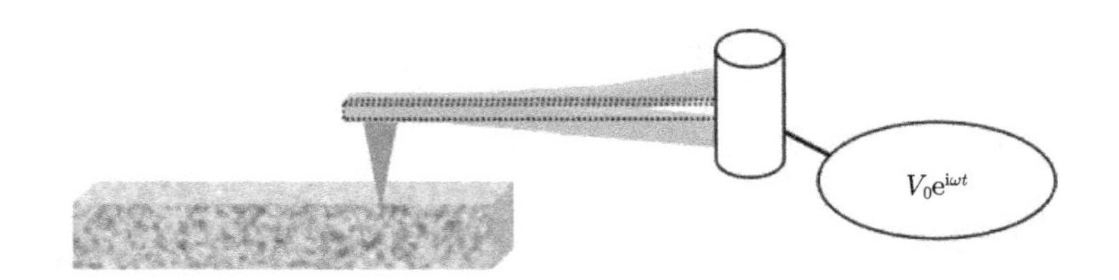

图 2.55 轻敲模式工作示意图

压电力显微镜 (piezoresponse force microscopy, PFM)：AFM 中的 PFM 模式作

为一个局域纳米表征技术被广泛应用在压电和铁电低维纳米结构测试中。采用双频追踪模式可以提高压电相应的灵敏度和速度，这种技术可以用在测试小压电效应的材料。在典型的 PFM 测试中一个交流驱动电压 $V_{ac} = V_0 e^{i\omega t}$ 通过导电探针的针尖施加在材料表面，材料的压电特性引起表面的振动 $u_{ac} = d_{33} V_0 e^{i(\omega t+\varphi)}$，$d_{33}$ 是材料面外的压电系数，φ是相位差，反映材料的铁电极化性能。样品表面的压电振动引起探针挠度的变化，通过背部激光斑在光电探测器的平移来记录分析压电效应。

在交流电压驱动的 PFM 模式，受限于样品表面的击穿电压和薄膜厚度，对于低维铁电材料，厚度非常小，在纳米量级，为了避免击穿通常避免加高压。此外，压电系数随薄膜厚度增加而减小，通常小于块体材料，低维铁电材料的压电响应振幅 $A = A_0 d_{33}$ 在皮米量级。样品表面的压电响应和 PFM 的敏感程度可以通过交流驱动在探针–表面系统共振的情况加以放大，放大后的压电振幅是 $A = d_{33} V_0 Q$，Q 是品质因子。双频追踪模式 (dual frequency response tracking，DFRT) 下，针尖和样品可以看成是在电势 V_{ac} 驱动下作阻尼简谐振动，如图 2.56 所示。铁电材料的压电效应诱导样品表面的振动 u_{ac}，样品表面的这种振动反过来驱动针尖振动。悬臂梁探针的挠度 Z 服从下列运动方程 [10]：

$$Z + \frac{\omega_0}{Q} Z + \omega_0^Z Z = d_{33} V_0 e^{i(\omega t+\varphi)} \tag{2.48}$$

ω_0 是简谐振动的共振频率，在稳定态的解 (挠度)Z

$$Z = A e^{i(\omega t+\varphi+\phi)} \tag{2.49}$$

压电响应的振幅 A

$$A = \frac{d_{33} V_0}{\sqrt{(1-\omega^2/\omega_0^2)^2 + (\omega/\omega_0 Q)^2}} \tag{2.50}$$

相移ϕ可以表示为

$$\phi - \frac{\pi}{2} = \arctan\left[Q\left(\omega/\omega_0 - \omega_0/\omega\right)\right] \tag{2.51}$$

从 (2.50) 式得出施加一个准静态的电压，针尖的挠度可以表示为

$$A = d_{33} V_0 \tag{2.52}$$

在共振条件下针尖挠度表示为

$$A = d_{33} V_0 Q \tag{2.53}$$

与准静态响应相比品质因子 Q 就是系统的放大倍数，基于这种共振响应放大技术，品质因子 Q 通常随材料的不同有所差异，并且往往品质增大会降低图片质量，为

了克服上述困难，重新分析探针–样品表面共振系统。在图 2.56 中一个阻尼的简谐振动中有四个参量：共振频率 ω_0，品质因子 Q，振幅 A_{n}，相位 ϕ_{n}，后两个参量都取决于共振频率 ω_0。给定驱动频率 ω_{d}，且已知振幅 A_{d} 和相位 ϕ_{d}，来求解方程 (2.51)。如果测量在两个本征频率 ω_1，ω_2 下的振幅 A_1，A_2 和相位 ϕ_1 和 ϕ_1，如图 2.57 所示，有可能解出上述两个方程。在双频率模式下，本征频率 ω_1，ω_2 在共振峰的两侧，不同的振幅 A_1，A_2 只差 $A_1 - A_2$ 作为反馈来控制零点漂移。

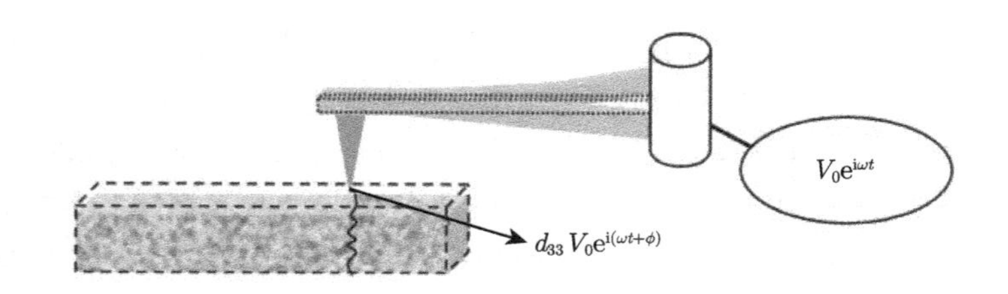

图 2.56 共振下的探针–表面系统工作示意图

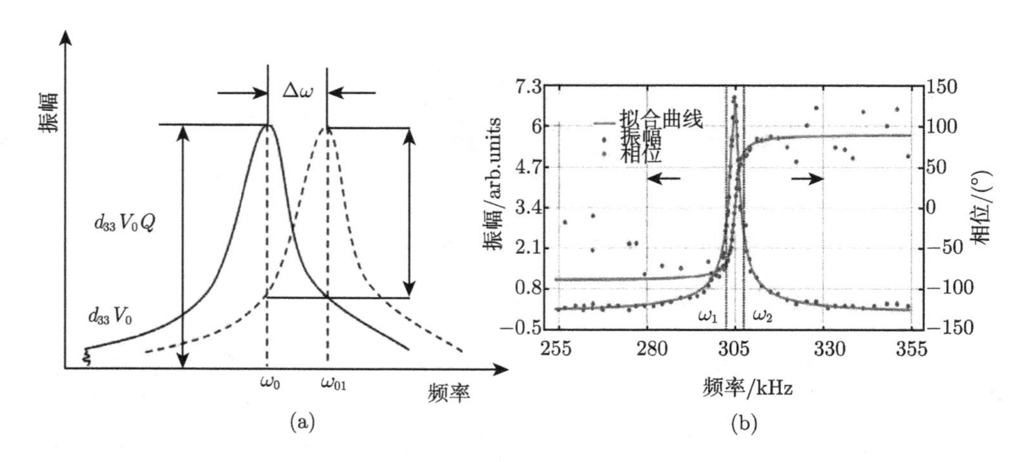

图 2.57 双频率追踪工作示意图

2. ***磁力显微镜*** (magnetic force microscopy, MFM)

随着先进制造技术、微电子技术及信息技术的发展，以功能材料为基础的微执行器的研制开发引起了各国高科技领域研究者的重视，尤其是铁磁质功能材料获得了越来越广泛的应用，对磁畴的研究也越来越重要。研究发现磁性材料的宏观性能决定于材料磁畴结构和变化方式，对磁畴结构和变化方式的观测是铁磁学、信息科学和磁性材料与器件等学科领域的基础性研究之一。目前磁畴观察法包括贝特粉末法、磁光效应法、扫描 X 射线显微术、扫描电镜显微术、偏振分析扫描电镜显微术、磁力显微术、扫描洛伦兹力显微术、电子全息术和扫描电声显微术 [11]。

本部分重点突出磁力显微技术的原子力显微镜工作机理及磁畴理论的研究。实验中一般采取轻敲模式或非接触模式，在同一区域扫描两次能同时测得样品同一区域的形貌图和磁畴图，如图 2.58 所示。铁磁探针在样品上方扫描，探测出样品的磁场梯度施加在探针上的极其微弱的作用力，成像分辨率可达 10~50nm。由于其操作简单和分辨率高的优点，近期内将是表征磁畴结构的主要工具。研究磁畴可以获得样品微观量子状态的铁磁质的磁化机理。在居里温度以下，在铁磁性或亚铁磁性材料中形成很多小区域，每个区域内的原子磁矩沿特定的方向排列，呈现均匀的自发磁化，这种自发磁化的小区域称为磁畴，各个磁畴之间的交界面称为磁畴壁。在不同的区域内，磁矩的方向不同，使得晶体总的磁化强度为零，如图 2.58 所示。宏观物体一般总是具有很多磁畴，由于磁畴的磁矩方向各不相同，磁矩方向相互抵消，当磁矩矢量和为零时，对外不显示磁性；当磁矩矢量和不为零时，对外显示磁性。

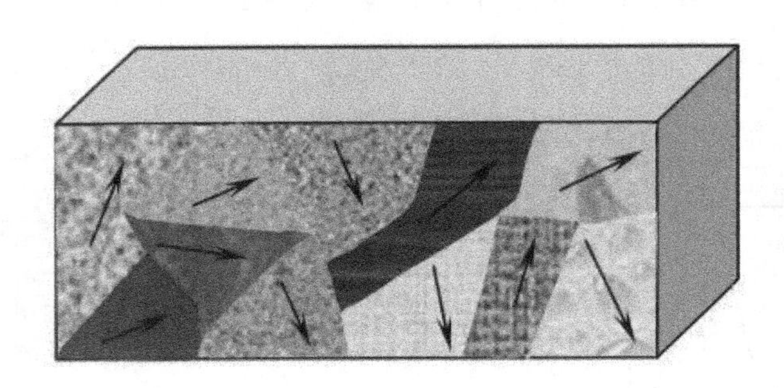

图 2.58　磁畴示意图

磁畴理论以磁体中的交换能、退磁能、磁晶各向异性能、塞曼能、磁致伸缩能和自由能等各个能量项为出发点。对任意一个铁磁体而言，总能量都可以表示为上述能量项的和。自发磁化的交换相互作用模型是最先是由弗仑克尔 (Frenkel) 和海森伯先后独立地提出来的，海森伯对自发磁化现象作了较为详细的研究，所以又称为海森伯交换作用模型。1928 年，弗仑克尔提出铁磁体内自发磁化起源于电子之间的很强的“交换耦合”相互作用，在无外磁场的情况下，它们的自旋磁矩能在一个个微小区域内“自发地”整齐排列起来而形成自发磁化小区域，称为磁畴，在未经磁化的铁磁质中，虽然每一磁畴内部都有确定的自发磁化方向，有很大的磁性，但大量磁畴的磁化方向各不相同，这种相互作用使得电子的自旋趋向于平行或反平行取向。同时海森伯证明，分子场是量子力学中交换作用积分的结果，是一种量子力学效应，即铁磁体内自发磁化起源于电子间的交换相互作用 [12]。为了形象生动地描述磁畴的形成，可以用宏观磁铁模型，如图 2.59 所示。

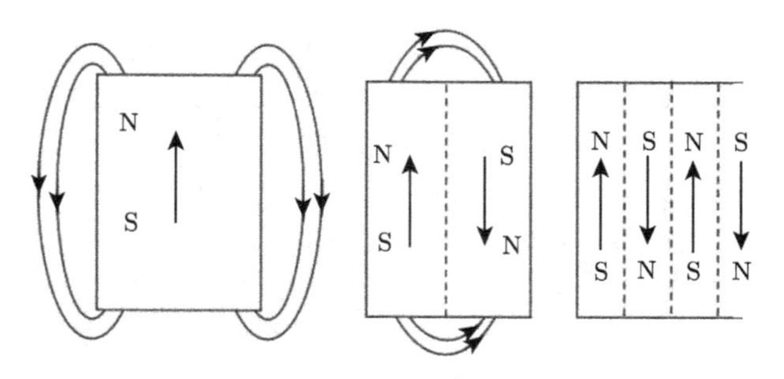

图 2.59 磁畴形成示意图

在多电子的体系中，由于有泡利原理的限制，体系中的自旋波函数是反对称的，体系的能量值与电子的自旋取向相关，这就是交换作用能 [13]。设磁体单位体积内有 N 个原子，那么体系的交换相互作用能是

$$E_{\mathrm{ex}} = -2\sum_{i<1}^{N} A_{ij}\overrightarrow{S_i}\cdot\overrightarrow{S_j} \tag{2.54}$$

式中，$\overrightarrow{S_i}$ 和 $\overrightarrow{S_j}$ 分别是第 i 个原子与其相邻的第 j 个原子的总自旋量；A 是交换积分常数。上式的求和要对整个磁体中的原子进行。

磁性材料内有多种各向异性，如磁晶各向异性、形状各向异性、应力各向异性等。其中只有磁晶各向异性是材料的内禀各向异性，主要来源于自旋–轨道相互耦合，其他都是诱导或感生出来的。磁晶各向异性大小可以用各向异性常数 K_1、K_2 来表示。对一个六角晶体，各向异性能是参数 θ 的函数，这里 θ 是晶体的对称轴 c 与磁化强度矢量 $\vec{M}$ 之间的夹角。由于各向异性能关于晶体 ab 平面是对称的，当磁化翻转的时候，磁各向异性的能量密度保持不变，在六角晶系中的磁晶各向异性能为

$$E_{\mathrm{k}} = K_0 + K_1\sin^2\theta + K_2\sin^4\theta + K_3\sin^6\theta + \cdots \tag{2.55}$$

一般只考虑与 θ 有关的低阶项

$$E_{\mathrm{k}} = K_1\sin^2\theta + K_2\sin^4\theta \tag{2.56}$$

表 2.6 给出了几种常见材料的各向异性常数。

根据热力学的基本原理，处于稳定的磁化状态的铁磁体内总的自由能总是最小的。铁磁体内产生磁畴，其实质上是铁磁体内磁化强度分布要满足能量最小的要求。设若铁磁体处于无外场和不考虑磁弹性能的情况下，则由交换作用能 E_{ex}、磁晶各向异性能 E_{k} 和退磁场能 E_{d} 三项能量之和共同决定磁化矢量的方向。如果 E_{ex} 和 E_{k} 同时满足和为最小的条件，则磁化矢量 $\vec{M}$ 只能分布在一个易磁化方向

上，即磁性样品会沿着一个易磁化方向均匀地磁化。对于有限尺寸的磁体，这样必然在磁体表面产生磁极而产生杂散场，这会使得磁体内总能量增加，磁化矢量的一致取向分布不再处于稳定状态。为降低杂散场能，只有改变磁化矢量的分布，这样，在铁磁体内形成了许多大小和方向基本一致的自发磁化区域，这些区域就是磁畴。形成磁畴之后，相邻磁畴之间存在一个过渡区域，在这个过渡区域中，磁化强度矢量从一个方向转变到另一个方向，这个过渡区域叫做磁畴壁，在畴壁中，磁矩也要遵循能量最小化原理，按照实际的规律缓慢改变方向。根据畴壁中的磁矩转动方式的不同，畴壁可以分为布洛赫畴壁和奈尔畴壁，如图 2.60 所示。

表 2.6　常见材料的各向异性常数

材料	结构	K_1	$K_{\mu1}$	K_2	$K_{\mu1}$
Fe	立方	0.480	—	0.050	—
Ni	立方	−0.045	—	0.023	—
Co	六角	—	4.1	—	1.0
$SmCo_5$	六角	—	110	—	—
NdFeB	四方	—	94	—	—
钡铁氧体	六角	—	3.2	—	—

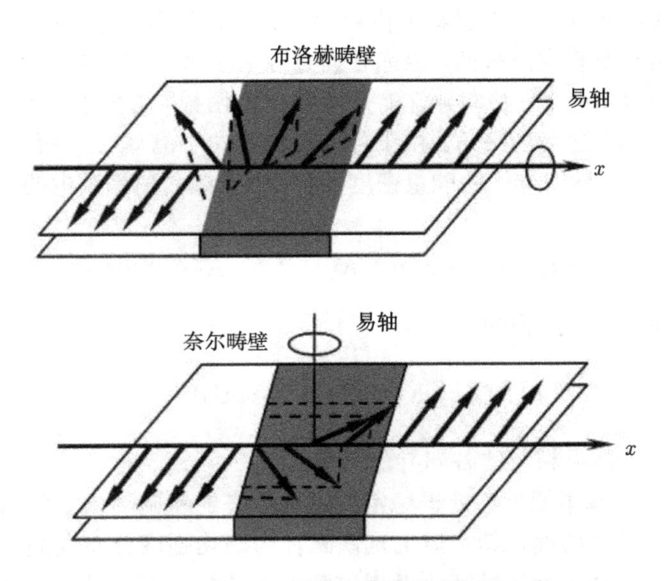

图 2.60　布洛赫畴壁和奈尔畴壁运动示意图

并非所有畴壁都是布洛赫畴壁，但越过一个畴壁的总角位移常常是 180° 或

90°，尤其是在立方材料中由于各向异性的影响更是如此，而且正如图 2.60 所示的那样，磁矩方向的变化是在许多原子平面上逐渐发生的。磁畴边界附近磁矩方向的改变有两种可能性：一种是磁畴边界宽度无穷小，最近邻磁矩要么属于这一个磁畴要么属于那一个磁畴；另一个可能是有一个过渡区，其中的磁矩在磁畴之间重新取向，因此不属于任何一个磁畴。

畴壁能定义为当磁矩是畴壁的一部分时以及磁矩位于磁畴主体内时磁矩的能量差，表示为每单位面积畴壁的能量。畴壁中磁矩能量的变化是由原子磁矩之间的外斯型互作用耦合 (交换相互作用) 及各向异性引起的。各向异性要使畴壁变薄，因为所有磁矩沿等价晶轴取向时各向异性能最低。交换能要使畴壁变厚，这是由于相邻磁矩平行取向时铁磁体中的交换能最小。如果将各向异性能和交换能加起来就得到单位面积的畴壁能 γ

$$\gamma = \frac{\mu_0 \zeta m^2 \pi^2}{\delta a} + K_1 \delta \tag{2.57}$$

最近邻间的相互作用为 ζ，如果各向异性是主要的，那么 δ 小时能量最小，然而若交换作用占主导地位，则 δ 大时能量最小。畴壁厚度就由这两种因素的影响互相竞争而定。这里给出的畴壁表面能通常用符号 γ 来表示，其单位是 $\mathrm{J/m^2}$[14]。铁磁体中畴壁的厚度是由畴壁厚度变化时畴壁能取极小的条件决定的，因此将能量对 δ 微分就确定出平衡态，$\phi=\pi/n$ 且 $\delta= na$

$$\frac{\mathrm{d}\delta\gamma}{\mathrm{d}\delta} = \frac{-\mu_0 \zeta m^2 \pi^2}{\delta^2 a} + K_1 = 0 \tag{2.58}$$

由此可以得出畴壁的厚度为

$$\delta = \sqrt{\frac{\mu_0 \zeta m^2 \pi^2}{K_1 a}} \tag{2.59}$$

它随交换能增加而增大，但随各向异性增加而减小。各向异性要促使磁矩仅沿着易磁化晶轴取向，比如铁的 (100) 轴或镍的 (111) 轴。

如果引入交换劲度 A

$$A = \mu_0 \zeta m^2 / a \tag{2.60}$$

畴壁厚度 δ

$$\delta = \pi \sqrt{\frac{A}{K}} \tag{2.61}$$

可以看出，交换劲度和各向异性对畴壁厚度有相反的影响。以铁中 180° 畴壁的畴壁厚度为例来计算。假设对铁而言 $K_1 = 4.8\times10^4\mathrm{J/m^2}$，$a = 2.5\text{Å}$，$m$=2.14，$\mu_\mathrm{B} = 1.98\times10^{23}\mathrm{A\cdot m^2}$，且 $E_\mathrm{ex}/Z = 1.9\times10^{23}\mathrm{J}$，$\zeta = 386\times10^{28}$。代入 (2.59) 式有

$$\delta^2 = \left(\mu_0 \zeta m^2 \pi^2 / K_1 a\right)$$

$$=\frac{\left(4\pi\times10^{-7}\right)\left(386\times10^{28}\right)\left(1.98\times10^{-23}\right)^2\pi^2}{\left(4.8\times10^4\right)\left(2.5\times10^{-10}\right)}=15.59\times10^{-26}\mathrm{m}^2 \quad (2.62)$$

因此得出

$$\delta=3.95\times10^{-8}\mathrm{m}=395\mathrm{nm}\approx160\text{原子层} \quad (2.63)$$

将畴壁厚度 δ 的表达式代入畴壁能方程 (2.57) 中得到

$$\gamma=2K\delta=2\pi\sqrt{AK} \quad (2.64)$$

Lilley[15] 给出了 Fe、Co、Ni 在沿不同晶轴方向畴壁厚度的典型值和其他参数，见表 2.7。

表 2.7　Fe、Co、Ni 的磁特性 [14]

参数	Fe	Co	Ni
0K 原子磁矩/μ_B[16]	2.22	1.72	0.62
饱和磁化强度/(10^6 A·m^2)	1.74 (0K)	1.43 (0K)	0.52 (0K)
	1.71 (300K)	1.40 (300K)	0.48 (300K)
交换能/J[17]	2.5×10^{21}	4.5×10^{21}	2.0×10^{21}
交换能/MeV	0.015	0.03	0.020
居里温度/°C	770	1131	358
各向异性能 K_1[17]	4.8×10^4 (300K)	45×10^4 (300K)	-0.5×10^4 (300K)
	5.7×10^4 (0K)	68×10^4 (0K)	-5.7×10^4 (0K)
晶格常数 a/nm	0.29	0.25	0.35
晶格常数 b/nm		0.41	
畴壁厚度/nm	40	15	100
畴壁能/(J/m^2)	3×10^3	8×10^3	1×10^3

如果磁场加在铁磁性材料上首先将导致畴壁的位移使顺着磁场方向取向的磁畴长大而使逆着磁场方向的磁畴缩小，当受磁场 $\vec{H}$ 作用时，磁畴每单位体积的能量为

$$E_H=-\mu_0\vec{M}_\mathrm{s}\cdot\vec{H} \quad (2.65)$$

因此，在一片 180° 畴位移距离 x 所引起的能量变化为

$$E_H=-2\mu_0\mathrm{A}\vec{M}_\mathrm{s}\cdot\vec{H}x \quad (2.66)$$

其中，A 是畴壁面积。因此作用在畴壁单位面积上的压力 (畴压强)

$$F = -(1/A)\left(\frac{\mathrm{d}E}{\mathrm{d}x}\right) = 2\mu_0 \vec{M}_{\mathrm{s}} \cdot \vec{H} \tag{2.67}$$

高能量畴壁不易弯曲而低能畴壁则更加柔软，低表面能的畴壁呈现弯曲的趋势。如果沿其中一个磁畴的方向加上磁场，该磁畴将通过畴壁位移而长大，然而由于畴壁附着在晶粒边界上，它将首先以弯曲的方式位移，畴壁上单位面积的作用力如(2.67) 式所示，弯曲引起的畴壁能的变化

$$E = \gamma[A(H) - A(0)] \tag{2.68}$$

其中，γ 是畴壁能；$A(0)$ 和 $A(H)$ 分别是零磁场和 $\vec{H}$ 磁场中的面积。基于畴壁弯曲模型可以预测出起始磁化率。畴壁弯曲引起的磁矩的变化

$$m = 2M_{\mathrm{s}}\mathrm{d}V = 2M_{\mathrm{s}}(2/3)\,lhx = 2M_{\mathrm{s}}(2/3)\,lh\left(l^2/8r\right) = \frac{1}{6}\frac{M_{\mathrm{s}}l^3h}{r} \tag{2.69}$$

平衡态下磁场产生的力必须等于畴壁表面张力，于是有

$$\frac{\gamma}{r} = 2\mu_0 M_{\mathrm{s}} H \tag{2.70}$$

典型的磁畴体积为 l^3，则

$$M = \frac{\mu_0 M_{\mathrm{s}} H h}{3\gamma} \tag{2.71}$$

于是初始磁化率为

$$\chi_m = \frac{\mu_0 M_{\mathrm{s}}^2 h}{3\gamma} \tag{2.72}$$

初始磁化率依赖于饱和磁化强度及磁畴壁表面能 γ。当畴壁表面能增加时，畴壁变得越来越硬且起始磁化率减小。畴壁运动主要有畴壁位移和畴壁弯曲。畴壁钉扎能和畴壁表面能的大小决定着在特定情况下哪种运动为主导。

MFM 是一种基于 AFM 轻敲模式的高级功能，测量时磁性探针会和磁性样品表面的杂散场发生相互作用，这个相互作用会使得悬臂的振动状态发生变化，探测这个变化就可以得到与样品相关的磁力图像，如图 2.61 所示。MFM 测试磁畴针尖在样品表面上方扫描两次，第一次扫描时，是在轻敲模式下进行的，就是针尖与样品表面相距较近，探针在振荡时直接与样品接触，这样测得的是样品的表面形貌信息。第二次扫描时，将探针抬起一定的高度 (通常是 100nm 左右)，探针沿着之前的轨迹再次进行扫描，这次测量的磁力信息得到的是磁力图。MFM 探测到的是样品的杂散场而非直接探测样品磁化强度本身。探测到的磁力与探针的磁矩 $\vec{m}$ 和杂散场 $\vec{H}$ 有关。

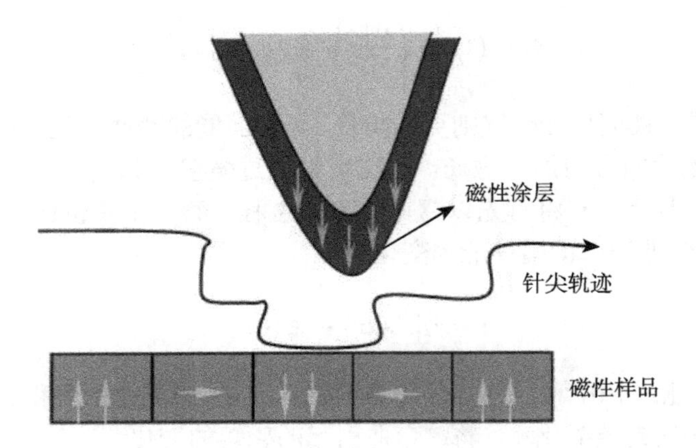

图 2.61　MFM 测试示意图

可以把探针悬臂的运动简化为一个一维的问题，横向位移ϕ的运动方程是一个四阶的偏微分方程 [13]:

$$YI\frac{\partial^4\phi(x,t)}{\partial x^4}+\rho\frac{\partial^2\phi(x,t)}{\partial t^2}=F_l(x,t) \tag{2.73}$$

其中，$\phi(x，t)$ 是悬臂上光斑的移动；Y 是杨氏模量；I 是转动惯量；ρ 是线密度；$F_l(x，t)$ 是单位长度上的力。

MFM 主要有三种探测模式，分别是坡度探测、相位探测和锁相工作模式 (频率调节模式)。

坡度探测：可以通过测量悬臂在固定的驱动频率下的幅度来测量共振频率的变化，最初的悬臂响应是图 2.56 中的实线，虚线表示悬臂受到排斥力时改变的共振曲线。如果悬臂在高于其共振频率值以上共振，则振幅值增加。

相位探测：就像在力梯度存在时幅度随之改变一样，在驱动力和悬臂的响应之间的相角也会随之改变。如果悬臂在恒定频率下，对应于力梯度的共振频率变化，有相应的相位差。信号在给定的频率的振幅和相位可以从相敏探测器 (phase sensitive detector，PSD) 提取出来。

频率调节模式：这种模式下，探针的振动幅度始终保持不变，并且在自身共振频率附近振动，当它受到磁力梯度作用，共振频率发生变化时，它的实际振动频率也随之变化，系统通过探测这个变化来感知磁性作用力的变化。探针共振频率与作用在针尖和样品上的力梯度有关系

$$F(z)=k\left[1-\left(\frac{\omega_0(z)}{\omega_0}\right)^2\right] \tag{2.74}$$

这种测量模式的特点是装置一个锁相环，锁相环是一种可以将频率信号转换为电压信号的电路。频率调节模式的优点是速度快，由于不受到品质因子 Q 值的

影响，扫描时比调幅模式要快很多，且分辨率也较高，能满足大多数的 MFM 测量需求。

2.4.4 多铁测试系统

电滞回线是多铁性材料的基本特性之一，往往根据电滞回线的有无来判断材料是否具有铁电性、反铁电性或顺电性。通过电滞回线的测量，还可得到多铁性材料的剩余极化强度、饱和极化强度、矫顽场等重要参数。电滞回线的观测通常采用 Sawyer 和 Tower 设计的电路 [19]，如图 2.62 所示。

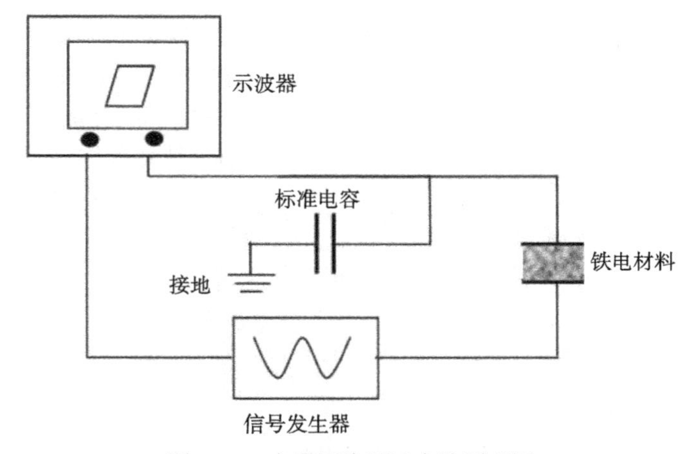

图 2.62 电滞回线测试电路原理图

图 2.62 中，加在被观测材料组成的电容器 C_z 上的电压 V_2 等于示波器电极 1 和电极 2 之间的电压。采用另一比 C_z 大得多的标准电容 C_0 与 C_z 串联，则低频交流电压基本全部加在被观测材料上，即 $V_2 \approx V_\infty$。由于 C_0 与 C_z 串联，故流过两电容的电流相等，因而 C_z 上的电荷变化与 C_0 上的电荷变化相等。于是可知，加在示波器电极 3 和电极 4 上的电压正比于待测晶体的极化强度 $\vec{P}$，电极 1 和电极 2 上的电压正比于加在待测晶体上的电场强度 $\vec{E}$。如果晶体是顺电性，则测试结果为一条直线，若为铁电体，测试结果为电滞回线形式。利用电滞回线测试系统，还可以确定材料的居里温度，这需要外加变温装置的铁电测试系统来实现。当材料升高到居里温度时，其铁电性消失，转变为顺电性，此时得到的电滞回线为一条直线，利用此原理可以判断材料的居里温度。

2.4.5 铁磁性表征

目前测试材料磁性的仪器有多种，现主要介绍试验用高精度的综合物性测量系统 (physics property measurement system, PPMS) 和超导量子干涉仪 (SQUID)。

1. 综合物性测量系统

美国 Quantum Design (QD) 公司的产品 PPMS，是在低温和强磁场的背景下测量材料的直流磁化强度和交流磁化率、直流电阻、交流输运性质、比热和热传导、扭矩磁化率等的综合测量系统。一个完整的 PPMS 也是由一个基系统和各种选件两部分构成，PPMS 在基系统搭建的温度和磁场平台上，利用各种选件进行磁测量、电输运测量、热学参数测量和热电输运测量。基系统主要包括软件操作系统、温控系统、磁场控制系统、样品操作系统和气体控制系统。

(1) 交直流磁化率选件。该选件是研究各种材料在低温下磁行为的主要设备之一，包括探杆、样品杆、伺服电机、电子控制部分、精密电源和软件部分 (集成于系统软件)。可以在同一程序中对一个样品先后进行交流磁化率和直流磁化强度的测量而不需要对样品进行任何调整。样品杆处于探杆的中间，样品置于样品杆的一端，样品杆的另一端连接在伺服电机上。探杆之外由内到外依次由校正线圈组 (用于消除仪器电子装置自身带来的信号增益和漂移)、抗磁温度计、样品磁矩探测线圈、AC 驱动线圈 (用于提供交流磁场) 以及 AC 驱动补偿线圈 (用于把交流磁场限制在线圈内部、防止它和外部的测量装置相互作用) 组成。

(2) 比热测量选件。该选件是结合了绝热法和弛豫法，利用双 τ 模型精确地计算样品的比热 [20]。在测量过程中，系统处于高真空状态，样品的顶部有遮热屏。整个样品平台温度非常相近。这样，严格限制热量通过对流和辐射散失。与实时数据采集系统相结合，从而实现对热流密度和温度、时间的精确监控。该选件配有两个专用温度计和一个加热器件，实现精确控温。这样，通过实验曲线和数学模型相结合，就可以得到样品的比热。另外，软件会假设样品和样品托传热不理想，这样引进两者之间的导热系数，用另外一套模型进行拟合。最后，在二者中选择拟合结果更加合理的一个。

(3) AC 电输运性质测量系统选件。PPMS 的交流电测量系统在公共平台的基础上还包含一个精确的电流源和伏特计。电流源的分辨率为 0.02μA，最大电流为 2A。交流频率为 1Hz～1kHz，因而可以用数字滤波和锁相技术提高信号精度。AC 输运性质测量系统可以作直流电阻率、交流电阻率 4 线测量，4 线和 5 接线的霍尔 (Hall) 效应测量，I-V 曲线和临界电流测量。样品安装连接方便，一次可以测量多个样品。计算机控制的样品水平旋转杆选件和垂直旋转杆选件可以使样品在 360° 幅度内旋转，进行角度相关的电输运性质的测量 (旋转器内部有集成温度计，能够精确地控制样品的温度)。

(4) 热输运性质测量系统选件。已经提供精确热电测量的各种条件，如精确的热流控制，精确的控温 (高真空恒温环境) 和测温，以及高分辨率的电流源和伏特计。使用 AC 输运性质测量选件的电子设备，该选件可以测量 AC 电阻率; 通过设计独特的样品托，可以监控给定热流下的温降和由此带来的压差，因而可以得到样品的热导和泽贝克 (Seebeck) 系数。由此便可以得到热电品质因数。以上这些参数可以同时或者分别得到。

(5) 扭矩磁强计选件。该选件是 QD 公司与 IBM 公司共同开发的，专为测量小尺寸的各向异性样品而设计，提供全自动测量与角度有关的磁矩的途径。该选件采用压电转换技术来测量扭矩，将惠斯通电桥集成在扭矩测量芯片中，从而达到电路高度平衡和稳定性。芯片上集成了校准电流线圈，从根本上消除了地球引力作用的影响。

(6) 振动样品磁强计 (VSM) 不依赖于 PPMS 上任何其他选件的辅助，是完全独立的选件，可以十分方便地安装到 PPMS 上，不用的时候可以迅速地卸下来。它由以下几部分组成: 用于驱动样品的新型长程线性马达，特制轻质量样品杆 (样品固定装置)，样品杆导向管，带有特制样品托的信号探测线圈，一个分离的电子拓展线路箱，包含新型的自动控制数据通信总线网络结构 (CAN)，集成到 PPMS 软件包中的 VSM 控制软件模块，可以使得用户进行全自动的 VSM 测量。

2. 超导量子干涉仪

在正常态下磁通量能穿过金属，在外磁场中通过电流后会有奥斯特磁效应，且产生的磁场总是试图使导体内的磁通量最小。相反，在超导态下，磁感线不能通过导体内部，仅从表层通过 (穿透深度 λ)，如图 2.63 所示。在超导体内部，恰好和磁体的磁场大小相等，方向相反。这两个磁场抵消，使超导体内部的磁感应强度为零，$B=0$，即超导体排斥体内的磁场，称为迈斯纳效应 (Meissner effect)。迈斯纳效应是超导体的一个基本特征。

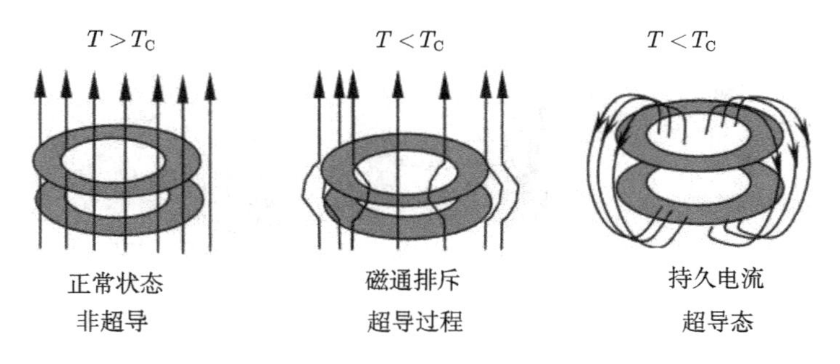

图 2.63 超导体在外磁场中的迈斯纳效应

超导量子干涉仪的结构和测试原理是以约瑟夫森 (Josephson) 结和约瑟夫森效应为基础的。约瑟夫森效应是指超导体中的库珀对能够从一个超导体隧穿一个绝缘体，而到达另一个超导体，从而实现完整的电流回路，而约瑟夫森结是指两个超导体中间夹一层薄的绝缘层。当在约瑟夫森结的两侧加上一个恒定直流电压 U 时，发现在结中会产生一个交变电流，而且辐射出电磁波，这个交变电流和电磁波的频率由下式给出：

$$\nu = \frac{2eU}{h} \tag{2.75}$$

超导量子干涉仪是利用了并联的约瑟夫森结构成的，其结构原理如图 2.64 所示。

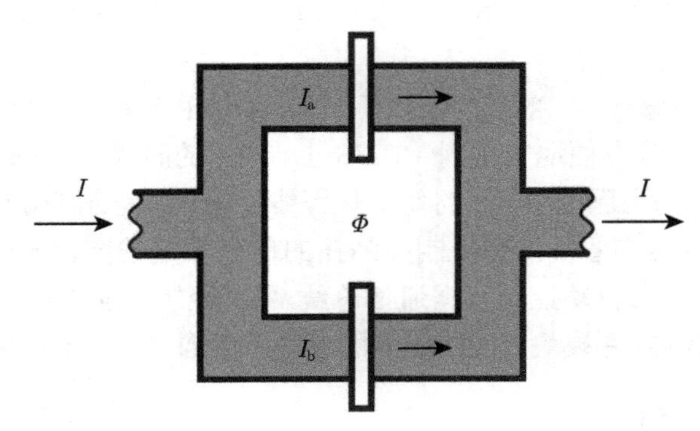

图 2.64　超导量子干涉仪中约瑟夫森结示意图

当外加磁通量提高或者降低时，约瑟夫森结上的电压降以周期性的方式变化，这个周期是磁通量子的变化周期。外加在超导线圈上的磁通量变化是量子化的 [24]，也就是说磁通量以一种非连续的方式变化，其变化梯度称为磁通量子，表示为 Φ_0=2.068×10^{-15}Wb(1Wb/m^2=1T)。计算这些磁通量子可以非常灵敏地测量超导环中磁通量的变化，从而得到样品的磁化强度。图 2.65 给出几种不同的约瑟夫森结 [24]。

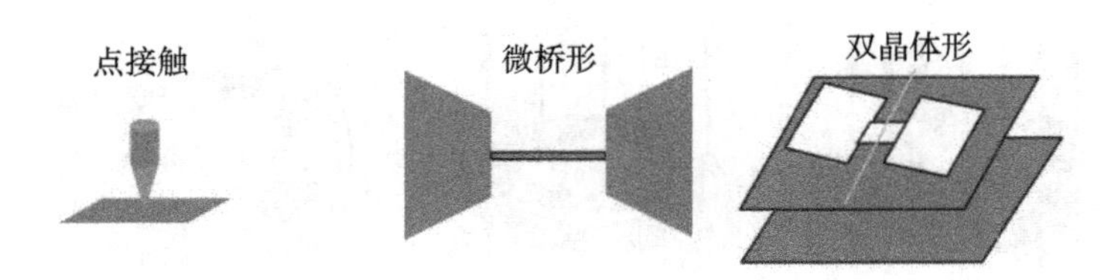

图 2.65　不同的约瑟夫森结示意图

2.4.6　磁致伸缩效应表征

从自由能极小的观点来看，磁性材料的磁化状态发生变化时，其自身的形状和体积都要发生改变，保持体系的总能量最小。而磁致伸缩的起源主要可以从以下几个方面来理解 [25]：

(1) 自发磁致伸缩。假设单畴晶体在居里温度以上是球形，从温度 $T(T > T_C)$ 环境中降温到居里温度以下，相邻电子的交换作用使晶体发生磁化，同时体积发生变化，如图 2.66 所示，故称为自发磁致伸缩。

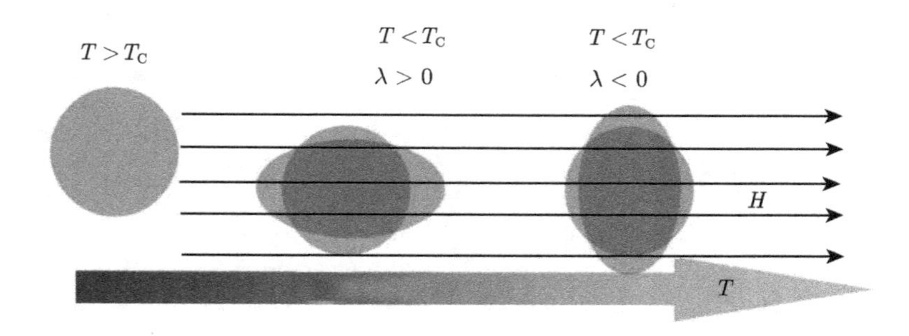

图 2.66 自发形变示意图

从交换积分 J 的角度容易理解上述物理过程。交换积分 J 与 d/r_n 之间的关系是斯莱特–贝特 (Slater-Bethe) 曲线，如图 2.67 所示。d 为邻近原子的距离，r_n 是原子中未满壳层的半径。球形晶体在居里温度以上原子之间的距离为 d_1，晶体处于居里温度以下时若原子之间的距离为 d_1(对应图中 “1” 点)，则交换积分为 J_1；若距离为 d_2(对应图中 “2” 点)，则交换积分为 $J_2(J_2 > J_1)$，交换积分越大交换能越小，系统自由能越小系统就越稳定。系统在变化中总是力图使交换能小，所以球形晶体在顺磁状态变到铁磁状态时，原子间的距离会改变到 d_2，故晶体的尺寸增大，发生伸长。反过来，如果系统处于 J 与 d/r_n 曲线的下降段 (图中 “3” 点)，则铁磁体从顺磁态到铁磁态，晶体的尺寸减小，发生收缩。

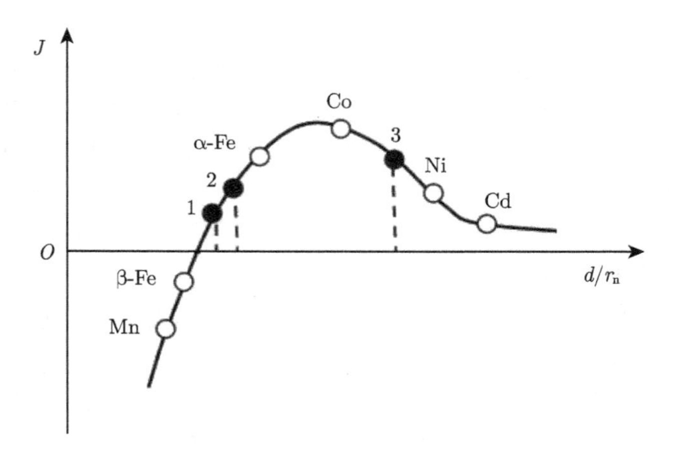

图 2.67 交换积分与原子结构关系图

(2) 磁场诱发磁致伸缩。铁磁体在磁场中发生形变和体变，在外加场小于饱和磁化场时主要发生形变，外加场大于饱和场时以体变为主。铁磁体的磁化曲线、磁致伸缩与磁场强度关系如图 2.68 所示 [25]，体磁致伸缩效应在外加场大于饱和场时才会发生，此时材料内的磁化强度大于自发磁化强度。

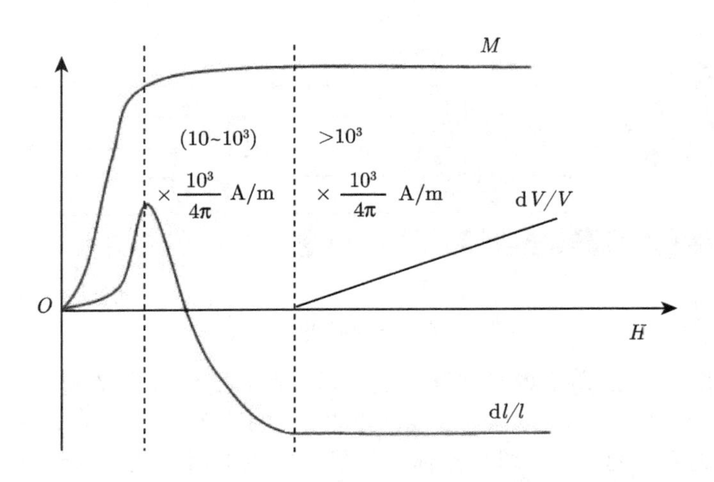

图 2.68 铁磁体的磁化曲线、磁致伸缩与磁场强度关系图

(3) 稀土离子超磁致伸缩效应。稀土元素中有局域 4f 电子，易受到外界电子的屏蔽，轨道角动量不冻结，轨道-自旋耦合作用非常强。4f 电子轨道有强烈的各向异性，在自发磁化时，由于轨道-自旋角动量耦合作用，电子云在某些特定的方向上伸长很大，能量最低，该方向就是易磁化方向。稀土离子的 4f 轨道就被锁定在几个特定的方向上，沿着这些特定的方向，晶体的晶格畸变很大，磁致伸缩效应明显。

表征磁致伸缩性能的最重要的物理量是磁致伸缩系数，对于块体材料，磁致伸缩系数的测量比较简单，一般采用贴应变片的方法就能比较容易地测得磁致伸缩系数。然而对于超磁致伸缩薄膜，虽然薄膜磁致伸缩效应远大于普通块体材料，但是由于薄膜的尺寸非常小、厚度非常薄，因此它在外磁场中的尺寸变化就非常小，用普通的应变片根本无法观测到任何的尺寸变化，因此要选择更加精密的方法来测量薄膜的磁致伸缩系数。

薄膜的磁致伸缩系数可以通过一种间接的方法——悬臂梁的方法来获得 [21]。这种方法通过应力或者应变的效应可以精确地测量到很小的尺寸变化，达到测试的目的。磁致伸缩薄膜沉积在衬底上，与衬底共同构成了超磁致伸缩微执行器及微传感器的主体材料。利用磁致伸缩薄膜的磁致伸缩效应完成驱动及传感功能时，衬底起结构支撑作用，磁致伸缩薄膜与衬底材料形成了磁弹性双层板，当有外磁场作用时，磁致伸缩薄膜的变形，带动整个双层板进行偏转和弯曲，从而达到驱动或传感的目的。双层板的偏转或弯曲量与外加磁场的关系受磁致伸缩薄膜的磁致伸缩系数和衬底材料的弹性性能以及层板的结构尺寸的综合影响。

最早对磁致伸缩薄膜/弹性双层板的理论研究是源于磁致伸缩薄膜磁致伸缩系数的实验测定。Termolet 基于各向异性磁致伸缩效应，对 Kohelm 的推导进行了修正，得到关系表达式:

$$\varDelta=\frac{9}{2}\frac{L^2t_{\mathrm{f}}\lambda E_{\mathrm{f}}/\left(1+\nu_{\mathrm{f}}\right)}{t_{\mathrm{s}}^2E_{\mathrm{s}}/\left(1+\nu_{\mathrm{s}}\right)} \tag{2.76}$$

其中，λ 是薄膜的磁致伸缩系数；$\varDelta$ 是磁致伸缩/弹性双层悬臂梁挠度；t_{f}、t_{s}，E_{f}、E_{s}，ν_{s}、ν_{f} 分别代表薄膜和衬底的厚度，弹性模量，泊松比；L 为悬臂的长度。

Gehring 提出了分析自由状态双层悬臂板在热电磁激励下的一般能量表达式，并且通过理论推导及分析研究发现，当磁致伸缩薄膜厚度远小于衬底厚度时，自由端挠度值与磁致伸缩薄膜厚度成正比，而磁致伸缩薄膜厚度可与衬底厚度相比拟时，自由端挠度与薄膜厚度不成正比；当磁致伸缩薄膜远大于衬底厚度时，自由端的挠度值与双层板的弯曲曲率接近零，而总面内应变接近磁致伸缩效应 [22]。Gueerror 等 [23] 提出基于最小自由能可推导双层悬臂板及梁的应力、应变及自由端挠度的自洽方法。

所谓的悬臂梁就是一端固定，另一端则处于自由悬伸状态的梁形物体。在测量薄膜磁致伸缩系数的时候，在梁的一面淀积一层磁致伸缩薄膜。悬臂梁固定在磁场中，当施加磁场时，薄膜会产生形变而伸长或缩短，衬底却不发生形变。这样磁致伸缩薄膜的变形受到衬底材料的约束，衬底就会产生弯曲而变形，从而导致悬臂梁的一端产生一个挠度 $\varDelta$，如图 2.69 所示。根据磁致伸缩系数 λ 与微偏移 $\varDelta$ 的关系，就可计算得到薄膜的磁致伸缩系数 λ。图 2.70 给出了在磁场中由磁致伸缩薄膜发生形变导致的悬臂梁自由端偏转的示意图。由于弯曲变形量的大小与薄膜的磁致伸缩系数、薄膜和衬底材料的弹性性能及薄膜和衬底的厚度有关，因此，在其他参数已知的条件下，可以通过测定悬臂梁自由端挠度值的大小来计算出薄膜的磁致伸缩系数。

经过修正后，薄膜的磁致伸缩系数与悬臂梁的挠度值之间的关系可以表示为

$$\lambda=\frac{2}{3}\times\frac{E_{\mathrm{s}}t_{\mathrm{s}}^2(1+\upsilon_{\mathrm{f}})}{3\varDelta E_{\mathrm{f}}L^2t_{\mathrm{f}}(1-\upsilon_{\mathrm{s}})} \tag{2.77}$$

从 (2.77) 式可以看出，只要可以测量到悬臂梁的挠度值，就可以根据公式求得薄膜的磁致伸缩系数，这样对于超磁致伸缩薄膜系数的测量问题就间接地转变成测量磁场中悬臂梁挠度的问题了。

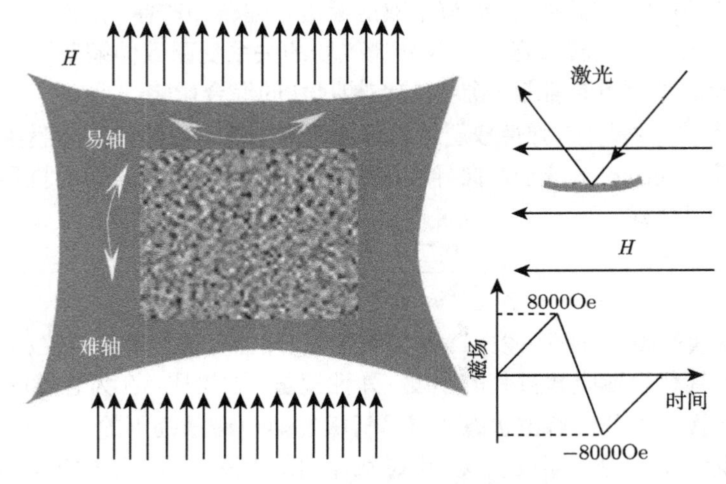

图 2.69　磁致伸缩样品表面形变示意图

1Oe=79.5775A/m

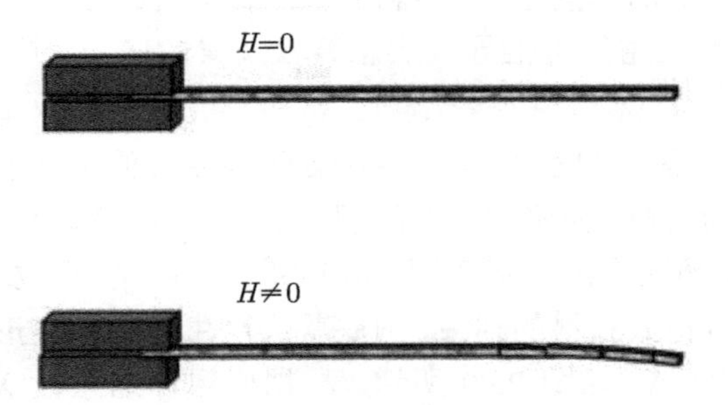

图 2.70　悬臂梁自由端弯曲示意图

通过上面的分析，磁致伸缩系数 λ 的测量可间接地转化为悬臂梁结构微挠度 Δ 的测量。目前，对于悬臂梁结构微挠度的测量，常见的方法有电容法、激光干涉法和激光反射光杠杆放大法等。本书中主要介绍利用激光反射光杠杆放大的方法进行薄膜的磁致伸缩系数测量，因为这种方法具有操作简便、设备要求低等优点。一束激光投射到臂长为 L 的悬臂梁抛光面的自由端，其反射光点在距自由端 r 处被位置敏感光电探测传感器 (PSD) 探测到。如图 2.71 所示为激光反射光杠杆放大法测量薄膜磁致伸缩系数示意图。当悬臂梁在平行于膜面的外磁场作用下弯曲一个很小的角度 α 时，经过几何计算，在 r 处探测到的激光光点的位移 d 为

$$\frac{d}{2} = r\sin\alpha \tag{2.78}$$

由于悬臂梁形变非常微小，可以近似认为

$$\sin\alpha = \tan\alpha = \frac{\varDelta}{L} \tag{2.79}$$

因此，由 (2.78) 式和 (2.79) 式可知

$$\varDelta = \frac{dL}{2r} \tag{2.80}$$

这样，根据 (2.80) 式，可通过对反射光点位移的测量，来实现对悬臂梁微小挠度 $\varDelta$ 的测量，进而求出磁致伸缩系数。

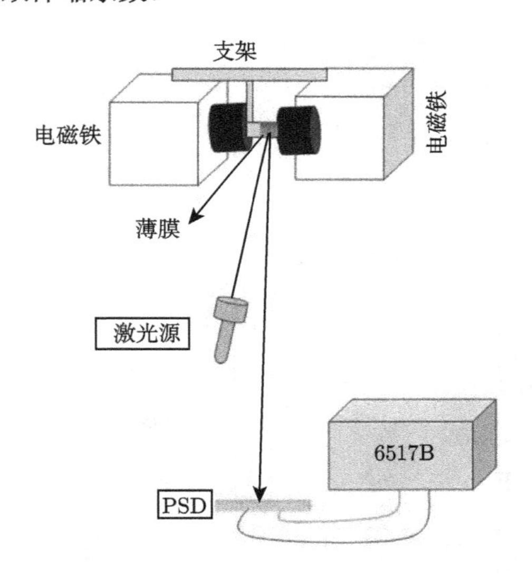

图 2.71 激光反射光杠杆放大法测量薄膜磁致伸缩系数示意图

一般在测试磁致伸缩系数时选用较薄的 (100) 单晶硅片 (300μm) 衬底。一些常见材料的力学特性常数取值如表 2.8 所示。

表 2.8 一些常见材料的力学特性

材料	弹性模量/($\times10^5$ MPa)	泊松比
碳钢	2.0~2.1	0.25~0.28
退火镍	2.0~2.1	0.31
镍铬合金	2.06	0.25~0.3
尼龙	0.0283	0.4
电木	0.0196~0.0294	0.35~0.38
铅	0.17	0.42
玻璃	0.55	0.25
单晶硅 (100)	0.17	0.2

2.4.7　磁电效应表征

建立一套磁电效应综合测试系统对于研究材料的磁电效应是必备的，目前国内商品化的成套设备是量子设计公司开发的 Super-ME 测量系统。为了表征材料的磁电效应，结合自己的研究内容，作者所在的课题组在 Super-ME 的基础上自行搭建一套磁电效应综合测试系统，图 2.72 就是自行建立的磁电效应综合测试系统的基本示意图。

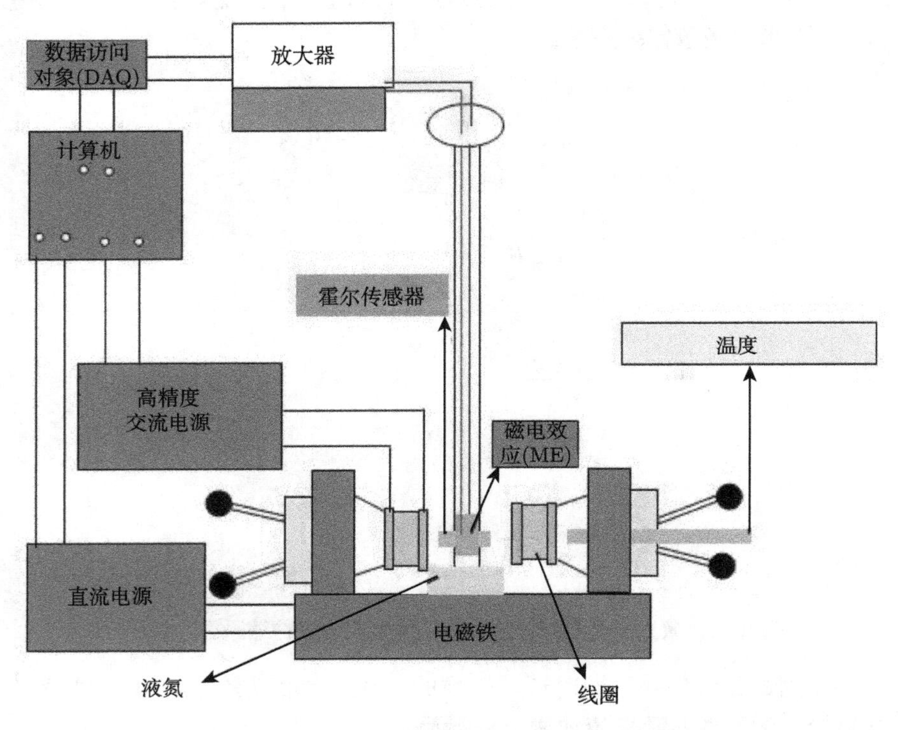

图 2.72　磁电效应综合测试系统的基本框图

在测量样品磁电压系数时，样品放在一个交变的小磁场中，同时叠放在一个直流偏磁场中。直流偏磁场由电磁铁产生，交变小磁场则由信号发生器和功率放大器驱动亥姆霍兹线圈产生。直流偏磁场的大小通过霍尔探头来检测，交变的小磁场通过磁通计来测量。在磁场作用下，样品感生出来的电压可以通过电荷放大器、数字示波器和锁相放大器检测。测量参数可通过各测量仪器的通用接口总线 (general-purpose inteface bus，GPIB) 接口与计算机通信从而实现数据的自动采集和处理。系统的典型参数：测量频率为 1Hz～1MHz，直流偏磁场为 0～1.0T，灵敏度为 1mV/(cm·Oe)。对于膜状磁电复合材料，由于在外磁场下的感应电压值很小，为了精确测量出感应电压值，实验设计了电压放大电路，原理如图 2.73 所示。

图 2.73 中，Y_1 为测试样品，样品两表面分别连接放大器件 INA121 的 IN_+ 和 IN_-，经放大器放大后输出信号 V_{OUT}，放大器放大倍数通过调节电阻 R_g 阻值而改变，放大倍数 $G = 1 + 50k\Omega/R_g$，故 $V_{OUT} = G\left(V_{IN+} - V_{IN-}\right)$。在测试过程中，通过调节信号发生器的频率来研究频率与磁电耦合系数的关系。另外，也可以通过调节电流的大小来改变直流磁场的大小，研究直流偏置磁场与磁电耦合系数的关系。交变的小磁场一般设定在 3～10Oe。

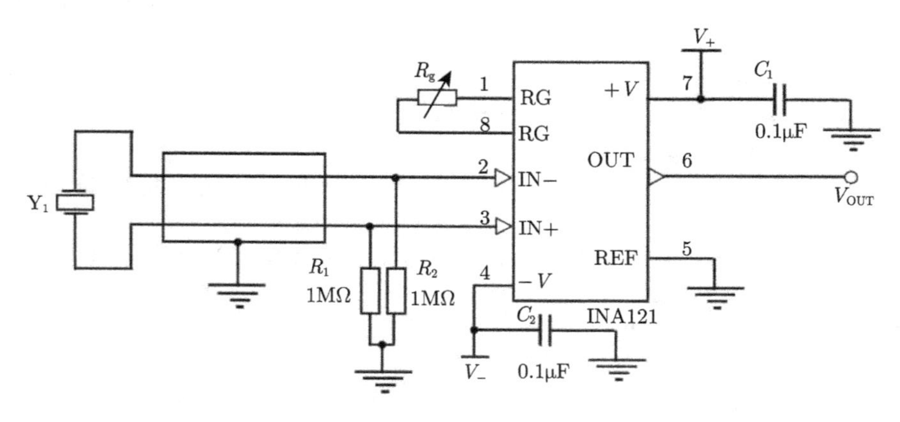

图 2.73 磁电效应综合测试系统的放大电路

参 考 文 献

[1] 赵世峰, 邢文宇. 团簇组装多铁薄膜. 北京：科学出版社, 2014.

[2] Gerald D M. Condensed Matter in a Nutshell. New Jersey: Princeton University Press, 2011.

[3] 黄昆, 韩汝琦. 固体物理学. 北京：高等教育出版社, 1988.

[4] 魏贤华. 反射高能电子衍射在薄膜生长中的表面分析. 北京：科学出版社, 2012.

[5] Ibch H. Physics of Surfaces and Interfaces. Berlin: Springer, 2006.

[6] 张吉东, 莫志深. 利用掠入射 X 射线技术表征高分子薄膜. 大学化学, 2009, 24(2): 1.

[7] 吴小山. 薄膜微结构分析的几种 X 射线散射技术. 南通大学学报 (自然科学版), 2008, 7(3): 1-14.

[8] 吴自勤. 固体物理试验方法. 北京：高等教育出版社,1997.

[9] 喀兴林. 高等量子力学. 北京：高等教育出版社,2001.

[10] Xie S H, Gannepalli A, Chen Q N, et al. High resolution quantitative piezoresponse force microscopy of $BiFeO_3$ nanofibers with dramatically enhanced sensitivity. Nanoscale, 2012, 4(2): 408-413.

[11] 李崇香, 池济宏, 冯浩, 等. 原子力显微镜原理及磁畴测量. 河北北方学院学报 (自然科学版), 2015, 31: 4.

[12] 郑富. 铁钴基合金薄膜的静态与动态磁性研究. 兰州大学博士学位论文, 2012.

[13] 尹格. 利用磁力显微镜图像计算杂散场和分析磁畴. 兰州大学硕士学位论文, 2010.

[14] Jiles D. 磁性及磁性材料导论. 肖春涛, 译. 兰州：兰州大学出版社, 2003.

[15] Lilley B A. Energies and widths of domain boundaries inferromagnetics. The London, Edinburgh, and Dublin Philosophical Magazine and Journal of Science, 1950, 41(319): 792-813.

[16] Cullity B D, Graham C D. Introduction to Magnetic Materials. New York: John Wiley & Sons. , 2011.

[17] Kittel C, Galt J K. Ferromagnetic domain theory. Solid State Phys. , 1956, 3: 437-564.

[18] Graham Jr C D. Magnetocrystalline anisotropy constants of iron at room temperature and below. Phys. Rev. , 1958, 112(4): 1117.

[19] 张涛, 马宏伟, 李敏, 等. 运用 Sawyer Tower 电路测试薄膜铁电性能. 西安科技大学学报, 2016, 32(1): 124-126.

[20] 张焱, 高政祥, 高进, 等. 物理性质测量系统 (PPMS) 的原理及其应用. 现代仪器与医疗, 2004, 10(5): 44-47.

[21] 赵世峰. 基于团簇束流沉积的磁性纳米薄膜的制备及其性质研究. 南京大学博士学位论文, 2008.

[22] 万红. TbDyFe 薄膜的磁致伸缩性能及其与弹性、压电衬底复合效应研究. 国防科学技术大学博士学位论文, 2005.

[23] Gueerror V C, Wetherhold R C. Mganetosrtictive bending of cantilever bemas and plaets. J. Appl. Phys., 2003, 94(10): 6659.

[24] Fagaly R L. Superconducting quantum interference device instruments and applications. Rev. Sci. Instrum. , 2006, 77(10): 101101.

[25] 王博文, 曹淑瑛, 黄文美. 磁致伸缩材料与器件. 北京：冶金工业出版社, 2008.

[26] Koelle D, Kleiner R, Ludwig F, et al. High-transition-temperature superconducting quantum interference devices. Rev. Mod. Phys. , 1999, 71(3): 631.

第 3 章　无铅基 Bi 系单层钙钛矿结构薄膜的多铁性能及调控

采用溶胶凝胶法制备出单层钙钛矿铁酸铋薄膜 $BiFeO_3$ (BFO)，并研究了元素替换掺杂对薄膜物相结构的调控，通过对物相调控实现了对多铁性能的调控，从薄膜的掺杂相变、铁电性、疲劳性能和铁磁性等多个角度进行了研究。同时从铁电畴的角度表征了 $Na_{0.5}Bi_{0.5}TiO_3$ 纳米薄膜的铁电性。易于翻转的微观电畴决定了宏观增强的铁电极化，通过对电畴的分析建立了宏观铁电性能与微观电畴翻转极化动力学的联系，丰富了多铁薄膜的研究内容和对物理本质的理解。

3.1　引　　言

随着薄膜制备技术的突破性进展，微电子技术迅猛兴起，电子器件开始逐步走向微型化、集成化的发展道路 [1]。在这一过程中，铁电薄膜扮演了至关重要的角色。$PbZr_{0.53}Ti_{0.47}O_3$(PZT) 薄膜是最早被用于铁电存储器的铁电材料，也是当前应用最广的钙钛矿结构的铁电材料。主要原因是它具有很大的剩余极化强度，以及低的处理温度。但它存在着氧化物电极成分复杂、漏电流大、铅易挥发以及环境污染等缺点。多年来人们一直在寻找新型无铅体系铁电材料，Bi 系层状钙钛矿薄膜具有卓越的铁电性、抗疲劳特性、压电特性，而且特别是在铁电、压电等电学特性中表现出近乎铅基薄膜的性能，这使得 Bi 系无铅钙钛矿薄膜替换铅基薄膜成为可能。而其中最具代表性的为单相多铁材料铁酸铋 ($BiFeO_3$) 和铁电材料钛酸铋钠 ($Na_{0.5}Bi_{0.5}TiO_3$)，它们有广泛的应用前景。然而单相 $BiFeO_3$ 薄膜有较大的漏电流，通过元素替位掺杂，对其进行物相和多铁性能的调控，建立了相结构–多铁性能之间的定性联系。同时从铁电畴的角度对 $Na_{0.5}Bi_{0.5}TiO_3$ 薄膜进行系统研究，由于其薄膜独特的电畴结构，薄膜有易于铁电极化和电畴读写的特性。本章详细论述了这两种典型的铁性薄膜及物相和物性调控策略，为微纳米电子器件的开发和薄膜物理的研究奠定了基础，同时丰富了多铁薄膜的物理内涵。

3.2　$BiFeO_3$ 纳米薄膜的物相结构及性能调控

3.2.1　$BiFeO_3$ 概述

由于多铁材料有着特殊的电子结构和对称性，作为自然界中存在的少数多铁材料，$BiFeO_3$ 薄膜展现出了良好的铁电性，其在畴层次上展现了不错的磁电耦合特性。图 3.1 详细生动地表现了这种现象 [2]。

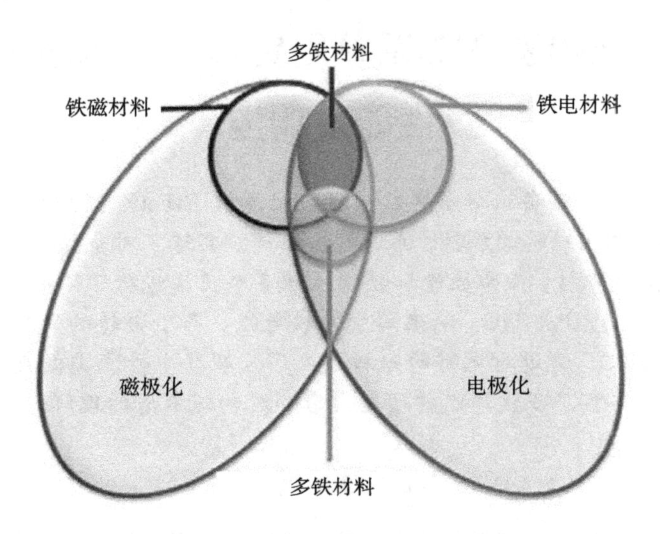

图 3.1 多铁材料与铁电铁磁材料之间的关系示意图 [5]

$BiFeO_3$ 作为目前唯一铁电与铁磁相变温度均高于室温的单相多铁材料，十分具有研究价值。室温下的单相多铁材料 $BiFeO_3$ 的晶格结构是扭曲菱方结构，其空间群为 $R3c$ 结构群。其结构与 $Pm3m$ 的立方钙钛矿结构相比，Bi^{3+} 相对于氧离子有沿 [111] 方向的移动 [3]，因此立方相的 $BiFeO_3$ 转变为属 $R3c$ 群的三方铁电相，并由此产生了自发极化。其实在很早以前人们就已经对 $BiFeO_3$ 的晶格结构与铁电机制进行过研究，并在理论上预测了其具有好的铁电极化，只是受当时科研条件的限制，在实验层面一直无法真正地测量其电学性能，甚至当时一些人认为这是与高铁电居里温度互相矛盾的。

从图 3.2 中可以看到 [4]，两个相邻的 FeO_6 八面体反向扭曲形成一个夹角，这个夹角对于菱方结构是十分重要的参数。理想立方结构钙钛矿物质的这个夹角为零，也可以认为，某种程度上这个夹角影响着钙钛矿物质的性能。在 1990 年左右，Achenbach 研究组 [5] 对 $BiFeO_3$ 单晶进行了中子衍射实验，发现上文说到的两个相邻近氧八面体 FeO_6 分别绕 [111] 轴向相反方向转动了 12°。此时，Fe—O—Fe 夹角是 154°，该夹角对于 $BiFeO_3$ 材料也是十分重要的结构表征参数。因为 Fe—O—Fe 的超交换强度与 Fe 原子和 O 原子之间的原子轨道交叠程度由该夹角的大小决定，因此 $BiFeO_3$ 的带隙宽度也被该夹角影响着。然而 $BiFeO_3$ 的居里温度为 1103K，这已是一个较高的温度值，这表明其有着很大的自发极化。

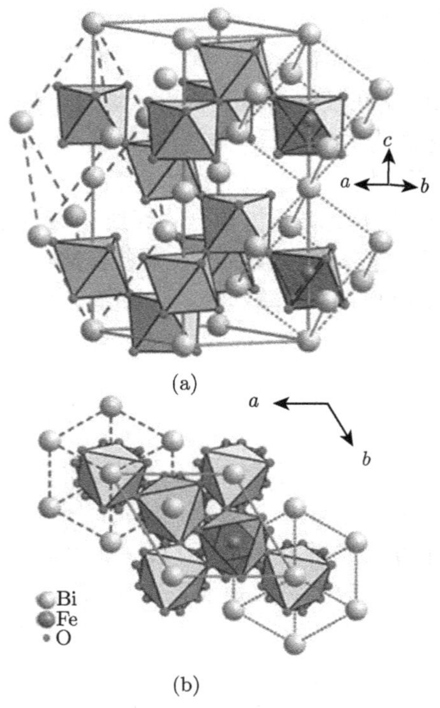

图 3.2　$BiFeO_3$ 在室温下的晶体结构图 [3]

(a) 中上半部分晶胞的点与线代表着菱方晶胞，下半部分晶胞的实心直线代表着晶胞为六角结构；(b) 沿着 c 坐标轴观察到的六角晶胞结构图

$BiFeO_3$ 中存在一种方向局域化，这种局域化是 Bi^{3+} 具备的 6s 孤对电子所造成的，这种方向的限制导致了 Bi^{3+} 和 O^{2-} 的相对移动 [6,7]，进而使其产生铁电极化。其中位于 B 位 Fe^{3+} 的 d 电子轨道是 G 型反铁磁结构 [8]，它是 Kiselev 根据中子衍射实验从不同的角度进行分析得出的结论。在奈尔温度 643K 时发生磁性转变，低于这个温度表现弱的反铁磁，高于此温度则表现为顺磁相 [9−16]。$BiFeO_3$ 为菱方钙钛矿结构，它是由典型的完美立方钙钛矿沿 [111] 方向拉伸形成的，离子自旋沿 (110) 面排列成螺旋结构，表现为 G 型反铁磁耦合 [16−20]。由于受到自旋–轨道耦合作用 [21] 的影响，$BiFeO_3$ 材料中反铁磁磁矩以及 FeO_6 氧八面体的转动产生耦合，导致最近邻 Fe^{3+} 自旋，同时沿着垂直铁电极化的方向以及反铁磁磁矩方向产生了很小的偏转，从而形成了很小的偏转磁矩，因此 BFO 中存在着弱的铁磁性。而且这一偏转形成了 62nm 为一个周期的摆线螺旋结构，这个周期使得 BFO 在一个周期内静磁矩为零，这也就解释了宏观上 BFO 为什么不表现出磁性。要提高 BFO 磁性的剩余极化强度，就必须破坏上述的 62nm 周期，当晶粒周期变小时，磁性就会得到增强。

在本书中主要选用溶胶凝胶法作为制备薄膜的方法，相比于其他制备方法，既简单又实用，通过该方法可以制备出纳米颗粒、纳米线及纳米薄膜等。溶胶凝胶法指的是把无机物或金属纯盐在液态溶剂中混合，通过一些方法使这些原料发生水解、聚合等化学反应，进而得到均匀透明的前驱体溶液。溶胶凝胶法得到的溶胶可以通过不同的加工得到不同规格与形貌的纳米材料。

溶胶凝胶法是指金属有机或者无机化合物经过溶液，溶胶、凝胶、固化，然后经过烘烤、退火等热处理工艺从而形成氧化物或者其他化合物固体的方法，所用材料一般会选择金属醇盐、硝酸盐、醋酸盐等。金属醇盐 $M(OR)_n$，其中 M 是金属离子，R 为烃基，加入少量的水后水解，形成均匀的溶胶，其水解反应可简单表示成

$$M(OR)_n + xH_2O \longrightarrow M(OH)_x(MO)_{n-x} + xROH \tag{3.1}$$

通过脱水脱醇的聚合反应，形成金属-氧-金属 (M-O-M) 链，这是构成晶体的基础。

在制备薄膜之前，对衬底的预处理步骤：首先，用丙酮超声清洗 10min，以除去衬底表面的油污；用酒精超声清洗 10min，以除去衬底表面的灰尘及杂质；最后用去离子水超声清洗 10min，除去衬底表面残留的丙酮和其他离子杂质。

溶胶凝胶法具备一些独特的优点，分别是：①因为化学计量的可控性，所以可以做出成分复杂的化学物质；②方便对样品进行掺杂；③通过该方法制备样品的设备简易，成本低廉；④由于该方法的核心为液相反应，所以制备工艺更加易调整，这也使得通过该方法制备出的样品颗粒尺寸或是薄膜厚度容易被调控，这样有利于相关的研究；⑤用途广泛，纳米粉末、纳米颗粒、纳米线以及纳米薄膜均可通过该法制备。本书中主要采用溶胶凝胶法制备铁电薄膜。

3.2.2 $BiFeO_3$ 及不同元素和浓度替位掺杂薄膜的制备

选取溶胶凝胶法来制备单掺杂和共掺杂 $BiFeO_3$ 基薄膜，具体有 $Bi_{1-x}Er_xFeO_3$ (x=0,0.05,0.1,0.15,0.20)、$Bi_{0.95}Eu_{0.05}FeO_3$(BEF)、$Bi_{0.9}Ho_{0.1}FeO_3$(BHF)、$BiFe_{0.9}Mn_{0.1}O_3$(BFM)、$Bi_{0.9}Ho_{0.1}Fe_{0.9}Mn_{0.1}O_3$(BHFM)、$Bi_{0.85}Er_{0.15}FeO_3$(BEF)、$BiFe_{0.95}Ti_{0.05}O_3$ (BFT) 及 $Bi_{0.85}Er_{0.15}Fe_{0.95}Ti_{0.05}O_3$ (BEFT)。虽然不同掺杂类型的薄膜制备方法很接近 (本节主要以 $Bi_{1-x}Er_xFeO_3$ (x=0,0.05,0.1,0.15,0.20) 薄膜的制备为例来说明)，但是在具体制备过程中所选用的溶剂有差别。例如，Er 不同比例掺杂、Eu 掺杂体系和 Er、Ti 掺杂体系所选用的溶剂为乙二醇甲醚，稳定剂为乙酰丙酮；而 Ho 和 Mn 掺杂体系所选用的溶剂为乙二醇，稳定剂为稀硝酸。尽管各掺杂体系的溶剂和稳定剂略有不同，但制备过程大体相似。

溶胶凝胶法制备 $Bi_{1-x}Er_xFeO_3$ (x=0,0.05,0.1,0.15,0.20) 纳米薄膜的方法如图 3.3 所示，其中 $Bi_{1-x}E_xFe_{1-y}N_yO_3$ 代表稀土过渡元素掺杂体系通式，E、N 分别代表稀土元素和过渡元素，制备 0.2mol/L 的溶胶，需要分析纯 $Bi(NO_3)_3·5H_2O$、

$Fe(NO_3)_3·9H_2O$ 和 $Er(NO_3)_3·5H_2O$ 试剂。由于制备薄膜热退火过程中 Bi 非常容易挥发，让 Bi 过量 10%。计算出制备溶胶所需要的试剂用量，按照化学计量比计算数值称量，选取乙二醇甲醚做溶剂，把称量好的 $Bi(NO_3)_3·5H_2O$ 和 $Fe(NO_3)_3·9H_2O$ 等原材料试剂一起放入烧杯里，再把烧杯放到磁力搅拌器上，放入磁转子，开始搅拌至溶胶澄清透明。量取少量乙酰丙酮溶液，再将乙酰丙酮逐滴滴入已澄清透明的溶胶中，继续搅拌至澄清透明，到此溶胶制备完毕。将制备好的溶胶放置在无尘环境中老化 72h，便可以开始进行镀膜。镀膜过程选取 $Pt(100)/Ti/SiO_2/Si$ 衬底，依次以慢速 600r/min 保持 6s，快速 4000r/min 保持 30s 的方式旋涂薄膜，280℃的恒温加热台烘烤薄膜 5min，然后使用快速退火炉 (RTP) 快速热处理系统在 550℃的氧气环境下退火 5min，经过反复旋涂十几次达到所需的厚度，在最后一次退火时将退火时间调整为 20min，这样就得到了 BFO 及各种掺杂浓度的纳米薄膜。

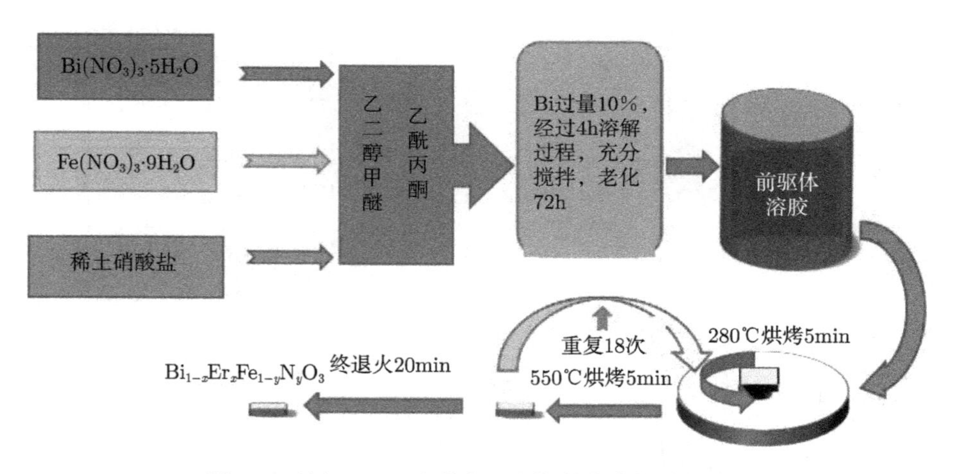

图 3.3　纯相 BFO 和稀土元素掺杂薄膜的制备过程

3.2.3　不同元素和浓度替位掺杂对 $BiFeO_3$ 基薄膜物相和多铁特性的调控

单层钙钛矿结构的 $BiFeO_3$ 薄膜有漏电流大不能施加高电场、室温剩余铁电极化小、易疲劳和反铁磁本性等缺点，这些都是急需解决的问题。因此，对 BFO 基薄膜进行铁电性、抗疲劳性能、反铁磁性等多铁性能的裁剪和改良引起了科研工作者的极大兴趣。本节详细论述了不同元素等电子替位掺杂和不同掺杂浓度对 BFO 薄膜物相结构 (XRD、拉曼光谱分析) 转变的影响，进而对铁电性，疲劳性能和弱铁磁性进行了调控。同时研究了不同的掺杂类型即 A 位单掺和 AB 位共掺对物性的调控，从而建立物相结构转变调控多铁性能的薄膜设计理念和微观结构–宏观性质的对应关系。

1. 不同元素和浓度替位掺杂对 $BiFeO_3$ 基薄膜的物相调控

1) 不同浓度 Er 掺杂 $BiFeO_3$ 基薄膜晶体结构调控 ——XRD 分析

不同浓度 Er 掺杂 $Bi_{1-x}Er_xFeO_3$ (x=0,0.05,0.1,0.15,0.20) 薄膜的 XRD 物相调控如图 3.4 所示。从中可以看出，各个薄膜中无杂相 $Bi_2Fe_4O_9$、$Bi_{25}FeO_{40}$ 等存在，并且没有观察到 Er 及其氧化物的峰，说明本工作实现了 Er 对于 Bi 位的替位式掺杂。从图 3.4(a) 中可以得出纯铁酸铋的各个峰位 (如 (012)、(104) 和 (110) 峰) 与标准的晶体学数据库中的图谱 (JCPDS file no. 71-2494) 相吻合 [9]，清晰地表明了纯铁酸铋是扭曲的菱方钙钛矿结构，属于 $R3c$ 空间群。随着 Er 掺杂浓度比例提高到 0.20，属于 $Bi_{1-x}Er_xFeO_3$ 的衍射峰的峰位逐渐向更高的 2θ 方向移动，这一趋势在图 3.4(b) 能更加清晰地被观察到。Er^{3+} 的半径为 1.004Å，Bi^{3+} 的半径为 1.17Å[10]，这种峰位的移动是由 Er^{3+} 和 Bi^{3+} 之间的离子半径差异所导致的。

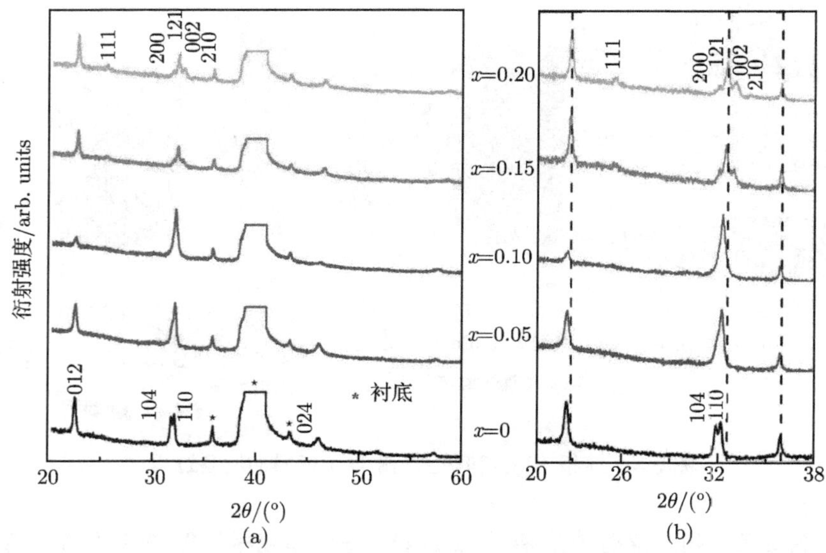

图 3.4 (a) $Bi_{1-x}Er_xFeO_3(x = 0 \sim 0.2)$ 薄膜 XRD 图谱；(b) 2θ 在 20° ~ 30° 范围内 XRD 放大图谱

另一方面，图 3.4(a) 和 (b) 也表明了 $Bi_{0.80}Er_{0.20}FeO_3$ 薄膜的一些衍射峰和纯 $BiFeO_3$ 的一些衍射峰是有明显差异的，尤其是 (111)、(200)、(121)、(002) 和 (210) 等一系列新的衍射峰的出现，充分说明了当掺杂浓度比例为 0.20 时，$Bi_{0.80}Er_{0.20}FeO_3$ 的晶体结构由 $BiFeO_3$ 的菱方结构 $R3c$ 空间群完全转变为正交结构 $Pnma$ 空间群 [11−13]。基于以上 XRD 结果的特征，可以判断 $Bi_{1-x}Er_xFeO_3$ (x=0.05, 0.10, 0.15, 0.20) 薄膜具有介于菱方结构 $R3c$ 空间群和正交结构 $Pnma$ 空间群之间的结构状态，即菱方结构 $R3c$ 空间群和正交结构 $Pnma$ 空间群共存的晶体结构。为了验证

以上对于纯 $BiFeO_3$ 和 Er 掺杂 $BiFeO_3$ 薄膜的晶体结构分析的准确性，定量的晶体结构分析是有必要的，因此，本工作基于掠角入射的 XRD 数据，使用 EXPGUI 软件 [14] 对纯 $BiFeO_3$ 和 Er 掺杂 $BiFeO_3$ 薄膜的晶体结构进行里特沃尔德 (Rietveld) 精修，得出定量的晶体结构参数。

图 3.5 是 $BiFeO_3$ 和 Er 掺杂 $BiFeO_3$ 薄膜的里特沃尔德精修结果。其中三阶 Chebichev 多项式函数被用来拟合所有衍射峰的背景，而伪沃伊特 (pseudo-Voigt) 函数被用来拟合各衍射峰的轮廓。通过不断地比较、试验各个薄膜的实际衍射峰和拟合衍射峰的差异，本工作成功地对各个薄膜的晶体结构进行了定量的计算，并得到了最佳的拟合因子 (χ^2) 和 R 因子 (R_p，R_{wp})，说明此时得到了最优化的拟合结果，如图 3.5 所示。在里特沃尔德精修结果中，纯 $BiFeO_3$ 被标定为菱方结构 $R3c$ 空间群，晶格常数为 a=5.5712Å和 c=13.8286Å。$Bi_{0.80}Er_{0.20}FeO_3$ 薄膜被标定为正交结构 $Pnma$ 空间群，晶格常数为 a=5.4143Å, b=7.7737Å和 c=5.5999Å，而 $Bi_{1-x}Er_xFeO_3$ (x=0.05, 0.10, 0.15) 薄膜被标定为同时具有菱方结构和正交结构的两相共存结构。即纯 $BiFeO_3$ 具有单一的菱方结构，$Bi_{1-x}Er_xFeO_3$ (x=0.05, 0.10, 0.15,0.20)具有菱方和正交的两相混合结构，$Bi_{0.80}Er_{0.20}FeO_3$具有单一的正交结构。

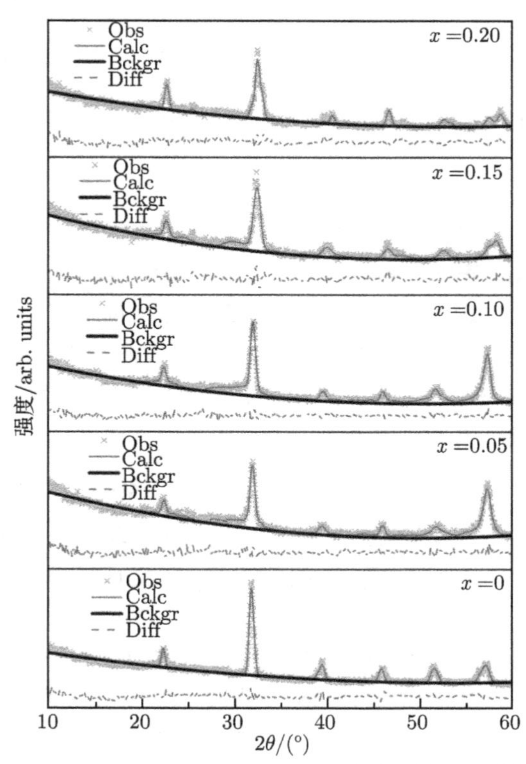

图 3.5 $Bi_{1-x}Er_xFeO_3$ ($x = 0 \sim 0.20$) 薄膜里特沃尔德精修图谱

表 3.1 中总结了从里特沃尔德精修中得到的所有晶格参数和可靠性因子 (χ^2，R_p，R_{wp})。图 3.6(a) 中展示了属于 $Bi_{1-x}Er_xFeO_3$ 薄膜的 $R3c$ 空间群部分的归一化的晶格常数 a，c 和 c/a，以及晶胞体积 V 随着掺杂浓度 x 的提高的变化趋势。正如表 3.1 和图 3.6(a) 中所示，随着 Er 掺杂浓度 x 由 $x=0$ 提高到 $x=0.15$，$R3c$ 相占有率由 100%逐渐下降到 35.3%。对于 $Bi_{1-x}Er_xFeO_3$ ($x=0.05$, 0.10) 薄膜，$R3c$ 相是其主相，占有率分别为 77.8%和 58.1%，都要大于 50%。但是对于 $Bi_{0.85}Er_{0.15}FeO_3$ 薄膜而言，$R3c$ 相的占有率为 35.3%，小于 50%，说明 $R3c$ 相不再为其主相。当 Er 掺杂浓度由 $x=0$ 提高到 $x=0.15$ 时，属于 $R3c$ 空间群部分的晶格常数 a、c 和晶胞体积 V 是逐渐降低的，然而比率 c/a 在 $x=0.15$ 时发生了极大的提高。因此可以判断的是，属于 $R3c$ 空间群部分更大的比率 c/a 能够更有效地降低晶胞体积。

表 3.1 从里特沃尔德精修中得到的所有晶体结构参数和可靠性因子 (χ^2，R_p，R_{wp})

$Bi_{1-x}Er_xFeO_3$	$x=0$	$x=0.05$	$x=0.10$	$x=0.15$	$x=0.20$
相	$R3c$	$R3c+Pnma$	$R3c+Pnma$	$R3c+Pnma$	$Pnma$
$R3c$ 相占有率	1	0.776	0.581	0.353	0
a/Å	5.5712	5.563	5.562	5.478	5.4143
b/Å	5.5712	5.563	5.562	5.478	7.7737
c/Å	13.8286	13.7652	13.7493	13.6403	5.5999
c/a	2.482	2.474	2.471	2.49	1.034
V/Å^3	371.708	368.92	368.364	354.479	235.694
R_{wp}	0.095	0.0978	0.085	0.0792	0.0965
R_p	0.075	0.0762	0.0664	0.0623	0.0756
χ^2	1.527	1.569	1.266	1.074	1.619

$R3c$ 空间群的晶格参数变化归因于 $R3c$ 相的晶格畸变。由于 Er^{3+} 的离子半径小于 Bi^{3+} 的离子半径，因此 $Bi_{1-x}Er_xFeO_3$ 的晶体结构由 $R3c$ 相转变为 $Pnma$ 相，在此结构的转变过程中，属于 $R3c$ 空间群的晶格发生了畸变，因此导致了晶格参数和晶胞体积的变化。在钙钛矿结构中，这种晶格畸变的程度可以用 Goldschmidt 容差因子 τ[15] 来表示，其定义式为

$$\tau=(r_A+r_O)/\sqrt{2}(r_B+r_O) \tag{3.2}$$

其中，r_A、r_B 和 r_O 分别代表 A 位离子、B 位离子以及氧离子的平均离子半径。在理想的钙钛矿结构中，容差因子 τ 的值应为 1，此时 FeO_6 八面体没有倾斜，当容差因子 τ 的值小于 1 时，氧八面体的倾斜发生了，同时伴随着晶格畸变。对于 $BiFeO_3$ 而言，其容差因子为 0.96，此时 Fe—O 键处于压应力作用下，而 Bi—O 键处于拉应力作用下 [16]。因此，在 Er 掺杂 $BiFeO_3$ 中，为了最小化其中的晶格失配作用，FeO_6 八面体沿着 [111] 方向发生相对旋转 [16,17]。图 3.6(b) 展示了属于 $R3c$ 相的 FeO_6 八面体的相对旋转的示意图，其相对旋转角为 2α。由于 Er^{3+} 的离子半

径小于 Bi^{3+} 的离子半径，随着 Er 掺杂浓度的提高，A 位平均离子半径逐渐降低，因此容差因子 τ 的值逐渐降低。Er^{3+} 和 Bi^{3+} 的尺寸失配产生了晶格应力作用，使得原始的 $R3c$ 相不再稳定。因此，相对旋转在 Er 掺杂之后被增强，为了减弱这种晶格应力作用，使得晶体结构趋于稳定，FeO_6 八面体的相对旋转角 2α 增大。与此同时，如图 3.6(a) 所示，属于 $R3c$ 相的晶格常数 a，c 和晶胞体积 V 逐渐降低。因此，可以判断出由于 Er^{3+} 对 Bi^{3+} 的替位式掺杂，FeO_6 八面体的相对旋转加剧，从而导致了晶格畸变，因此晶格常数 a，c 和晶胞体积 V 发生了减小。另一方面，还可以判断出容差因子 τ 的大小能够反映出 FeO_6 八面体的相对旋转程度。随着 Er 的掺杂浓度由 $x=0$ 提高到 $x=0.15$，属于 $R3c$ 相的 FeO_6 八面体相对旋转角 2α 逐渐增大，同时容差因子 τ 逐渐减小。

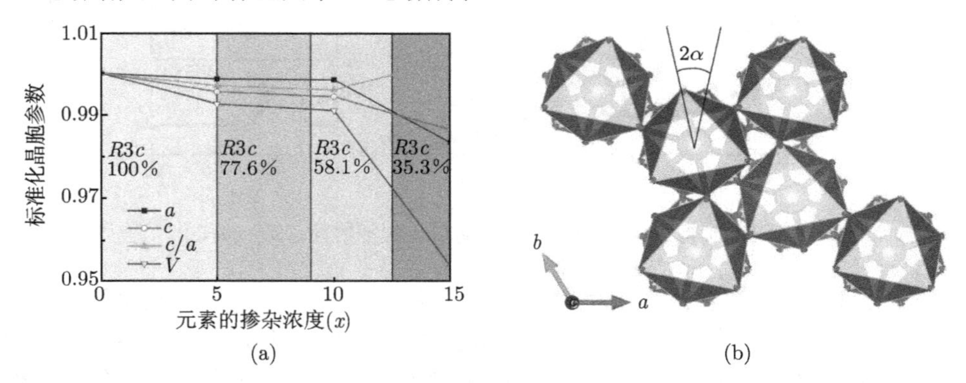

图 3.6 (a) 晶体结构与掺杂浓度的关系和晶格参数 a、b、c、c/a 以及晶胞体积 V 随掺杂浓度 x 的变化曲线；(b) $R3c$ 相中 FeO_6 八面体的相对旋转角 2α 示意图 (沿 [111] c 方向)

2) Eu 掺杂对 BFO 基薄膜晶体结构调控 ——XRD 分析

图 3.7 是 BFO 与 $Bi_{0.95}Eu_{0.05}FeO_3$(BEFO) 薄膜的 XRD 图谱，可以明确看出 A 位置 Eu 掺杂之后薄膜的 XRD 峰发生了明显的变化。对比标准的 PDF 卡片可以看出，具有良好结晶度的多晶 BFO 和 BEFO 薄膜被制备出来了，没有杂相或者中间相产生 ($Bi_2Fe_4O_9$、Fe_2O_3 和 Bi_2O_3 等)。从图 3.7(a) 中可以观察到，Eu 掺杂的 BFO 衍射图谱的衍射峰出现明显的向大角度平移的现象，这也直接证明了 Eu^{3+} 成功掺杂进入 A 位。由于 Eu 元素的离子半径要比 Bi 元素的离子半径小，Eu 成功掺杂后会伴随着 XRD 峰的平移。根据峰位和相对强度的对比可以知道纯相的 BFO 为 $R3c$ 空间群菱方钙钛矿结构，这一结果在之前的 A 位 Er 掺杂的薄膜中也有所体现。然而 Eu 元素掺杂之后，在图 3.7(b) 和 (c) 中可以观察到 (104) 峰和 (110) 峰合并为一个峰，(024) 峰出现了宽化和劈裂。以上表明 Eu 掺杂之后结构发生了转变，从 BFO 的菱方结构 $R3c$ 空间群转变为正方晶系 [19,20]。值得注意的是这个相结构的转变是不完全的，在 A 位 Eu 元素替代之后 BEF 出现了两相

共存，这是因为 Eu 元素的离子半径 (1.07Å) 小于 Bi 元素的离子半径 (1.17Å)[10]。晶格常数的减小和相结构的转换之间有着密切的关系，以上关系可以通过减小的 Goldschimidt 容差因子 τ 来反映 [15]。

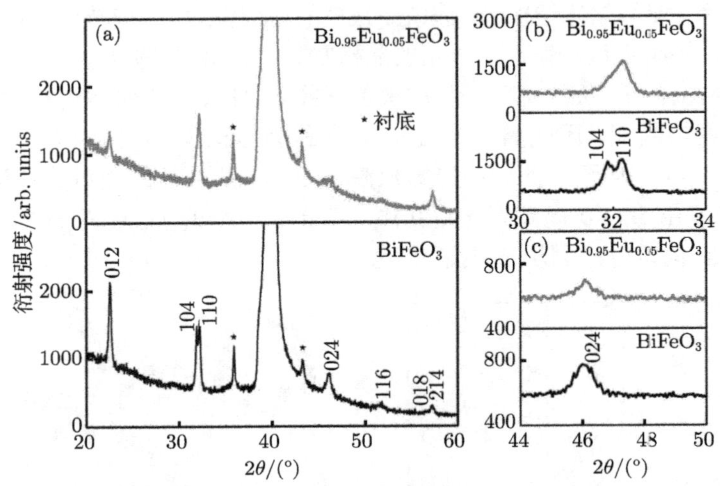

图 3.7 BFO 和 BEFO 薄膜 (a)XRD 图谱；局部放大衍射图：(b) $2\theta=32°$，(c) $2\theta=46°$

在理想的钙钛矿结构中，容差因子 τ 的值应为 1，此时 FeO_6 八面体没有倾斜，具有较高的稳定性，当容差因子 τ 的值小于 1 时，FeO_6 氧八面体发生较大的倾斜，同时伴随着晶格畸变。晶体通过降低 τ 值和降低晶格错配位去稳定钙钛矿结构，FeO_6 八面体的相对旋转使晶格参数减小并且使晶格畸变加剧[16,20]。这使得晶格间距减小，晶格内部产生压应力，扭曲的菱方 $R3c$ 结构将被拉伸为正方结构[21]。

图 3.8 给出了 BFO 薄膜和 BEFO 薄膜的精修衍射图，BFO 和 BEFO 薄膜的精修拟合与掠角入射的 XRD 吻合得非常好。与此同时，根据数值拟合标准，BFO 和 BEFO 薄膜得到了最佳的拟合因子 (χ^2) 和 R 因子 (R_p，R_{wp})。相应的品质因子、晶胞参数、相结构占有率等信息在表 3.2 中详细给出。精修得到的 BFO 薄膜和 BEFO 薄膜的晶体结构信息，表明 BFO 为单一的菱方相 $R3c$ 结构，其晶格参数为 $a = 5.5712$Å 和 $c = 13.8286$Å，而 BEFO 为两相共存结构，包含了四方相 $P4mm$ 和菱方向 $R3c$，它们的晶格参数分别为四方相 $a = 4.0751$Å，$c = 4.8862$Å和菱方相 $a = 5.5799$Å，$c = 13.6500$Å，结果在表 3.2 中均有显示。可以明显看出晶格参数和晶胞体积对于菱方相经过 Eu 掺杂之后有明显减小现象。更为明显的是从表 3.2 中可以看出四方相和菱方相的占有率之比为 40:60，表明 BEFO 薄膜形成了四方–菱方相界。经过 Eu 掺杂后，BEFO 薄膜的 a、c 和 V 均有所下降出现了四方–菱方相界，这一结果与 XRD 结果和拉曼结果是互相吻合的。而经过 Eu 元素掺杂，BFO 薄膜的晶体结构和相结构均发生了改变。

3) Ho、Mn 共掺杂对 BFO 基薄膜晶体结构调控 ——XRD 分析

$Bi_{0.9}Ho_{0.1}FeO_3$(BHFO)、$BiFe_{0.9}Mn_{0.1}O_3$(BFMO) 和 $Bi_{0.9}Ho_{0.1}Fe_{0.9}Mn_{0.1}O_3$ (BHFMO) 薄膜的衍射峰如图 3.9(a) 所示。对比标准图谱，可以发现 BFO 薄膜为 $R3c$ 的钙钛矿结构，掺杂后的薄膜样品也均为扭曲的钙钛矿结构。在该实验精度下，BFO、BHFO、BFMO 及 BHFMO 薄膜均无 Fe_2O_3、Bi_2O_3 和 $Bi_2Fe_4O_9$ 等的杂相。

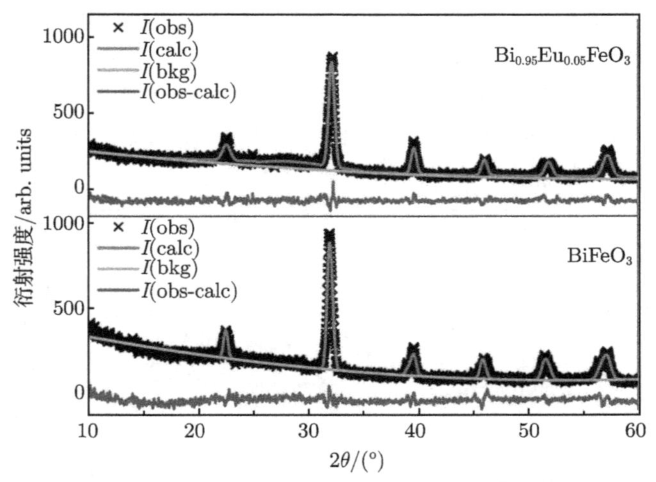

图 3.8 $BiFeO_3$ 和 $Bi_{0.95}Eu_{0.05}FeO_3$ 薄膜的精修 XRD 图 (扫描封底二维码可看彩图)

表 3.2 BFO 和 BEFO 薄膜的精修结构参数、晶格常数、晶胞体积

$Bi_{1-x}Eu_xFeO_3$	$x = 0$	$x = 0.05$	
晶体结构	菱方	菱方	四方
相占有率	1	0.407	0.593
a/Å	5.5712	5.5799	4.0751
b/Å	5.5712	5.5799	4.0751
c/Å	13.8286	13.6500	4.8862
c/a	2.482	2.446	1.199
V/Å^3	371.708	368.056	81.142
R_{wp}	0.095	0.0796	
R_{p}	0.075	0.0635	
χ^2	1.527	1.028	

XRD 图谱的局部放大如图 3.9 (b) 所示。在衍射角 2θ 为 22.5° 和 32° 附近位置上，掺杂后的 BFO 薄膜的 XRD 峰相对于纯 BFO 薄膜有向更高衍射角度平移的趋势。在图中以衬底峰为基准对各类薄膜的衍射峰进行标定，以确保观察到的衍射峰变化与实验误差无关，这也更加确保了衍射峰在元素掺杂后产生位移这一现象的准确性。以薄膜衍射图谱的 (104) 峰为例，BFO 薄膜的 (104) 峰在衍射角为

32.01° 的位置上，而 BHFO、BFMO 及 BHFMO 薄膜的 (104) 峰分别在衍射角为 32.04°、32.09° 及 32.26° 的位置上。这表明了掺杂元素后确实产生了衍射峰向更大角度的位移，这种位移也证明了在掺杂 Mn 和 Ho 元素后，BFO 的晶格常数变小。经过对图谱的观察比对，还发现纯 BFO 的 (104) 峰与 (110) 峰，在 BHFO、BFMO 及 BHFMO 薄膜的衍射图谱中合并为一个更宽的峰，这个峰的产生意味着掺杂后的 BFO 薄膜产生了结构相变，BFO 薄膜由原本的菱方相转变为正方与斜方相共存。产生这样的现象是因为 Ho^{3+} 的离子半径比 Bi^{3+} 的小，Mn^{3+} 的离子半径也比 Fe^{3+} 的小，Ho^{3+} 和 Mn^{3+} 分别替代了部分 Bi^{3+} 与 Fe^{3+}。进而导致容差因子的增大，氧八面体的扭曲程度增加，最终在内部应力作用下发生相变。这种元素替位掺杂引起的结构改变与其他的一些关于稀土元素掺杂铁酸铋陶瓷或颗粒的报道一致 [22−24]。

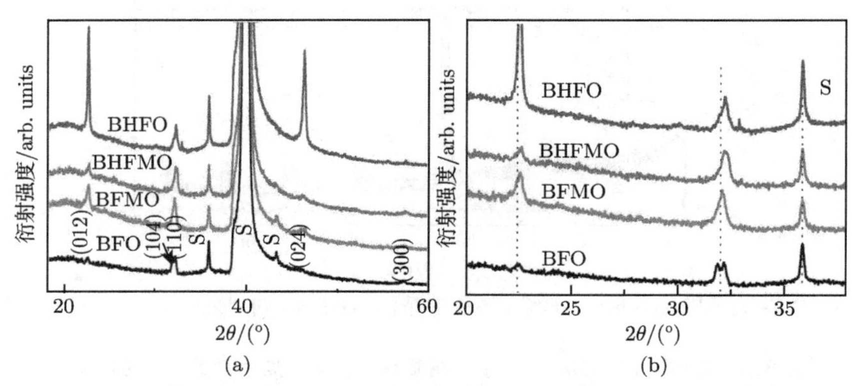

图 3.9 BFO、BHFO、BFMO 及 BHFMO 薄膜 (a) X 射线衍射图；(b) 局部放大图

4) Er、Ti 共掺杂对 BFO 基薄膜晶体结构调控 ——XRD 分析

在 $Pt(100)/Ti/SiO_2/Si$ 衬底上生长的 $Bi_{0.85}Er_{0.15}Fe_{0.95}Ti_{0.05}O_3$ (BEFTO)、$Bi_{0.85}Er_{0.15}FeO_3$(BEFO)、$BiFe_{0.95}Ti_{0.05}O_3$(BFTO) 及纯 BFO 薄膜 XRD 测试结果为图 3.10。从图中可以看出除了 $BiFeO_3$ 的衍射峰存在，没有其他杂质，如 $Bi_2Fe_4O_9$ 或 $Bi_{46}Fe_2O_{72}$，并且掺杂薄膜中没有看到掺杂元素及其氧化物的存在，说明所有元素掺杂均为替位式掺杂，所有薄膜的衍射峰均比较尖锐且易于辨别，薄膜均结晶良好。

从图 3.10 中可以看出 $BiFeO_3$ 薄膜的 (104) 峰和 (110) 峰明显劈裂，说明其结构为属 $R3c$ 空间群的扭曲的菱方钙钛矿结构。当掺入浓度为 5%的 Ti 元素之后，其 (104) 峰和 (110) 峰完全合并，说明此时 $BiFeO_3$ 的结构由菱方相转为四方相，而这种结构的改变主要是 Ti^{4+} 半径 (0.604Å) 与 Fe^{3+} 半径 (0.645Å) 存在差异所造成的。与纯 BFO 薄膜相比，BEF 薄膜的 (104) 峰和 (110) 峰发生明显变化，其完全转变为衍射角为 32.1°, 32.5° 及 32.9° 的三个新衍射峰。这种变化表明 $BiFeO_3$ 的晶体结构发生了由菱方相到正交相的转变，这主要由于半径较小的 Er^{3+}(0.88Å) 替换了 Bi^{3+}(1.17Å)，导致 A 位上平均离子半径减小。从 BEFTO 薄膜的 XRD 结果中可以看出，其 (104) 峰和 (110) 峰变为一个展宽的衍射峰，这一变化介于 BEFO 和 BFTO 薄膜衍射峰变化之间，说明此时 $BiFeO_3$ 的晶体结构由菱方相转化为正交相和四方相共存，这正是 Er^{3+} 和 Ti^{4+} 对 $BiFeO_3$ 共同作用的结果。同时，从 XRD 结果中不难发现 BEFO 和 BEFTO 薄膜的衍射峰均向高角度方向移动，根据布拉格公式及谢乐公式，可以判定 BEFO 和 BEFTO 薄膜的面间距及平均晶粒尺寸都有所减小。

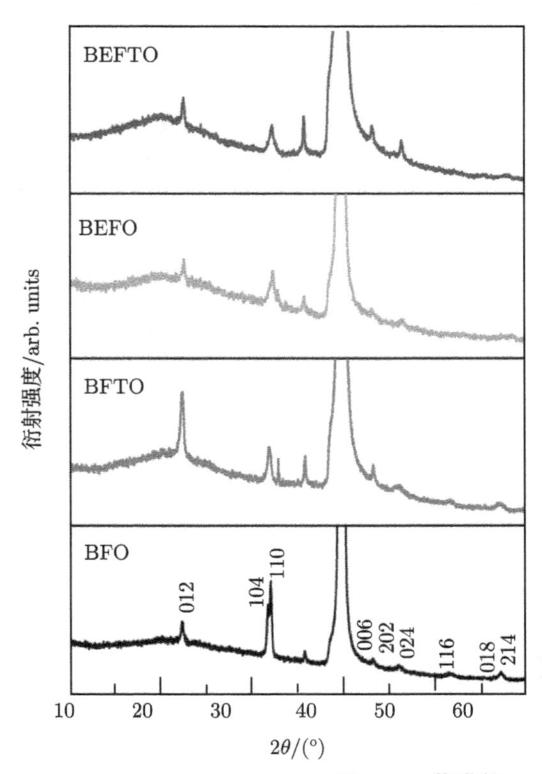

图 3.10 BEFTO、BEFO、BFTO 及 BFO 薄膜的 XRD 图

众所周知，Goldschimidt 容差因子 (τ) 决定 ABO_3 型晶体晶格畸变程度及钙钛矿化合物的稳定程度 [25,26]。用 (3.1) 式计算发现，BEFO 和 BEFTO 薄膜的容差因子均有减小，而 BFT 薄膜的容差因子有所增大，容差因子的改变意味着在 A 位或者 B 位上的平均离子半径有所变化，进而说明 Fe^{3+}/Ti^{4+}—O 键及 Bi^{3+}/Er^{3+}—O 键产生了张应变或压应变。为了减小这种应变的影响，Fe-O 八面体发生扭曲，从而引起了 $BiFeO_3$ 结构发生变化，这进一步证明 Er^{3+}、Ti^{4+} 掺杂导致 $BiFeO_3$ 发生了晶格畸变。

2. 掺杂改性 $BiFeO_3$ 基薄膜拉曼分析

拉曼光谱是用来研究晶格及分子振动模式、旋转模式和在一个系统里的其他低频模式的一种分光技术，和 XRD 一样，是目前研究物质结构常用的手段。拉曼光谱是拉曼散射的结果，当入射光与物质内不断振动的分子发生非弹性碰撞时，入射光与振动分子进行能量交换，导致散射光的频率与入射光的频率产生差异，进而根据不同化学键或基团有着不同的振动模式得到相应的拉曼光谱。每种分子均有自己独特的拉曼光谱，因而根据拉曼光谱可以对各种分子结构进行定性分析。

1) 不同浓度 Er 掺杂 $BiFeO_3$ 薄膜拉曼结构调控 —— 拉曼光谱分析

图 3.11 给出了 $Bi_{1-x}Er_xFeO_3$ (x=0,0.05,0.1,0.15,0.20) 薄膜的拉曼光谱图。根据拉曼分析理论，纯相的 BFO 属于菱方结构 $R3c$，其具有 13 个拉曼活性模和 5 个拉曼非活性模 [27]。13 个纯相 BFO 的拉曼活性模可以归结为 4 个 A_1 活性模和 9 个 E 活性模式，而相比于 13 个活性模，5 个非活性模主要是因为其拉曼活性较低，在拉曼光谱中通常很难被发现 [28]。

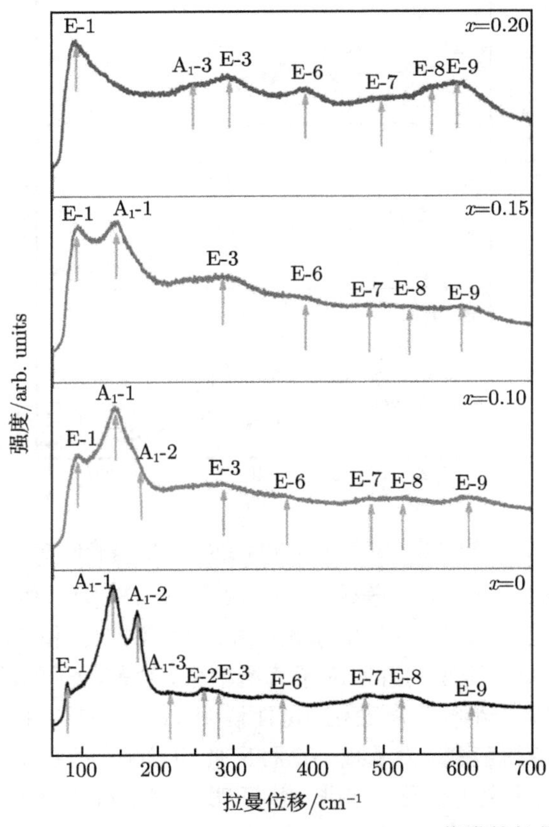

图 3.11　$Bi_{1-x}Er_xFeO_3$ (x=0, 0.10, 0.15, 0.20) 薄膜的拉曼光谱图

表 3.3 总结了 BFO 陶瓷、BFO 外延薄膜、第一性原理计算结果和本工作制作的 BFO 薄膜的 13 个活跃拉曼模式的对比 [27−29]，从表中可以看出纯相的 BFO 与给出的陶瓷、外延薄膜和第一性原理计算结果符合得很好，也能够证明本工作的 BFO 薄膜是菱方结构 $R3c$ 空间群。拉曼活跃模式 (A_1-4) 存在于外延薄膜中，但是在本工作中的纯相 BFO 薄膜中相对较弱 [30]。表 3.3 中总结了 $Bi_{1-x}Er_xFeO_3$ (x=0.10,0.15 和 0.20) 薄膜拉曼峰的位置。相比于纯相 BFO 的拉曼模式，其中三个拉曼模式 E-1，A_1-1 和 A_2-2 随着掺杂浓度的增加缓慢地向高频方向移动。这主要归因于以下两点：一方面，随着掺杂浓度的增加，Bi—O 共价键所控制的拉曼模式 E-1, A_1-1, A_1-2, A_1-3 和 E-2 随之受到影响 [30]，而掺杂之后结构从最开始的 Bi—O 共价键菱方结构 $R3c$ 空间群逐渐转变为正交结构 $Pnma$ 空间群，这是导致 Bi—O 共价键变化的主要因素；另一方面，Er 的平均原子质量为 167.26g/mol，而 Bi 的平均原子质量为 208.98g/mol, Er 元素相对比 Bi 元素的平均原子质量要小，部分掺杂会减小 A 位元素的平均原子质量，随着掺杂浓度的升高，平均原子质量逐渐减小。以上会导致与低频相关的因子 $(k/M)^{1/2}$ 逐渐升高，这里的 k 代表力常数，M 代表约化质量，而低频模式与 $(k/M)^{1/2}$ 成正比，随着掺杂浓度的升高，因子 $(k/M)^{1/2}$ 逐渐升高，随之带来低频模式的拉曼峰向高频率方向移动 [31]，所以说 E-1，A_1-1 和 A_2-2 三个低频拉曼模式逐渐向高频率方向移动。

表 3.3 BFO、不同浓度 Er 掺杂薄膜的拉曼模式峰位与之前实验数据和理论计算的对比

模式	陶瓷	薄膜	块体	计算值	$x=0$	$x=0.10$	$x=0.15$	$x=0.20$
E-1	111.7	—	77	102	79	94	94	92
A_1-1	126.1	136	147	152	140	143	145	—
A_1-2	165.5	168	176	167	172	176	—	—
A_1-3	213.0	211	227	237	219	—	—	250
E-2	259.5	—	136	266	261	284	287	—
E-3	—	275	265	274	279	—	—	294
E-4	—	—	279	318	—	—	—	—
E-5	339.6	335	351	335	—	—	—	—
E-6	366.6	365	375	378	368	370	400	395
A_1-4	—	425	437	409	—	—	—	—
E-7	476.9	456	473	—	478	482	483	495
E-8	530.9	549	490	509	524	526	535	565
E-9	599.6	597	525	517	619	614	606	601

值得注意的一点是低频模式下的三个拉曼模式 E-1，A_1-1 和 A_2-2 在逐渐增大 Er 的掺杂浓度之后强度发生了变化。具体变化如下：E-1 模式的拉曼峰强度随着掺杂浓度的增加而增强，但是 A_1-1 和 A_2-2 拉曼峰强度却随着浓度的增加逐渐减小，特别是 A_1-1 和 A_2-2 拉曼模式所对应的两个低频模式的拉曼峰在掺杂比例为

0.2 时几乎完全消失。因此，随着掺杂浓度的增强弱化了 Bi 孤立电子对的立体活化能，同时也导致了局部的晶格畸变，这将对 Bi—O 共价键产生较大的影响 [32]。另外，逐渐变弱的拉曼峰 (A_2-2) 以及变得更强和更宽的拉曼峰 (E-9) 都表明相结构随着 Er 掺杂浓度的增加发生了转变 ($R3c \longrightarrow R3c + Pnma \longrightarrow Pnma$)[27,33]。拉曼衍射图谱进一步证实 BFO 随掺杂引起的相结构转变，与 XRD 精修结果印证了稀土 A 位元素掺杂对 BFO 结构的影响，并使相结构发生转变。

2) Eu 掺杂对 $BiFeO_3$ 基薄膜拉曼结构调控 —— 拉曼光谱分析

图 3.12 给出了 $BiFeO_3$ 薄膜和 $Bi_{0.95}Eu_{0.05}FeO_3$ 薄膜的拉曼光谱，拉曼光谱也可以用来研究 Eu 掺杂后相结构的转变。

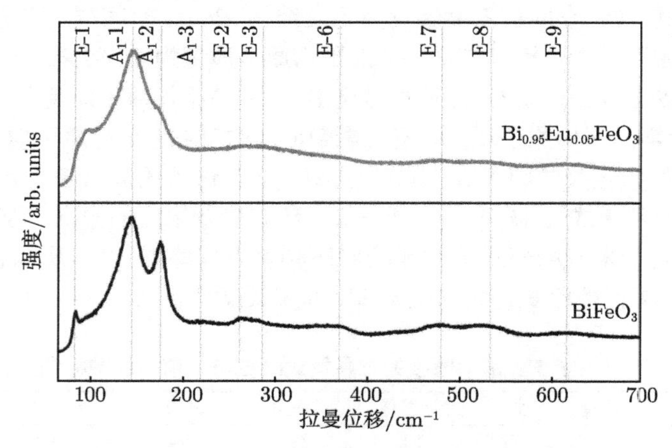

图 3.12　$BiFeO_3$ 和 $Bi_{0.95}Eu_{0.05}FeO_3$ 薄膜的拉曼光谱

表 3.4 总结了图中所观察到的拉曼模式峰位与之前实验数据和理论计算的对比。可以看出纯相的 BFO 薄膜和 Eu 掺杂 BFO 薄膜的拉曼光谱与之前计算和实验结果符合得很好 [28,34]。菱方相和四方相的拉曼振动模式可以被分解为以下两个不可约表示：$\Gamma = 4A_1 + 9E^{31}$ 和 $\Gamma = 3A_1 + B_1 + 4E^{33}$，这里 A_1 和 E 模式分别代表 A_1 和 E 对称振动模式和横波光学声子模式。从拉曼光谱中获得 BFO 的晶体结构信息，从表 3.4 中看出纯相的 BFO 具有 $140cm^{-1}$，$172cm^{-1}$，$219cm^{-1}$ 和 $427cm^{-1}$ 拉曼峰，分别代表 A_1-1，A_2-1，A_3-1 和 A_4-1 振动模式。其他位置的拉曼峰：$79cm^{-1}$，$262cm^{-1}$，$280cm^{-1}$，$371cm^{-1}$，$427cm^{-1}$，$478cm^{-1}$，$525cm^{-1}$ 和 $621cm^{-1}$ 代表 E 模式。通过对比拉曼振动模式可以看出纯相的 BFO 代表菱方相结构。然而从图 3.12 中可以看出在 Eu 掺杂之后，BFO 的 A_1-2 拉曼模式相比于纯相的 BFO 变弱几乎有消失的趋势，与此同时所有的 E 模式在 Eu 掺杂之后变弱近乎消失，这主要是因为在 Eu 掺杂之后 Bi—O 共价键键长有所增加 [35]，故而横波光学声子振动被阻断。

以上两个显著的特点表明正方相存在于 BEFO 薄膜中 [21,33,35]，而且可以看出 BEFO 的拉曼模式并不完全与四方相结构 BFO 拉曼振动模式对应，这代表 Eu 掺杂之后 BFO 薄膜的物相结构变为菱方相和四方相共存，这与之前的 XRD 结构分析相一致。因此，掺杂元素 Eu 之后可以有效地调控 BFO 的相结构。

表 3.4 BFO、BEFO 薄膜的拉曼模式峰位与之前实验数据和理论计算的对比

拉曼模式	计算值 [28]	薄膜 [34]	$BiFeO_3$	$Bi_{0.9}Ce_{0.1}FeO_3$
E-1	102	76	79	95
A_1-1	152	104	142	141
A_1-2	167	172	172	173
A_1-3	237	217	219	—
E-2	266	262	262	262
E-3	274	275	280	284
E-4	318	307	—	—
E-5	335	345	—	—
E-6	378	369	371	376
A_1-4	409	429	427	—
E-7	—	470	478	480
E-8	509	521	525	533
E-9	517	613	621	621

3) Ho、Mn 共掺杂对 $BiFeO_3$ 基薄膜拉曼结构调控 —— 拉曼光谱分析

图 3.13 为 $Bi_{0.9}Ho_{0.1}FeO_3$(BHFO)、$BiFe_{0.9}Mn_{0.1}O_3$(BFMO)、$Bi_{0.9}Ho_{0.1}Fe_{0.9}Mn_{0.1}O_3$(BHFMO) 纳米薄膜在室温下的拉曼光谱分析。菱方结构的 BFO 材料的晶胞中 10 个原子产生 13 个拉曼模 [28]。本实验所选取的拉曼光谱分析的频率范围是 100~800cm^{-1}。通过对纯 BFO 纳米薄膜拉曼光谱的分析，可以发现当前制备的 BFO 薄膜拉曼峰位置与一些被报道过的 BFO 样品拉曼峰位置是相似的。比如其与菱方 $R3c$ 结构的外延生长 BFO 薄膜、单晶 BFO 块体及通过第一性原理算出的 BFO 材料的拉曼峰位置相似 [14,27,28]。拉曼光谱分析与晶格分子的振动密不可分，对于 BFO 薄膜，在低频率范围观察到的拉曼模主要与 Bi—O 键的能级振动相关，在高频率范围观察到的拉曼 E 模主要与 Fe—O 键的能级振动相关。掺杂后 BFO 薄膜的拉曼峰出现了明显的变化：

(1) BHF 薄膜的拉曼光谱与 BFO 的拉曼光谱相比，展现出了新的特点。首先，对比 BFO 薄膜的拉曼光谱发现 BHFO 的 A_1(2LO) 振动模式消失了，并且 BHFO 的 A1(1LO) 模的频率产生了从 141.2cm^{-1} 到 148.1cm^{-1} 的移动，这是一种向高频率的位移。其次，对比 BFO 薄膜，BHFO 薄膜的 A_1(1LO) 和 A_1(2LO) 模基本合并成了一个声学振动模式。这些都表明在 Ho 掺杂后 BFO 薄膜中四方相的存在，因此 BHFO 薄膜很可能是菱方相与四方相共存的晶格结构，其晶格结构对比掺杂前

变得更加对称。

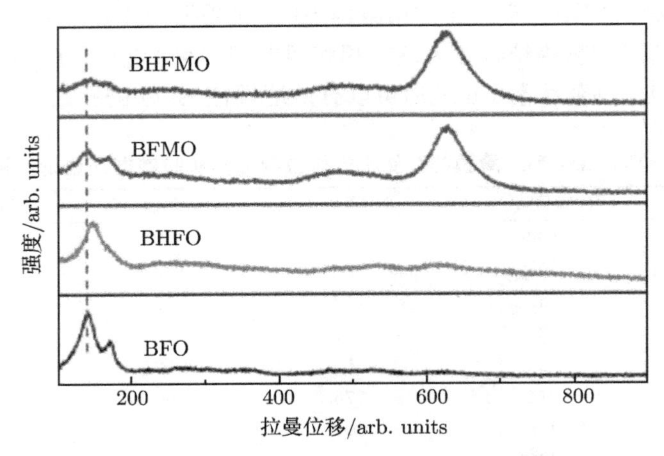

图 3.13　BFO、BHFO、BFMO 及 BHFMO 纳米薄膜在室温下的拉曼光谱

(2) BFMO 薄膜的拉曼光谱与 BFO 的拉曼光谱相比出现了新的特点。首先，相较于 BFO 薄膜，在 BFMO 薄膜的拉曼图谱中可以发现两个强且宽的峰，其位置在 630cm^{-1} 和 480cm^{-1} 处。而这两个峰的改变归因于 Mn 掺杂后 BFO 薄膜的 [(Mn, Fe)$^{3+}$O$_6$] 八面体发生了畸变。这种畸变意味着纯 BFO 薄膜在 Mn 掺杂后由菱方相的晶格结构转变为正交相或是四方相的晶格结构。该结论与其他的一些相关研究的报道一致 [36,37]。其次，对比 BFO 薄膜，BFMO 薄膜与 Bi—O 键能级振动相关的 A$_1$(1LO) 和 A$_1$(2LO) 模信号强度变得略小，但并没有消失或是合并。

(3) BHFMO 薄膜的拉曼图谱具有 BHFO 与 BFMO 薄膜拉曼图谱的双重特点。一方面，BHFMO 薄膜的拉曼图谱在 630cm^{-1} 和 480cm^{-1} 处可以发现两个强且宽的峰，这点与 Mn 掺杂 BFO 薄膜的拉曼光谱特点相似。对于 BHFMO 薄膜来说这种改变归因于杨–特勒 (Jahn-Teller) 形变。另一方面，相比 BFO，BHFMO 薄膜拉曼图谱的 A$_1$(2LO) 振动模式强度变弱，这表明其相结构有一种由菱方相向四方相改变的趋势。BHFMO 薄膜的 A$_1$(1LO) 和 A$_1$(2LO) 模基本合并成一个声学振动模式，这些表明 BHFMO 薄膜的相结构可能是四方相与正交相共存，这一特点与 BHFO 薄膜拉曼图谱的特点相似。因此，通过这两方面可以看出 Ho^{3+} 与 Mn^{3+} 的掺杂对 BFO 的结构确实起到了调制作用，不论是单独掺杂 Mn 元素和 Ho 元素还是共掺杂这两种元素，其都由原本的单相结构转变为一种两相共存结构。

4) Er、Ti 掺杂对 BiFeO$_3$ 基薄膜拉曼结构调控 —— 拉曼光谱分析

Er^{3+}、Ti^{4+} 掺杂对 BiFeO$_3$ 结构有调控作用，对 BFO、BiFe$_{0.95}$Ti$_{0.05}$O$_3$ (BFTO)、Bi$_{0.85}$Er$_{0.15}$FeO$_3$ (BEFO) 及 Bi$_{0.85}$Er$_{0.15}$Fe$_{0.95}$Ti$_{0.05}$O$_3$ (BEFTO) 薄膜进行了拉曼光谱测试，其测试结果如图 3.14 所示。

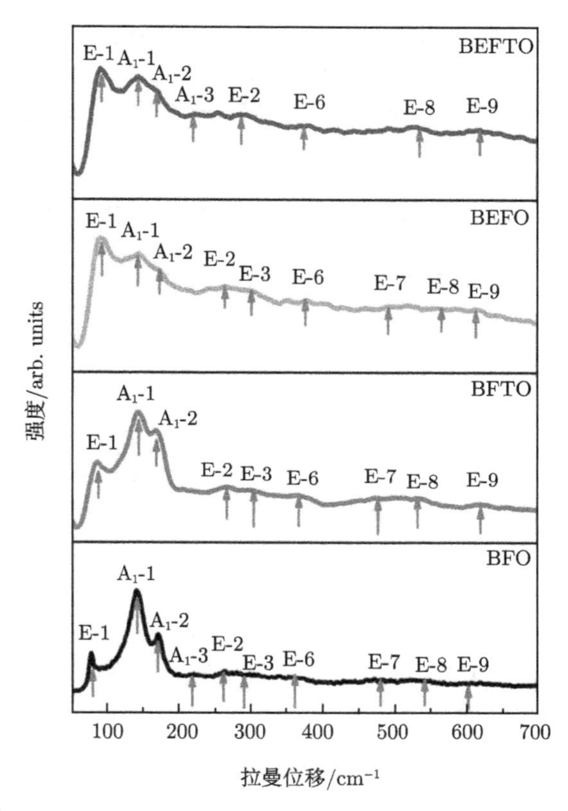

图 3.14 BFO、BFTO、BEFO、BEFTO 薄膜的拉曼图谱

图 3.14 中，BFO 的拉曼光谱可以分为 3 个强峰和 6 个弱峰，其峰位如表 3.5 所示，这些峰位均与标准 $BiFeO_3$ 峰位一致。根据群论，其峰位具体可以表示为 $\Gamma_{R3c}=4A_1+9E$ [38]，这说明纯相 $BiFeO_3$ 薄膜的晶体结构确实属 $R3c$ 群的菱方钙钛矿结构。据对各类的文献归纳总结，发现在拉曼光谱中，低频的 A_1 模式主要和 Bi—O 共价键有关，而 E 模式主要和 Fe—O 键有关 [39,40]。对 BFTO 薄膜而言，E-1 模的相对强度明显增加，且向高频率方向发生移动，这一现象说明 Fe-O 八面体发生扭曲变形，进而使 $BiFeO_3$ 的晶体结构整体产生了由菱方相到四方相的畸变，其主要是因为半径较小的 Ti^{4+} 替换 Fe^{3+}。而对 BEFO 薄膜而言，其 A_1-1 模及 A_1-2 模的峰强减小，并且有合并为一个展宽峰的趋势，这暗示 BEFO 薄膜的结构已由菱方相变为正交相，其一方面归因于 Er^{3+} 的掺入降低了 Bi 的孤对电子的化学活性，另一方面由于 Er—O 键的键能要高于 Bi—O 键的键能，Er^{3+} 掺杂导致 Bi—O 键发生扭曲，进而使 $BiFeO_3$ 晶体结构发生了变化。同时，从表 3.5 中发现 BEFO 薄膜的 A_1-1, A_1-2 均向高频方向移动，这一点主要归因于较轻质量的 Er^{3+} 替换了 Bi 的位置。然而，与 BEFO 薄膜相比较，BEFTO 薄膜的 A_1-1, A_1-2 与 E-1 模间

的相对强度减小，这表明 BEFTO 薄膜的晶体结构由菱方相转为正交相和四方相共存，这是 Er^{3+}，Ti^{4+} 共同影响 $BiFeO_3$ 晶体结构的结果。从图 3.14 中可以发现，当掺入 Er^{3+}、Ti^{4+} 元素后，$BiFeO_3$ 的部分模式缺失，这主要是因为掺杂导致晶体内部混乱程度增加，进而减少了声子的寿命。

表 3.5　BFO、BFTO、BEFO、BEFTO 薄膜拉曼模的峰位

模式	BFO	BFTO	BEFO	BEFTO
E-1	77	87	90	91
A_1-1	141	142	142	143
A_1-2	171	170	174	169
A_1-3	218	213	—	218
E-2	261	265	263	283
E-3	289	304	302	—
E-6	361	366	377	373
E-7	480	476	492	—
E-8	533	537	564	564
E-9	608	619	613	619

通过拉曼光谱分析，可以发现在掺入 Er^{3+}、Ti^{4+} 后，$BiFeO_3$ 结构的变化形式与 XRD 中的分析一致，即 BFTO、BEFO 薄膜的晶体结构由菱方相分别转为四方相和正交相，而 BEFTO 薄膜的晶体结构转为四方相和正交相共存。

3. 替位掺杂对 $BiFeO_3$ 基薄膜表面形貌和颗粒大小的调控

扫描电子显微镜是表征物质表面形貌的得力助手，是薄膜表面分析的有力工具，对 $BiFeO_3$ 基薄膜表面形貌作 SEM 扫描，同时研究元素替换掺杂对表面形貌和颗粒大小的调控作用。

1) 不同浓度 Er 掺杂对 $BiFeO_3$ 基薄膜表面形貌和颗粒大小的调控

$Bi_{1-x}Er_xFeO_3$ (x=0,0.05,0.1,0.15,0.20) 薄膜的 SEM 图表面形貌如图 3.15 所示。从图中可以明确地看出四种薄膜表面，只在晶界附近伴随着产生了少数的孔洞。纯相的 BFO 薄膜表面的颗粒较大，Er 掺杂的薄膜表面的颗粒较小且更为致密。然而当 Er 的掺杂浓度为 20%的时候，表面形貌显示出与之前掺杂浓度不同的表面形貌，尤其明显可以看到其晶粒较小。

通过谢乐公式 (3.3) 与薄膜 X 射线衍射图可以估算出平均微晶尺寸。谢乐公式为

$$D = k\lambda/(\beta\cos\theta) \tag{3.3}$$

其中，D 是微晶尺寸；K 是谢乐系数；λ 是 X 射线的波长；β 是衍射峰的半高宽；θ 是衍射角的角度。将上面 XRD 的半高宽代入公式可以估算出 4 种薄膜的颗粒尺寸。纯的 BFO 的晶粒尺寸估算值为 15.5nm, 相比于纯相的 BFO 随着掺杂浓度的

上升颗粒尺寸逐渐缩小，但是其不能无限制缩小。大约在 x=0.15 时掺杂薄膜的颗粒尺寸到达一个极限，在 x=0.20 时薄膜的晶粒尺寸增大为 17.2nm。而导致薄膜颗粒尺寸变化的主要原因是原子替换诱导的物相的转变，从最开始纯相的 BFO($R3c$) 逐渐转变为两相共存 ($R3c + Pnma$)。最后在掺杂比例 x=0.20 的时候完全转变为 $Pnma$ 相，这种相结构转变是引起晶粒尺寸变化的主要原因。另外，谢乐公式只是大致计算出颗粒尺寸的变化关系，其计算结果可能与实际测量值之间有偏差，但是其大致趋势是准确的。

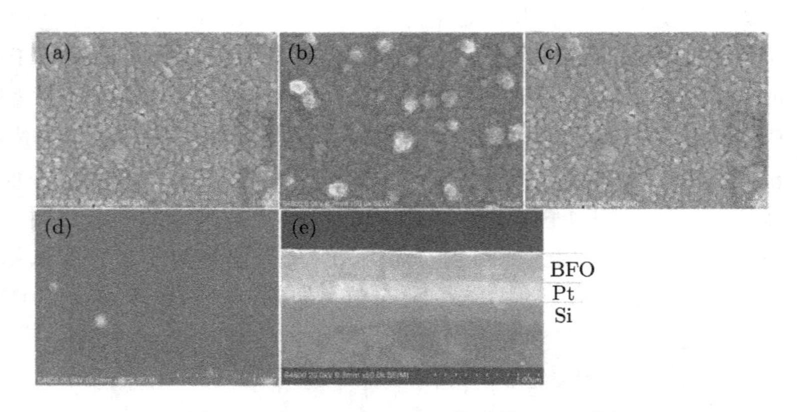

图 3.15 $Bi_{1-x}Er_xFeO_3$ 薄膜的 SEM 图

(a) x=0、(b) x=0.10、(c) x=0.15、(d) x=0.20 和 (e) x=0.15 截面

2) Eu 掺杂对 $BiFeO_3$ 基薄膜表面形貌和颗粒大小的调控

图 3.16 (a) 和 (b) 给出了 BFO 和 BEFO 薄膜的表面 SEM 图，从图中可以明显地观察到两种薄膜的表面形貌均匀致密，有少量的孔洞出现。BFO 薄膜的颗粒较大，BEFO 薄膜的颗粒相对较小，表面形貌更为致密。统计分析 BFO 薄膜和 BEFO 薄膜的平均颗粒尺寸为 100nm 和 70nm。Eu 掺杂之后颗粒明显变小且薄膜更加致密，这样有利于薄膜获得更为优异的漏电特性和铁电特性。通过图 3.16(c) SEM 截面可以看出 BFO 薄膜的厚度大约为 250nm。

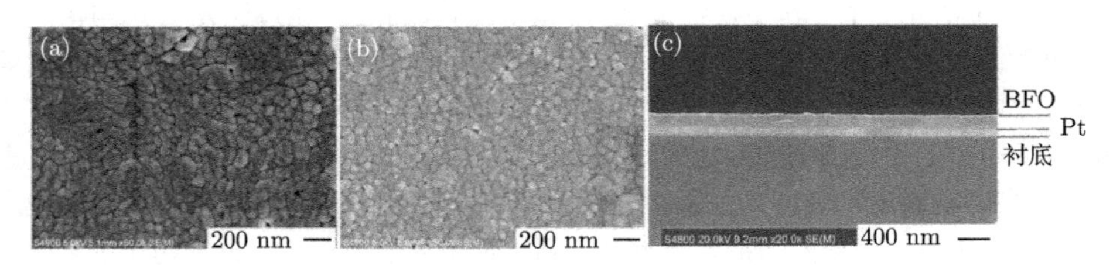

图 3.16 (a) BFO、(b) BEFO 表面形貌；(c) BFO 截面

3) Ho、Mn 共掺杂对 $BiFeO_3$ 基薄膜表面形貌和颗粒大小的调控

图 3.17 为 BFO、$Bi_{0.9}Ho_{0.1}FeO_3$(BHFO)、$BiFe_{0.9}Mn_{0.1}O_3$(BFMO)、$Bi_{0.9}Ho_{0.1}Fe_{0.9}Mn_{0.1}O_3$(BHFMO) 的表面形貌及其横截面 SEM 图片。BFO 和 BHFO 薄膜的晶粒尺寸较大，晶粒之间的孔洞大且多，晶粒排布不够致密，但 BHFO 薄膜仍要比 BFO 薄膜的表面更加致密，颗粒之间的孔洞和颗粒更小。这是因为 Ho^{3+} 替代了部分易挥发的 Bi^{3+}，样品的氧空位变少，这样就会使氧离子的移动变少，进而使颗粒的生长速率变慢，晶粒最终变小。BFMO 薄膜的表面形貌对比 BFO 和 BHFO 薄膜要致密平整许多。实验中所采用的锰盐为 $C_4H_6MnO_4 \cdot 4H_2O$，而在金属羧酸盐中乙酸配体与金属原子的结合键非常强大、稳定，因此在薄膜的固化过程中 Bi–O–Mn 这样的反应很难发生。这也就保证了醋酸锰可以在热解过程中被分解成锰氧化物，从醋酸锰中分解出的瞬态锰氧化物可以使铁酸铋钙钛矿结构相产生异质成核现象，进而影响晶粒生长，使晶粒尺寸降低 [41]。相比之下，BHFMO 薄膜的表面形貌是最平整致密的，可以看出其颗粒间的孔洞与颗粒尺寸是最小的。一方面 BHFMO 薄膜同时具备了 Ho^{3+} 与 Mn^{3+} 掺杂的优点，另一方面也是由于该类共掺杂本身就对薄膜晶粒的生长有抑制作用，这个结论与其他的一些相关报道一致 [42,43]。

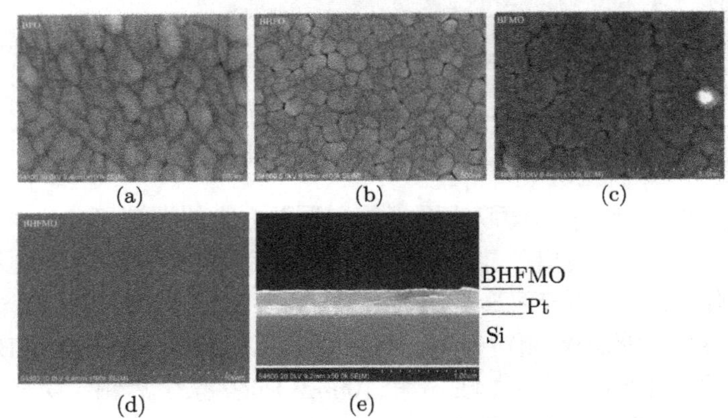

图 3.17 (a) BFO、(b) BHFO、(c) BFMO、(d) BHFMO 的表面形貌及 (e) 其横截面的 SEM 图

薄膜的微晶尺寸与其多铁性能相关，薄膜的微晶尺寸通过谢乐公式与薄膜 X 射线衍射图可以估算出。为了尽量减少计算误差，用每种薄膜样品的全部衍射峰去计算平均微晶尺寸。得到的结果为：BFO 薄膜、BHFO 薄膜、BFMO 薄膜及 BHFMO 薄膜的平均微晶尺寸分别为 35.67nm、27.98nm、21.87nm 和 19.82nm。从 SEM 图像中反映出的 BFO、BHFO、BFMO 以及 BHFMO 薄膜的晶粒尺寸变化与其从 XRD 图谱中算得的微晶尺寸变化一致，都是依次减少的。虽然由于晶粒之间的聚合现象，从 SEM 图像中看到的颗粒比其实际尺寸大，但这不影响整体元素掺杂后的 BFO 薄膜平均微晶尺寸比纯 BFO 薄膜要小。而共掺杂的 BFO 薄膜要比

单掺杂的 BFO 薄膜平均微晶尺寸更小。对于钙钛矿 ABO_3 结构的物质，结构变化将改变其物性，因此平均微晶尺寸的变化必然会影响薄膜的性质。

4) Er、Ti 共掺杂对 $BiFeO_3$ 基薄膜表面形貌和颗粒大小的调控

BFO、$BiFe_{0.95}Ti_{0.05}O_3$(BFTO)、$Bi_{0.85}Er_{0.15}FeO_3$(BEFO) 及 $Bi_{0.85}Er_{0.15}Fe_{0.95}Ti_{0.05}O_3$(BEFTO) 薄膜的表面形貌如图 3.18 所示。从图中可以看出纯的 BFO 薄膜的颗粒易被分辨，但晶粒尺寸大且不均匀，其平均晶粒尺寸为 59.51nm，而当掺入 Er^{3+}、Ti^{4+} 后，薄膜的成膜质量整体均有所提高。从图 3.18(b) 中可以看出，BFTO 薄膜的颗粒均匀，且颗粒尺寸明显减小到 35.84nm，而且薄膜表面更加平整。其原因主要为：Ti^{4+} 与 Fe^{3+} 相比拥有更高价态，当掺入 Ti^{4+} 之后，需要电子补偿来填补氧空位，这有效地抑制了氧空位的形成，进而减小了氧离子的运动和晶粒的生长速度。对 BEFO 薄膜而言，由于 Er^{3+} 更小的迁移率可以抑制晶体的生长速率，其薄膜中晶粒结块的现象相对于 BFO 薄膜有明显降低，并且 BEFO 薄膜颗粒尺寸也有所减小。在图 3.18(d) 中，BEFTO 薄膜展现出更加平整且致密的表面形貌，但其晶界比其他薄膜较为模糊，这一点与 XRD 图谱中 BEFTO 薄膜衍射峰峰值相对较弱一致。而从图中看出其颗粒尺寸介于 BEFO 与 BFTO 之间，这主要归因于 Er^{3+}、Ti^{4+} 共掺杂导致 BEFT 薄膜的晶体结构由菱方相变为四方相和正交相共存的结果。从图 3.18(d) 的插图中可以测量出 BEFTO 薄膜的膜厚大约为 350nm。并且，由于各薄膜制备时前驱体溶液的浓度及薄膜的层数均相同，大概可估计出 BFO、BEFO、BFTO 薄膜的厚度同样为 350nm。

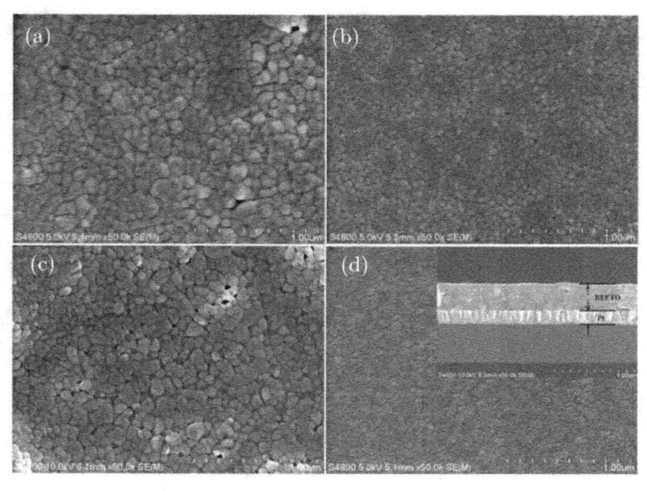

图 3.18　(a) BFO、(b) BFTO、(c) BEFO 和 (d) BEFTO 薄膜的表面形貌

通过 SEM 表面形貌的表征，发现 Er^{3+}、Ti^{4+} 掺杂对薄膜质量有直接的影响，这为今后性质的改善打下基础。

4. 不同元素替位掺杂对 $BiFeO_3$ 基薄膜表面价态和缺陷的调控

BFO 薄膜中 Fe^{2+}、Fe^{3+} 的含量正比于反应氧空位的浓度和缺陷，进而严重影响其漏电流、铁电性及铁磁性等相关特性。元素等电子替换掺杂可以调控氧空位浓度和 Fe 元素的价态来调控缺陷，进而实现对性能的调控。通过 XPS 来表征薄膜表面 Fe 元素价态比来定量研究氧空位浓度的含量。

1) Ho、Mn 掺杂对 $BiFeO_3$ 基纳米薄膜表面缺陷的调控

图 3.19(a) 是 BFO、$Bi_{0.9}Ho_{0.1}FeO_3$(BHFO)、$BiFe_{0.9}Mn_{0.1}O_3$(BFMO) 及 $Bi_{0.9}Ho_{0.1}Fe_{0.9}Mn_{0.1}O_3$(BHFMO) 纳米薄膜中 Fe 2p 的特征 X 射线光电子能谱，图谱中的结合能范围为 705~730eV。作为 Fe 的两个主要 XPS 峰，Fe $2p_{1/2}$ 和 Fe $2p_{3/2}$ 清晰地显现在 BFO、BHFO、BFMO 及 BHFMO 纳米薄膜的 X 射线光电子能谱中。从图中可以看出，这四种薄膜的 Fe $2p_{1/2}$ 和 Fe $2p_{3/2}$ 峰的位置分别在 724.0eV 和 710.1eV 附近。在图中还可以看到用星号标记的卫星峰，需要注意的是卫星峰并不是杂峰，而是铁态氧化物的特征。

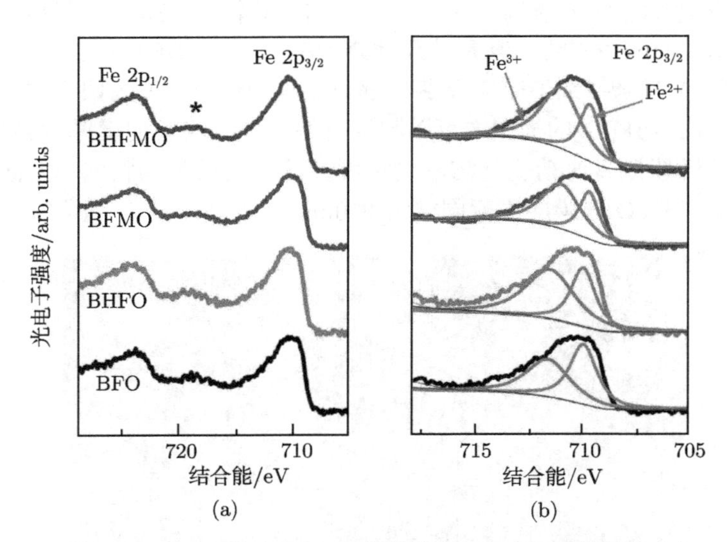

图 3.19 BFO、BHFO、BFMO 及 BHFMO 薄膜 (a)Fe 2p XPS 能谱和 (b)Fe $2p_{3/2}$ 峰拟合图谱

在图 3.19(b) 中对 BFO、BHFO、BFMO 及 BHFMO 纳米薄膜的 Fe $2p_{3/2}$ 峰进行了洛伦兹–高斯 (Lorentzian-Gaussian) 拟合，将 Fe^{2+} 和 Fe^{3+} 的峰型从 Fe $2p_{3/2}$ 峰中分出。首先，从图中可以看出，相较于掺杂前的 BFO，元素掺杂后 BFO 的 Fe^{2+} 和 Fe^{3+} 的两峰发生了向更高结合能移动的位移。以 BHFO 为例，其 Fe^{2+} 和 Fe^{3+} 峰对应的结合能分别为 710.29eV 和 711.87eV。相较于纯 BFO 的 Fe^{2+} 和 Fe^{3+} 峰对应的结合能分别为 709.99eV 和 711.44eV，BHFO 薄膜的 Fe^{2+} 和 Fe^{3+}

的两峰确实发生了向更高结合能移动的位移，这反映出元素掺杂后铁酸铋 Fe—O 键的结合能变得更强。

通过对拟合曲线进行面积的计算，可以算出 Fe^{2+} 在相应铁酸铋薄膜中的百分比含量。BFO、BHFO、BFMO 及 BHFMO 纳米薄膜的 Fe^{2+} 百分比含量分别为 50%，37.6%，35.1%和 33.1%。可以发现元素掺杂后，Fe^{2+} 百分比含量得到有效控制，而在所有制备的薄膜样品中，BHFMO 纳米薄膜的 Fe^{2+} 百分比含量最少，这也证明其氧空位最少，这种电荷缺陷的改善势必会对其性能起到好的作用 [44]。掺杂后 BFO 的 Fe^{2+} 百分比含量之所以减少，一方面由于掺杂元素对 Bi^{3+} 的替代导致 Bi 的挥发减少，另一方面掺杂元素后 BFO 产生的晶格畸变改善了其电荷缺陷情况。

2) Er、Ti 掺杂对 $BiFeO_3$ 基纳米薄膜表面缺陷的调控

大量氧空位导致薄膜的漏电流大，而氧空位的形成与 Fe 元素的价态有着密切的联系。因而为了进一步探究 Fe 元素的价态浮动对氧空位的影响，本工作分别对 BFO、BEFO、BFTO 及 BEFTO 薄膜中的 Fe 2p 元素进行了 XPS 测量，如图 3.20 所示。同时，为了明确 Fe^{2+} 和 Fe^{3+} 的含量差异，对 Fe $2p_{3/2}$ 的谱峰进行了洛伦兹-高斯分峰处理。Fe^{2+} 的存在为氧空位的形成提供了有利的条件，因而氧空位的含量变化可以通过 Fe 元素的峰型面积之比得以有效地体现。从图 3.20(b) 中可以计算出 BFO、BEFO、BFTO 和 BEFTO 薄膜的 Fe^{3+} 与 Fe^{2+} 含量比例分别为 1.54、2.58、3.10 以及 2.82。这说明掺杂可以有效减小 Fe^{2+} 的含量，进而抑制氧空位的形成，降低 $BiFeO_3$ 薄膜的漏电流。其原因主要可以归于如下方

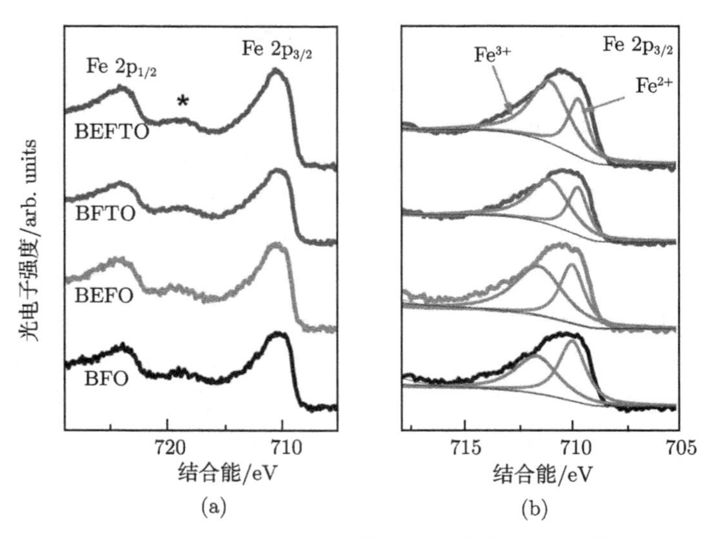

图 3.20 BFO、BEFO、BFTO、BEFTO 薄膜 (a)Fe 元素 XPS 图谱；(b)Fe $2p_{3/2}$ 高斯峰

面：一方面，由于 Er—O 键的结合能要高于 Bi—O 键，在掺入 Er^{3+} 之后，Er^{3+} 对 O^{2-} 的束缚力增强，降低了 O^{2-} 的移动频率，进而减少了氧空位；另一方面，由于 Ti^{4+} 具有高价态，用 Ti^{4+} 替换 Fe^{3+} 需要进行电荷补偿作用，使 Ti^{4+} 成为 Fe-O 八面体的氧施主，减小了 Fe^{2+} 的含量，从而降低了氧空位。

当 Er^{3+}、Ti^{4+} 两种元素同时掺杂时，$BiFeO_3$ 的氧空位含量应最有效地被抑制，具有最佳的漏电流特性。但由于晶体结构变化的差异及薄膜成膜质量的影响，BEFTO 薄膜的漏电流密度仅低于 BEFO 薄膜。同时，从图 3.20 (b) 中可以分别得到 BFO、BEFO、BFTO 和 BEFTO 薄膜的 Fe^{3+} 与 Fe^{2+} 谱峰位置，其具体数值如表 3.6 所示。经对比可以发现，在掺杂 Er^{3+}、Ti^{4+} 后，$BiFeO_3$ 中的 Fe^{2+} 及 Fe^{3+} 的峰位均向高自由能方向移动。这说明 Fe—O 键的结合能均有增强，进一步证明氧空位含量在掺杂之后减少，这一变化主要是 Er^{3+}、Ti^{4+} 掺杂 $BiFeO_3$ 的晶体结构发生改变所造成的。

表 3.6　BFO、BEFO、BFTO、BEFTO 薄膜的 Fe^{2+} 与 Fe^{3+} 谱峰峰位(单位：eV)

	BFO	BEFO	BFTO	BEFTO
Fe^{2+}	709.19	709.43	709.75	709.48
Fe^{3+}	710.61	710.77	710.88	710.84

5. 掺杂改性对 $BiFeO_3$ 基薄膜铁电性的调控

电滞回线是物质表现铁电性的重要依据，通过测量物质的电滞回线，凭借其图像中剩余极化强度、饱和极化强度、矫顽场等信息，来判断物质铁电性能的优劣，因而电滞回线也是表征铁电性最直观的方式。值得注意的是，由于制作薄膜过程中选用的溶剂和螯合剂有所不同，得到的纯相 BFO 薄膜的极化略有不同，而相应掺杂体系的薄膜也只是在同条件下进行对比。

1) 不同浓度 Er 掺杂对 $BiFeO_3$ 基薄膜铁电性的调控

室温下不同 Er 掺杂浓度的 BFO 薄膜的电滞回线如图 3.21(a) 所示，图中的 P 代表极化强度，E 代表施加电场强度。可以明显观察到随着掺杂浓度变化，薄膜的铁电特性也发生了变化。图 3.21(b) 进一步给出了在电场强度为 133.3kV/cm 下各掺杂浓度 BFO 的 2 倍的剩余极化值 ($2P_r$) 的变化趋势图。对于纯相的 BFO，铁电剩余极化最小，在电场为 133.33kV/cm 时 $2P_r$ 为 9.38μC/cm^2，但是 Er 掺杂的 BFO 薄膜在电场为 133.33kV/cm 时其 $2P_r$ 明显增强。随着 Er 掺杂浓度逐渐增强，$2P_r$ 逐渐增强，当 x=0.1 时，$2P_r$ 为 11.08μC/cm^2，掺杂比例上升到 $x = 0.15$ 时，$2P_r$ 达到最大值 16.58μC/cm^2。

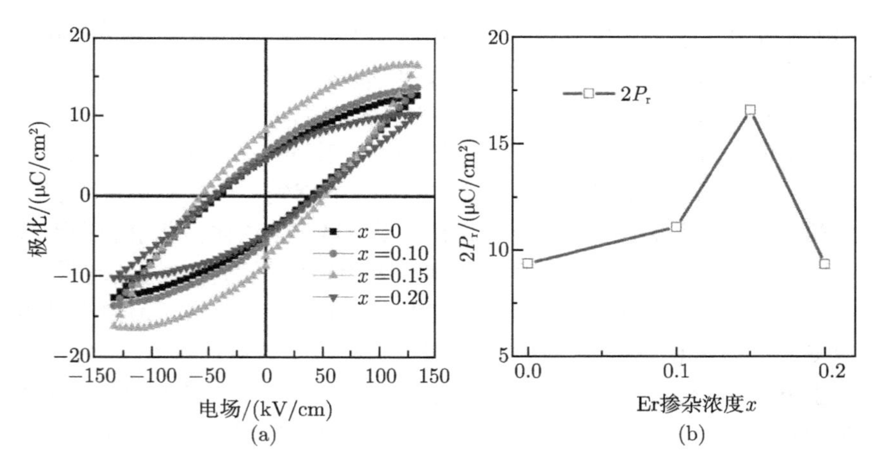

图 3.21 室温下的 $Bi_{1-x}Er_xFeO_3$ (x=0～0.20) 薄膜 (a) 电滞回线；(b) 不同掺杂浓度下在同一应用电场的2 倍的剩余极化强度的变化趋势

不同浓度 Er 掺杂导致 BFO 物相结构转变，从单一结构到混合结构。Er 的离子掺杂比例为 x=0.10, 0.15，随着 Bi^{3+} 被 Er^{3+} 部分替代，Bi^{3+} 的一个 6s 长程电子对可能与一个空的 p 轨道杂化，导致了非对称性失真和铁电性的增强 [30]。随着 Er 的掺杂比例达到 0.20 时，Bi^{3+} 的长程电子对的立体活化能被降低，这将降低 Er 掺杂 BFO 铁电性 (x=0.20)。而且当掺杂比例为 x=0.20 时，$2P_r$ 为 9.26μC/cm^2，其数值比纯相的 BFO 薄膜的 $2P_r$ 还要低。也就是说，Er 掺杂浓度逐渐上升过程中，BFO 薄膜的 $2P_r$ 不能无限制上升，当掺杂比例 x=0.20 时出现明显的极化衰退现象。当掺杂比例为 $x \leqslant 0.15$ 时，极化强度是随着掺杂浓度的增加逐渐上升的，当 Er 的掺杂浓度为 x=0.20 时，极化强度是下降的，这与 $Bi_{1-x}Er_xFeO_3$ 陶瓷样品的实验结果相似 [45]。引起薄膜铁电性变化的主要原因是相结构随着掺杂浓度的上升发生了改变：BFO 为菱方结构 $R3c$ 空间群，当掺杂比例为 0.10 时变为菱方结构 $R3c$ 空间群和正交结构 $Pnma$ 空间群共存 (菱方结构 $R3c$ 空间群:正交结构 $Pnma$ 空间群 =58.1:41.9)，当掺杂比例继续上升为 0.15 时，继续保持菱方结构 $R3c$ 空间群和正交结构 $Pnma$ 空间群共存 (菱方结构 R3c 空间群:正交结构 $Pnma$ 空间群 = 35.3:64.7)，当 Er 掺杂继续上升为 x=0.20 时，空间群转变为正交结构 $Pnma$ 空间群。也就是说，相结构的转变导致了 Er 掺杂后薄膜的铁电极化先上升后下降。

2) Eu 掺杂对 $BiFeO_3$ 基薄膜铁电性的调控

图 3.22 给出了电场为 167kV/cm 下 $BiFeO_3$ 和 $Bi_{0.95}Eu_{0.05}FeO_3$ 薄膜室温下的电滞回线。从图 3.22(a) 可以看出，在 Eu 元素掺杂之后 BFO 薄膜获得了更为优越的铁电性。纯相 BFO 薄膜的剩余极化强度为 4.76μC/cm^2，但是经过稀土元素 Eu 掺杂之后 BEFO 薄膜的剩余极化强度为 6.39μC/cm^2，其剩余极化强度相比于纯相

的 BFO 薄膜增加了 34%。图 3.22(b) 给出了 BFO 薄膜和 BEFO 薄膜不同电场下的室温剩余极化强度对比图。相比于纯相的 BFO 薄膜，在经过 Eu 掺杂之后，BEF 薄膜的剩余极化强度在电场为 133kV/cm、167kV/cm、200kV/cm 和 233kV/cm 时分别增加了 20%、34%、33%和 50%。这直接证明在经过 Eu 元素掺杂之后，薄膜的铁电性确实有所增强。而增强的铁电性主要来源于：首先，BFO 薄膜中存在菱方相和四方相相界，在相界附近，极化翻转路径会发生改变，这样极化值会得到极大的提升 [46,47]。因此 BEFO 薄膜存在菱方相和四方相相界，通过 Eu 掺杂在相界附近改变了极化翻转路径，进而提高了薄膜的铁电性。其次，可以通过波恩有效电荷张量去估算薄膜的有效极化强度 [48]，对于四方相来说有效极化强度为 135μC/cm^2，而相应的菱方相为 88μC/cm^2，可以看出四方相的极化强度明显大于菱方相的极化强度，由于稀土元素 Eu 掺杂之后 BFO 薄膜逐渐向四方相过渡，这样就会伴随着铁电极化的增大，这也是 BEFO 薄膜铁电性提升的一个重要原因。最后，Eu 元素代替 A 位易挥发的 Bi 元素能够有效抑制氧缺陷的产生。这样能够有效地降低漏电流密度和缓解电畴的钉扎效应，有利于增加薄膜的铁电性。

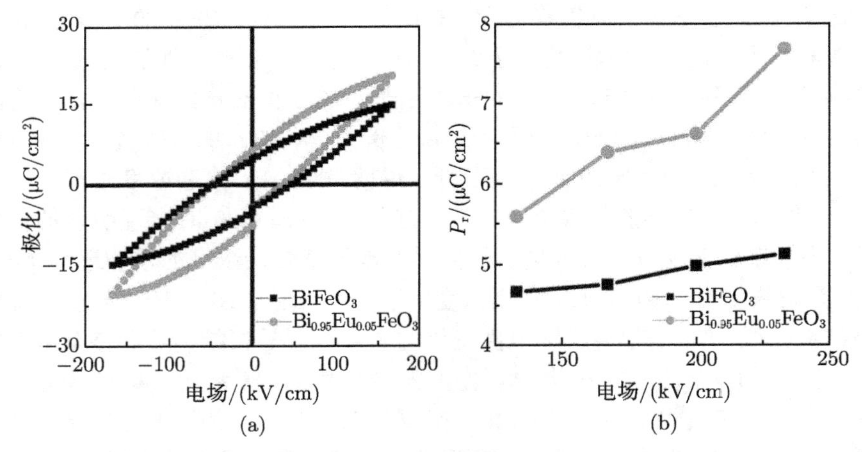

图 3.22　BFO 和 BEFO 薄膜 (a) 室温电滞回线；(b) 不同电场下的剩余极化强度

3) $BiFeO_3$ 基纳米薄膜及 Ho、Mn 掺杂铁电性能的调控

通过测试电滞回线研究薄膜的宏观铁电极化的强弱。图 3.23(a) 为 BFO、BHFO、BFMO 及 BHFMO 纳米薄膜的电滞回线图。在电场为 250kV/cm 时，BFO、BHFO、BFMO 及 BHFMO 纳米薄膜的二倍饱和极化强度 ($2P_s$) 的值分别为 12.02μC/cm^2、51.6μC/cm^2、70.2μC/cm^2 及 86.3μC/cm^2。可以明显得出共掺杂 BHFMO 纳米薄膜的饱和极化强度最大，无掺杂 BFO 的饱和极化强度最小。

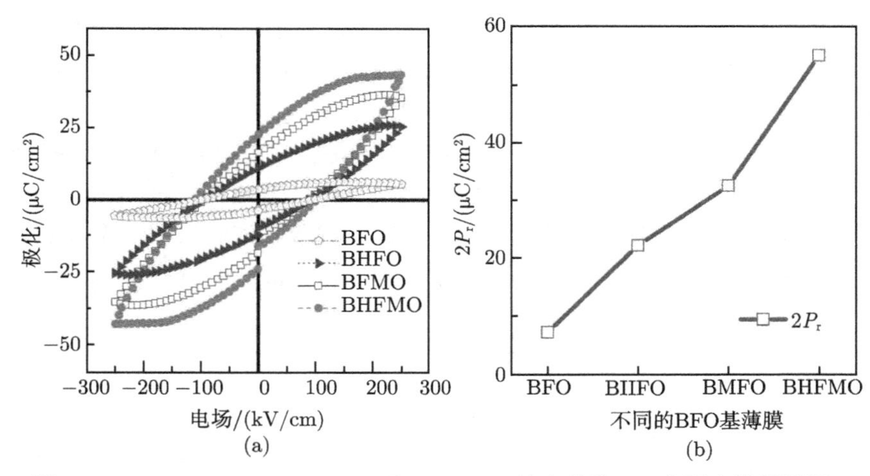

图 3.23 BFO、BHFO、BFMO 及 BHFMO 纳米薄膜 (a) 室温电滞回线图；(b) 剩余极化 $2P_r$

而为了更清楚地显示出 BFO、BHFO、BFMO 及 BHFMO 薄膜的铁电特性，记录四种薄膜的剩余极化强度将并作成图 3.23(b)，可以发现在电场同样为 250kV/cm 时，BFO、BHFO、BFMO 及 BHFMO 纳米薄膜的二倍剩余极化强度 ($2P_r$) 分别为 7.28μC/cm^2、22.2μC/cm^2、32.6μC/cm^2 及 55.2μC/cm^2。通过分析这些数据，发现在全部的薄膜样品中 BFO 薄膜的铁电性能最差，而单独掺杂元素的 BHFO 和 BFMO 薄膜，其铁电特性都得到明显改善。共掺杂 BHFMO 薄膜依然展现着最好的铁电性能。晶体结构、表面形貌及氧空位缺陷都影响着 BFO 薄膜的铁电特性。而将稀土元素 (A 位) 或是过渡金属元素 (B 位) 部分掺杂到钙钛矿材料 BFO 中，可以通过电荷补偿有效地控制氧空位的形成以及稳定其钙钛矿结构 [49]。同时由于离子半径和电负性的不同，元素掺杂后有相变发生，存在相界。XRD 及拉曼分析发现 BFO 薄膜有单一的菱方相结构，转化为四方相与正交相两相共存结构，而相界的存在会增强薄膜的铁电性。通过 SEM 测试可以发现元素掺杂后的 BHFO、BFMO 及 BHFMO 薄膜要比 BFO 薄膜的表面形貌好。再通过 XPS 分析，发现元素掺杂后的薄膜样品更有效地控制了其氧空位的生成，而 BFO 薄膜拥有着最多的氧空位。在元素掺杂 BHFO、BFMO 及 BHFMO 薄膜中，BFO 薄膜展现了最差的铁电性，由其表面形貌不够致密，孔洞较多，颗粒较大所导致 [50,51]。

4) $BiFeO_3$ 基纳米薄膜及 Er、Ti 掺杂铁电性能的调控

图 3.24 是纯相及掺杂 $BiFeO_3$ 薄膜在外加电场强度为 86kV/cm 下的电滞回线对比图，以及剩余极化强度 ($2P_r$) 与饱和极化强度 (P_{max}) 随着掺杂元素种类变化的曲线。从图中可以看出，纯 BFO 薄膜的铁电性较差，它的 $2P_r$ 和 P_{max} 仅为 9.05μC/cm^2、8.51μC/cm^2，这主要是由于纯 $BiFeO_3$ 本身漏电流很大，阻碍了其电畴

随外加电场的翻转，进而降低了其极化强度值；但掺入 Er^{3+}、Ti^{4+} 元素后，$BiFeO_3$ 的铁电性均有明显提高。漏电流减小的主要原因是在晶格畸变的基础上漏电流机制发生了改变，因此掺杂导致铁电性改善的本质同样也可以归于 $BiFeO_3$ 的晶体结构扭曲引起了铁电畸变。对于 BEFO 和 BFTO 薄膜，其晶体结构由菱方相分别转化为四方相和正交相，这种结构的改变使得 $BiFeO_3$ 的铁电极化提高了。易发现当 Er^{3+}、Ti^{4+} 两种元素共同掺杂时，$BiFeO_3$ 的铁电性改良程度最大，其电滞回线的饱和极化值 $P_{\max}$ 及剩余极化值 $2P_r$ 分别为 15.13μC/cm² 和 15.88μC/cm²。

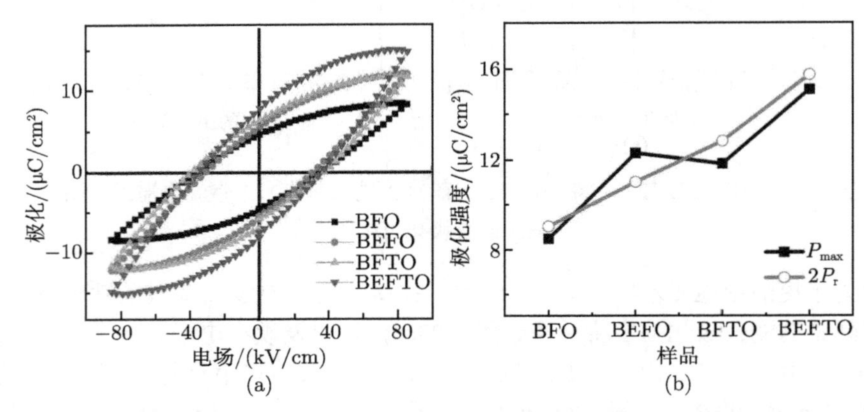

图 3.24　BFO、BEFO、BETO、BEFTO 薄膜 (a) 电滞回线；(b) 剩余极化强度 ($2P_r$) 与饱和极化强度 ($P_{\max}$)

这一性质的改良主要归因于两个方面：一方面，在 Er^{3+}、Ti^{4+} 两种元素共同影响下，$BiFeO_3$ 的晶体结构由菱方相转为正交相与四方相共存，这种结构导致了更加强烈的晶格畸变，从而使得其铁电性有了进一步的提高；另一方面，由于 Er^{3+} 的低的迁移率及 Ti^{4+} 的电子补偿作用，薄膜中的各类缺陷，如氧空位、空洞等得以更有效控制，这对 $BiFeO_3$ 的铁电性的提高有一定的贡献 [54]。

6. 替位掺杂改性对 $BiFeO_3$ 基薄膜漏电性的调控

铁电性和漏电性有着密切的联系，元素掺杂不仅对薄膜的铁电性有调控作用，而且对漏电性也有明显改善。

1) 不同 Er 掺杂浓度对薄膜漏电特性的调控与机制分析

图 3.25 给出了漏电流密度与电场关系图 (每隔 0.1V 测量一个点)，它记录了 $Au/Bi_{1-x}Er_xFeO_3$ ($x = 0\sim0.20$)/Pt 薄膜电容器室温下漏电流密度。从图中可以看出，相比于纯的 BFO 薄膜的漏电流密度，Er 掺杂的 BFO 薄膜的漏电流密度出现数量级的减小。对于纯相的 BFO 薄膜，退火过程 Bi^{3+} 的挥发和较少的 Fe^{3+} 存在于 BFO 薄膜中使 BFO 薄膜产生了大量的氧空位，使其去补偿不足的正电荷 [52]。

氧空位为施主型去捕获中心电荷，当施加电场时，这将增加电荷的自由传导，进一步导致纯相 BFO 薄膜的漏电流密度的增大 [53]。Er 元素掺杂的 BFO 薄膜的漏电特性有明显的调控作用。随着 Er 掺杂浓度的增加，相结构逐渐发生了转变，纯相的 BFO 漏电流密度比 Er 掺杂的 $Bi_{1-x}Er_xFeO_3$ 薄膜漏电流密度要高很多。换句话说，纯相的 BFO 薄膜具有 $R3c$ 菱方结构，有高的漏电流密度。Er 掺杂的 BFO 薄膜 (x=0.10~0.15) 是 $R3c$ 菱方结构和 $Pnma$ 正交共存结构，能够降低 $Bi_{1-x}Er_xFeO_3$ 薄膜的漏电流密度。然而当 $Bi_{1-x}Er_xFeO_3$ 薄膜 (x=0.20) 的结构转变为 $Pnma$ 正交结构时，漏电流密度重新增加。而且从图 3.25 看出，$Bi_{1-x}Er_xFeO_3$ 薄膜在低电场范围内漏电流密度随着电场线性地增加。然后 BFO 薄膜和 $Bi_{0.9}Er_{0.1}FeO_3$ 薄膜漏电流密度在高电场范围大幅度增加，随着电场的继续增加，漏电密度到达临界值 (电场为 102.5kV/cm，掺杂比例为 $x = 0$ 和电场为 155kV/cm，掺杂比例为 $x =$ 0.10)。

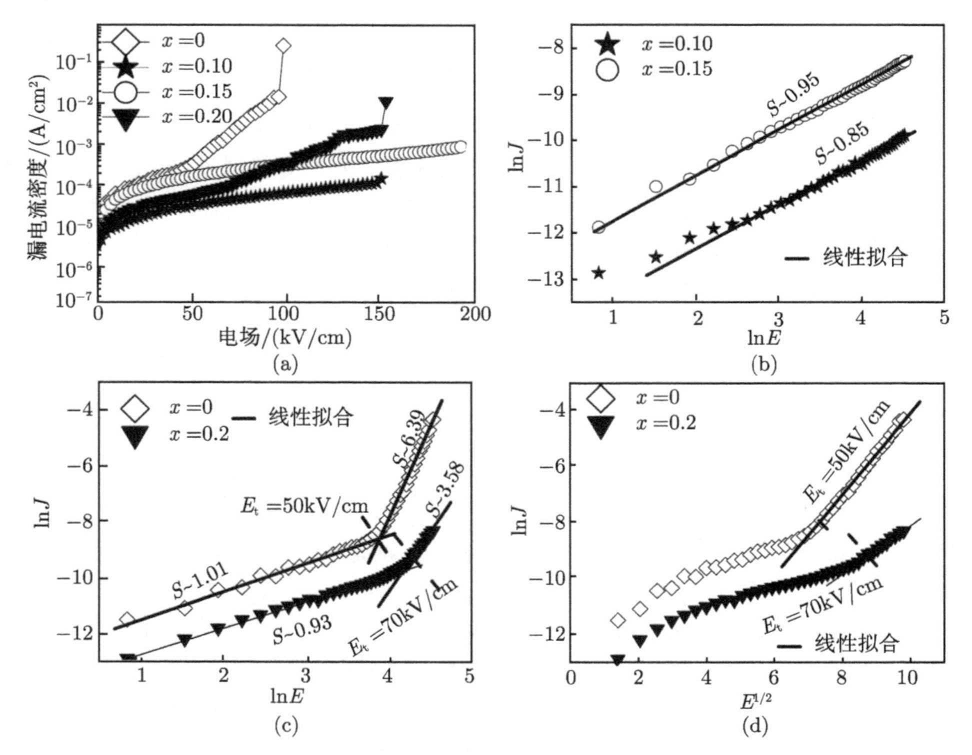

图 3.25 (a) $Bi_{1-x}Er_xFeO_3$ (x=0~0.20) 薄膜室温下漏电特性；(b) x = 0.10~0.15 薄膜漏电流机制图；(c) x=0, 0.20 薄膜漏电流机制图；(d) x=0, 0.20 薄膜 ln J-$E^{1/2}$ 漏电流机制图

如图 3.25(a) 所示，$Bi_{1-x}Er_xFeO_3$ (x = 0,0.20) 和 $Bi_{1-x}Er_xFeO_3$ (0.10,0.15) 具有不同的漏电特性。因此 $Bi_{1-x}Er_xFeO_3$ 薄膜漏电特性的变化归因于结构转变导致

的漏电流传导机制的不同。BFO 和其他类似的钙钛矿氧化物薄膜中的漏电流传导机制有多种 [55,56]，结合本节研究体系的实际情况介绍三种传导机制。第一种漏电流传导机制为欧姆 (Ohmic) 传导机制，当样品中自由电荷载体密度没有超过发出的电荷载体密度时，其就会表现出这种传导机制 [35]。通过欧姆传导机制表示的漏电流密度的等式如下：

$$J = q\mu N_{\mathrm{e}}E \tag{3.4}$$

其中，J 为漏电流密度；μ 为离子迁移率；N_{e} 为热激发电子密度。第二种漏电流传导机制为界面限制肖特基激发 (ILSE) 机制。这种机制的产生是由于在金属 (本实验中为样品电极) 与绝缘体或半导体之间存在着不同的费米能级，所以电荷的传导必须克服这种由能级不同所导致的潜在势垒，这些就是 ILSE 机制的产生原因。通过 ILSE 传导机制表示的漏电流密度的等式如下：

$$J_{\mathrm{s}} = AT^2\exp\left\{-\left[\frac{\phi}{k_{\mathrm{B}}T} - \frac{1}{k_{\mathrm{B}}T}\left(\frac{q^3V}{4\pi\varepsilon_0\varepsilon_{\mathrm{r}}d}\right)^{\frac{1}{2}}\right]\right\} \tag{3.5}$$

其中，A 为等效里查森 (Richardson) 常数；k_{B} 为玻尔兹曼 (Boltzmann) 常量；T 为温度；ϕ 为肖特基势垒的高度；ε_{r} 为相对介电常数；d 为薄膜厚度。第三种漏电流传导机制为空间电荷限制传导 (space-charge-limited conduction, SCLC) 机制，造成这一机制的主要原因是载流子的注入所导致的自由电荷载体密度。通过 SCLC 传导机制表示的漏电流密度的等式如下 [57]：

$$J_{\mathrm{SCLC}} = \frac{9\mu\varepsilon_0\varepsilon_{\mathrm{r}}V^2}{8d^3} \tag{3.6}$$

其中，μ 为载流子迁移率。

BFO 薄膜和 Er 掺杂的 BFO 薄膜中如果对其进行漏电分析，需把漏电流密度和电场分别作对数处理得到 $\ln J$-$\ln E$ 图，再求出相应分段直线的斜率，不同斜率对应着不同的漏电机制。图 3.25(b) 给出了 $\mathrm{Bi}_{1-x}\mathrm{Er}_x\mathrm{FeO}_3$ ($x = 0.10$，0.15) 的 $\ln J$-$\ln E$ 图，与此同时，图 3.25(c) 给出了 $\mathrm{Bi}_{1-x}\mathrm{Er}_x\mathrm{FeO}_3$ ($x = 0$，0.20) 的 $\ln J$-$\ln E$ 图。从图 3.25(b) 中可以看出，$\mathrm{Bi}_{1-x}\mathrm{Er}_x\mathrm{FeO}_3$ ($x = 0.10$，0.15) 分别对应着两条不同斜率的直线，其斜率分别为 0.95 和 0.85。两条直线的斜率约等于 1($S \sim 1$)，代表掺杂比例为 $x = 0.10$ 和 x=0.15 所对应的漏电机制为欧姆机制，也就是 (3.4) 式所对应的漏电机制。图 3.25(c) 中，给出了掺杂比例为 x=0 和 x=0.20 的 Er 掺杂的 BFO 的 $\ln J$-$\ln E$ 图，从图中可以看出纯相的 BFO 薄膜对应着两条不同斜率的直线，而掺杂比例为 x=0.20 的 Er 掺杂的 BFO 薄膜也对应两条不同斜率的直线。两个比例在低电场区域内所对应的斜率 $S \sim 1$，代表纯相的 BFO 薄膜和 $\mathrm{Bi}_{0.80}\mathrm{Er}_{0.20}\mathrm{FeO}_3$ 薄膜在低电场下的漏电机制为欧姆机制。然而在高电场下，斜率突然增大，表明漏电流密度在高电场下突然增大。这说明 BFO 薄膜和 $Bi_{0.80}Er_{0.20}FeO_3$ 薄膜的漏电机制分别在 50kV/cm 和 70kV/cm 发生了转变，两种薄膜从欧姆机制转变为另一种漏电机制。为了阐述清楚机制之间的转换，在图 3.25(d) 中给出了 BFO 薄膜和 $Bi_{0.80}Er_{0.20}FeO_3$ 薄膜的 $\ln J$-$E^{1/2}$ 图。在 E_t 之上的两条拟合曲线展现出类似线性关系，这表明 BFO 薄膜和 $Bi_{0.80}Er_{0.20}FeO_3$ 薄膜在高电场下具有相同的漏电机制——ILSE 机制，其对应着 (3.5) 式的漏电机制。所以可以看出 $Bi_{0.1}Er_{0.90}FeO_3$ 薄膜和 $Bi_{0.15}Er_{0.85}FeO_3$ 薄膜在施加电场范围内是单一的欧姆传导机制。而 BFO 薄膜和 $Bi_{0.80}Er_{0.20}FeO_3$ 薄膜在低电场下为欧姆机制、在高电场下为 ILSE 机制，它们的两种漏电机制并存于薄膜中。因此不难得出一个结论就是纯相的 BFO 薄膜和 Er 掺杂的 BFO 薄膜的漏电传导机制与薄膜相结构的转换密切相关。具体内容如下：纯相的 BFO 薄膜为单一 $R3c$ 菱方结构，而 $Bi_{0.80}Er_{0.20}FeO_3$ 薄膜为单一 $Pnma$ 正交结构，以上两种薄膜所对应的漏电机制为欧姆机制 (低电场) 和 ILSE 机制 (高电场)。然而 $Bi_{0.1}Er_{0.90}FeO_3$ 薄膜和 $Bi_{0.15}Er_{0.85}FeO_3$ 薄膜的漏电机制为单一的欧姆机制，这主要是因为这两种薄膜的相结构为 $R3c$ 菱方结构和 $Pnma$ 正交并存结构。通过掺杂的方式使 BFO 薄膜获得了优良的漏电特性，稀土元素掺杂为 BFO 薄膜提高铁电性和漏电性能提供了直接可行的方法。

2) Eu 掺杂对 BFO 基纳米薄膜漏电特性的调控与机制分析

图 3.26 给出了室温下 BFO ($BiFeO_3$) 薄膜和 BEFO ($Bi_{0.95}Eu_{0.05}FeO_3$) 薄膜漏电流密度随着电场的变化规律曲线。可以看出在低电场下 BFO 薄膜的漏电流密度要低于 BEFO 的漏电流密度。但是在高电场下 BEFO 薄膜的漏电流密度要明显低于 BFO 的漏电流密度，这说明 BEFO 薄膜具有优良的抗击穿特性。当 BFO 薄膜经过 Eu 掺杂之后漏电特性得到了明显的提升，这主要是由于 A 位掺杂 Eu 元素之后薄膜的晶粒尺寸明显降低、表面变得更加致密，这都有利于 BEFO 薄膜获得优良的漏电特性。另外，在电场 $E > 70$kV/cm 时，BEFO 薄膜出现了明显的漏电特性的改变。而这种变化的原因主要归结为在 70kV/cm 薄膜的漏电流机制改变导致了薄膜漏电特性的变化。图 3.26(b) 中给出了两种薄膜的漏电流机制特性曲线。

通过对图 3.26(a) 横纵坐标进行对数处理得到相应的分段曲线，通过获得对应直线的斜率与 (3.4) 式 ~(3.6) 式对应可以得出在相应电场区间漏电流特性所对应的漏电流机制。图 3.26(b) 中给出了 $\lg J$-$\lg E$ 漏电流机制曲线，从图 3.26 中可以直接得出相应薄膜在相应电场下的漏电流机制。对于纯相的 BFO 薄膜，在低电场下对应线段的斜率为 1.45，这个数值接近于 1，表明低电场下 BFO 薄膜所对应的漏电流机制为欧姆机制。而在电场区间为 60~113kV/cm 时曲线对应的斜率为 5.67，电场区间为 113~233kV/cm 时曲线对应的斜率为 3.18。两段曲线对应的斜率均远大于 2，表明在高电场下 BFO 薄膜所对应的机制为 ILSE 机制。因此纯相的 BFO 薄膜中共存欧姆机制 (低电场) 和 ILSE 机制 (高电场)。而相应地从图 3.26(b) 中可以明确得出 BEFO 薄膜各电场下所对应的漏电流机制。BEFO 薄膜在低电场下曲线斜率接近为 1，证明低电场下 BEFO 薄膜所对应的漏电流机制为欧姆机制。而 BEFO 薄膜在高电场下曲线斜率为 2.25 接近于 2，表明高电场下漏电流机制为 SCLC 机制。表明 Eu 掺杂之后在高电场下薄膜的漏电流机制出现了明显的变化。BFO 薄膜和 BEFO 薄膜在测量电场区间均获得了两种不同的漏电特性，只是在高电场下两种薄膜的漏电特性出现了明显的不同。这主要是因为通过 Eu 元素掺杂形成了菱方相与四方相相界，从而导致了薄膜在高电场下出现漏电流机制的转变。同时得出在高电场下 SCLC 机制相比于 ILSE 机制能够更为有效地降低漏电流密度，这样能够使 BEFO 薄膜在高电场下获得优良的漏电特性和相对较高的抗击穿电场。

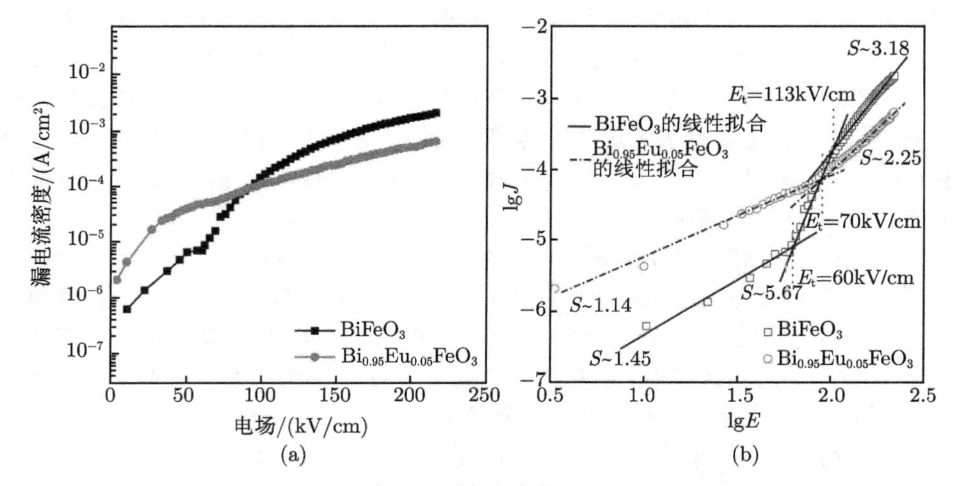

图 3.26 BFO 和 BEFO 薄膜 (a) 漏电流密度 J-E 曲线；(b) 漏电流机制分析

3) Ho、Mn 掺杂对 BFO 基纳米薄膜漏电特性的调控与机制分析

图 3.27(a) 为 $Bi_{0.9}Ho_{0.1}FeO_3$(BHFO)、$BiFe_{0.9}Mn_{0.1}O_3$(BFMO)、$Bi_{0.9}Ho_{0.1}Fe_{0.9}Mn_{0.1}O_3$(BHFMO) 纳米薄膜的漏电流图，BFO 薄膜在电场为 100kV/cm 时其漏电流密度为 $3.97\times10^{-3}A/cm^2$，在掺杂 Ho 元素与 Mn 元素之后，BHFO、BFMO 及 BHFMO 纳米薄膜的漏电流密度在任意一个电场下都比 BFO 的要低。BHFO 与 BFMO 薄膜在电场为 100 kV/cm 时其漏电流密度分别为 $3.73\times10^{-4}A/cm^2$ 和 $8.3\times10^{-4}A/cm^2$，它们的漏电流密度要比 BFO 的低近一个数量级。A、B 位共掺杂 BHFMO 纳米薄膜在电场为 100kV/cm 时其漏电流密度为 $1.3\times10^{-5}A/cm^2$，相比于纯 BFO 薄膜其漏电流密度要低近两个数量级，A、B 位共掺杂 BHFMO 纳米薄膜展现了最好的漏电流特性。BFO 薄膜在掺杂 Ho 元素与 Mn 元素之后产生了一种由菱方相向四方相与正交相共存相的转变。

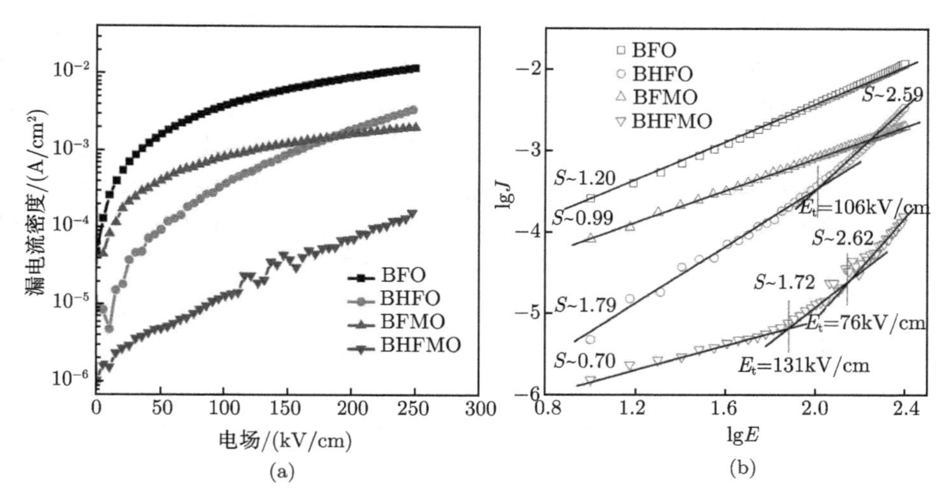

图 3.27 BFO、BHFO、BFMO 和 BHFMO 纳米薄膜 (a) 漏电流图；(b) 漏电流传导机制

首先，通过对图 3.27(b) 的分析可以很直观地发现全部薄膜的漏电性能各不相同，而这种漏电性能的不同正是归因于薄膜微观结构差异所引起的漏电流传导机制的改变。对于 BFO 薄膜或其他相似的铁电钙钛矿氧化物，现已存在多种传导机制可以解释其漏电机制 [55,56]。图 3.27(b) 是综合三种传导机制所拟合出的 BFO、BHFO、BFMO 及 BHFMO 纳米薄膜的漏电流传导机制图。下面将四种薄膜的漏电流传导机制进行具体分析。在全电场下，经过拟合后 BFO 薄膜在图中的线段的斜率约等于 1($S\sim1$)，这样的传导机制为欧姆机制，对于 BFMO 薄膜，其在全电场下也为欧姆机制，而相对于其他两种薄膜，它们的漏电性能较差。对于 BHFO 薄膜，经过拟合后其图中曲线明显由对应着不同斜率的两条直线组成，可以算出在低电场 (⩽106kV/cm) 下其斜率为 1.79，而通过蔡尔德定律 ($J\propto E^{\alpha}$, $\alpha\sim2$) 可知，SCLC 传导机制对应的线段斜率为 2，在可接受的误差范围内认为 BHFO 薄膜在低电场下 SCLC 传导机制占主导地位。而在较高电场 (⩾106kV/cm) 下，BHFO 薄膜经过拟合的图中曲线斜率为 2.59，该斜率大于 2，这意味着其对应的漏电流机制在此时发生了改变，BHFO 薄膜的漏电流机制在较高电场下转变为 ILSE 传导机制。对于 A、B 位共掺杂 BHFMO 薄膜，经过拟合后其图中曲线由对应着不同斜率的三条直线组成。在低电场 (⩽76kV/cm) 下其斜率约为 0.70，这个时候欧姆机制占主导。在电场为 76~131kV/cm 时，其斜率约为 1.72，这个时候 SCLC 传导机制占主导地位。而在电场为 131~250kV/cm 时，其斜率为 2.62，此时 ILSE 传导机制占主导地位。

如表 3.7 所示，BFO 及 BFMO 薄膜对应着欧姆传导机制，BHFO 薄膜在不同电场下分别对应着 ILSE 及 SCLC 两种传导机制，而 BHFMO 薄膜在不同电场范围下对应着欧姆、ILSE 及 SCLC 三种电流传导机制。归类来看，Mn 元素的掺杂对于 BFO 薄膜的漏电机制影响不大，而 Ho 元素的掺杂改变了原本纯 BFO 薄膜的漏电机制，使其由原本的欧姆传导机制转变为 ILSE 及 SCLC 两种传导机制。当 Ho 元素与 Mn 元素共同掺杂时，掺杂后的 BHFMO 薄膜展现了欧姆、ILSE 及 SCLC 三种电流传导机制。对照四种薄膜的漏电流密度，不难得出结论，漏电流密度与漏电流传导机制关系密切。BFO 与 BFMO 薄膜只展现一种传导机制时，其漏电性能较差。而 BHFO 薄膜在不同电场区域展现两种机制时，其漏电性能得以改善。BHFMO 薄膜在不同电场下展现了全部三种机制时，其漏电性能最优。换言之，薄膜的漏电流机制不同正是造成其漏电性能不一样的原因。

表 3.7 BFO、BHFO、BFMO 及 BHFMO 不同电场下的漏电机制

薄膜	漏电机制	
	低电场	高电场
BFO	欧姆	欧姆
BHFO	SCLC	ILSE
BFMO	欧姆	欧姆
BHFMO	欧姆	SCLC, ILSE

BFO 氧空位对于漏电流的影响是分析的第二个原因。BFO 材料的一大缺陷就是其氧空位多，过多的氧空位会严重影响其漏电流。引起氧空位多的主要因素为 Bi 在制备过程中的易挥发性，进而使制备成功的 BFO 样品中存在许多 Fe^{2+}，相对的 Fe^{3+} 的含量就变得比较少，这就导致了氧空位的增多 [44]。在上文中，通过 XPS 分析了不同薄膜中 Fe^{2+} 的含量，实验发现 BFO、BHFO、BFMO 及 BHFMO 纳米薄膜的 Fe^{2+} 百分比含量分别为 50%, 37.6%, 35.1% 和 33.1%。对比四种薄膜的漏电性，发现有着最少 Fe^{2+} 百分比含量的 BHFMO 纳米薄膜漏电性能最好，这就是因为其氧空位得到有效控制。原本 BFMO 薄膜与 BFO 薄膜同样只展现一种漏电流传导机制，但由于 BFMO 薄膜的 Fe^{2+} 百分比含量减少，其漏电流密度对比 BFO 薄膜也提高了近一个数量级，这种漏电性能的改善也是源于对氧空位的控制。由此可见，氧空位的有效控制确实可以改善 BFO 薄膜的漏电性能。

BFO 微观结构的改变对漏电流的影响是分析的第三个原因。BFO 薄膜为单一的菱方相结构，相对的元素掺杂后的 BHF、BFMO 及 BHFMO 纳米薄膜均产生了相变。尤其是 BHFMO 纳米薄膜，由原本的单相结构转变为四方相与正交相两相共存结构。再对比四种薄膜的漏电情况，不难发现当薄膜结构只展现菱方相一种结构时，其漏电性能并不理想，而当薄膜结构同时展现四方相与正交相两相时，其漏电性能得到明显改善。通过 SEM 实验分析所得的四种薄膜表面形貌的差异也是造成其漏电性能不同的原因，其中，表面形貌孔洞最大最多的 BFO 薄膜漏电性能最差，而表面形貌最平整致密的 BHFMO 薄膜漏电性能最佳。由此可见，BFO 薄膜的微观结构对其漏电性能影响深远。

综上所述，漏电流传导机制、氧空位及微观结构是影响 BFO 薄膜漏电性能的三个主要原因。当制备的 BFO 基薄膜在不同电场区域下可具备欧姆、ILSE 及 SCLC 三种电流传导机制，又可将结构中的氧空位有效控制，相结构为四方相与正交相两相共存时，其漏电性能最佳。制备元素共掺杂薄膜 BHFMO 同时满足上述三个条件，所以其漏电性能最优秀。

4) Er、Ti 掺杂对 BFO 基纳米薄膜漏电特性的调控与机制分析

图 3.28 为 BFO、BEFO、BFTO 及 BEFTO 薄膜漏电流密度与外加电场强度关系曲线。从图 3.28(a) 中可以看出，纯 BFO 薄膜漏电流密度随电场强度增大而迅速增大，并且当电场达到 117kV/cm 时，BFO 薄膜被击穿；然而，在掺入 Er^{3+}、Ti^{4+} 后，$BiFeO_3$ 薄膜的漏电流密度均下降 2~3 个数量级，并且可以承受更高的电压，进而说明掺杂可以有效改善薄膜的漏电流特性。对于纯 BFO 薄膜漏电流大主要因为 Bi 元素的易挥发性及 Fe 元素的价态浮动导致薄膜中存在一系列的氧空位，进而形成电子的俘获中心，使电子更易传导，从而导致大的漏电流；此外，BFO 薄膜中存在着诸多缺陷，如气孔、间隙、裂纹等，这些缺陷导致 $BiFeO_3$ 漏电流较大。而对于 Er^{3+}、Ti^{4+} 掺杂的 $BiFeO_3$ 薄膜，其漏电流特性的明显改善可以归因于三点：首先，Er^{3+}、Ti^{4+} 掺杂使 $BiFeO_3$ 的晶粒尺寸减小，晶界密度增加，从而增加了 $BiFeO_3$ 的电阻率，使在相同电场强度下，漏电流降低；其次，从 SEM 表面形貌中可以看出，Er^{3+}、Ti^{4+} 掺杂使得薄膜更加平整均匀，缺陷数量明显降低，这说明掺杂后 $BiFeO_3$ 薄膜的成膜质量有了明显提高，进而使得漏电流下降；最后，Er^{3+}、Ti^{4+} 掺杂导致 $BiFeO_3$ 晶体结构发生变化，进而导致不同的漏电流机制出现，这对漏电流有着重要影响。

为了探究 BFO、BEFO、BFTO 及 BEFTO 薄膜漏电流机制，其 $\ln J$-$\ln E$ 曲线图像如图 3.28(b)~(d) 所示。一共有三种机制存在：欧姆传导机制、SCLC 传导机制及 TFL 传导机制。对 BFO 和 BEFO 薄膜而言，当电场强度分别低于 50kV/cm 和 171kV/cm 时，其 $\ln J$-$\ln E$ 曲线的斜率均近似为 1，说明 BFO 和 BEFO 薄膜此时均属于欧姆传导机制；然而，当电场强度继续增加时，二者分别属于不同的漏电流机制：对 BFO 薄膜，其斜率迅速增大到 6.39，说明其漏电流传导机制由欧姆传导机制转变为 TFL 传导机制；而对 BEFO 而言，其 $\ln J$-$\ln E$ 曲线的斜率变为 2.03，说明其漏电流传导机制由欧姆传导机制转变为 SCLC 传导机制。从图 3.28(d) 中可以看出，BFTO 及 BEFTO 薄膜在整个测量电场范围内可以分为三种传导机制：当施加低电场时，其传导机制为欧姆传导机制，而当施加高电场时，其传导机制变为 SCLC 和 TFL 并存机制。经上述分析，可以发现 Er^{3+}、Ti^{4+} 掺杂导致 $BiFeO_3$ 薄膜的漏电机制发生改变，而这一改变主要归因于 Er^{3+}、Ti^{4+} 掺杂导致 $BiFeO_3$ 晶

体结构发生了改变。对 BEFO 薄膜，其 TFL 机制的消失及 SCLC 机制的出现主要是 Er^{3+} 掺杂使 $BiFeO_3$ 的晶体结构由菱方相转变为正交相的结果；而对 BFTO 和 BEFTO 薄膜，其三种漏电流机制并存主要归因于 Ti^{4+} 的掺入导致四方相的存在，而其各自传导机制的临界电场不同是由于 BEFTO 薄膜的晶体结构同时还存在正交相。此外，经对各个曲线进行对比，易发现当 SCLC 机制存在时，薄膜的漏电流特性有所改善。

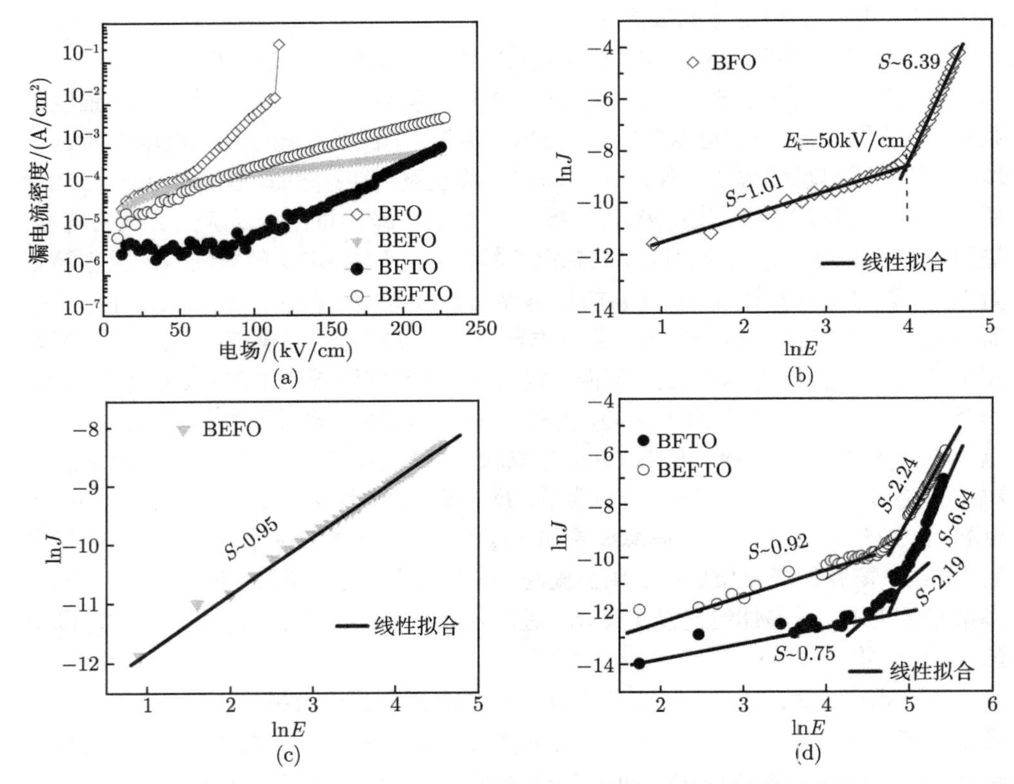

图 3.28　BFO、BEFO、BFTO、BEFTO 薄膜 (a) 漏电流关系曲线；(b)~(d) 漏电流机制分析

7. 周期性电场对不同元素替位掺杂 $BiFeO_3$ 基薄膜铁电性的调控

$BiFeO_3$ 纳米薄膜经历多次铁电极化循环后，铁电性会衰退，但是不同掺杂类型的薄膜对周期性电场的响应是不同的。图 3.29(a) 为 BFO 薄膜的铁电疲劳示意图，其纵坐标为可切换极化强度 P^*，横坐标为循环次数 N，疲劳测试的频率为 1MHz，电场强度为 100kV/cm。通过仔细观察图像可以发现，在经过 2×10^{10} 电极化循环后，BFO 薄膜的 P^* 由原本的 9.19μC/cm² 下降到 4.6μC/cm²，其 P^* 值下降了约

49.9%，这样的数据反映出 BFO 的疲劳性能较差，能够继续被改善。图 3.29(b) 为翻转前与经过 2×10^{10} 电极化循环前后，BFO 薄膜的电滞回线对比图。通过对图像的分析发现，在经过 2×10^{10} 电极化循环后 BFO 的电滞回线明显变差，饱和极化强度小于剩余极化强度，这是电极化循环后的 BFO 薄膜被破坏出现了极大的漏电流，铁电性能明显降低，该结果与 BFO 的疲劳曲线测试结果相一致。

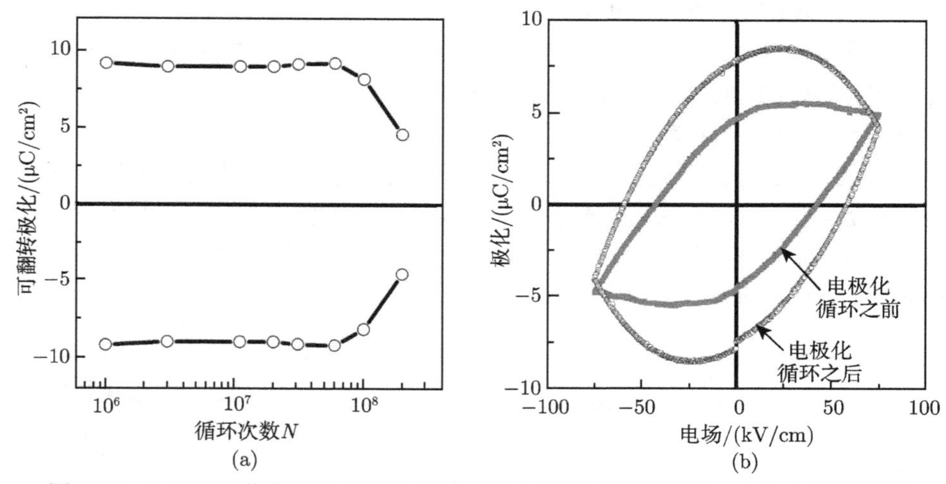

图 3.29 (a)BFO 薄膜的铁电疲劳曲线；(b) 周期性电场调控的 BFO 电滞回线图

图 3.30(a) 为 BHFO 薄膜的铁电疲劳曲线，疲劳测试的频率同样为 1MHz，周期性电场施加后测电滞回线只能测到 80kV/cm 左右，电场继续增加导致薄膜的漏电流太大，无法测到回线，所以电场强度选取为 80kV/cm 左右。通过对图像

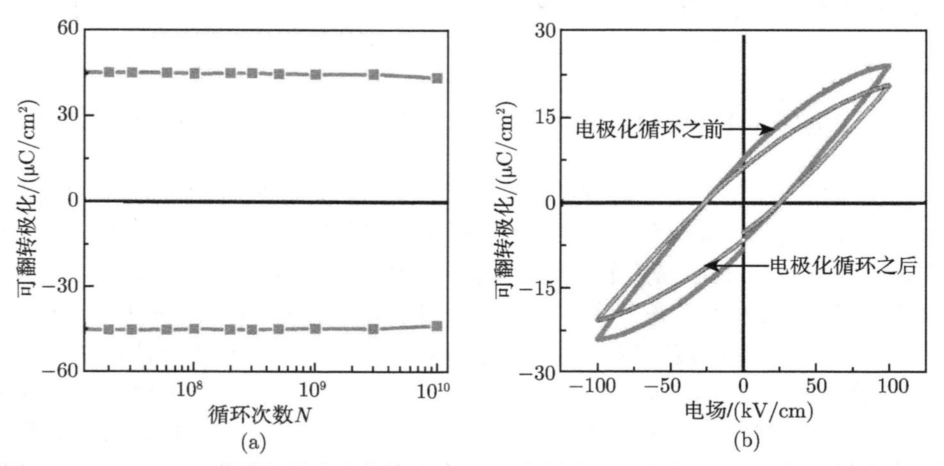

图 3.30 (a)BHFO 薄膜的铁电疲劳曲线；(b) 周期性电场调控的 BHFO 薄膜电滞回线图

数据分析可以发现，在经过 2×10^{10} 电极化循环后，BHFO 薄膜的 P^* 由原本的 45.32μC/cm^2 下降到 43.64μC/cm^2，电极化循环后其 P^* 值下降了约 3.7%，对比 BFO 薄膜，BHFO 薄膜的疲劳特性得到明显改善。图 3.30(b) 为电极化循环前与经过 2×10^{10} 电极化循环后，BHFO 薄膜的电滞回线对比图。电极化循环后 BHFO 薄膜的电滞回线形状改变极小，其饱和极化强度略有降低，铁电性能有轻微的下降，该结果与 BHFO 的疲劳测试结果相一致。

图 3.31(a) 为 BFMO 薄膜的铁电疲劳示意图，进行疲劳测试的频率同样为 1MHz，电场强度为 125kV/cm。通过对图像数据分析可以发现，在经过 2×10^{10} 电极化循环后，BFMO 薄膜的 P^* 由原本的 53.54μC/cm^2 下降到 46.4μC/cm^2，电极化循环后其 P^* 值下降了约 13.3%，对比 BFO 薄膜，BFMO 薄膜的疲劳特性也得到明显改善。图 3.31(b) 为电极化循环前后 BFMO 薄膜的电滞回线对比图。电极化循环后 BFMO 薄膜的电滞回线形状改变不大，其饱和极化强度也有轻微下降，该结果与 BFMO 的疲劳测试结果相一致。

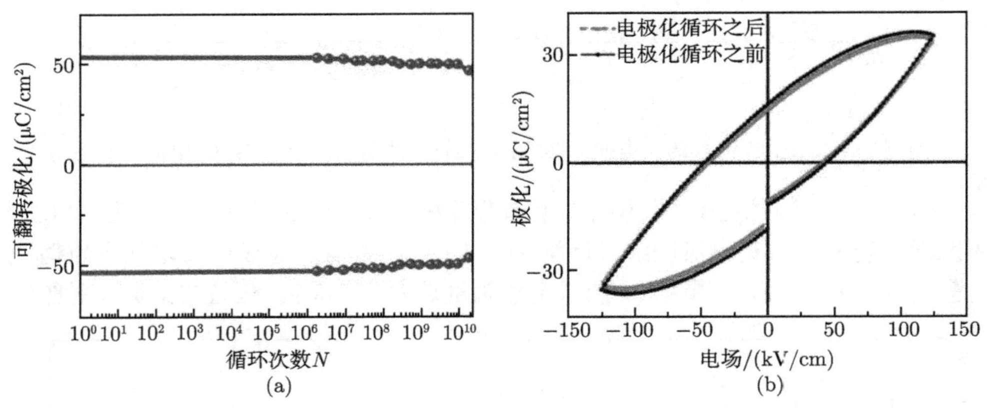

图 3.31　(a)BFMO 薄膜的铁电疲劳示意图；(b) 电极化循环前后 BFMO 电滞回线图

图 3.32(a) 为 BHFMO 薄膜的铁电疲劳示意图，进行疲劳测试的频率同样为 1MHz，电场强度为 100kV/cm 左右。通过对图像数据分析可以发现，在经过 2×10^{10} 电极化循环后，BHFMO 薄膜的 P^* 由原本的 112.28μC/cm^2 下降到 109.49μC/cm^2，电极化循环后其 P^* 值只是下降了约 2.5%，可以看出对比 BFO、BHFO 及 BFMO 薄膜，BHFMO 薄膜的疲劳特性是最好的。图 3.32(b) 为电极化循环前后 BHFMO 薄膜的电滞回线对比图。电极化循环后 BHFMO 薄膜的电滞回线形状基本没有改变，其饱和极化强度与剩余极化强度均基本没有下降，该结果与 BHFMO 的疲劳测试结果相一致，进一步证明了 BHFMO 薄膜拥有良好的抗疲劳特性。

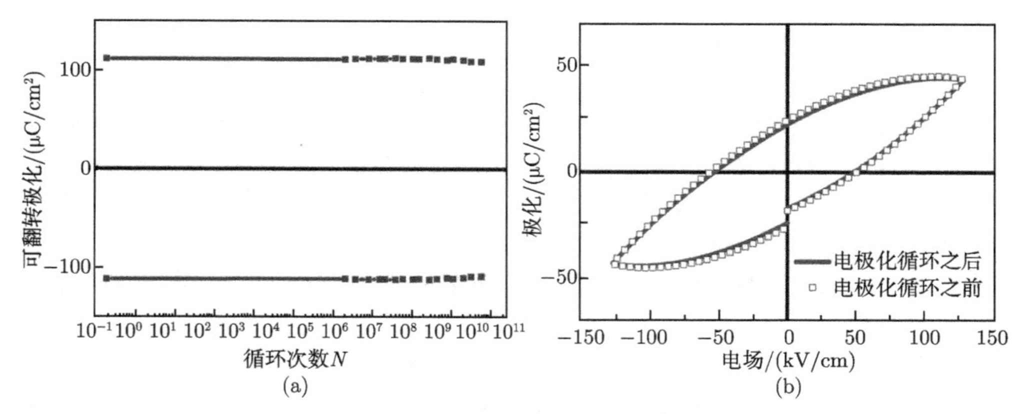

图 3.32 (a)BHFMO 薄膜铁电疲劳示意图；(b) 电极化循环前后 BHFMO 电滞回线图

BHFO、BFMO 及 BHFMO 掺杂薄膜铁电疲劳行为得到明显改善。这也就意味着，Ho 元素与 Mn 元素部分掺杂到钙钛矿材料 BFO 中可以有效改善 BFO 薄膜的疲劳行为。晶格结构、表面形貌、空间电荷及氧空位都影响着 BFO 薄膜的铁电疲劳行为 [58]。可以发现 BFO 薄膜为单一的菱方相结构，而元素掺杂后的 BHFO、BFMO 及 BHFMO 薄膜均转变为两相共存的晶格结构。还发现 BHFO、BFMO 及 BHFMO 薄膜的表面形貌均要比 BFO 薄膜的更致密。而且 XPS 测试还证明了元素掺杂后薄膜样品的氧空位要比纯 BFO 的少。这些都是元素掺杂后薄膜样品抗疲劳性提高的原因。BHFMO 薄膜的抗疲劳特性最好，这是因为其在产生晶格畸变的同时，表面形貌最致密，氧空位最少。而通过漏电分析，BHFMO 薄膜在不同电场区域下具有不同的导电机制：欧姆、ILSE 及 SCLC。三种电流传导机制共存于薄膜，这也是其疲劳特性最优的原因。

通过以上的详细分析，Ho 元素和 Mn 元素掺杂 BFO 薄膜的铁电性能与抗疲劳性确实得到明显提升。而在制备的 BFO、BHFO、BFMO 及 BHFMO 纳米薄膜样品中，又以共掺杂 BHFMO 薄膜的铁电性、漏电性及抗疲劳性最佳，其抗疲劳性已满足实际应用需求。联系到第 3 章内容，BHFMO 薄膜的铁磁性也是所有制备薄膜中最优秀的。对于在室温下同时具有优秀铁电性与铁磁性的 BHFMO 薄膜，其磁电耦合效应也应该可以更容易被测量，Ho 元素与 Mn 元素共掺杂改性实验为进一步研究 BFO 材料的多铁性提供了一种方法。

8. 不同元素和浓度替位掺杂对 $BiFeO_3$ 基薄膜的铁磁性能的调控

$BiFeO_3$ 薄膜的 62nm 周期螺旋自旋序结构，在室温下仅表现出微弱的铁磁性，元素替换掺杂可以对晶体结构进行裁剪，造成时间对称性破缺，增强室温弱铁磁性，以期望获得多铁序参量的耦合。

1) 不同浓度 Er 掺杂对 $BiFeO_3$ 基薄膜铁磁性的调控

图 3.33(a) 为 $Bi_{1-x}Er_xFeO_3$ (x=0,0.05,0.1,0.15,0.20) 薄膜的磁滞回线，所加磁场为 ± 30kOe，测试温度为室温，其中 Pt(100)/Ti/SiO_2/Si 衬底的影响已经被扣除。图 3.33(b) 清晰地表明了剩余磁化强度 (M_r) 和饱和磁化强度 (M_s) 随着 Er 掺杂浓度的提高的变化趋势。其中纯 $BiFeO_3$ 表现出了较弱的铁磁性，M_r 和 M_s 分别只有 0.58emu/cm^3 (1emu=0.01A·m^2) 和 11.86emu/cm^3。随着 Er 掺杂浓度由 0 提高到 0.15，Er 掺杂铁酸铋的铁磁性是逐渐增强的。$Bi_{0.85}Er_{0.15}FeO_3$ 薄膜表现出了最强的铁磁性，其 M_r 和 M_s 分别是纯 $BiFeO_3$ 的两倍和四倍。然而，当 Er 掺杂浓度提高到 0.20 时，$Bi_{0.80}Er_{0.20}FeO_3$ 薄膜的晶体结构为单一的正交结构 $Pnma$ 空间群，其 M_r 和 M_s 分别降低到了 0.94emu/cm^3 和 12.37emu/cm^3，接近于纯 $BiFeO_3$ 的数值。在 Er 掺杂 $BiFeO_3$ 薄膜中，如果 $Pnma$ 相的出现是其铁磁性增强的主要原因，那么随着 $Pnma$ 相含率的提高，Er 掺杂 $BiFeO_3$ 薄膜的 M_r 和 M_s 应该是逐渐增大的。尤其是对于 $Bi_{0.80}Er_{0.20}FeO_3$ 薄膜而言，由于其具有单一的 $Pnma$ 相，所以应该表现出最大的 M_r 和 M_s 值。但事实上，$Bi_{0.80}Er_{0.20}FeO_3$ 薄膜的 M_r 和 M_s 值要低于其他 $R3c$ 相和 $Pnma$ 相共存的 Er 掺杂 $BiFeO_3$ 薄膜。因此可以判断出，$Bi_{1-x}Er_xFeO_3$ (x = 0.05, 0.10, 0.15) 薄膜的铁磁性的增强与 $Pnma$ 相的出现是无关的。已经有一些相关的研究表明在稀土离子掺杂的 $BiFeO_3$ 中，其晶体结构完全转变为正交结构时表现出了较弱的铁磁性，并指出这是由结构上的彻底转变使得 $BiFeO_3$ 原先的自旋结构被完全破坏所导致的 [59]。

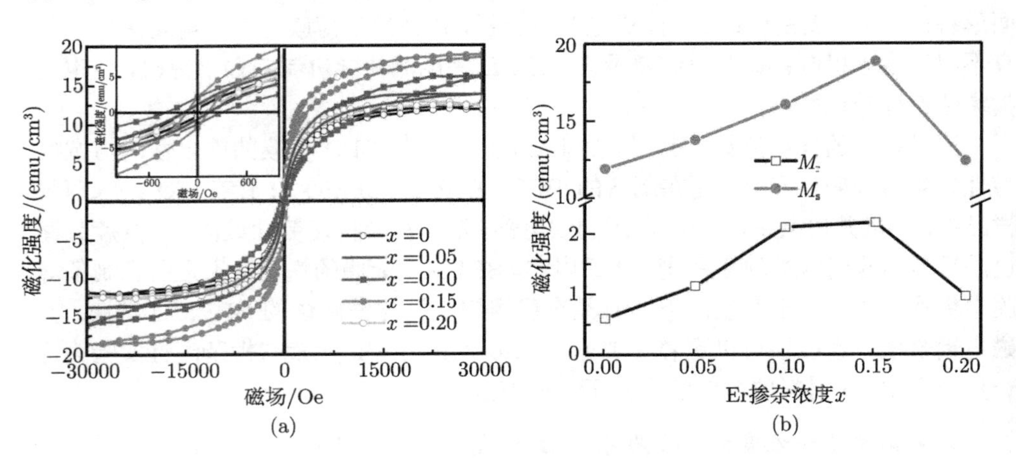

图 3.33　$Bi_{1-x}Er_xFeO_3$ (x = 0～0.20) 薄膜 (a) 室温磁滞回线；(b) M_r 和 M_s 随 Er 掺杂浓度的变化曲线

Er 掺杂 $BiFeO_3$ 的铁磁性增强的主要原因如下，纯 $BiFeO_3$ 的菱方结构 $R3c$ 空间群是在理想钙钛矿结构的基础上，两方面的结构畸变的共同作用下所造成的。

一是 FeO_6 的相对旋转作用，二是阳离子和阴离子亚晶格的相对极性位移作用 [60]。对 $Bi_{1-x}Er_xFeO_3$ ($x = 0.05, 0.10, 0.15$) 薄膜而言，在晶体结构由 $R3c$ 空间群逐渐转变为 $Pnma$ 空间群的过程中，属于 $R3c$ 空间群部分的 FeO_6 的相对旋转是逐渐增强的。这种 FeO_6 的旋转畸变改变了沿摆线方向排列的倾斜磁矩，抑制了原始的自旋摆线结构。因此，存在于纯 $BiFeO_3$ 的自旋摆线结构之中的净磁矩被释放出来，从而获得了随着 Er 掺杂浓度由 0.05 提高到 0.15 而逐渐增大的 M_r 和 M_s。

图 3.34 展示的是 $BiFeO_3$ 和 Er 掺杂 $BiFeO_3$ 薄膜的场冷 (FC) 和零场冷 (ZFC) 磁化曲线，降温范围为从 300K 到 5K，ZFC 测试的外加磁场为 500Oe。如图 3.34 所示，在磁化的大小和曲线的变化趋势上，$Bi_{1-x}Er_xFeO_3$ ($x = 0$，0.05，0.10，0.15，0.20) 薄膜都表现出了明显的差异，接下来将对差异及其原因进行讨论。

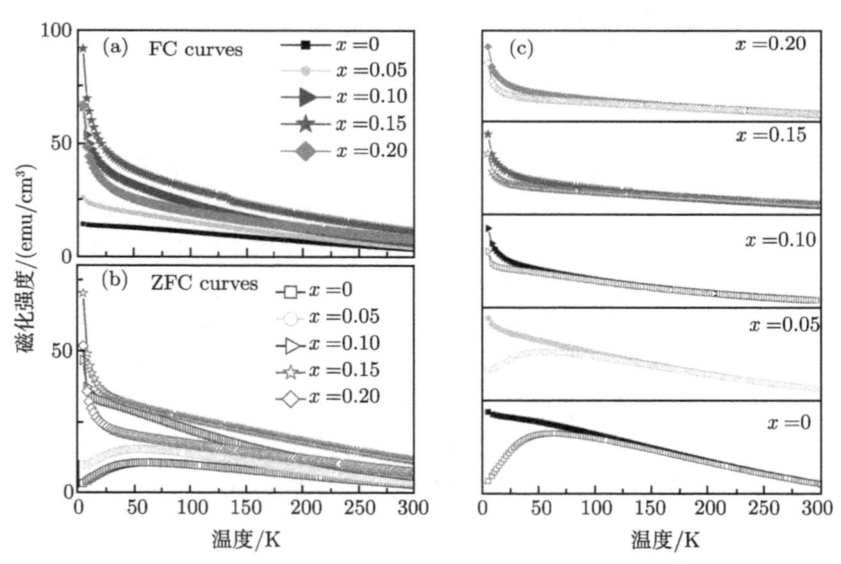

图 3.34 $Bi_{1-x}Er_xFeO_3$ ($x = 0\sim0.20$) 薄膜 (a) 场冷 (FC) 曲线；(b) 零场冷 (ZFC) 曲线；(c) FC 和 ZFC 曲线与掺杂浓度的关系

一方面，如图 3.34(a) 和 (b) 所示，随着 Er 掺杂浓度提高到 0.15，不论是在室温或者是低温的范围内，FC 和 ZFC 曲线的磁化值是逐渐增大的，但是当掺杂浓度为 0.20 时，FC 和 ZFC 曲线的磁化值出现了降低。这种变化趋势和图 3.34(b) 中的 M_r 和 M_s 随掺杂浓度的提高的变化趋势是一致的。如果 Er^{3+} 的存在对于 Er 掺杂 $BiFeO_3$ 薄膜的铁磁性的增强起到了决定性的作用，那么当 Er 的掺杂浓度为 0.20 时，$Bi_{0.80}Er_{0.20}FeO_3$ 薄膜的 FC 和 ZFC 曲线的磁化值应该要大于其他 Er 掺杂的 $BiFeO_3$ 薄膜，但事实上并不是如此。因此，与之前的 Dy^{3+} 和 Gd^{3+} 的内禀磁矩对 FC 和 ZFC 曲线的磁化大小有着极大的影响的结果相比，本工作中 Er^{3+} 的内禀磁

矩 ($M = 9.6\mu_B$) 对于 Er 掺杂 $BiFeO_3$ 薄膜的铁磁性并没有明显的影响。因此，可以判断出 $Bi_{1-x}Er_xFeO_3$ ($x = 0.05, 0.10, 0.15$) 薄膜的铁磁性的增强的唯一的决定性因素是属于 $R3c$ 空间群部分的自旋摆线结构的抑制。

另一方面，如图 3.34(c) 所示，$Bi_{1-x}Er_xFeO_3$ ($x = 0, 0.05$) 薄膜的 FC 和 ZFC 曲线随温度的变化趋势和其他的 Er 掺杂 $BiFeO_3$ 薄膜明显不同。其中，$Bi_{1-x}Er_xFeO_3$ ($x = 0, 0.05$) 薄膜最明显的特征是它们的 FC 和 ZFC 曲线在温度降低到 62.3K 或者 53.5K 时发生了明显的劈裂。在此临界温度以上，$Bi_{1-x}Er_xFeO_3$ ($x = 0, 0.05$) 薄膜的 FC 和 ZFC 曲线的磁化值随温度降低而逐渐增大。在此临界温度以下，FC 曲线的磁化值继续升高，而 ZFC 曲线的磁化值却出现了降低，因而 ZFC 曲线在临界温度处出现了一个明显的尖峰。对于纯 $BiFeO_3$ 薄膜而言，出现此尖峰的原因是其本身具有自旋摆线结构 [61]，而对于 $Bi_{0.95}Er_{0.05}FeO_3$ 薄膜而言，其原始的自旋摆线结构被抑制的程度较小，因而依旧能够表现出类似纯 $BiFeO_3$ 薄膜的 ZFC 曲线行为，并且 $Bi_{1-x}Er_xFeO_3$ ($x = 0, 0.05$) 薄膜的铁磁性都较弱。然而，对于 $Bi_{1-x}Er_xFeO_3$ ($x = 0.10, 0.15, 0.20$) 薄膜而言，在 300 K 到 5K 的整个温度范围内，FC 和 ZFC 曲线的磁化值都随温度降低而逐渐增大，这主要归因于自旋摆线结构受到了极大的抑制 (x=0.10, 0.15) 或者是完全消失 (x=0.20)。并且，$Bi_{0.85}Er_{0.15}FeO_3$ 薄膜的 FC 和 ZFC 曲线在温度降低到 5K 时，其磁化值出现了一个最为明显的跳跃，表明其具有最强的铁磁性 [62]，这与图 3.33 的磁滞回线所反映的结果是一致的。

从以上的讨论可知，在 A 位稀土离子掺杂的 $BiFeO_3$ 薄膜中，若要获得明显增强的铁磁性，有两个条件是需要满足的：一是属于 $R3c$ 空间群部分的自旋摆线结构被抑制；二是 $R3c$ 空间群部分不能完全消失。

2) Eu 掺杂对 BFO 基纳米薄膜铁磁性的调控

图 3.35 给出了室温下 BFO 薄膜和 BEFO 薄膜磁化强度随磁场变化的规律图，而薄膜施加的最大磁场为 2387kA/m。BFO 薄膜具有弱铁磁性，其在不断增加磁场的过程中获得了较小的饱和磁化强度 (M_s) 和剩余磁化强度 (M_r)，分别为 11.84kA/m 和 0.58kA/m。这主要是因为 BFO 薄膜具有倾斜的反铁磁自旋 [47]。而相比之下，通过掺杂元素 Eu，BEFO 的铁磁性明显得到提升，其饱和磁化强度和剩余磁化强度分别为 36.06kA/m 和 12.35kA/m。

相比于纯相的 BFO 薄膜，BEFO 薄膜的饱和磁化强度和剩余磁化强度分别提升了 2 倍和 21 倍，通过掺杂弱铁磁性明显提升的主要原因如下：①元素掺杂诱导的晶格畸变。过掺杂元素 Eu 掺杂导致了 BEFO 薄膜内出现了晶格畸变，晶格畸变致使空间自旋摆线被重新调节导致局部磁化被释放。晶格畸变导致薄膜内部对称性的变化，促使 BEFO 薄膜获得优良的铁磁性 [63]。而且，BEFO 薄膜 Fe—O—Fe 键键角 θ 相比于纯相的 BFO 薄膜 Fe—O—Fe 键键角 (θ=138°) 有减小的趋势，其主要源于 FeO_6 八面体的倾斜。BEFO 薄膜较小的 Fe—O—Fe 键键角提高了薄膜的

Dzyaloshinskii-Moriya(DM) 交换能 (V_{DM})。因此 BEFO 薄膜较大的 V_{DM} 随着自旋倾斜角度增加提高了 BEFO 薄膜的铁磁性 [64]。②相界的形成。Er 掺杂后在薄膜内形成了菱方相–四方相界，这也是提高 BEFO 薄膜铁磁性的一个重要原因。Fe—O 键的键长和键角在菱方相和四方相相界附近时是迥然不同的。这主要是因为菱方相 c/a 是 2.446，而四方相 c/a 是 1.119，两种相不同的 c/a 导致了 Fe—O 键的键长和键角随着 Eu 的掺杂发生改变，这将致使 Fe^{3+} 的自旋倾斜角度发生极大的变化，从而导致 BEFO 薄膜的磁性发生明显变化 [19,47]。因此 BEFO 中菱方相和四方相相界的存在导致了薄膜磁性的增强。

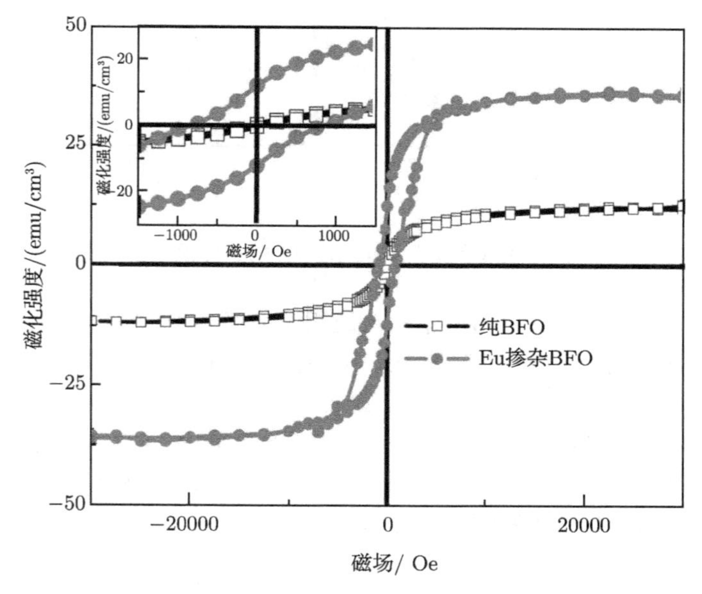

图 3.35 $BiFeO_3$ 和 $Bi_{0.95}Eu_{0.05}FeO_3$ 薄膜室温下应用磁场为 2387kA/m 的磁滞回线

3) Ho、Mn 共掺杂对 BFO 基纳米薄膜铁磁性的调控

图 3.36 为 BFO、BHFO、BFMO 及 BHFMO 纳米薄膜在温度 300K 下的磁滞回线，不同于块体 BFO 在室温下展现的反铁磁性，BFO、BHFO、BFMO 及 BHFMO 纳米薄膜均显现出了增强的弱铁磁性。块体 BFO 材料碍于其自旋的空间调制结构，其一个亚晶格与另一个与其对应的亚晶格的自旋方向总是相反的，在不考虑自旋倾斜的情况下，块体 BFO 中的这些亚晶格自旋会相互补偿，以至于在该材料中静磁场为零，宏观上并不显现出磁性。而将材料纳米薄膜化势必引起材料晶粒尺寸的变化。

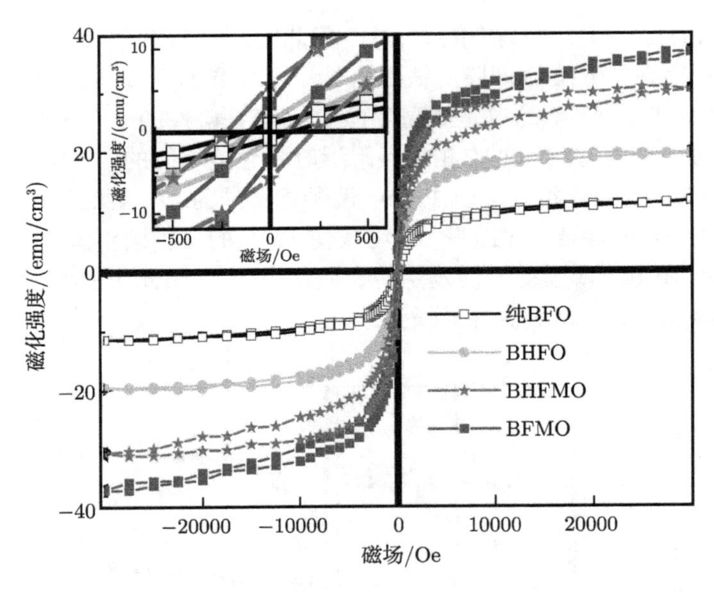

图 3.36 BFO、BHFO、BFMO 及 BHFMO 纳米薄膜 300K 下的磁滞回线

这种尺寸效应使 BFO 材料原本的自旋相互补偿消失，进而增强磁性 [50,65]。通过谢乐公式估算出了 BFO、BHFO、BFMO 及 BHFMO 纳米薄膜的平均微晶尺寸，分别为 35.67nm、27.98nm、21.87nm 和 19.82nm。BFO 材料薄膜纳米化能有效地控制其微晶尺寸。可以推知 BFO、BHFO、BFMO 及 BHFMO 纳米薄膜均已抑制了 62nm 长周期自旋调制这一限制，使其宏观上显现出磁性。BFO、BHFO、BFMO 及 BHFMO 纳米薄膜的磁性特征参数总结在表 3.8。

表 3.8 BFO、BHFO、BFMO 及 BHFMO 从磁滞回线中引出的部分磁性参数

样品	M_s/(emu/cm^3)	M_r/(emu/cm^3)	H_c/Oe
纯 BFO	11.6	1.95	250
BHFO	19.8	2.56	150
BFMO	36.6	6.9	215
BHFMO	30.8	11.5	450

从表中可以看出，BFO、BHFO、BFMO 及 BHFMO 纳米薄膜的饱和磁化强度 (M_s) 分别为 11.6emu/cm^3、19.8emu/cm^3、36.6emu/cm^3 及 30.8emu/cm^3，它们的剩余磁化强度 M_r 分别为 1.95emu/cm^3、2.56emu/cm^3、6.9emu/cm^3 及 11.5emu/cm^3。掺杂后 BFO 薄膜的室温弱铁磁性大大增强，可以从以下几个角度来理解:

(1) 物相结构转变。由于掺杂元素后，BFO 的氧八面体发生畸变，这种畸变最终导致了 BFO 晶格结构的改变，其由原本的菱方相变为正交相与四方相共存，这多相共存造成的相界结构变化可以进一步抑制自旋周期，增强弱铁磁性。

(2) 晶粒纳米化。Ho 和 Mn 元素掺杂 BFO 薄膜的微晶尺寸要比纯 BFO 的小，且远小于 62nm 自旋结构，这样更容易造成周期结构的破缺，使得薄膜有净磁矩出现，从而增强弱铁磁性。

(3) 缺陷较少。通过 XPS 分析掺杂后薄膜中氧空位的减少，同时缺氧也减少，会使 BFO 的磁性得以改善 [63]，而这四种薄膜中纯 BFO 的氧空位最多，磁性最弱，BHFMO 中氧空位最少，磁性最强。

(4) 磁性离子的引入。Ho^{3+} 和 Mn^{3+} 是磁性离子，在 BFO 薄膜中引入磁性离子，加强了 DM 交换作用，使得弱铁磁性增强。

3.3 $Bi_{0.5}(Na_{0.85}K_{0.15})_{0.5}TiO_3$ 纳米薄膜的物相与电畴结构铁电性能调控

3.3.1 $Na_{0.5}Bi_{0.5}TiO_3$ 概述

钛酸铋钠 ($Na_{0.5}Bi_{0.5}TiO_3$, NBT) 是除 $BiFeO_3$ 之外的另一室温铁电材料，作为 Bi 系单层无铅钙钛矿铁电材料的一种，其具有优良的铁电压电特性。其作为环境友好型材料简称为环境材料，或叫绿色材料，在过去几十年中受到了国内外学者的广泛关注，有望取代现有的铅基材料。NBT 是一种具有钙钛矿结构的铋系铁电材料，其中 Na^+ 和 Bi^{3+} 共同占据 A 位。它最早是由 Smolenskii 等在 1961 年报道的 [66]，室温下，NBT 具有较大的剩余极化强度 (38μC/cm^2) 和矫顽场 (73 kV/cm), 居里温度在 320℃附近 [67,68]，室温时属于三方晶系，$R3m$ 空间群。室温下 $Na_{0.5}Bi_{0.5}TiO_3$ 具有铁电性强，机电耦合系数大，介电常数小 (240～340) 等特点，且声学性能好 (频率常数 Np = 3200Hz·m)，因而可用于制作声表面波器件 [69]，其晶格结构如图 3.37 所示。图中晶胞顶角 (A 位) 的一半被 +1 价的钠离子占据，另一半被 +3 价的铋离子占据。这是因为在结构上，NaO_{12} 多面体和 BiO_{12} 多面体具有共同面心，二者的尺寸不会有很大的差异。

$Na_{0.5}Bi_{0.5}TiO_3$ 这种 A 位阳离子在晶格上的无序分布产生了复杂的相变过程，室温下，$Na_{0.5}Bi_{0.5}TiO_3$ 属于铁电三方相，而 Sakata 等在 200℃附近观察到了双电滞回线，认为在这一温度 $Na_{0.5}Bi_{0.5}TiO_3$ 发生了铁电相到反铁电相的相变，而在 320℃附近则发生反铁电相 (三方相) 到顺电相 (四方相) 的转变 [70,71]。Suchanicz 等则认为在 200~320℃范围内双电滞回线的出现显示 $Na_{0.5}Bi_{0.5}TiO_3$ 是三方相和四方相共存的，而这一结果的出现是由于 NBT 中产生了极化微区 [72,73]。Jones 和 Thomas 通过中子衍射证实了 NBT 在 540℃以上为立方相，在 400~500℃为四方相, 在 255℃以下为三方相，而在 500~540℃为四方相与立方相的共存相，在

300~320℃为三方相与四方相的共存相 [74,75]。同时，对于 NBT 材料的铁电性、介电性以及光学性能等方面的研究也陆续展开 [76,77]。具体变化过程如图 3.38 所示。

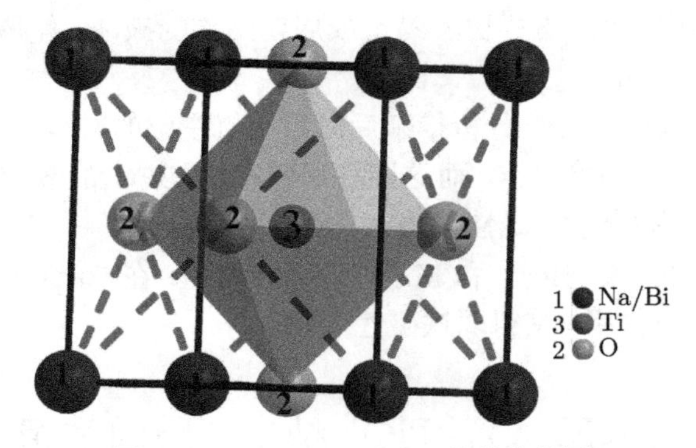

图 3.37 $Na_{0.5}Bi_{0.5}TiO_3$ 晶体结构图

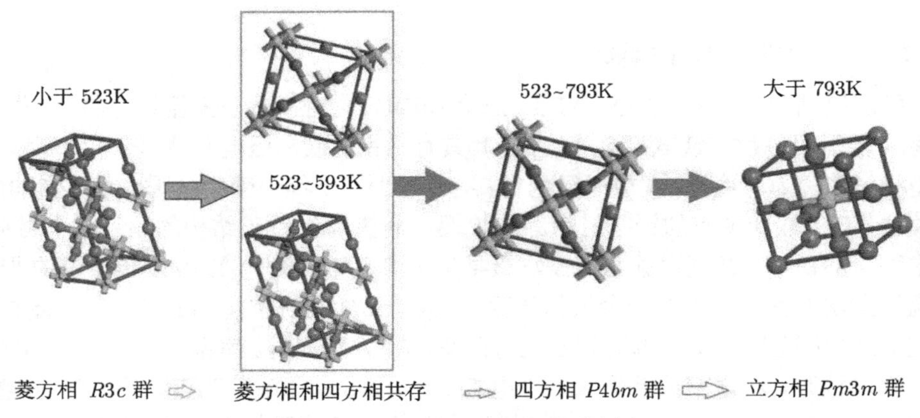

图 3.38 $Na_{0.5}Bi_{0.5}TiO_3$ 相变过程

此外，钛酸铋钠还具有弛豫性铁电体的特性，陶瓷烧结温度属中温烧结 (在 1050~1100℃烧结)。波兰科学家 Suchanicz 等 [78,79]，在 1989 年采用助溶剂法制备出尺寸为 0.5mm×0.5mm×0.2mm 的钛酸铋钠单晶。进入 21 世纪，钛酸铋钠的研究不断升温。但目前对 NBT 系列材料的研究主要集中在陶瓷和单晶上，钛酸铋钠基薄膜材料的报道则很少。

$Na_{0.5}Bi_{0.5}TiO_3$ 铁电薄膜有着优异的铁电、介电、热释电和压电性能，已经引起了各国材料学者的关注，对它的研究也愈来愈多。本节重点从周期性电场对其铁电性的调控入手，研究铁电畴动态翻转与铁电极化以及疲劳性能之间的联系，从而实现微观结构调控宏观性能的目的。$Na_{0.5}Bi_{0.5}TiO_3$ 铁电薄膜的制备与 $BiFeO_3$ 掺杂薄膜的制备完全类似，可以参看上一小节。

3.3.2 $Bi_{0.5}(Na_{0.85}K_{0.15})_{0.5}TiO_3$ 纳米薄膜的物相和形貌分析

在图 3.39 中展现出无铅基 Bi 系单层钙钛矿 $Bi_{0.5}(Na_{0.85}K_{0.15})_{0.5}TiO_3$ (BNKT) 薄膜的 X 射线衍射谱，出现了 BNKT 的典型衍射峰 (001)、(110)、(002)、(112)，对应的衍射角度为 22.85°、32.58°、46.76° 和 58.18°。室温下 $Na_{0.5}Bi_{0.5}TiO_3$ 属于铁电三方相。

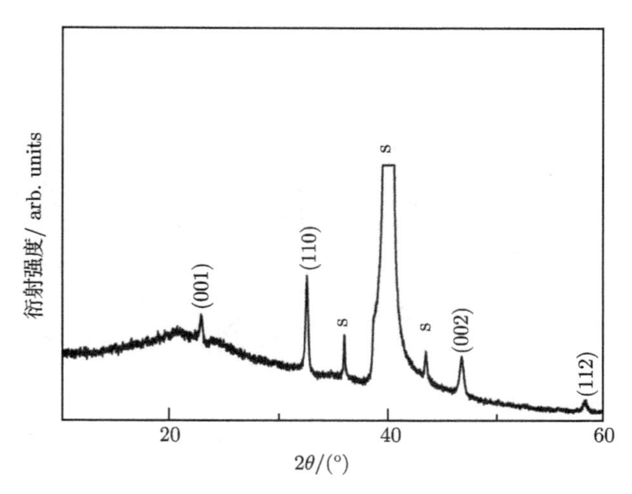

图 3.39 $Bi_{0.5}(Na_{0.85}K_{0.15})_{0.5}TiO_3$ 薄膜的 X 射线衍射图

$Bi_{0.5}(Na_{0.85}K_{0.15})_{0.5}TiO_3$ 薄膜的微观表面形貌如图 3.40(a) 所示。呈短棒状的颗粒，颗粒的团聚使得中间有明显的孔洞。统计得出薄膜颗粒分布直径为 80nm，长度为 300nm。图 3.40(b) 是 SEM 截面图，从图中可以看到明显的分层结构。通过测量样品不同位置的薄膜厚度发现 $Bi_{0.5}(Na_{0.85}K_{0.15})_{0.5}TiO_3$ 薄膜厚度大约为 680nm，并且整个样品的薄膜厚度十分统一。

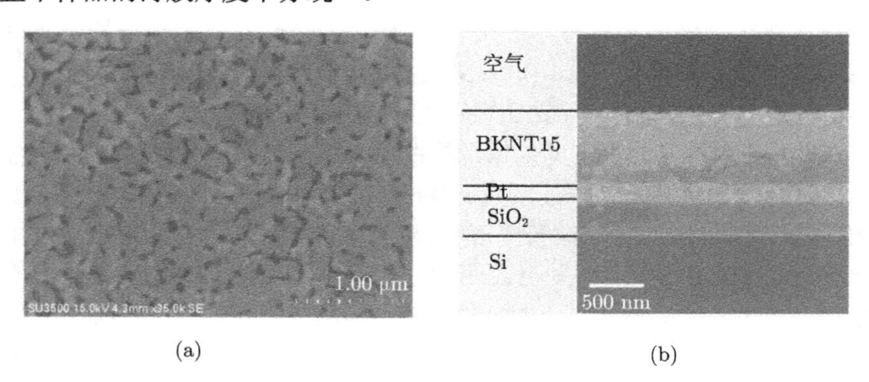

图 3.40 $Bi_{0.5}(Na_{0.85}K_{0.15})_{0.5}TiO_3$ 薄膜 (a) 表面形貌图；(b) SEM 横截面图

3.3.3 $Bi_{0.5}(Na_{0.85}K_{0.15})_{0.5}TiO_3$ 纳米薄膜的铁电畴结构和电场调控

采用美国 Asylum Research 机构开发的压电力显微镜 (piezoresponse force microscopy, PFM)，其中所加的电压是正弦电压，探针悬臂梁参数是 2N/m，针尖半径是 28nm。对薄膜的铁电畴结构进行分析，通过压电力显微镜对薄膜电畴结构进行表征。在图 3.41 中展现了 $Bi_{0.5}(Na_{0.85}K_{0.15})_{0.5}TiO_3$ 薄膜样品的局部极化结构和静态的铁电畴。图 3.41(a) 展现了 1μm×1μm 扫描区域的 $Bi_{0.5}(Na_{0.85}K_{0.15})_{0.5}TiO_3$ 的表面形貌图。图 3.41(b) 和 (c) 为未施加电场的 PFM 的振幅图和相位图。在 PFM 的振幅和相位图中不同的颜色分别代表不同的响应强度和极化取向。

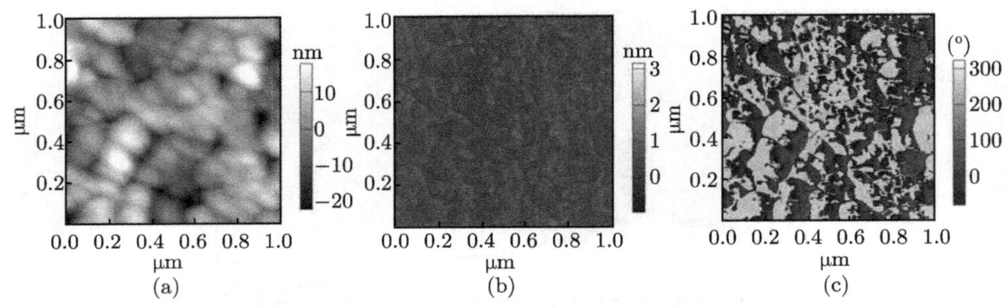

图 3.41 (a) 原始 BKNT15 表面形貌图；(b) 振幅图；(c) 相位图 (扫描封底二维码可看彩图)

从图 3.41(a) 中可以观察到 $Bi_{0.5}(Na_{0.85}K_{0.15})_{0.5}TiO_3$ 薄膜样品具有光滑的表面、明确的晶界和统一的晶粒尺寸。$Bi_{0.5}(Na_{0.85}K_{0.15})_{0.5}TiO_3$ 薄膜平均的晶粒尺寸大约为 130nm，这个结果与 SEM 结果相一致。在图 3.41(b) 和 (c) 中通过观察 PFM 的振幅图和相位图展现了原始的 $Bi_{0.5}(Na_{0.85}K_{0.15})_{0.5}TiO_3$ 薄膜具有清晰的电畴结构。由于同一晶粒中存在不同的极化方向，畴壁出现在两种不同的畴之间，而且同一晶粒中出现了不同取向的电畴。$Bi_{0.5}(Na_{0.85}K_{0.15})_{0.5}TiO_3$ 的电畴钉扎在晶界中，结合 PFM 振幅图和相位图可以看出晶界与畴壁基本重合，这表明晶界决定电畴结构和畴界形状 [80]。较大的晶粒具有多畴结构，而较小的晶粒内容易形成单畴结构 [81]，$Bi_{0.5}(Na_{0.85}K_{0.15})_{0.5}TiO_3$ 具有较大的晶粒，所以 $Bi_{0.5}(Na_{0.85}K_{0.15})_{0.5}TiO_3$ 同一晶粒中存在多种电畴。K^+ 和 Na^+ 的结合效应、较大的晶粒尺寸以及薄膜和衬底之间的错配位致使 $Bi_{0.5}(Na_{0.85}K_{0.15})_{0.5}TiO_3$ 的拉伸应变增强，从而导致 $Bi_{0.5}(Na_{0.85}K_{0.15})_{0.5}TiO_3$ 获得了较大的电畴和低密度的畴壁 [82]。而且在小晶粒或大晶粒中，不同畴壁密度、畴壁间的内建电场都会对铁电极化翻转产生影响。而且较小密度的畴壁也会使 $Bi_{0.5}(Na_{0.85}K_{0.15})_{0.5}TiO_3$ 获得较小的漏电流。而 $Bi_{0.5}(Na_{0.85}K_{0.15})_{0.5}TiO_3$ 的这种电畴结构决定了其具有良好的铁电性。

同时研究了外加电场对 $Bi_{0.5}(Na_{0.85}K_{0.15})_{0.5}TiO_3$ 电畴的调控，表现为电畴的翻转。通过 PFM 施加针尖偏压电场，对铁电畴的取向和翻转进行定向调控，图 3.42(a) 为施加电场后 1μm×1μm 扫描区域下的 PFM 图，图 3.42(b) 和 (c) 分别对应区域的振幅图和相位图。图 3.42(a) 是保证电场所施加的区域是原位置，通过对比图 3.41(c) 和图 3.42(c) 的 PFM 相位可以确定铁电畴的变化翻转来源于电场的调控作用。发现两图中都能观察到清晰的晶界，而且畴界基本与晶界重合。但是对比两图发现电畴结构也存在着明显的变化，施加针尖电压后电畴钉扎在晶界中，而且晶界内的电畴取向趋于一致，极化后的 $Bi_{0.5}(Na_{0.85}K_{0.15})_{0.5}TiO_3$ 的畴壁浓度小于未极化的 $Bi_{0.5}(Na_{0.85}K_{0.15})_{0.5}TiO_3$ 的畴壁浓度。此外，施加电场后 $Bi_{0.5}(Na_{0.85}K_{0.15})_{0.5}TiO_3$ 的铁电畴呈现出电畴尺寸相似于晶粒尺寸的现象，而不像原始的 $Bi_{0.5}(Na_{0.85}K_{0.15})_{0.5}TiO_3$ 薄膜那样电畴无序生长。

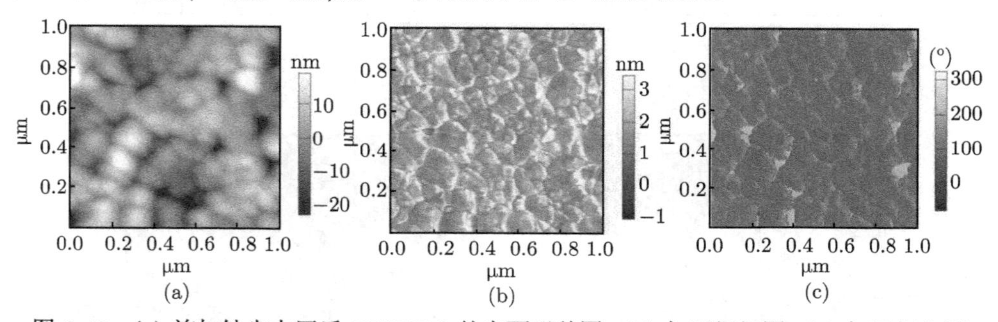

图 3.42 (a) 施加针尖电压后 BKNT15 的表面形貌图；(b) 加压振幅图；(c) 加压相位图
(扫描封底二维码可看彩图)

对于电畴的翻转，首先在图 3.42(b) 和 (c) 观察到较强振幅信号和清晰的相位，而且压电响应信号在晶粒内趋于一致，说明 $Bi_{0.5}(Na_{0.85}K_{0.15})_{0.5}TiO_3$ 的电畴具有较好的翻转特性。另一方面，在施加偏压后大部分电畴的极化方向发生了改变，但是还有一小部分电畴没有翻转。造成局部电畴翻转的原因主要有：首先，当一个偏压施加在 BKNT15 薄膜上时，移动的电荷载流子移动到晶界上, 这也导致了畴壁的钉扎效应的产生，进而阻碍了电畴翻转现象的出现 [83,84]。其次，电畴很有可能被较强应力或者是 $Bi_{0.5}(Na_{0.85}K_{0.15})_{0.5}TiO_3$ 薄膜自身的结构所限制。最后，晶界很有可能导致各电畴之间的形变，从而导致电畴之间的不匹配，限制电畴的翻转 [85]。此外还有一些其他原因也可能导致电畴不能完全翻转。自从使用了纳米级别的导电探针之后，施加偏压的电场区域很明显小于畴界所包含的区域，因此这也不能使较大的电畴实现完全翻转。$Bi_{0.5}(Na_{0.85}K_{0.15})_{0.5}TiO_3$ 薄膜所具有的这样的畴壁结构和畴壁密度还表明其能承受较高的偏压并且更容易实现极化翻转。

为了进一步研究 $Bi_{0.5}(Na_{0.85}K_{0.15})_{0.5}TiO_3$ 薄膜电畴的稳定性，对铁电畴进行一个读写操作，在 1.2μm×1.2μm 区域内写入了一个负电压，被一个 3μm×3μm 的相等正电压区域所包裹着。图 3.43(a)、(c) 和 (e) 分别为初始态 $Bi_{0.5}(Na_{0.85}K_{0.15})_{0.5}TiO_3$ 薄膜的表面形貌图、振幅图和相位图。图 3.43(b)、(d) 和 (f) 分别为写畴之后的表面形貌图、振幅图和相位图。

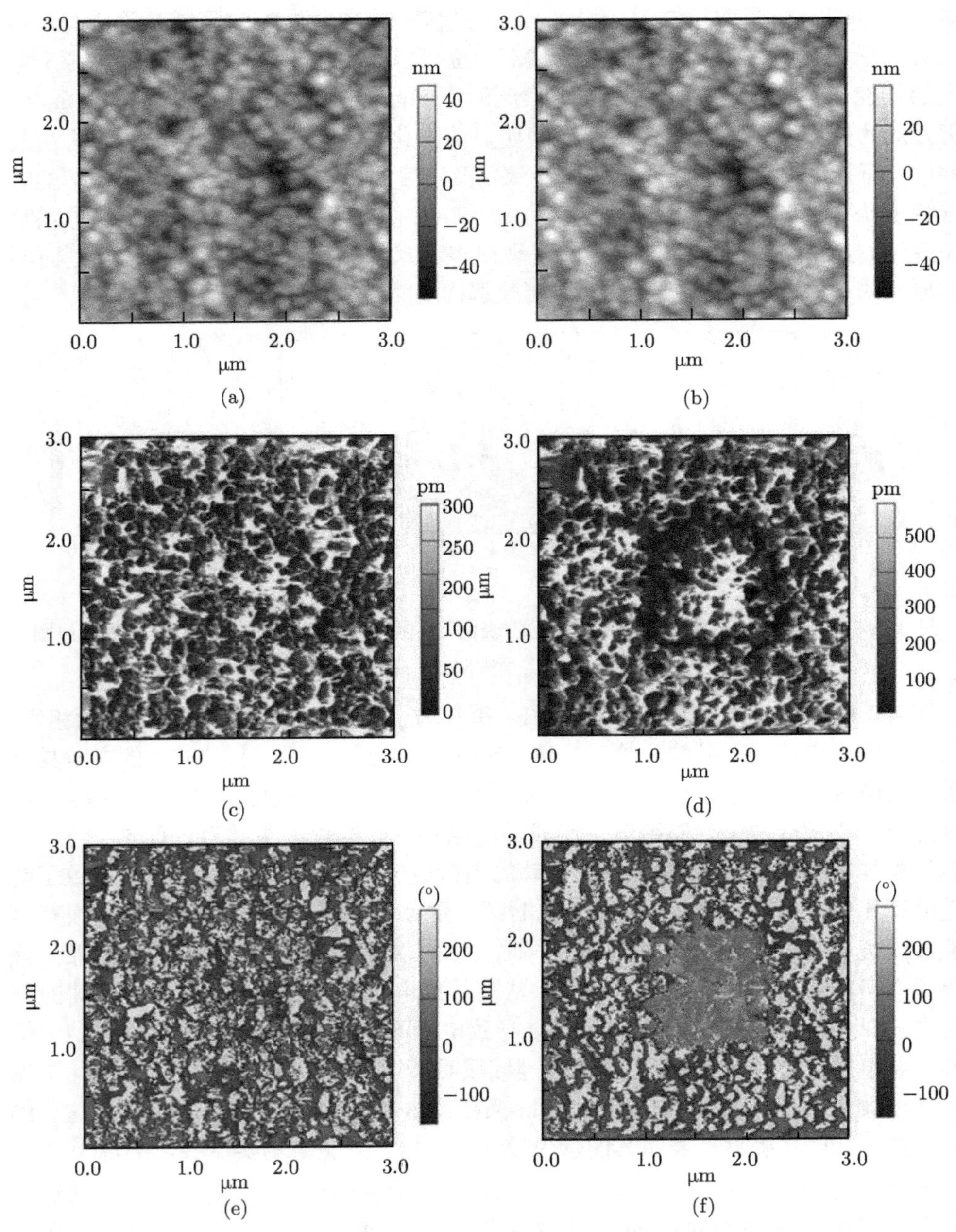

图 3.43　(a)、(c) 和 (e) 分别为原始 BKNT15 表面形貌图、振幅图和相位图；(b)、(d) 和 (f) 分别代表写入电压后的 BKNT15 表面形貌图、振幅图和相位图 (扫描封底二维码可看彩图)

图 3.44 为写畴偏置电压的示意图，其中黑色部分写入 −15V 直流偏压而响应，而白色部分写入的是 +15V 直流偏压。在未加偏压的 BKNT15 薄膜中可以看到不管是同一晶粒内还是不同晶粒间压电信号都不是十分统一，表现出一种随机的电畴。与此同时，在整个原始的 BKNT15 样品中，相邻的两个畴界间大多也表现出不同的电畴取向，这是由于电畴极化取向不同。在图 3.43(c) 和 (e) 中没有观察到明显的图形出现，但是与之不同的是，在图 3.43(d) 和 (f) 施加 −15V 和 +15V 的直流偏压去进行写畴过程后，明显可以观察到在振幅图和相位图中出现一个标准的正方形。在一个 1.2μm×1.2μm 的中心区域上施加 −15V 的直流偏压，而在其余的 3μm×3μm 区域施加一个 +15V 的直流偏压，从而获得了想要的写畴图形。通过与原始的 BKNT15 薄膜的比较，对比图 3.43(a) 和 (b) 发现薄膜表现出与原始薄膜一致的表面形貌，极化过程并没有改变薄膜的表面形貌。相反，振幅图和相位图出现了明显的变化。在图 3.43(d) 的振幅图中，负电压区域出现了明显的正方形，而这个正方形的出现是由于 BKNT15 薄膜具有明显的电致伸缩效应，这也表明 BKNT15 薄膜是一种良好的压电材料。另外，图 3.43(f) 表明在外加直流偏压诱发的电畴翻转 BKNT15 的电畴图。图 3.43(f) 在 −15V 的直流偏压区域形成了正方形，绝大多数电畴在 −15V 的直流偏压区域翻转到相同的极化方向，因此在正方形区域内的电畴随着极化状态的变化而发生了翻转。在相反区域内只有少数的电畴没有翻转过来，这可能是由于底部电极存在内部场，而这个内部场抑制了晶界上的畴的翻转 [86,87]。另外也有可能是电畴的极化方向与施加的偏压方向垂直使电畴很难发生翻转。因此，只有大部分正方形区域出现了电畴翻转。相反，在施加 +15V 直流偏压的区域中，绝大多数电畴的极化方向在晶界内部趋于一致，可以通过观察图中的深色部分的相位图和浅色部分的相位图发现。在相图 3.43(f) 中不是所有的电畴发生翻转，只有一小部分发生翻转，这主要是由于电畴的翻转与相滞回线的矫顽场有直

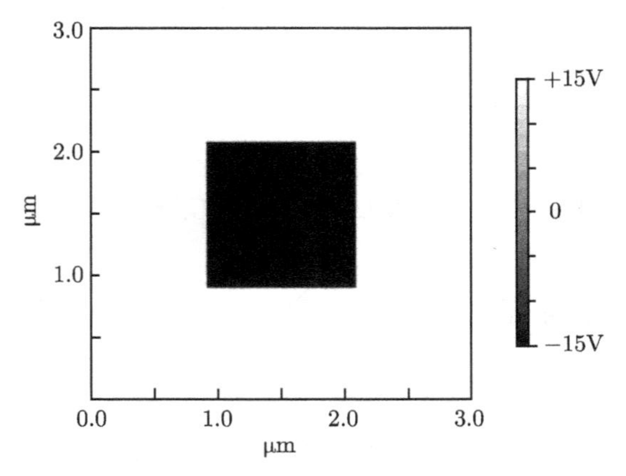

图 3.44 写畴偏置电压示意图

接关系，并且 +15V 直流偏压并不足够使电畴完全翻转。因此不规则的图形出现在正电压区域，而负电压区域则出现规则的正方形。也就是说，在 −15V 区域电畴容易发生翻转，而 +15V 区域电畴不易翻转。这些结果表明在 BKNT15 薄膜样品中存在着不对称的相滞回线。也就是说，电畴翻转所需要的正向偏压大于所需要的负向偏压，这也在接下来的实验中得到了证明。

图 3.45 展现了 BKNT15 薄膜的随机区域和随机取点状况下相滞回线图，这是局部的机电电滞回线与针尖下的单畴翻转的关系。采用压电力显微镜去获得相关数据，是因为压电力显微镜有其特殊的优势。在极度小体积下 (10^3 ~10^5nm^3)，压电力显微镜能够使纳米尺度或原子尺度上的缺陷翻转的研究成为可能 [88,89]。随机地从薄膜的一些区域获得了一组局部机电电滞回线。结果，在施加针尖偏压为 ±20V 和 ±15V 时，始终获得的是闭合的回线，这表明存在一个较高的铁电矫顽场，而且并不是所有的电畴在施加翻转电压后都能够实现良好的翻转。可以看出正饱和偏压大约为 3V，相反负饱和偏压大约为 −1V。而这也印证了之前预测的，存在着不对称的矫顽场。此外可能存在未知杂质也是一个限制电畴翻转的不可忽略的原因。理论上在一个较大的直流电场下，所有的电畴应该翻转到同一个方向，然而杂质由于其固有性质不能或很难在施加外加电场的情况下使电畴发生翻转。因此电畴不能翻转的原因可归结为在不同晶粒和杂质中的晶体的局部应力、畴壁的密度、畴壁的代替、畴壁的产生、电畴状态 (单畴结构或多畴结构) 等诸多因素。

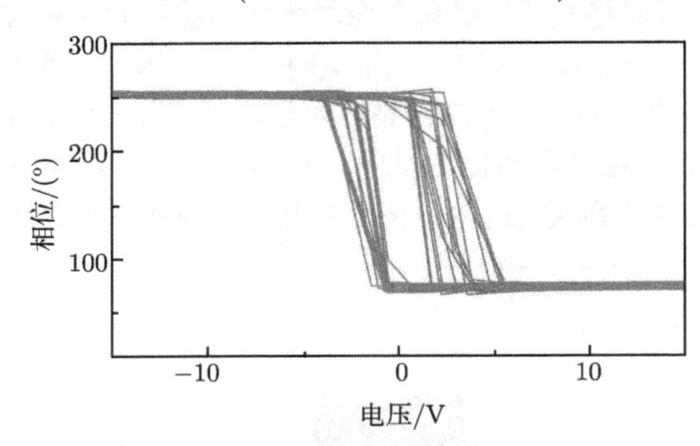

图 3.45　BKNT15 薄膜的随机区域和随机取点状况下相滞回线图

3.3.4　$Bi_{0.5}(Na_{0.85}K_{0.15})_{0.5}TiO_3$ 纳米薄膜的铁电性及调控

1. 周期性电场对 $Bi_{0.5}(Na_{0.85}K_{0.15})_{0.5}TiO_3$ 纳米薄膜的铁电性的调控

BKNT15 薄膜室温下的电滞回线如图 3.46 所示，其中的纵坐标为电极化强度 (P)，横坐标为电场 (E)。

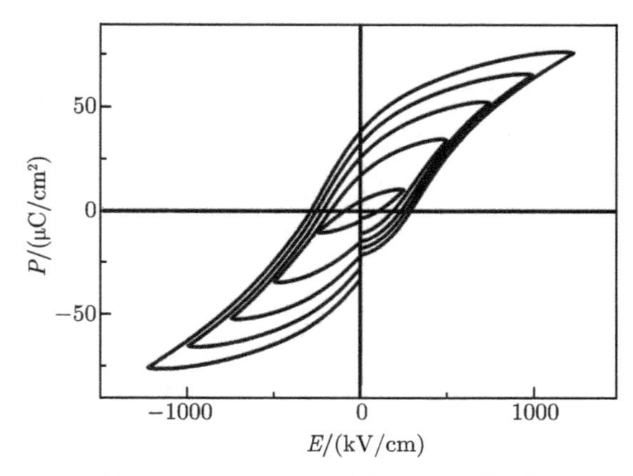

图 3.46 BKNT15 薄膜的电滞回线图

$Bi_{0.5}(Na_{0.85}K_{0.15})_{0.5}TiO_3$ 纳米薄膜在较高的电场下趋近于饱和，其中的饱和极化强度 P_s 和剩余极化强度 P_r 随着电场的增加而增加，并在所有电场下都获得了比较饱和的电滞回线。从图中可以观察到，在电场为 1200kV/cm 时获得了相对较大的饱和极化值和剩余极化值，分别 76μC/cm^2 和 38μC/cm^2。这也可以说明 BKNT15 具有良好的铁电性，优于一些铅基材料和无铅基薄膜 [90,91]。铁电极化的大小取决于不同的电畴结构、电畴翻转的能力。具体来说就是畴壁密度、K^+ 和 Na^+ 结合效应引起的内部应力有助于铁电畴的翻转。同时薄膜存在相界，在相界处体系的自由能比较高，铁电畴活性高，易翻转到低能态。

施加高频周期性电场模拟铁电薄膜器件的使用，通过观察可翻转极化与循环次数之间的关系来表征周期性电场对 BKNT15 薄膜的铁电性的调控。图 3.47 是可翻转极化强度 P^*-$P^\wedge$ 与电场循环次数 N 的关系图，P^* 表示在施加两个相反脉冲后的可翻转的极化强度，$P^\wedge$ 表示在施加了两个相同脉冲后的未翻转的极化强度。在测试中采用的测试频率为 1MHz，驱动电场为 710kV/cm。从图中看到翻转极化强度随着翻转次数的增加在缓慢地下降。而相应的 BKNT15 薄膜在经过 10^{10} 次周期性电场翻转后，其翻转极化强度 P^* 从 62.14μC/cm^2 下降到了 58.02μC/cm^2，下降了大约 6.63%。与此同时，翻转的极化强度 $P^\wedge$ 在经过同样翻转次数后，下降了大约 6.63%，从 31.79μC/cm^2 下降到了 29.68μC/cm^2。以上结果显示 BKNT15 薄膜展现出良好的抗疲劳特性，在经过 10^{10} 次周期性电场极化翻转后铁电极化强度没有出现明显的减弱。

图 3.47(b) 是 10^{10} 次周期性电场翻转前后 BKNT15 薄膜的电滞回线对比图。可以看出，翻转前在电场为 1200kV/cm 下薄膜的饱和极化强度为 76.5μC/cm^2，在经过 10^{10} 次翻转后在同一电场下的饱和极化强度为 71.7μC/cm^2。饱和极化在经过 10^{10} 次周期性电场极化后只有轻微的下降，这说明了无铅基钙钛矿 BKNT15 薄膜

获得了良好的抗疲劳特性。

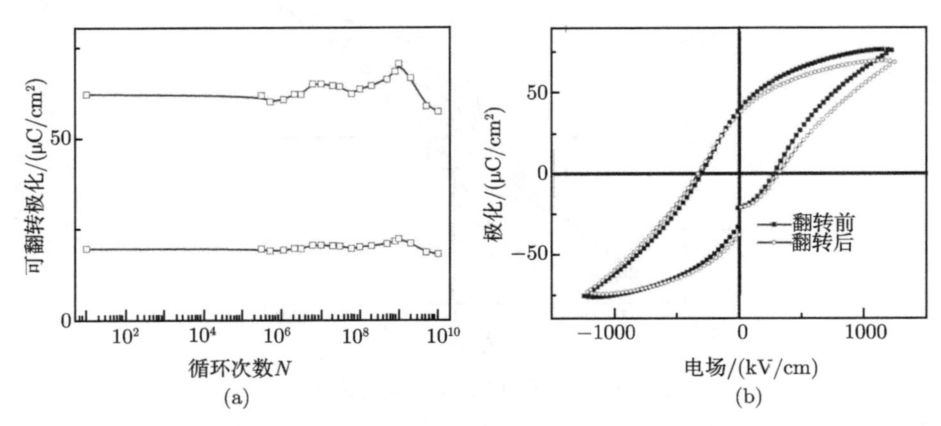

图 3.47 (a)BKNT15 薄膜的铁电疲劳示意图；(b) 翻转前后 BKNT15 电滞回线图

铁电薄膜的铁电极化疲劳的物理机制主要是源于氧空位和孔隙率等结构性缺失引起的畴壁的钉扎效应 [92,93]。极化翻转是复杂的多步翻转过程，其导致畴壁的钉扎效应是通过移动电荷进入非中性的畴壁 [94,95]。然而其他的铁电畴的重新取向在晶界及晶粒内部形成了一个机械应力场，这是它与附近的晶粒的电畴相互作用的结果 [96,97]。BKNT15 薄膜具有的颗粒电畴结构和易于翻转的铁电畴，都抑制了 BKNT15 畴壁的钉扎效应。更多铁电畴翻转可以抑制电畴的钉扎效应从而提高薄膜的抗疲劳特性。在实验中制备具有较低氧空位和空间电荷等结构性缺陷的 BKNT15 薄膜，这些积极的因素都有利于减少薄膜的畴壁的钉扎效应，而且能获得优异的抗疲劳特性。

2. $Bi_{0.5}(Na_{0.85}K_{0.15})_{0.5}TiO_3$ 纳米薄膜的压电特性

BKNT15 薄膜的压电性能如图 3.48 所描绘的表面位移和压电系数与外场的关系。在 20V 时最大位移为 2.85nm，这展现出 BKNT15 薄膜的伸缩比率高达 3.56‰。而且获得较大的压电系数与电压的关系回线(d_{33}-V)也进步证明了BKNT15 薄膜具有良好的压电性能。相应的压电系数与电压的关系曲线通过逆压电效应公式来获得。利用位移–电压 (D-V) 蝶形曲线和逆压电效应公式 $d_{33}=(D-D_1)/(V-V_1)$(这里的 D_1 和 V_1 分别代表压电形变和外加电压) 得到了压电系数与电压的关系回线 (d_{33}-V)[98]。通过以上公式可以从计算各点位移与电压的斜率获得压电系数 d_{33}。而在实验中获得较大压电系数的 BKNT15 薄膜，其压电系数高达 158.94pm/V，该数值远大于其他铅基薄膜和无铅基薄膜 (如 PZT) 的 50~90pm/V[99,100]。因此，环境友好型压电材料 BKNT15 可以替代 PZT 应用于压电效应基的器件。

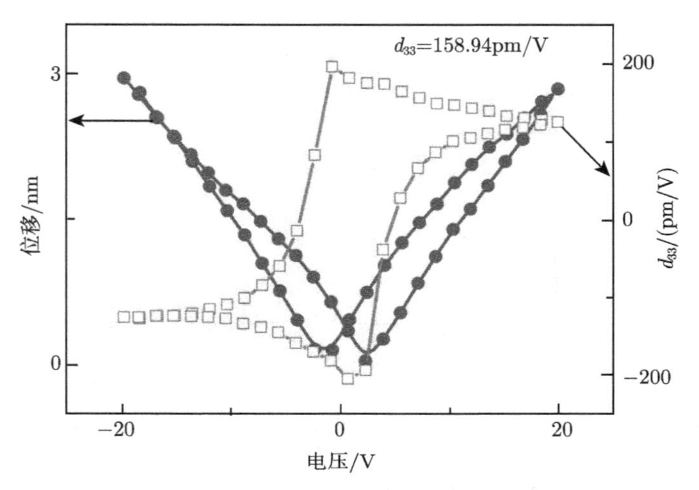

图 3.48 BKNT15 薄膜的压电回线图

对于 BKNT15 薄膜，较大压电系数的获得源于其本身的电畴结构和电畴翻转。实际上钙钛矿型铁电体压电系数的内在机制与下面公式有关：

$$d_{33} = 2Q_{\text{eff}}\varepsilon P \tag{3.7}$$

其中，Q_{eff} 是有效电致伸缩系数；P 和 ε 分别代表自发极化和介电常数。因此自发极化与有效电致伸缩系数对压电系数起决定性的作用。由于 BKNT15 薄膜具有良好的电畴翻转行为，薄膜展现出较大的自发极化、饱和极化和剩余极化。此外，当施加外加针尖偏压的时候，在振幅图 3.43(d) 中可以观察到 BKNT15 薄膜具有良好的电致伸缩效应。而且，由于减少了畴壁与晶界的直接耦合效应，电场很容易使电畴翻转，这使得 BKNT15 薄膜获得很强的压电性能。BKNT15 薄膜由于其特有的电畴结构和明显的电畴翻转，能获得较大的有效电致伸缩系数和自发极化，为其得到较大的压电系数提供了佐证。

3. $Bi_{0.5}(Na_{0.85}K_{0.15})_{0.5}TiO_3$ 纳米薄膜的漏电特性和机制分析

室温下 BKNT15 薄膜漏电流密度随着外加电场变化的关系如图 3.49(a) 所示。从图中可以看出 BKNT15 薄膜在电场为 1000kV/cm 时，其漏电流密度为 4.0×10^{-6} A/cm^2，获得了良好的漏电性能。这种漏电性能的提升主要是 BKNT15 获得了较小的畴壁密度。而畴壁具有导电性，所以这种较少的畴界密度结构的薄膜有更优异的漏电性能。此外，相界的存在，三角相到四方相的准同形相界也是 BKNT15 漏电性能提升的原因。

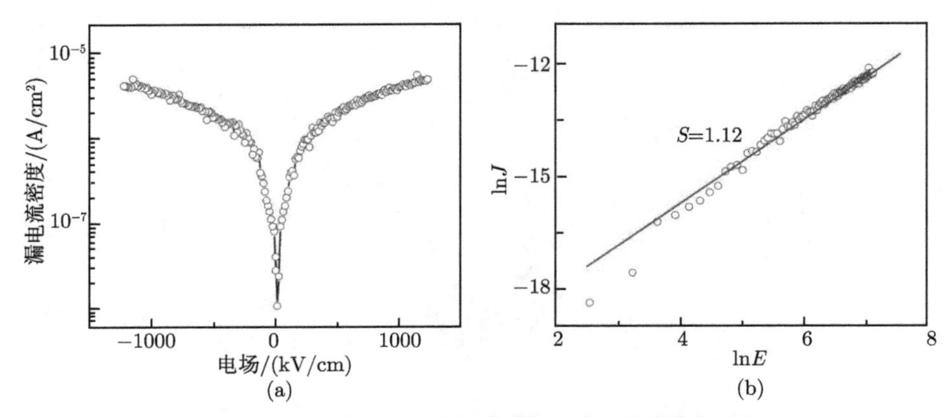

图 3.49 BKNT15 薄膜的 (a) 漏电流图和 (b) 漏电流传导机制图

对图 3.49(a) 的横坐标和纵坐标分别作对数处理得到图 3.49(b), 图 3.49(b) 中横纵坐标分别为 $\ln J$ 和 $\ln E$，进行漏电机制分析确定传导机制。对 BKNT15 薄膜漏电机制图进行拟合处理发现在全电场下薄膜漏电流密度对数与外加电场对数呈线性关系，斜率为 1.12，接近于 1，对应的漏电流导电机制为欧姆机制。在全电场下 BKNT15 薄膜的机制为单一的欧姆机制，在这种机制下薄膜获得了较好的漏电性能。

3.4 单相钙钛矿结构铁性薄膜的展望

本节主要利用溶胶凝胶法制备了单相多铁菱方结构 $R3c$ 空间群的 $BiFeO_3$ 及元素替位掺杂的纳米薄膜和 $Bi_{0.5}(Na_{0.85}K_{0.15})_{0.5}TiO_3$ 纳米铁电薄膜。通过元素替位掺杂，A 位 Ho、Er、Eu 单一掺杂，B 位 Ti、Mn 单一掺杂，以及 A、B 位 Er-Ti、Ho-Mn 共掺杂来调控 $BiFeO_3$ 薄膜的物相结构。从单一的菱方 $R3c$ 结构变为和正交 $Pnma$ 结构的共存，形成的相界面对铁电性和疲劳性能及铁磁性的调控作用非常明显。通过 XRD 辅以精修以物相结构进行定量分析确定各相结构所占比例，分析不同的相结构对应有什么样的物性；拉曼分析物相转变的结果与 XRD 结果一致。元素掺杂对薄膜实现物相调控进而达到物性调控的目的。在掺杂体系中晶格畸变和三方–四方两相共存的相界，增强了薄膜的多铁性能和抗疲劳性能。

借助原子力显微镜在纳米尺度上对 $Bi_{0.5}(Na_{0.85}K_{0.15})_{0.5}TiO_3$ 纳米薄膜进行铁电畴的定量分析，并研究了电场对铁电畴的极化翻转调控。结合物相 XRD、铁电性能、压电性能以及铁电疲劳，建立了畴结构与铁电性的关系。多晶体的颗粒状畴结构和低的畴壁密度，改良了薄膜的铁电性和疲劳性能，实现了铁电畴的极化翻转并对铁电性进行调控。同时，目前的研究工作也发现许多需改进和延伸之处:

(1) 铁电薄膜器件实际应用中考虑工作温度，需要对铁电薄膜的居里温度进行调控，单一元素掺杂对薄膜居里温度的调控很弱，引入离子组进行等电子替代是一种可行的方法。这方面有大量的工作急需展开。同时在相变点 (居里温度) 附近铁电薄膜的铁电极化出现异常，外加或者撤去电场，薄膜系统会有熵变发生，这一工程伴随着热量的吸收和释放，有大的电卡效应存在。对这些工作的开展和相关性能的调控是一个迫切而艰巨的任务，将是未来的工作重点。

(2) 通过铁性薄膜铁电畴的定量分析和畴工程的实施来精确调控薄膜材料的铁电性和与铁电性相关的二级效应，是一个研究的热点。目前的研究工作仅是对铁电畴作一个定性分析，未涉及畴的标定和分类，以及各类畴所应有的物理性质。通过力场、磁场、电场调控畴结构和畴翻转动力学来描述畴的衍化过程，建立动态模型来实现对铁电及器件在纳米尺度下的多场调控，是一个诱人而有挑战性的研究课题，需要做大量的基础工作。

参 考 文 献

[1] Chui C O, Kim H, Mclntyre P C. Atomic layer deposition of high-K dielectric for germanium MOS applications-substrate. Electron Device Lettes, 2004, 25(5): 274-276.

[2] Ramesh R, Spaldin N A. Multifcrroics: Progress and prospects in thin films. Nat. Mater., 2007, 6(1): 21-29.

[3] Moreau J M, Michel C, Gerson R, et al. Ferroelectric $BiFeO_3$ X-ray and neutron diffraction study. J Phys. Chem. Solids., 1971, 32(6): 1315-1320.

[4] Lu J, Günther A, Schrettle F, et al. On the room temperature multiferroic $BiFeO_3$: Magnetic, dielectric and thermal properties. Eur. Phys. J. B, 2010, 75(4): 451-460.

[5] Achenbach F, Schmid H. Structure of a ferroelectric and ferroelastic monodomain crystal of the perovskite $BiFeO_3$. Acta Crystallogr., Sect. B: Struct. Sci., 1990, 46(6): 698-702.

[6] Li J F, Wang J L, Wuttig M, et al. Dramatically enhanced polarization in (001), (101), and (111) $BiFeO_3$ thin films due to epitiaxial-induced transitions. Appl. Phys. Lett., 2004, 84(25): 5261-5263.

[7] 孙源, 黄祖飞, 范厚刚, 等. $BiFeO_3$ 中各离子在铁电相变中作用本质的第一性原理研究. 物理学报, 2009, 58(1): 0193-0198.

[8] Palkar V R, Kundaliya D C, Malik S K, et al. Magnetoelectricity at room temperature in the $Bi_{0.9-x}Tb_xLa_{0.1}FeO_3$ system. Phys. Rev. B, 2004, 69(21): 2102.

[9] JCPDS database 1999 Powder diffraction file PDF-2 Data Base Internationl Center for Diffraction Data, JCPDS-ICDD (Pennsylvania, PA).

[10] Shannon R D. Revised effective ionic radii and systematic studies of interatomic distances in halides and chalcogenides. Acta Crystallogr, 1976, 32(5): 751-767.

[11] Khomchenko V A, Karpinsky D V, Kholkin A L, et al. Rhombohedral-to-orthorhombic

transition and multiferroic properties of Dy-substituted $BiFeO_3$. J. Appl. Phys., 2010, 108(7): 074109.

[12] Koval V, Skorvanek I, Reece M, et al. Effect of dysprosium substitution on crystal structure and physical properties of multiferroic $BiFeO_3$ ceramics. J. Eur. Ceram. Soc., 2014, 34(3): 641-651.

[13] He J, Borisevich A, Kalinin S V, et al. Control of octahedral tilts and magnetic properties of perovskite oxide heterostructures by substrate symmetry. Phys. Rev. Lett., 2010, 105(22): 227203.

[14] Toby B H. EXPGUI, a graphical user interface for GSAS. J. Appl. Crystallogra., 2001, 34(2): 210-213.

[15] Goldschmidt V M. The laws of crystal chemistry. Naturwissenschaften, 1926, 14(21): 477-485.

[16] Ravindran P, Vidya R, Kjekshus A, et al. Theoretical investigation of magnetoelectric behavior in $BiFeO_3$.Phys. Rev. B , 2006, 74(22): 224412.

[17] Li J B, Rao G H, Xiao Y, et al. Structural evolution and physical properties of $Bi_{1-x}Gd_xFeO_3$ ceramics. Acta Mater., 2010, 58(10): 3701-3708.

[18] Hu Z Q, Li M Y, Yu Y, et al. Effects of Nd and high-valence Mn co-doping on the electrical and magnetic properties of multiferroic $BiFeO_3$ ceramics. Solid State Commun., 2010, 150(23): 1088-1091.

[19] Wen Z, Shen X A, Wu D. Enhanced ferromagnetism at the rhombohedral-tetragonal phase boundary in Pr and Mn co-substituted $BiFeO_3$ powdes. Solid State Commun., 2010, 150(43): 2081-2084.

[20] Catalan G, Scott J F. Physics and applications of bismuth ferrite. Adv. Mater., 2009, 21(24): 2463-2485.

[21] Wang Y, Nan C W. Site modification in $BiFeO_3$ thin films studied by Raman spectroscopy and piezoelectric force microscopy. J. Appl. Phys., 2008, 103(11): 114104.

[22] Li Y T, Zhang H G, Li Q, et al. Structural distortion and room-temperature ferromagnetization of Co-doped and (Eu, Co)-codoped $BiFeO_3$ nanoparticles. Mater. Lett., 2012,87(15): 117-120.

[23] Rajasree D, Gopal K G, Kalyan M. Enhanced ferroelectric,magnetoelectric, and magnetic properties in Pr and Cr co-doped $BiFeO_3$ nanotubes fabricated by template assisted route. J. Appl. Phys., 2012, 111(10): 104115.

[24] Hou Z L, Zhou H F, Kong L B. Enhanced ferromagnetism and microwave absorption properties of $BiFeO_3$ nanocrystals with Ho substitution. Mater. Lett., 2012,84(1): 110-113.

[25] Xi X J, Wang S Y, Liu W F, et al. Enhanced magnetic and conductive properties of Ba and Co co-doped $BiFeO_3$ ceramics. J. Magn. Magn. Mater., 2014, 355: 259-264.

[26] Kumar A, Varshney D. Crystal structure refinement of $Bi_{1-x}Nd_xFeO_3$ multiferroic by the Rietveld method. Ceram. Int., 2012, 38(5): 3935-3942.

[27] Singh M K, Jang H M, Ryu S, et al. Polarized raman scattering of multiferroic $BiFeO_3$ epitaxial films with rhombohedral $R3c$ symmetry. Appl. Phys. Lett., 2006, 88(4): 042907.

[28] Hermet P, Goffinet M, Kreisel J, et al. Raman and infrared spectra of multiferroic bismuth ferrite from first principles. Phys. Rev. B, 2007, 75(22): 220102.

[29] Fukumura H, Harima H, Kisoda K, et al. Raman scattering study of multiferroic $BiFeO_3$ single crystal. J. Magn. Magn. Mater., 2007, 310(2): 367-369.

[30] Yuan G L, Or S W, Liu J M, et al. Structural transformation and ferroelectromagnetic behavior in single-phase $Bi_{1-x}Nd_xFeO_3$ multiferroic ceramics. Appl. Phys. Lett., 2006, 89(5): 052905.

[31] Rao T D, Karthik T, Asthana S. Investigation of structural, magnetic and optical properties of rare earth substituted bismuth ferrite. J. Rare Earth., 2013, 31(4): 370-375.

[32] Jeon N, Rout D, Kim I W, et al. Enhanced multiferroic properties of single-phase $BiFeO_3$ bulk ceramics by Ho doping. Appl. Phys. Lett., 2011, 98(7): 072901.

[33] Huang J Z, Shen Y, Li M, et al. Structural transitions and enhanced ferroelectricity in Ca and Mn co-doped $BiFeO_3$ thin films. J. Appl. Phys., 2011, 110(9): 094106.

[34] Yang Y, Sun J Y, Zhu K, et al. Structure properties of $BiFeO_3$ films studied by micro-Raman scattering. J. Appl. Phys., 2008, 103(9): 093532.

[35] Raghavan C M, Do D, Kim J W, et al. Effects of transition metal ion doping on structure and electrical properties of $Bi_{0.9}Eu_{0.1}FeO_3$ thin films. J. Am. Ceram. Soc., 2012, 95(6): 1933-1938.

[36] Naganuma H, Miura J, Okamura S. Ferroelectric, electrical and magnetic properties of Cr, Mn, Co, Ni, Cu added polycrystalline $BiFeO_3$ films. Appl. Phys. Lett., 2008, 93(5): 052901.

[37] Takahashi K, Tonouchi M. Influence of manganese doping in multiferroic bismuth ferrite thin films. J. Magn. Magn. Mater., 2007, 310(2): 1174-1176.

[38] Guo R Q, Fang L, Dong W, et al. Enhanced photocatalytic activity and ferromagnetism in Gd doped $BiFeO_3$ nanoparticles. J. Phys. Chem. C , 2010, 114(49): 21390-21396.

[39] Raghavan C M, Kim J W, Kim H J, et al. Preparation and properties of rare earth (Eu,Tb, Ho) and transition metal (Co) co-doped $BiFeO_3$ thin films. J Sol-gel Sci Techn., 2012, 64(1): 178-183.

[40] Yin L X, Liu W L, Tan G Q, et al. Two-phase coexistence and multiferroic properties of Cr-doped $BiFeO_3$ thin films. J. Supercond. Nov. Magn., 2014, 27(12): 2765-2772.

[41] Shokrollahi H. Magnetic, electrical and structural characterization of $BiFe_3$ nanoparticles synthesized by co-precipitation. Power Technol., 2013, 235: 953-958.

[42] Chung C F, Lin J P, Wu J M. Influence of Mn and Nb dopants on electric properties of chemical-solution-deposited $BiFeO_3$ films. Appl. Phys. Lett., 2006, 88(24): 242909.

[43] Rahaman M N, Manalert R. Grain boundary mobility of $BaTiO_3$ doped with aliovalent cations. J. Eur. Ceram. Soc., 1998, 18(8): 1063-1071.

[44] Shuai Y, Zhou S, Burger D, et al. Nonvolatile bipolar resistive switching in Au/$BiFeO_3$/Pt. J. Appl. Phys., 2011, 109(12): 124117.

[45] Dai H, Chen Z, Xue R, et al. Structural and electric properties of polycrystalline $Bi_{1-x}Er_xFeO_3$ ceramics. Ceram. Int., 2013, 39(5): 5373-5378.

[46] Yan J, Gomi M, Yokota T, et al. Phase transition and huge ferroelectric polarization observed in $BiFe_{1-x}Ga_xO_3$ thin films. Appl. Phys. Lett., 2013, 102(22): 222906.

[47] Zeches R J, Rossell M D, Zhang J X, et al. A strain-driven morphotropic phase boundary in $BiFeO_3$. Science, 2009, 326(5955): 977-980.

[48] Gonze X, Lee C. Dynamical matrices, Born effective charges, dielectric permittivity tensors, and interatomic force constants from density-functional perturbation theory. Phys. Rev. B, 1997, 55(16): 10355.

[49] Lim S H, Murakami M, Yang J H, et al. Enhanced dielectric properties in single crystal-like $BiFeO_3$ thin films grown by flux-mediated epitaxy. Appl. Phys. Lett., 2008, 92(1): 012918.

[50] Yun K Y, Noda M, Okuyama M, et al. Structural and multiferroic properties of $BiFeO_3$ thin films at room temperature. J. Appl. Phys., 2004, 96(6): 3399-3403.

[51] Singh S K, Ishiwara H, Maruyama K. Enhanced polarization and reduced leakage current in $BiFeO_3$ thin films fabricated by chemical solution deposition. J. Appl. Phys., 2006, 100(6): 064102.

[52] Jo S H, Lee S G, Lee S H. Structural and pyroelectric properties of sol-gel derived multiferroic BFO thin films. Mater. Res. Bull., 2012, 47(2): 409-412.

[53] Hu G D, Fan S H, Yang C H, et al. Low leakage current and enhanced ferroelectric properties of Ti and Zn codoped $BiFeO_3$ thin film. Appl. Phys. Lett., 2008, 92(19): 192905.

[54] Singh S K, Ishiwara H, Maruyama K. Room temperature ferroelectric properties of Mn-substituted $BiFeO_3$ thin films deposited on Pt electrodes using chemical solution deposition. Appl. Phys. Lett., 2006, 88(26): 262908.

[55] Simões A Z, Cavalcante L S, Moura F, et al. Structure, ferroelectric/magnetoelectric properties and leakage current density of $(Bi_{0.85}Nd_{0.15})FeO_3$ thin films. J. Alloys Compd., 2011, 509: 5326-5335.

[56] Yang H, Wang Y Q, Wang H, et al. Oxygen concentration and its effect on the leakage current in $BiFeO_3$ thin films. Appl. Phys. Lett., 2010, 96(1): 012909.

[57] Pabst G W, Martin L W, Chu Y H, et al. Leakage mechanisms in $BiFeO_3$ thin films. Appl. Phys. Lett., 2007, 90(7): 072902-072905.

[58] Wu J G, Kang G Q, Liu H J, et al. Ferromagnetic, ferroelectric, and fatigue behavior of (111)-oriented $BiFeO_3/(Bi_{1/2}Na_{1/2})TiO_3$ lead-free bilayered thin films. Appl. Phys. Lett., 2009, 94(17): 172906-172909.

[59] Chen L S, He Y H, Zhang J, et al. The oxygen octahedral distortion induced magnetic enhancement in multiferroic $Bi_{1-x}Yb_xFe_{0.95}Co_{0.05}O_3$ powders. J. Alloy. Compd., 2014, 604: 327-330.

[60] Ederer C, Spaldin N A. Weak ferromagnetism and magnetoelectric coupling in bismuth ferrite. Phys. Rev. B, 2005, 71(6): 060401.

[61] Singh M K, Katiyar R S, Prellier W, et al. The Almeida-Thouless line in $BiFeO_3$: Is bismuth ferrite a mean field spin glass?. J. Phys. Condens. Mat., 2009, 21: 042202.

[62] Singh M K, Prellier W, Singh M P, et al. Spin-glass transition in single-crystal $BiFeO_3$. Phys. Rev. B, 2008, 77(14): 144403.

[63] Yang K G, Zhang Y L, Yang S H, et al. Structural, electrical, and magnetic properties of multiferroic $Bi_{1-x}La_xFe_{1-y}Co_yO_3$ thin films. J. Appl. Phys., 2010, 107(12): 124109.

[64] Nayek C, Tamilselvan A, Thirmal C, et al. Origin of enhanced magnetization in rare earth doped multiferroic bismuth ferrite. J. Appl. Phys., 2014, 115(7): 073902.

[65] Roy S, Majumder S B. Recent advances in multiferroic thin films and composites. J. Alloy. Compd., 2012, 538(15): 153-159.

[66] Smolenskii G A, Isupov V A, Agranovskaya A I, et al. New ferroeleetrics complex composition. Sov Phys. Solid State (Engl Transl), 1961, 2(11): 2651-2654.

[67] Smolenskii G A, Isupov V A, Agranovskaya A I, et al. New ferroelectrics of complex composition. Sov. Phys. Solid State ,1961, 2: 2651-2654.

[68] Pronin I P, Symikov P P, Isupov V A, et al. Peculiarities of phase transitions in sodium-bismuth titanate. Ferroelectrics , 1980, 25(1): 395-397.

[69] 肖定全. 环境协调型压电铁电陶瓷. 压电与声光,1999, 21(5): 363-366.

[70] Sakata K, Masuda Y. Ferroelectric and antiferroelectric properties of $(Na_{0.5}Bi_{0.5})TiO_3$-$SrTiO_3$ solid solution ceramics. Ferroelectrics, 1974, 7(1): 347-349.

[71] Sakata K, Takenaka T, Naitou Y. Phase relations, dielectric and piezoelectric properties of ceramics in the system $(Bi_{0.5}Na_{0.5})TiO_3$-$PbTiO_3$. Ferroelectrics , 1992, 131(1): 219-226.

[72] Suchanicz J, Roleder K, Kania A. Electrostrictive strain and pyroeffect in the region of phase coexistence in $Na_{0.5}Bi_{0.5}TiO_3$. Ferroelectrics, 1988, 77(1): 107-110.

[73] Suchanicz J. Peculiarities of phase transitions in $Na_{0.5}Bi_{0.5}TiO_3$. Ferroelectrics, 1997, 190(1): 77-81.

[74] Jones G O, Thomas P A. The tetragonal phase of $Na_{0.5}Bi_{0.5}TiO_3$ new variant of the perovskite structure. Acta Crystallogr., Sect. B: Struct. Sci., 2000, 56: 426-430.

[75] Jones G O, Thomas P A. Investigation of the structure and phase transitions in the novel A-site substituted distorted perovskite compound $Na_{0.5}Bi_{0.5}TiO_3$. Acta Crystallogr.,

Sect. B: Struct. Sci., 2002, 58: 168-178.

[76] Suchanicz J, Mercurio I P, Marchet P, et al. Axial pressure influence on dielectric and ferroelectric properties of $Na_{0.5}Bi_{0.5}TiO_3$ ceramic. Phys. Status Solidi B, 2001, 225: 459-466.

[77] Zhang M S, Scott J F, Zvirgzds J A. Raman spectroscopy of $Na_{0.5}Bi_{0.5}TiO_3$. Ferroelectrics Letters Section,1986, 6: 147-152.

[78] Suchanicz J. Behaviour of $Na_{0.5}Bi_{0.5}TiO_3$ ceramics in the ac electric field. Ferroelectrics, 1998, 209(1): 561-568.

[79] Suchanicz J. Investigations of the phase transitions in $Na_{0.5}Bi_{0.5}TiO_3$. Ferroelectrics, 1995, 172(1): 455-458.

[80] Kim Y, Cho Y, Hong S, et al. Tip traveling and grain boundary effects in domain formation using piezoelectric force microscopy for probe storage applications. Appl. Phys. Lett., 2006, 89(17): 172909.

[81] Fu C, Yang C, Chen H, et al. Domain configuration and dielectric properties of $Ba_{0.6}Sr_{0.4}TiO_3$ thin films. Appl. Surf. Sci., 2005, 252(2): 461-465.

[82] Venkatesan S, Daumont C, Kooi B J, et al. Nanoscale domain evolution in thin films of multiferroic $TbMnO_3$. Phys. Rev. B, 2009, 80(21): 214111.

[83] Wu A, Vilarinho P M, Wu D, et al. Abnormal domain switching in $Pb(Zr,Ti)O_3$ thin film capacitors. Appl. Phys. Lett., 2008, 93(26): 262906.

[84] Lou X J. Four switching categories of ferroelectrics. J. Appl. Phys., 2009, 105(9): 094112.

[85] You L, Chua N T, Yao K, et al. Influence of oxygen pressure on the ferroelectric properties of epitaxial $BiFeO_3$ thin films by pulsed laser deposition. Phys. Rev. B, 2009, 80(2): 024105.

[86] Lu J, Pan D A, Yang B, et al. Wideband magnetoelectric measurement system with the application of a virtual multi-channel lock-in amplifier. Meas. Sci. Technol., 2008, 19(4): 045702.

[87] Gruverman A, Tanaka M. Polarization retention in $SrBi_2Ta_2O_9$ thin films investigated at nanoscale. J. Appl. Phys., 2001, 89(3): 1836-1843.

[88] Molotskii M, Winebrand E. Interactions of an atomic force microscope tip with a reversed ferroelectric domain. Phys. Rev. B, 2005, 71(13): 132103.

[89] Morozovska A N, Eliseev E A, Kalinin S V. Domain nucleation and hysteresis loop shape in piezoresponse force spectroscopy. Appl. Phys. Lett., 2006, 89(19): 192901.

[90] Jeon Y H, Patterson E A, Cann D P, et al. Dielectric and ferroelectric properties of $(Bi_{0.5}Na_{0.5})TiO_3$-$(Bi_{0.5}K_{0.5})TiO_3$-$BaTiO_3$ thin films deposited via chemical solution deposition. Mater. Lett., 2013, 06: 63-66.

[91] Vu H T, Nguyen M D, Houwman E, et al. Ferroelectric and piezoelectric responses of (110) and (001)-oriented epitaxial $Pb(Zr_{0.52}Ti_{0.48})O_3$ thin films on all-oxide layers

buffered silicon. Mater. Res. Bull., 2015, 72: 160-167.

[92] Lou X J, Zhang M, Redfern S A T, et al. Local phase decomposition as acause of polarization fatigue in ferroelectric thin films. Phys. Rev. Lett., 2006, 97(17): 177601.

[93] Lou X J, Zhang M, Redfern S A T, et al. Fatigue as a local phase decomposition: A switching-induced charge-injection model. Phys. Rev. B ,2007, 75(22): 224104.

[94] Wu J , Zhu J, Xiao D,et al. Preparation and properties of highly (100)-oriented $Pb(Zr_{0.2}Ti_{0.8})O_3$ thin film prepared by rf-magnetron sputtering with a PbO_x buffer layer. J. Appl. Phys., 2007, 101(9): 094107.

[95] Sekhar K C, Nautiyal A, Nath R. Structural and ferroelectric properties of spray deposited sodium nitrite: Poly (vinyl alcohol) composite films. J. Appl. Phys., 2009, 105(2): 4109.

[96] Lee J K, Kim C H, Suh H S, et al. Correlation between internal stress and ferroelectric fatigue in $Bi_{4-x}La_xTi_3O_{12}$ thin films. Appl. Phys. Lett., 2002, 80(19): 3593-3595.

[97] Li B, Blendell J E, Bowman K J. Temperatur dependent poling behavior of lead-free BZT-BCT piezoelectrics. J. Am. Ceram. Soc., 2011, 94(10):3192-3194.

[98] Zhao P, Zhang B P, Li J F. High piezoelectric d_{33} coefficient in Li-modified lead-free $(Na,K)NbO_3$ ceramics sintered at optimal temperature. Appl. Phys. Lett., 2007, 90(24): 2909.

[99] Bereld T A, Ong R J, Payne D A, et al. Residual stress effects on piezoelectric response of sol-gel derived lead zirconate titanate thin flms. J. Appl. Phys., 2007, 101(2): 024102.

[100] Lian L, Sottos N R. Effects of thickness on the piezoelectric and dielectric properties of lead zirconate titanate thin flms. J. Appl. Phys., 2000, 87(8): 3941-3949.

第 4 章　无铅基 Bi 系单相层状钙钛矿薄膜多铁耦合及调控

采用溶胶凝胶法制备了 Aurivillius 相结构的 $Bi_4Ti_3O_{12}$ 和 $Bi_5Ti_3FeO_{15}$ 单相纳米薄膜。并通过元素替位掺杂来调控薄膜的物理性能，如 Zr 掺杂对 $Bi_4Ti_3O_{12}$ 薄膜的光学和铁电疲劳性能有明显的调控作用，同时研究了 $Bi_5Ti_3FeO_{15}$ 单相纳米薄膜的室温多铁耦合效应和元素替位掺杂调控。为提高薄膜的光、电、磁、磁电耦合以及磁电疲劳的基础研究和相关器件的开发奠定了基础。

4.1　引　　言

多铁材料因其同时具有铁电性、(铁) 磁性、铁弹性、铁涡性等特性中至少两种以上物理序参量，以及这些不同序参量之间存在的耦合作用，在探测器、传感器、存储器和自旋电子器件等领域有着巨大的潜在应用价值。目前，多铁材料已成为凝聚态物理、材料学和信息科学等前沿领域的热点。其中铋系层状钙钛矿铁电材料越来越受到人们的重视。铋系层状钙钛矿结构是指结构式为 $(Bi_2O_2)^{2+}A_{n-1}B_nO_{3n+1}$ 的一类物质，其中 A 位为 1 价、2 价或 3 价阳离子 (如 Sr^{2+}、Ba^{2+}、Bi^{3+} 等)，B 位为 3 价或 4 价阳离子 (如 Ti^{4+}、Fe^{3+}、Co^{3+} 等)，n 为夹在两层近邻的 $(Bi_2O_2)^{2+}$ 层中间的伪钙钛矿层中 BO_6 八面体的数目。其中最为典型的是双层钙钛矿结构的 $Bi_4Ti_3O_{12}$(BTO) 和由典型单相多铁材料 $BiFeO_3$ (BFO) 与双层钙钛矿多铁材料 $Bi_4Ti_3O_{12}$(BTO) 共同构建的三层 Aurivillius 相结构的 $Bi_5Ti_3FeO_{15}$ (BTFO) 单相磁电体，结构为 $(Bi_3FeTi_3O_{13})^{2-}$ 被两个 $(Bi_2O_2)^{2+}$ 层夹在中间，沿着 c 轴方向叠加而成 [1]。

$Bi_4Ti_3O_{12}$(BTO) 作为典型的无铅铁电压电材料自从 1969 年 Uitert 证明了其具有铁电性就引起了科研工作者的广泛关注 [2]，BTFO 具有优良的铁电和压电性、高居里点 (T_c)、抗疲劳和环境友好等优点，尤其是其磁序和铁电极化序共存的多铁特性以及自旋晶格耦合作用，成为近年来颇受关注的室温单相磁电材料。同时由于该材料体系中所具有的反铁磁本性，BTFO 仅表现出较弱的磁性和磁电耦合行为。因此，磁序裁剪、磁电相互作用优化和磁电耦合机理等方面的深入研究成为 BTFO 材料的焦点。基于上述原因，本章通过对 BTO 和 BTFO 中引入稀土元素、过渡磁性元素进行 A 位、B 位、AB 位共掺杂，完成该材料体系中的多铁性能、抗疲劳性能和磁电耦合效应的修饰，从而在该材料体系中实现铁磁性和铁电性共存的磁电耦合多铁特性，并研究在此基础上呈现出的新颖的耦合效应。

4.2 $Bi_4Ti_3O_{12}$ 纳米薄膜的物相结构及性能调控

4.2.1 $Bi_4Ti_3O_{12}$ 概述

钛酸铋 ($Bi_4Ti_3O_{12}$，BTO) 作为一种典型的铋系层状钙钛矿结构的铁电体，与钛酸锶钡 (SBT) 属于同一种材料体系，通常被称为 Aurivllius 结构，其具体结构如图 4.1 所示。

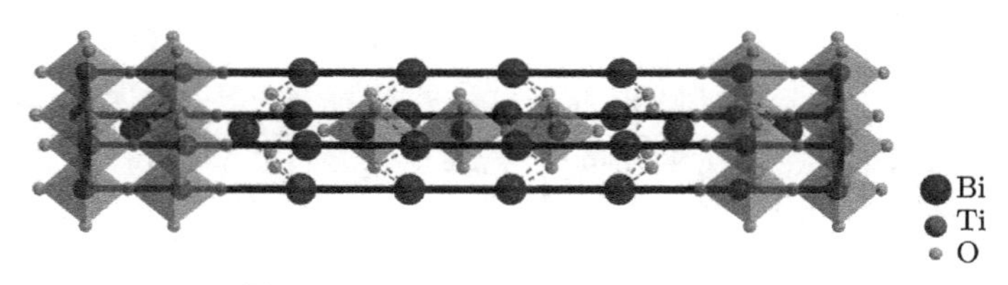

图 4.1 $Bi_4Ti_3O_{12}$ 晶体结构示意图

从图 4.1 可以看出 BTO 结构是分层组成的，其中两端是由 $(Bi_2Ti_3O_{10})^{2-}$ 伪钙钛矿结构和 $(Bi_2O_2)^{2+}$ 铋氧层沿 c 轴方向相间堆积而成，可以从 BTO 晶体结构中看出 $(Bi_2Ti_3O_{10})^{2-}$ 伪钙钛矿结构层中有三个 Ti-O 八面体，顶角相连形成 O—Ti—O 线性链，Ti^{4+} 位于各个面心的氧离子所构成的八面体内；Bi^{3+} 位于铋氧层中，而与伪钙钛矿层中 Ti-O 八面体共同组成层状钙钛矿 BTO[3]。BTO 的 $2P_s$ 来自 A 位 Bi^{3+} 相对于 Ti-O 八面体链沿 a 轴和 b 轴方向的位移 [4]。因此其 $2P_s$ 矢量方向位于 ac 平面内，沿 a 轴和 c 轴 $2P_s$ 和 E_c 分别为 50μC/cm^2、3.5kV/cm 和 4.0μC/cm^2、5.0kV/cm，呈现出很强的各向异性。在钛酸铋晶胞中，一个单胞包含两个 $Bi_4Ti_3O_{12}$ 结构单元。由于 $Bi_4Ti_3O_{12}$ 的单斜晶系单胞很接近正交晶系，故此晶格参数可以用“赝正交晶系”来描述。由于本身的结构，钛酸铋的居里温度 T_C 为 675°C。高于居里点温度时，晶体为四方晶系 $4mm$ 点群，顺电相；低于居里点温度时，晶体为单斜晶系 m 点群，属于铁电相 [5]。

4.2.2 纳米结构 $Bi_4Ti_3O_{12}$ 及 Zr 掺杂薄膜的制备

$Bi_4Ti_3O_{12}$(BTO) 薄膜和 $Bi_4Zr_{0.2}Ti_{2.8}O_{12}$(BZTO) 薄膜选用的初始材料分别为分析纯的五水合硝酸铋 $Bi(NO_3)_3{\cdot}5H_2O$、钛酸四丁酯 $[CH_3(CH_2)_3O]_4Ti$ 和三水合硝酸锆 $Zr(NO_3)_4{\cdot}3H_2O$，在 BZTO 薄膜中采用的 Zr 的掺杂浓度为 6.7%，相应的 Zr:Ti 为 0.2:2.8。具体制作过程可以参考第 3 章中有关描述。

4.2.3　纳米结构 $Bi_4Ti_3O_{12}$ 及 Zr 掺杂薄膜的物相调控

1. XRD 物相分析

在 BZTO 中 Zr 的掺杂浓度为 6.7%，相应的 Zr:Ti 为 0.2:2.8。通过与标准的 X 射线衍射图谱 (JCPDS38-1257) 对比发现，钛酸铋属于正交晶系的 $B2cb$ 群，X 射线衍射结果如图 4.2 所示。

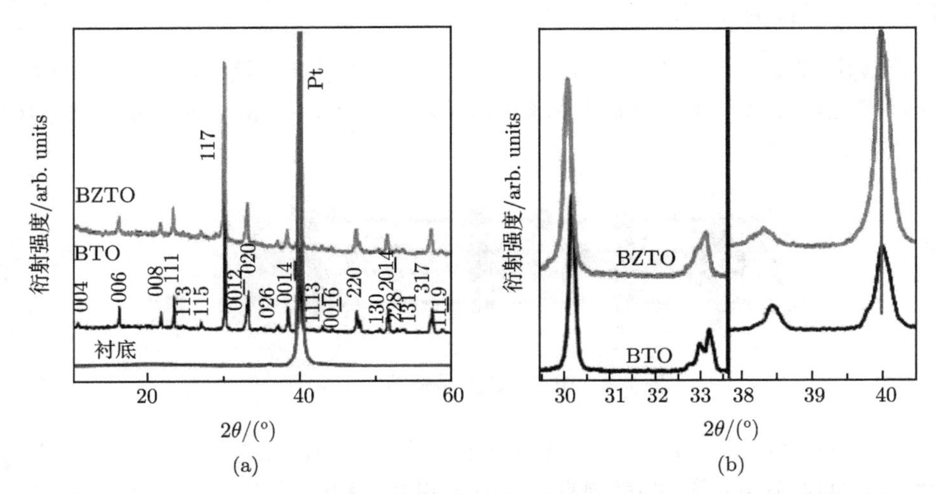

图 4.2　(a) BTO、BZTO 薄膜的 X 射线衍射图；(b) 局部放大 X 射线衍射图

图 4.2 中展示了 $Bi_4Ti_3O_{12}$ 和 Zr 掺杂的 $Bi_4Ti_3O_{12}$ 薄膜的 X 射线衍射图谱。Zr:Ti 为 0.2:2.8 掺杂浓度有利于 BZTO 薄膜获得优异的电学性质。这里锐利的衍射峰表明钛酸铋形成了高质量的钙钛矿多晶薄膜，而且 BTO 薄膜和 BZTO 薄膜的衍射峰与标准的 XRD 卡片的衍射峰位相吻合，这也证明在 BZTO 中 Zr 元素替代 Ti 元素没有改变其层状钙钛矿结构。在 BZTO 的 XRD 图谱中没有二氧化锆、三氧化二铋和二氧化钛等杂相出现，这也表示 Zr^{4+} 已经完全融入了 BTO 的晶胞中，并且没有对双层钙钛矿结构产生实质的影响。在 BZTO 衍射图谱中没有发现 Zr 元素及其氧化物的衍射峰出现，表明 Zr^{4+} 通过元素替代的方式已经融入了 BTO 中。可以看出 BZTO 薄膜和 BTO 薄膜一样也是典型 Bi 系双层钙钛矿铁电多晶薄膜，在 XRD 图谱中观察到与纯 BTO 薄膜相比 BZTO 薄膜中有明显的 (117) 择优取向，择优取向生长使 BZTO 薄膜能够获得较大剩余极化强度 (P_r)。

图 4.2(b) 是钛酸铋和 Zr 掺杂的钛酸铋薄膜 XRD 图谱在 $2\theta=32°$ 和 39° 的局部放大图，可以明显观察到掺杂 Zr 之后衍射峰的位置明显地朝着小角度方向移动，这也表明 BTO 薄膜在 Zr 掺杂之后面间距 d 值变大，从衍射图谱可以观察到纯 BTO 薄膜的 (117) 峰在衍射角 $2\theta=30.16°$ 的位置上，而 BZTO 薄膜的 (117) 衍

射峰的位置为 2θ=30.07°，这表明 Zr 掺杂后确实出现了衍射峰的平移 —— 向小角度的平移，这种平移也证明了 Ti 元素被 Zr 元素替代后，BTO 的晶格常数变大并且发生了晶格畸变，而且在 BZTO 薄膜中由于 Zr 元素替代 Ti 元素存在于薄膜中，薄膜中的 Ti-O 八面体在掺杂之后会发生扭曲现象。这种现象的出现是因为 Zr 元素的离子半径 (0.72Å) 比 Ti 元素的离子半径 (0.61Å) 大了 18%[6]，这也是导致 BZTO 薄膜中 Ti-O 八面体发生扭曲现象的主要原因。为了分析元素掺杂后的衍射峰的平移，在 XRD 图谱中对 BTO 和 BZTO 薄膜的衍射峰进行标定的时候都要以衬底峰为基准，同时也保证观测到的结果与测试误差无关。为了更为准确地获得纯 BTO 薄膜和 Zr 掺杂 BTO 薄膜的晶体结构，使用 EXPGUI 软件 [7] 对纯 BTO 和 Zr 掺杂 BTO 薄膜的晶体结构进行里特沃尔德精修，得出定量的晶体结构参数。

采用里特沃尔德方法通过软件 EXPGUI 对 BTO 和 BZTO 薄膜的结构进行精修处理。首先将已有相似的晶体信息导入到 EXPGUI 中选用 BTO 和 BZTO 的晶体信息为正交晶系的 $B2cb$ 群，随后先选用伪韦尔代函数去拟合各衍射峰的轮廓，其中三阶 Chebichev 多项式函数被用来拟合所有衍射峰的背景，衍射峰的位置也需要拟合。通过多次反复的精修与比对得到了 BTO 薄膜和 BZTO 薄膜的最优精修结果，其显示在图 4.3 中，并且得到了最优的 R 因子 R_{wp}，这个因子主要反映 BTO 薄膜和 BZTO 薄膜的原始样品的衍射图谱与标准的衍射图谱之间的差异率。

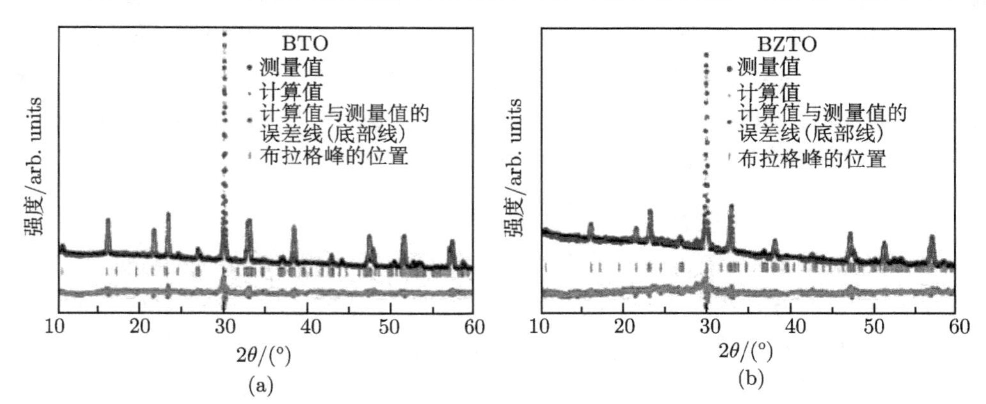

图 4.3 (a) BTO 薄膜里特沃尔德精修图谱；(b) BZTO 薄膜里特沃尔德精修图谱 (扫描封底二维码可看彩图)

表 4.1 中展示出获得了较小的 R 因子和最佳的拟合因子 ($\chi^2=R_{wp}/R_e$)，BTO 和 BZTO 薄膜中 R 因子数值分别为 6.54%和 7.47%，拟合因子 χ^2 分别为 5.825 和 4.514，这是相对比较理想的精修结果。精修结果采用 R_{wp}、R_p 和 χ^2 去确定精修结果是否符合所选取的晶体结构模型，其中最有意义的指数是 R_{wp} 和 χ^2，因为它们能表明精修结果计算的误差和吻合度 [8]。通过精修结果显示 BTO 薄膜和 BZTO 薄膜都属于正交结构的 $B2cb$ 群。精修结果相关参数总结在表 4.1 中。

表 4.1 BTO 薄膜和 BTZO 薄膜精修参数

参数	BTO	BZTO
$2\theta/(°)$	10~60	10~60
步长/(°)	0.02	0.02
晶系	正交	正交
空间群	$B2cb$	$B2cb$
a/Å	5.4395	5.4663
b/Å	5.4057	5.4398
c/Å	32.8232	33.0360
晶胞体积/Å^3	965.122	982.342
R_p	4.97	5.80
R_{wp}	6.54	7.47
χ^2	5.825	4.514

从表 4.1 得出 Zr 掺杂之后 BTO 薄膜的晶格参数发生了明显的变化，这也直接证明了BZTO薄膜中是存在晶格畸变和Ti-O八面体扭曲的。BTO的晶格常数和晶胞体积为 a=5.4395(1)Å，b=5.4057(1)Å，c=32.8232(1)Å和 V=965.12(2)Å^3，而 BZTO 薄膜的晶格常数和晶胞体积为 a=5.4663(1)Å，b=5.4398(1)Å，c=33.0360(1)Å 和 V=982.34(2)Å^3。相比于纯相的 BTO，在 BZTO 薄膜中发现了一个较大的晶格常数和晶胞体积，其中 a、b、c 的变化分别为 0.0268Å、0.0341Å和 0.2128Å，晶胞体积的变化为 17.22Å^3。增加的晶格常数与晶胞体积也与前面的 XRD 图谱相互印证。因此晶格畸变主要是由于 Zr 元素的掺杂 (Zr^{4+} 的离子半径是 Bi^{4+} 的离子半径的 1.18 倍)[6]。同时 Zr^{4+} 和 Ti^{4+} 的离子半径不同导致了掺杂后的晶格常数的变化从而导致氧八面体的扭曲，进一步对性能进行了调控。

2. Zr 掺杂对 $Bi_4Ti_3O_{12}$ 薄膜拉曼峰谱的调控

拉曼光谱作为一个确定结构变化的支撑性数据能够进一步提供证据证明 Zr 以元素替位掺杂的方式存在于 BZTO 薄膜中，因为拉曼光谱对于原子替代和多面体结构扭曲导致的局部晶体结构的改变有明显的变化。对于两层钙钛矿结构的钛酸铋，它的声子振动模式大体被分为两种：低频模式 (小于 200cm^{-1}) 和高频模式 (大于 200cm^{-1})[9]。BTO 和 Zr 掺杂的 BZTO 薄膜从 70cm^{-1} 到 1000cm^{-1} 的室温下的拉曼光谱分析如图 4.4 所示。

从图 4.4 中观察到 BTO 薄膜的拉曼图谱在 118cm^{-1} 处发现一个拉曼的特征峰，同时在 BZTO 中也发现了相同峰的出现。而这个特征峰的出现主要是源于 Bi^{3+} 在 A 位和 $(Bi_2O_2)^{2+}$ 层的振动 [10,11]，这也说明 Zr^{4+} 以 B 位替代的方式进入 BZTO 薄膜中没有影响到 BTO 中 Bi^{3+} 在 $(Bi_2O_2)^{2+}$ 层中的结构，而且 BZTO 薄膜中 118cm^{-1} 拉曼特征峰相比于 BTO 薄膜中 118cm^{-1} 拉曼特征峰没有出现明显的增强或者移动，这也进一步说明 B 位 Zr^{4+} 掺杂进入 BZTO 薄膜中对 A

没有产生影响，更不会影响到 $(Bi_2O_2)^{2+}$ 层的结构。然而在高频模式下，BZTO 薄膜相比于 BTO 薄膜出现了向高频率位移的现象。首先明显观察到 BZTO 薄膜中，226cm^{-1} 拉曼特征峰出现了明显的增强，这是因为在纯相 BTO 薄膜中如果 TiO_6 八面体没发生扭曲，226cm^{-1} 拉曼特征峰是不活跃的模式，但是当 TiO_6 八面体发生了扭曲时，其就变为活跃的拉曼振动模式。可以观察到相比于 BTO 薄膜，BZTO 薄膜出现 267cm^{-1} 拉曼模的频率产生了从 267cm^{-1} 到 270cm^{-1} 的移动。通过对比纯相 BTO 薄膜发现 B 位 Zr^{4+} 掺杂出现的 226cm^{-1} 拉曼特征峰的增强和 267cm^{-1} 拉曼振动模式的高频率移动主要是由于 Zr^{4+} 和 Bi^{4+} 的原子半径不同，而通过 Zr^{4+} 替代 Bi^{4+} 方式进入 BZTO 薄膜中使 TiO_6 八面体发生扭曲。与此同时，相比于纯相 BTO 薄膜的 521cm^{-1} 拉曼特征峰和 847cm^{-1} 拉曼特征峰，BZTO 薄膜的拉曼特征峰明显出现了向高频率移动的现象，峰位分别出现在 535cm^{-1} 和 852cm^{-1}。521cm^{-1} 拉曼特征峰主要来源于 BTO 中 TiO_6 八面体的拉伸模式和弯曲模式，而 852cm^{-1} 拉曼特征峰仅来源于 BTO 中 TiO_6 八面体的拉伸模式 [12,13]。较高频率 (大于 200cm^{-1}) 能够直接反映出 Ti^{4+} 和 TiO_6 八面体的振动。相比于 BTO 薄膜，在 BZTO 薄膜中高频拉曼振动模式的特征峰变化主要由于物相结构的扭曲和 TiO_6 八面体的倾斜，这说明 B 位 Zr 较大程度上属于 O—Ti—O 的振动模式。特征峰往较高频率移动也同样表明 BZTO 薄膜中扭曲的 TiO_6 八面体结构，而且这种特征峰数目越多 TiO_6 八面体畸变就越严重。

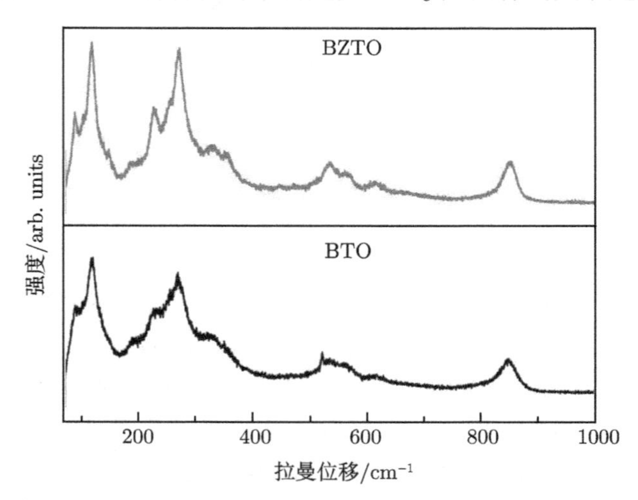

图 4.4 BTO 和 BZTO 薄膜在室温下的拉曼光谱分析

4.2.4 $Bi_4Ti_3O_{12}$ 基纳米结构薄膜及 Zr 掺杂的铁电性调控

室温下 BTO 薄膜和 BZTO 薄膜样品在施加电场为 130kV/cm 下的电滞回线图如图 4.5 (a) 所示。横坐标对应的是电场 E (kV/cm)，纵坐标对应的是电极化强

度 P ($\mu C/cm^2$)。BTO 和 BZTO 薄膜的电滞回线都展现出良好的对称性，相比于 BTO 薄膜，Zr 元素掺杂的 BZTO 薄膜铁电性能明显增强。在电场为 230kV/cm 时，饱和极化强度 (P_s) 和剩余极化强度 (P_r) 分别达到 $25\mu C/cm^2$ 和 $13\mu C/cm^2$，而 Zr 掺杂的 BTO 薄膜的饱和极化强度 (P_s) 和剩余极化强度 (P_r) 分别 $85\mu C/cm^2$ 和 $44\mu C/cm^2$。

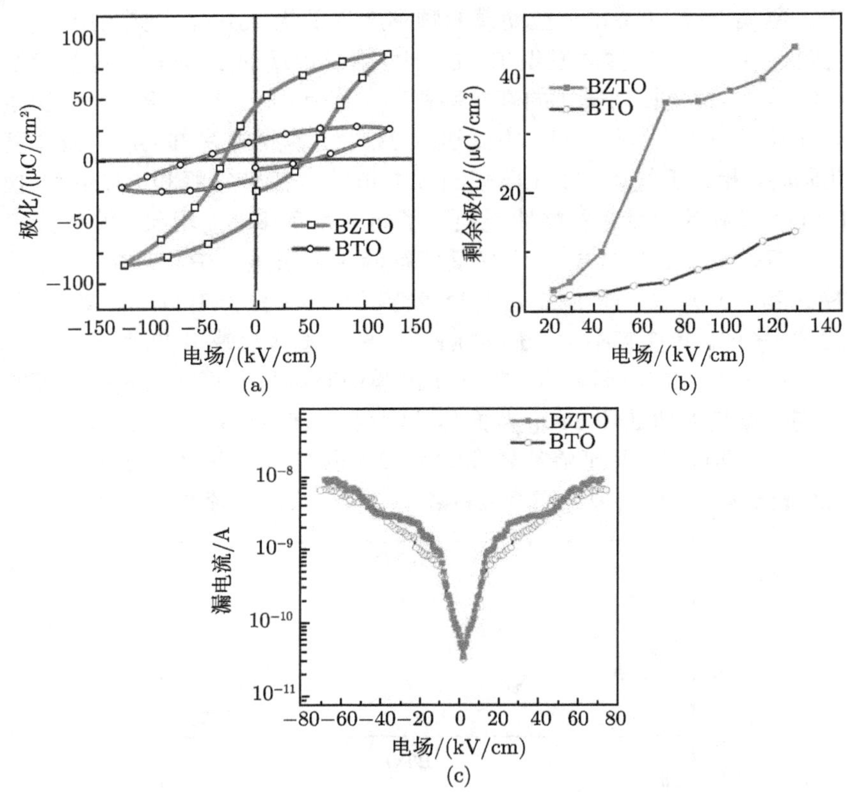

图 4.5　BTO 和 BZTO 薄膜 (a) 电滞回线；(b) 不同电场下的剩余极化值图；(c) 漏电特性图

图 4.5 (b) 进一步展示了 BTO 薄膜和 BZTO 薄膜的剩余极化强度随着电场变化的图像，从图中可以观察到在相同电场下 BZTO 剩余极化强远大于 BTO 薄膜的剩余极化强度。对以上数据分析发现 Zr 元素掺杂之后，BTO 薄膜的铁电特性得到明显改善，可以从结构的扭曲和空间对称性破缺的角度来理解。

通过精修结果与 XRD 图谱的分析发现在通过 Zr 元素掺杂之后，由于 Zr^{4+} 和 Ti^{4+} 的离子半径不同，BTO 薄膜出现了钛氧八面体扭曲，而恰恰也是这种结构的扭曲和晶格畸变现象的出现致使 BZTO 薄膜获得了较大的自发极化强度和较大的剩余极化强度。其次 BTO 薄膜的剩余极化强度与晶体的取向息息相关，通过对比 BTO 和 BZTO 薄膜的 XRD 图谱可以观察到相比于 BTO 薄膜，BZTO 薄膜

的 (117) 衍射峰有明显的择优取向现象，这也将有利于 BZTO 薄膜获得较大的剩余极化强度和铁电特性。最后，Zr^{4+} 和氧离子的轨道杂化会加剧氧八面体的扭曲，进一步使 BZTO 薄膜获得较大的剩余极化强度。实验表明 BZTO 薄膜的铁电性能最好，这是由于在 BZTO 薄膜中产生了晶格畸变，同时晶格畸变也会影响它的漏电特性，漏电特性的测试结果如图 4.5(c) 所示。

图 4.5 (c) 展示了 BTO 和 BZTO 薄膜的漏电流密度与电场的曲线图 (J-E 曲线)。在电场为 60kV/cm 下，Zr 掺杂的 BTO 和纯 BTO 的漏电流在相同的级别范围内，也就是说 Zr 掺杂之后 BTO 薄膜的漏电特性没有明显的提升和下降。在全电场范围内 BTO 薄膜和 BZTO 薄膜具有相似的漏电流特性，BTO 和 BZTO 具有优良的漏电特性。同时这也可以证明 BTO 薄膜和 BZTO 薄膜都具有较小的晶格缺陷，因此可以同时有效地控制薄膜中氧空位的产生，使它们获得较为优良的漏电流特性。

4.2.5 周期性电场对 $Bi_4Ti_3O_{12}$ 基纳米结构薄膜及 Zr 掺杂的铁电疲劳调控

周期性电场对于 BTO 薄膜和 BZTO 薄膜的铁电特性的调控，可以通过观察可翻转极化与循环次数之间的关系来获得。在图 4.6 (a) 中观察到了随着循环次数的增加逐渐退化的可翻转极化强度 P^*-$P\hat{}$，P^* 代表在施加两个相反脉冲后的可翻转的极化强度，而 $P\hat{}$ 代表在施加了两个相同脉冲后的未翻转的极化强度。

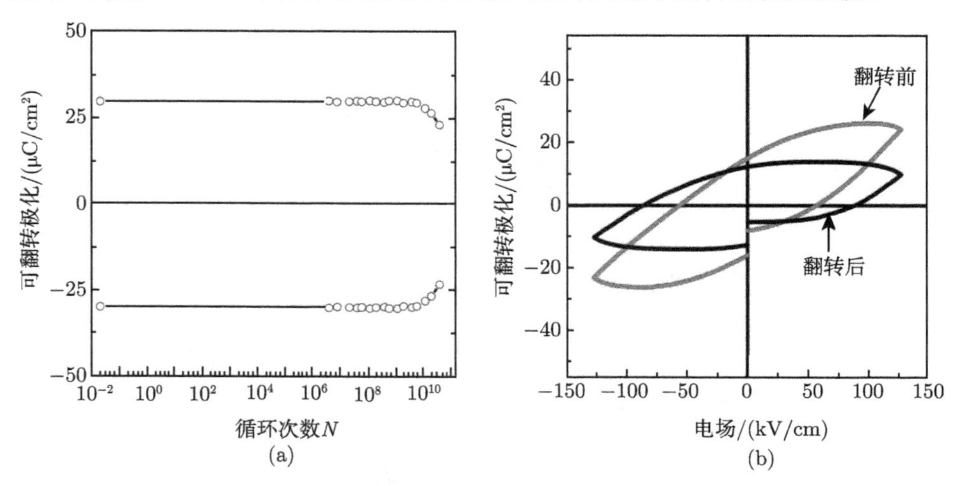

图 4.6 BTO 薄膜 (a) 铁电疲劳示意图；(b) 周期性翻转前后电滞回线图

图 4.6(a) 展现了纯 BTO 的疲劳特性，它在测试中采用的测试频率为 2MHz，驱动电场为 130kV/cm。BTO 薄膜的疲劳特性随着翻转次数的增加出现了明显的衰退现象，其在经历 10^{10} 次翻转后出现了明显的衰退。翻转极化强度在经历 4×10^{10} 次翻转后，数值从 29.80μC/cm^2 下降到 23.13μC/cm^2，下降了大约 22.4%。这也表

明 BTO 薄膜的疲劳性能较差，不能满足工业应用，需要进一步改进其性能。为了进一步验证 BTO 薄膜的疲劳特性，在图 4.6(b) 中进一步展现了经过 4×10^{10} 次翻转前后 BTO 薄膜的电滞回线对比图，可以发现在经过 4×10^{10} 次翻转后 BTO 薄膜电滞回线明显变差，在经过 4×10^{10} 次翻转后 BTO 薄膜漏电性能明显变差，同时铁电性能也出现了较大的下降，这也证明 BTO 的抗疲劳特性较差，而抗疲劳特性是能够作为工业生产应用的一个重要参数，对于 BTO 这种无铅基双层钙钛矿结构，相对较差的抗疲劳特性极大地限制了实际生产应用。为了使 BTO 薄膜接近实际生产要求，对 BTO 薄膜进行了 Zr 元素掺杂处理，并对其抗疲劳特性进行了进一步研究。

图 4.7 (a) 展现 BZTO 薄膜翻转极化强度随着翻转次数的变化曲线，为了体现 Zr 掺杂过后 BTO 薄膜疲劳特性与纯 BTO 疲劳特性的差异，选用与 BTO 薄膜相同的测试频率和驱动电场，分别为 2MHz 和 130kV/cm。

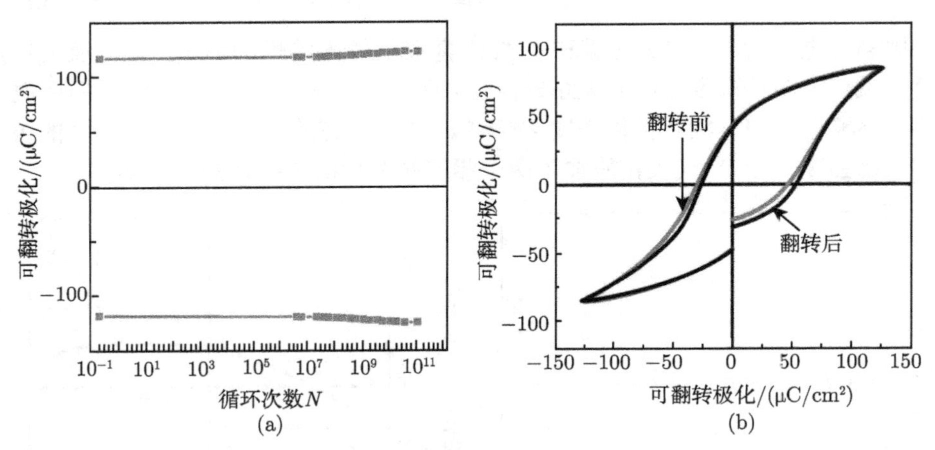

图 4.7　BZTO 薄膜 (a) 铁电疲劳示意图；(b) 周期性翻转前后电滞回线图

从图中可以看到翻转极化强度随着翻转次数的增加没有出现下降现象，相反从图中可以观察到翻转极化有微弱的增加现象，相应的 BZTO 薄膜在经过 1.2×10^{11} 次翻转后，其翻转极化强度从 118.54μC/cm^2 上升到了 124.50μC/cm^2，上升了大约 5%。以上结果显示 BZTO 薄膜展现出良好的抗疲劳特性，在经过 1.2×10^{11} 次翻转后没有出现明显的下降行为，而且还有微弱的上升现象。为了进一步验证 BZTO 的抗疲劳特性，在图 4.7(b) 中进一步展现了翻转前和经过 10^{11} 次翻转后 BZTO 薄膜的电滞回线对比图。可以看出，翻转前在电场为 130kV/cm 下薄膜的饱和极化强度为 93.4μC/cm^2，在经过 10^{11} 次翻转后，在相同电场 E=130kV/cm 下的饱和极化强度为 98.07μC/cm^2。饱和极化在经过 10^{11} 次翻转后没有下降。

Zr 掺杂的 BTO 薄膜相比于纯 BTO 薄膜具有良好的抗疲劳特性，这也说明 B 位掺杂 Zr 元素能够明显改善纯 BTO 薄膜的抗疲劳特性。而疲劳行为的产生主要是由空间电荷、晶界、氧空位和电畴翻转钉扎等诸多因素引起。因此对于 BZTO 薄膜，良好的抗疲劳特性的获得归因于以下两点：首先，BTO 薄膜在掺杂 Zr 元素之后，其晶格尺寸发生了明显变化，这也导致了 BTO 薄膜内部氧八面体的畸变，而这种八面体的畸变能够明显提高薄膜的铁电特性，并进一步提高其疲劳特性；其次，Zr 的掺杂也有利于 BTO 薄膜的电畴的翻转。铁电疲劳特性的物理机制主要归功于电畴的钉扎效应 [14]。相应的 B 位掺杂能够使 BTO 薄膜出现反相畴和 90° 畴壁，这将会分别影响新畴的形成和电畴的移动 [15]。优良抗疲劳特性的获得有利于 BZTO 薄膜这种环境友好型材料更加广泛地应用于铁电存储器和铁电忆阻器等诸多器件中，这也使 BTO 的工业化生产成为可能。

4.3 纳米结构 $Bi_5Ti_3FeO_{15}$ 多铁薄膜

4.3.1 纳米结构 $Bi_5Ti_3FeO_{15}$ 多铁薄膜概述

层状钙钛矿结构铁电材料 BTO 薄膜在室温下具有良好的铁电性，但是铁磁序缺乏，无法实验磁电耦合，把具有室温磁性的 BFO 成功引入到了具有双层钙钛矿结构铁电材料 BTO 的类钙钛矿层中，形成了新型的三层钙钛矿单相多铁 $Bi_5Ti_3FeO_{15}$，其铁电性来源于 BTO 单元，磁性来源于 BFO 单元，一种单元负责磁响应，另一种单元负责介电响应和铁电性，这样就可能在单相材料中实现铁磁性和铁电性 [16] 共存。由于 BTFO 晶体结构中 $(Bi_2O_2)^{2+}$ 层所起到的绝缘作用，有效减小了 BFO 单元所导致的漏电特性，保留了 BTO 的铁电性，并且由于 BTO 单元本身也具有较大的自发极化，因此室温下的 BTFO 可以观察到较为明显的磁电耦合效应。

4.3.2 纳米结构 $Bi_5Ti_3FeO_{15}$ 及元素掺杂薄膜的制备

利用溶胶凝胶法在 $Pt(100)/Ti/SiO_2/Si$ 衬底上制备了 $Bi_5Ti_3FeO_{15}$，以及 Ho、Dy、Mn 元素掺杂的薄膜。在制备了旋涂层薄膜之后，对薄膜采用了快速高温热处理，在 RTP 中 700℃退火 3min，反复旋涂到数百纳米级厚度，最终在 700℃下热处理保温 15min，生成单相的 $Bi_5Ti_3FeO_{15}$ 及掺杂薄膜。其中 Ho 和 Mn 的掺杂是使用对应的盐 (如硝酸钬，乙酸锰) 溶解在乙二醇中，形成溶胶。根据不同的测试要求，选择厚度不同的薄膜。

在制备了 $Bi_5Ti_3FeO_{15}$ 及元素掺杂薄膜后，采用常规的纳米表征手段，对薄膜的相结构、形貌、多铁性质和磁电耦合效应进行表征。使用 PANalytical X 射线衍射仪来表征薄膜的相结构；测试使用 Hitachi (SU3500) 扫描电子显微镜和原子力显微镜表征薄膜的表面形貌；压电力显微镜表征薄膜的压电性能；铁电性测量采用美国 Radient Technology 公司的 Multi-Ferroic100V 标准铁电测试系统；使用综合物性测量系统 (PPMS) 表征薄膜的磁学性质；利用量子设计公司开发的 Super-ME 测量薄膜系统的磁电耦合效应。

4.3.3　$Bi_5Ti_3FeO_{15}$ 及元素掺杂纳米薄膜的结构与形貌调控

采用 X 射线衍射来进行相结构分析，射线源为 Cu K_α，图 4.8 是 BTFO、BHTFO、BTFMO、BHTFMO 薄膜的 XRD 图谱。经过与标准的 PDF 卡片比对后发现，在对应处均出现了衍射峰，表明经过元素替位掺杂后的薄膜，没有改变基体材料 BTF 的原始结构，均比较好地形成了层状钙钛矿结构。图中标注 $2\theta =$ 17.22°、21.57°、30.3°、32.95° 和 35.5°、44.14°、48.15°、54.58°、56.7° 的衍射峰对应于 Aurivillius 相 BTFO 薄膜，其所对应的晶面指数分别为 (008)，(00$\underline{10}$)，(119)，(200)，(026)，(11$\underline{17}$)，(11$\underline{19}$)，(11$\underline{21}$) 和 (22$\underline{14}$)，除了衬底峰和薄膜样品的衍射峰之外，没有发现其他的衍射峰，在退火过程中形成了成分单一的多晶相，且无中间相或第三相生成，除 Pt、Si 衬底以及在小角度区域衍射仪背底的影响外，其余的峰基本上能与标准衍射卡中 BTFO 的特征峰一一对照。这表明在 Pt/Si 衬底上沉积的 BTFO 晶体结晶完好，呈现出了完整的单相层状钙钛矿结构。

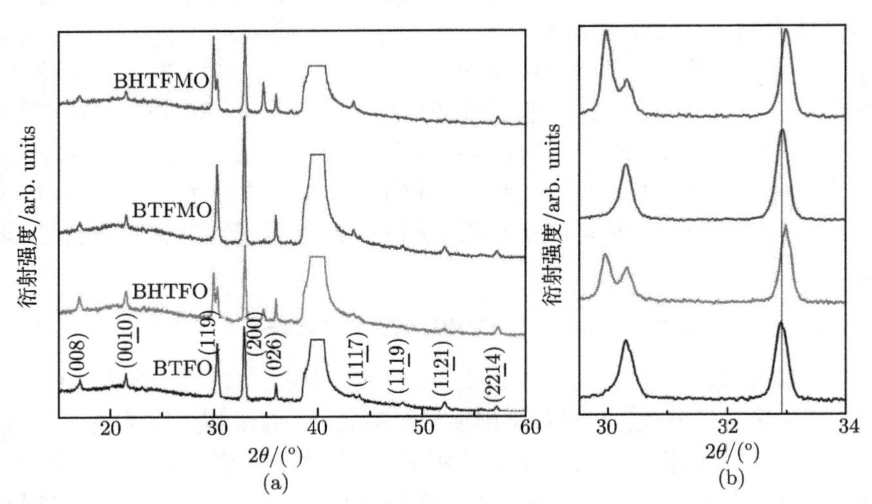

图 4.8　BTFO、BHTFO、BTFMO、BHTFMO 薄膜的 (a) 衍射图；(b) 局部放大

对比纯相和掺杂薄膜的 X 射线衍射峰，可以发现通过元素替位掺杂后，薄膜发生了相变，在 $29.5° < 2\theta < 34°$ 的范围内，Ho、Ho-Mn 共掺杂的薄膜体系中 (200) 峰发生了小角平移，这是由于引入离子半径较小的元素进行替位掺杂，晶格单元体积变小，生成较小的颗粒从而产生了小角度衍射。Mn 元素与 Fe 元素替代，衍射

峰未发生明显平移，这是因为 Mn 与 Fe 是邻位元素，离子半径差别较小。较为明显的是在 Ho 元素替位掺杂后 (119) 峰发生了劈裂，这意味着通过掺杂元素 Ho 之后产生了相变，BTFO 所属的空间结构群从 $F2mm$ 变化到 $A21am$[17]。薄膜的微晶尺寸与其多铁性能相关，通过谢乐公式与薄膜 X 射线衍射图可以估算出平均微晶尺寸。谢乐公式为

$$d = k\lambda/(B\cos\theta) \tag{4.1}$$

其中，d 是与 X 射线发生衍射的微晶尺寸；k 是谢乐系数；λ 是 X 射线的波长；B 是衍射峰的半高宽；θ 是衍射角的角度。可以看出，单掺杂元素后的 BTFO 薄膜平均微晶尺寸比纯 BTFO 薄膜要小，而共掺杂的 BHFMO 薄膜要比单掺杂的平均微晶尺寸小，结构转变必然导致晶格畸变，进而将改变其物性。

为了定性研究和衡量结构转变的程度，引入一个重要参数 Goldschimidt 容忍因子 τ 来描述 ABO_3 型钙钛矿多铁材料晶格畸变和稳定性 [18]。较小离子半径的 Ho、Mn 元素分别替代 Bi 和 Fe 的位置，掺杂后容忍因子 τ 都有不同程度的减小。这意味着 Fe^{3+}/Mn^{3+}—O 键和 Bi^{3+}/Ho^{3+}—O 键之间有张力或者应力，系统稳定时能量最小的状态，必然要释放内部的应变使自由能最小，这导致了 O 八面体扭曲，故而有相转化 (转变) 发生。无独有偶，在稀土 Dy 掺杂的 BTFO 薄膜体系中小离子半径的 Dy 替位 Bi 掺杂的 BDTFO 薄膜的 (119) 峰相对强度明显增大，这表明 BDTFO 薄膜呈现出鲜明的 (119) 峰的择优生长，相应的 XRD 图谱如图 4.9 所示。

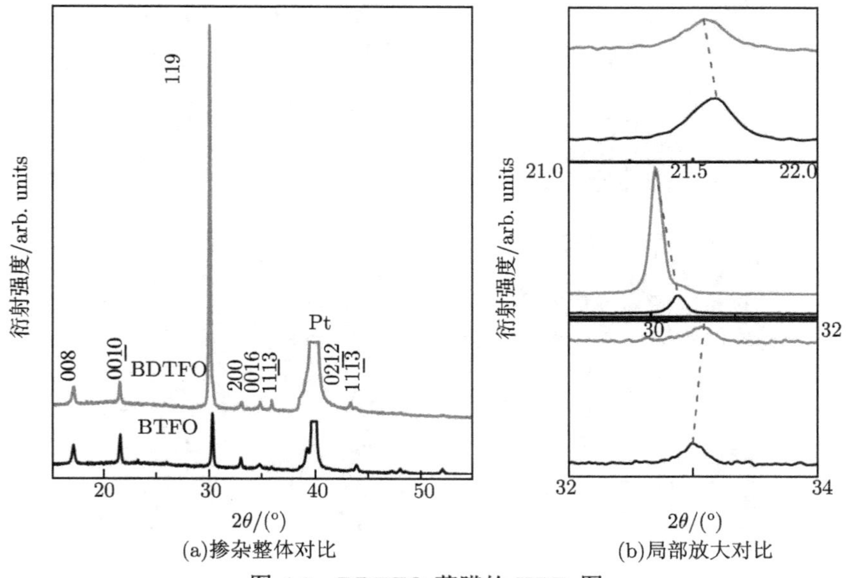

图 4.9 BDTFO 薄膜的 XRD 图

从图 4.9 (a) 中可以看出 BDTFO 薄膜的 (119) 峰相对强度明显增大，这表明 BDTFO 薄膜呈现出了 (119) 峰的择优生长。这种择优生长属于铁电相的择优生长，通常能得到具有更优秀的铁电性能的薄膜。图 4.9(b) 进一步给出了 $2\theta =$ 21.5°、30.5° 以及 33° 附近的 XRD 图谱放大图。由图可见，BDTFO 薄膜样品 $(00\underline{10})$ 和 (119) 衍射峰向左发生了平移，而 (220) 衍射峰略微右移。这些都意味着在掺杂稀土元素 Dy 之后，BTFO 的晶体结构发生了畸变。由于 Dy^{3+} 的离子半径 (0.103nm) 要小于 Bi^{3+} 的离子半径 (0.117nm)，因此，Ti—O、Fe—O 之间是有应力存在的，而在 Bi—O 之间存在张力。根据体系有最小的自由能时稳定，故用 Dy^{3+} 代替了 BTFO 中的Bi^{3+}后，会导致铋氧键发生畸变，从而导致氧八面体发生畸变。

元素替位掺杂晶格畸变最外在的表现是薄膜的表面形貌和颗粒大小的变化，而这种尺寸大小的变化与衍射峰的平移有密切联系。通过 SEM 和 AFM 对表面形貌逐一表征。

Ho-Mn 共掺及各自单掺的薄膜形貌图如图 4.10 所示。可以看出元素替位掺杂不仅改变颗粒的大小，同时也改变了颗粒的尺寸。BTFO 薄膜是由一些长 600nm、直径 270nm 的棒状颗粒组成，同时看到有明显的孔洞出现。B 位 Mn 元素代替 Fe 元素之后，棒状颗粒变成粗管状的长 450nm、直径 220nm 不规则马铃薯型的颗粒并且

图 4.10 Ho-Mn 共掺及各自单掺的薄膜形貌 (扫描封底二维码可看彩图)

无明显孔洞出现，薄膜致密光滑。Ho 元素替位掺杂后，不规则马铃薯状的颗粒进一步减小成椭球状的纳米颗粒，Ho-Mn 共掺后薄膜更加致密，颗粒更小。掺杂引起形貌和颗粒尺寸变化主要是由于引入稀土或过渡元素后，可以在很大程度上抑制氧空位的生成和迁移速率，晶粒生长速率减慢，最终导致了生成小颗粒的致密薄膜 [19–21]。

在作形貌表征的同时也使用了高分辨率的 SEM，对薄膜材料的表面形貌和颗粒大小进行表征测试，如图 4.11 所示，(a) 是 BTFO 的表面；(b) 是 Ho 掺杂的 BHTFO 薄膜的表面形貌。

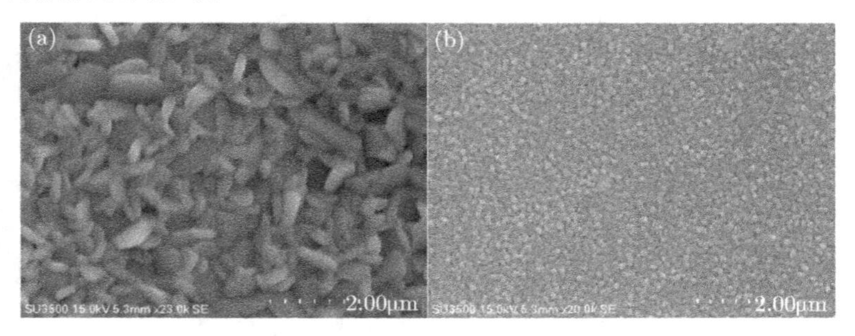

图 4.11 (a) BTFO 与 (b) BHTFO 薄膜的 SEM 图

从图中可以清楚地看到，BHTFO 薄膜是由形状规则的球形纳米颗粒紧密地堆积而成。纳米颗粒之间均一分布并且紧紧地连接到一起，但是并没有发现纳米颗粒之间发生特别强烈的聚合，纳米颗粒基本保持单分散性。纳米颗粒的平均尺寸是 70nm。

4.3.4 $Bi_5Ti_3FeO_{15}$ 基铁性薄膜的多铁耦合及调控

1. 铁电性及其调控

利用标准铁电测试系统(Precision Multiferroic, Radiant)，测试$Bi_5Ti_3FeO_{15}$ 基铁性薄膜及掺杂改性的铁电性质。图 4.12 所示为 BTFO、BHTFO、BTFMO、BHTFMO 薄膜的电滞回线，测试信号是 f= 1kHz 的三角波。为了测试薄膜样品的铁电性，首先对样品表面利用离子溅射仪制备 Au 电极。从图中可以看出，所有的薄膜都表现出明显的铁电极化特性，其剩余极化 P_r 值和饱和极化值 P_s 近似满足 $P_s \approx 2P_r$，且随着掺杂都表现出单调的递增行为。在电场为 450kV/cm 时，BTFO、BHTFO、BTFMO 及 BHTFMO 纳米薄膜的 P_s 值分别为 22.02μC/cm^2、47.6μC/cm^2、46.2μC/cm^2 及 68.3μC/cm^2。通过这些数据，可以明显地看出共掺杂 BHFMO 纳米薄膜的饱和极化强度最大，无掺杂 BTFO 的饱和极化强度最小。

Dy 单一元素掺杂后，薄膜晶向出现了沿 (119) 晶向的择优生长，相应的铁电性能表现出优异的特性，如图 4.13 所示。

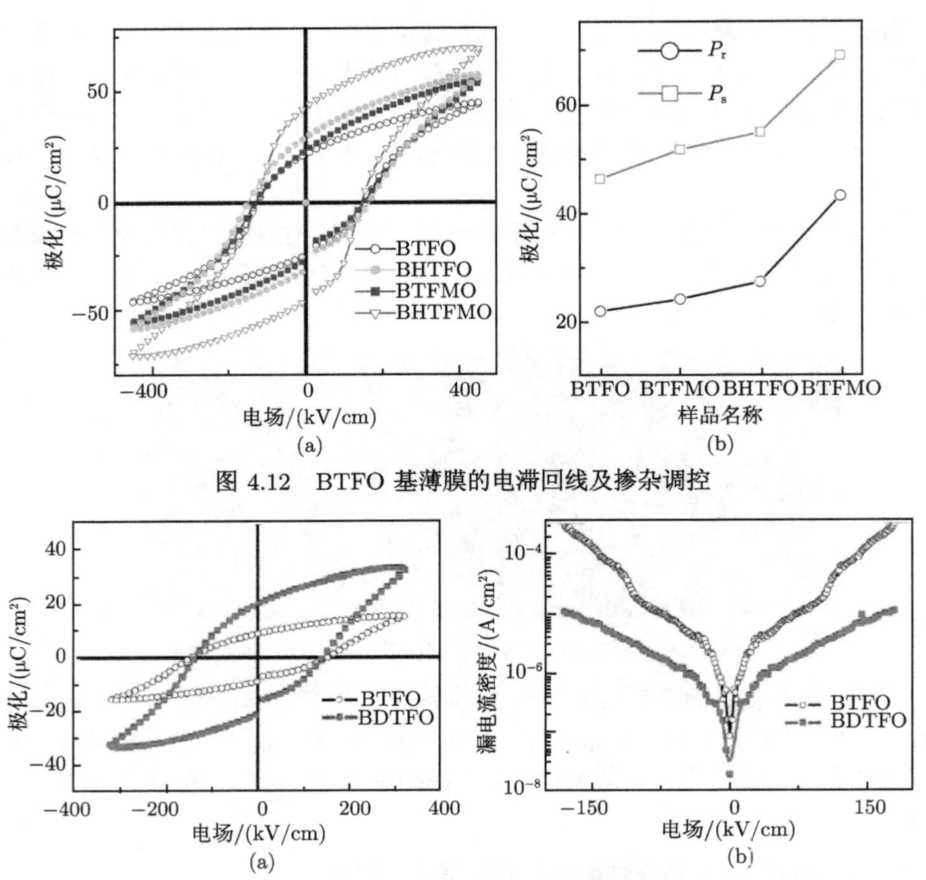

图 4.12　BTFO 基薄膜的电滞回线及掺杂调控

图 4.13　Dy 元素掺杂调控的 BTFO 基薄膜的电滞回线及漏电流分析

结合 4.3.3 节，Dy 调控 BTFO 薄膜的择优生长，由此而调控的铁电性增强很明显，在相同的外加电场 350kV/cm 下，同比其他元素掺杂或者 AB 位共掺杂提高了 $20\mu C/cm^2$，可调控程度达 107%。由于在缺陷处会形成内部势垒，势垒的存在会抑制铁电畴的生长和对外加电场的响应程度。薄膜择优生长，形成较少的内部缺陷，铁电畴易于发生翻转。

在表征复合薄膜铁电性的同时测试其漏电流性能，漏电流密度 J- 电压 V(J-V) 曲线如图 4.13(b) 所示。Dy 掺杂后择优生长的薄膜对漏电流的改善呈现出了数量级的变化，当外电场达到 215kV/cm 时，薄膜的漏电流密度从初始的 $8\times10^{-4}A/cm^2$ 到掺杂后的 $5\times10^{-5}A/cm^2$，其数量级亦在合理范围内。

2. 压电性及其调控

作为一种环境友好型的磁电材料，其压电性能是所关注的重点，借助压电力显微镜测试纳米薄膜表面形变对外加电场的响应。压电性能产生的机理要求薄膜的原子晶格有反对称性结构 [22]。

从具有正交相的 BTFO 薄膜的空间对称性开始讨论压电性能，图 4.14 是 BTFO 薄膜的空间构型图。

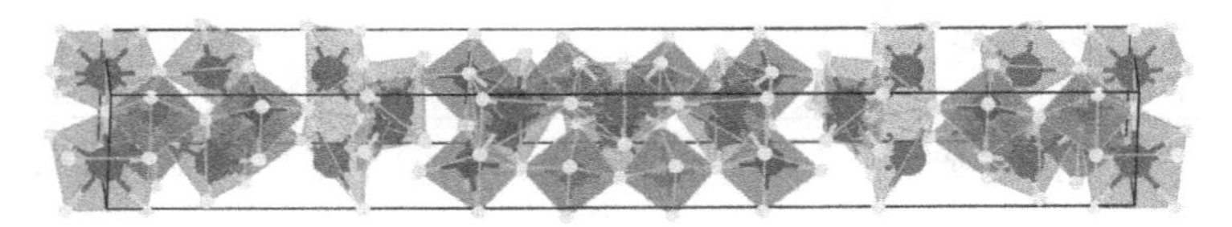

图 4.14 BTFO 薄膜的空间构型

BTFO 薄膜属于正交晶系的 $F2mm$ 空间点群。国际通用的空间群符号：P 代表原始格子以及六方底心格子 (六方底心格子为三方晶系和六方晶系所共有)；F 代表面心格子；I 代表体心格子；C 代表 (001) 底心格子 (即与 z 轴相交的平行六面体两个面中心和八个角顶有相当的构造单位配布)；A 代表 (100) 底心格子 (即与 x 轴相交的平行六面体两个面中心和八个角顶有相当的构造单位配布)；R 代表三方原始格子。表 4.2 列出了 14 种布拉维格子。正交晶系的特点是有 3 个相互正交的晶体轴，分别沿着 a、b、c 轴方向，国际符号中第一项表示沿 a 轴方向，第二项表示沿 b 轴方向，第三项表示沿 c 轴方向 [23]。$F2mm$ 表示正交面心立方格子点群有 2 个对称面分别沿着 b 轴方向和 a 轴方向，以及一个沿 c 轴方向的 2 次轴。

BTFO 薄膜作为一种电介质材料，电极化所服从的规律，可以用 6 个物理量来描述，分别是电极化强度 P，电场强度 E，电位移 D 和极化率 χ，介电常数 ε_0。在一个各向异性的电介质中，P，D，E 的各个分量满足关系：

$$D = \varepsilon_0 E + P \tag{4.2}$$

假设电介质在 x 方向受到电场分量 E_x 的作用，在 x，y，z 方向也出现极化强度分量，与 E_x 的关系为

$$\begin{cases} P_x^{(1)} = \chi_{11} E_x \\ P_y^{(1)} = \chi_{21} E_x \\ P_z^{(1)} = \chi_{31} E_x \end{cases} \tag{4.3}$$

用类似的思维可以得到在 y，z 方向上在电场分量 E_y，E_z 作用下的电极化强度：

$$\begin{cases} P_x^{(2)} = \chi_{12} E_{\mathrm{y}} \\ P_y^{(2)} = \chi_{22} E_y \\ P_z^{(2)} = \chi_{32} E_y \\ P_x^{(3)} = \chi_{13} E_z \\ P_y^{(3)} = \chi_{23} E_z \\ P_z^{(3)} = \chi_{33} E_z \end{cases} \tag{4.4}$$

表 4.2　14 种布拉维格子和 7 类晶系

类型	原始 (P)	底心 (C)	体心 (I)	面心 (F)
三斜	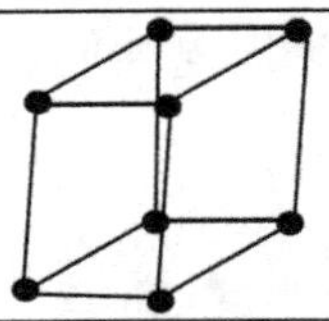			
单斜	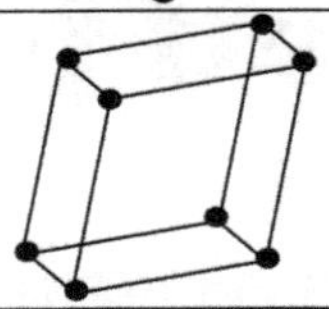	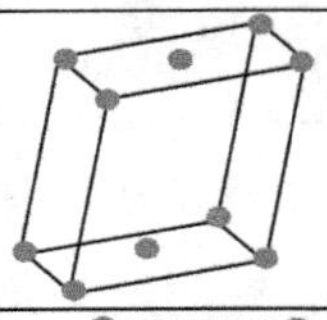		
正交	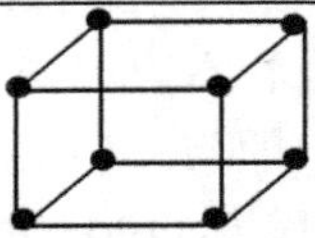	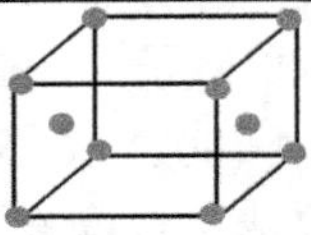	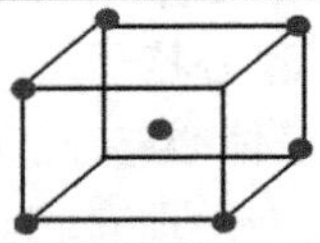	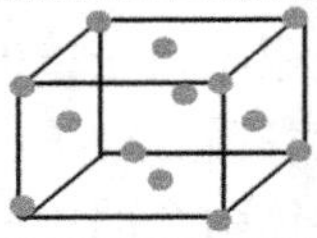
四方	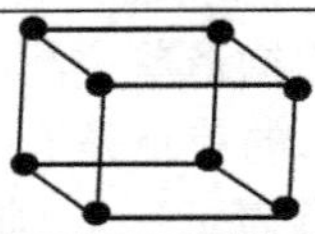		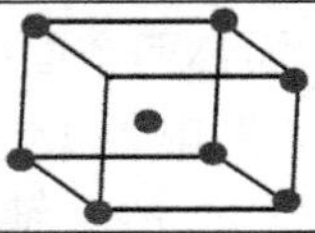	
六角	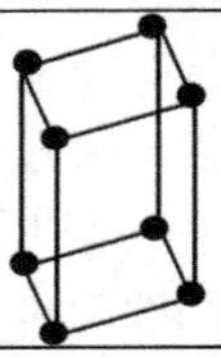			
三角	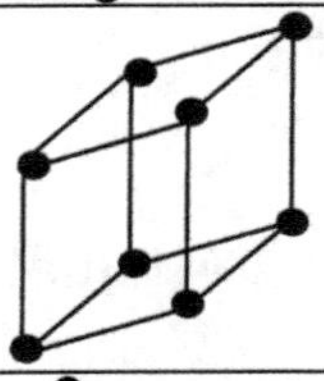			
立方	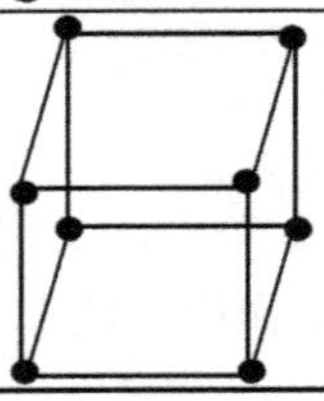			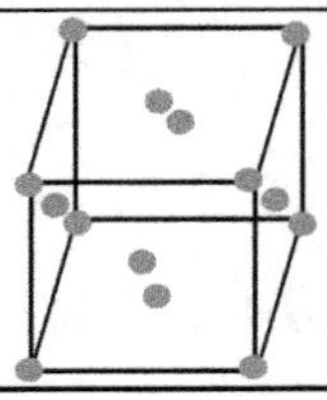

故而在 E 场作用下的电极化 P 为

$$\begin{cases} P_x = \chi_{11}E_x + \chi_{12}E_y + \chi_{13}E_z \\ P_y = \chi_{21}E_x + \chi_{22}E_y + \chi_{23}E_z \\ P_z = \chi_{31}E_x + \chi_{32}E_y + \chi_{33}E_z \end{cases} \tag{4.5}$$

理论和实验均表明对所有电介质而言，介电极化率只有 6 个是独立的：

$$\begin{cases} \chi_{12} = \chi_{21} \\ \chi_{13} = \chi_{31} \\ \chi_{23} = \chi_{32} \end{cases} \tag{4.6}$$

于是 (4.5) 式改写成

$$\begin{cases} P_x = \chi_{11}E_x + \chi_{12}E_y + \chi_{13}E_z \\ P_y = \chi_{21}E_x + \chi_{22}E_y + \chi_{23}E_z \\ P_z = \chi_{13}E_x + \chi_{23}E_y + \chi_{33}E_z \end{cases} \tag{4.7}$$

定义极化率 χ_{11} 为电场在 y，z 方向的分量不变时，x 方向极化强度 P_x 变化与相应方向 E 分量的变化之比，即

$$\chi_{11} = \left(\frac{\partial P_x}{\partial E_x}\right)_{E_y,E_z} \tag{4.8}$$

在其他方向的定义可以作相应推广，电极化率 χ 是一个二阶张量，可以用爱因斯坦求和指标把 (4.7) 式简写为

$$P_\alpha = \sum_{\beta=1}^{3} \chi_{\alpha\beta}E_\alpha \quad (\alpha, \beta = 1, 2, 3) \tag{4.9}$$

为了与晶体的对称性建立直观的联系，可以把 (4.9) 式写成矩阵的形式：

$$\begin{pmatrix} P_1 \\ P_2 \\ P_3 \end{pmatrix} = \begin{pmatrix} \chi_{11} & \chi_{12} & \chi_{13} \\ \chi_{12} & \chi_{22} & \chi_{23} \\ \chi_{13} & \chi_{23} & \chi_{33} \end{pmatrix} \begin{pmatrix} E_1 \\ E_2 \\ E_3 \end{pmatrix} \tag{4.10}$$

现在考虑 P、D、E 的各个分量满足的关系式 (4.2)，结合 (4.7) 式、(4.8) 式、(4.10) 式引入矩阵表示：

$$\begin{pmatrix} D_x \\ D_y \\ D_z \end{pmatrix} = \begin{pmatrix} \varepsilon_{11} & \varepsilon_{12} & \varepsilon_{13} \\ \varepsilon_{12} & \varepsilon_{22} & \varepsilon_{23} \\ \varepsilon_{13} & \varepsilon_{23} & \varepsilon_{33} \end{pmatrix} \begin{pmatrix} E_x \\ E_y \\ E_z \end{pmatrix} = \begin{pmatrix} \varepsilon_0 + \chi_{11} & \chi_{12} & \chi_{13} \\ \chi_{12} & \varepsilon_0 + \chi_{22} & \chi_{23} \\ \chi_{13} & \chi_{23} & \chi_{33} \end{pmatrix} \begin{pmatrix} E_x \\ E_y \\ E_z \end{pmatrix} \tag{4.11}$$

对于各向同性的电介质，电极化率是一个对角矩阵，ε 是电容率 (介电常数)，P，D，E 三者的关系可以简写为

$$\begin{pmatrix} P_x \\ P_y \\ P_z \end{pmatrix} = \begin{pmatrix} \chi & 0 & 0 \\ 0 & \chi & 0 \\ 0 & 0 & \chi \end{pmatrix} \begin{pmatrix} E_x \\ E_y \\ E_z \end{pmatrix} \tag{4.12a}$$

$$\begin{pmatrix} D_x \\ D_y \\ D_z \end{pmatrix} = \begin{pmatrix} \varepsilon & 0 & 0 \\ 0 & \varepsilon & 0 \\ 0 & 0 & \varepsilon \end{pmatrix} \begin{pmatrix} E_x \\ E_y \\ E_z \end{pmatrix} \tag{4.12b}$$

在 32 个点群中有 21 个没有对称中心，在 21 个点群中有 20 个具有压电效应，对称性越低，晶体的独立介电常数越多。压电效应晶体的对称性介于完全各向同性和完全各向异性体之间。BTFO 薄膜所属的正交晶系是低对称性晶系，独立的介电常数、弹性常数和压电常数个数分别为 3、9、5。BTFO 正交系 $2mm$ 点群的晶体，x 轴是 2 次轴，yz 面是对称面，可以作如下对称操作:

(1) 晶体绕 x 轴旋转 180°。

如图 4.15(a) 所示，有如下反演关系：$x'=x$，$y'=-y$，$z'=-z$，而 $x\to1$，$y\to2$，$z\to3$，即 $1'=1$，$2'=-2$，$3'=-3$，故有 $\varepsilon'_{11}=\varepsilon_{11}$，$\varepsilon'_{12}=-\varepsilon_{12}$，$\varepsilon'_{13}=-\varepsilon_{13}$，$\varepsilon'_{22}=\varepsilon_{22}$，$\varepsilon'_{23}=\varepsilon_{23}$，$\varepsilon'_{33}=\varepsilon_{33}$。

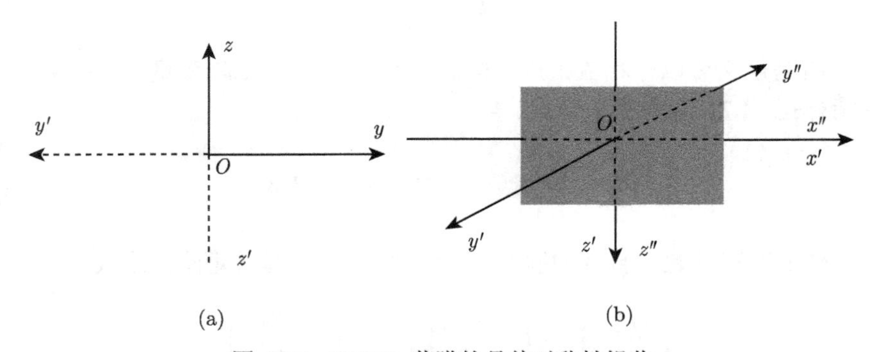

图 4.15　BTFO 薄膜的晶体对称性操作

(2) 晶体关于 y 面的镜面操作。

如图 4.15(b) 所示有如下反演关系：$x''=x'$，$y''=-y'$，$z''=z'$，而 $x''\to1''$，$y''\to2''$，$z''\to3''$，即 $1''=1'=1$，$2''=-2'=2$，$3''=3'=-3$，故有 $\varepsilon''_{11}=\varepsilon'_{11}=\varepsilon'_{11}$，$\varepsilon''_{12}=-\varepsilon'_{12}=\varepsilon_{12}$，$\varepsilon''_{13}=\varepsilon'_{13}=-\varepsilon_{13}$，$\varepsilon''_{22}=\varepsilon'_{22}=\varepsilon'_{22}$，$\varepsilon''_{23}=-\varepsilon'_{23}=-\varepsilon_{23}$，$\varepsilon''_{33}=\varepsilon'_{33}=\varepsilon'_{33}$。

而由于晶体对称操作不变性的要求，有恒等式:

$$\begin{cases} \varepsilon''_{11}=\varepsilon'_{11}=\varepsilon_{11} \\ \varepsilon''_{12}=\varepsilon'_{12}=\varepsilon_{12} \\ \varepsilon''_{13}=\varepsilon'_{13}=\varepsilon_{13} \\ \varepsilon''_{22}=\varepsilon'_{22}=\varepsilon_{22} \\ \varepsilon''_{23}=\varepsilon'_{23}=\varepsilon_{23} \\ \varepsilon''_{33}=\varepsilon'_{33}=\varepsilon_{33} \end{cases} \tag{4.13}$$

所以需要满足下列等式:

$$\begin{cases} \varepsilon''_{12} = -\varepsilon'_{12} = \varepsilon'_{12} = \varepsilon_{12} = 0 \\ \varepsilon''_{13} = \varepsilon'_{13} = -\varepsilon'_{13} = \varepsilon_{13} = 0 \\ \varepsilon''_{23} = -\varepsilon'_{23} = \varepsilon'_{23} = -\varepsilon_{23} = \varepsilon_{23} = 0 \end{cases} \tag{4.14}$$

于是找到了压电薄膜 BTFO 的 3 个独立的介电常数:

$$\varepsilon = \begin{pmatrix} \varepsilon_{11} & 0 & 0 \\ 0 & \varepsilon_{22} & 0 \\ 0 & 0 & \varepsilon_{33} \end{pmatrix} \tag{4.15}$$

压电效应是反映电介质的介电性和弹性性质之间的耦合，所以需要讨论 BTFO 薄膜晶体的弹性性质。

还是从对称性开始讨论 $F2mm$ 晶体的弹性性质。

对于正交晶系 $F2mm$ 点群的 BTFO 晶体的弹性顺服常量矩阵 [23]:

$$s = \begin{pmatrix} s_{11} & s_{12} & s_{13} & 0 & 0 & 0 \\ s_{12} & s_{22} & s_{23} & 0 & 0 & 0 \\ s_{13} & s_{23} & s_{33} & 0 & 0 & 0 \\ 0 & 0 & 0 & s_{44} & 0 & 0 \\ 0 & 0 & 0 & 0 & s_{55} & 0 \\ 0 & 0 & 0 & 0 & 0 & s_{66} \end{pmatrix} \tag{4.16}$$

其压电常数矩阵为

$$d_{ij} = \begin{pmatrix} 0 & 0 & 0 & 0 & d_{15} & 0 \\ 0 & 0 & 0 & d_{24} & 0 & 0 \\ d_{31} & d_{32} & d_{33} & 0 & 0 & 0 \end{pmatrix} \tag{4.17}$$

可以通过对压电晶体的切割来得出压电常数矩阵和压电方程。切割符号的一般规定具体如下:

x，y，z 代表晶体的三个坐标轴，l (length)、w (width)、t (thickness) 分别代表晶片的长度、宽度、厚度。切割符号中的四个字母和数字依次代表厚度方向、长度方向，最后两个字母代表旋转方向，字母后的数字代表按逆时针旋转的角度。图 4.16 给出几个具体的实例。例如，xy 切割表示切割的厚度与 x 轴平行，长度与 y 平行，$yzw-50°$ 切割表示厚度方向是平行于 y 轴，长度方向平行于 z 轴，并且绕宽度方向沿着逆时针旋转 $-50°$(顺时针 $50°$)。

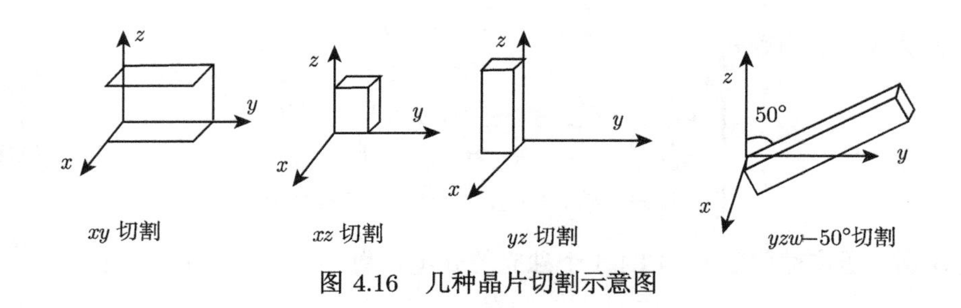

图 4.16 几种晶片切割示意图

在实验上使用压电力显微镜对 BTFO 纳米薄膜作纳米尺度上压电力相应表征。分别对 BTFO 基铁性纳米薄膜及掺杂改良的薄膜作了表征，如图 4.17 所示。

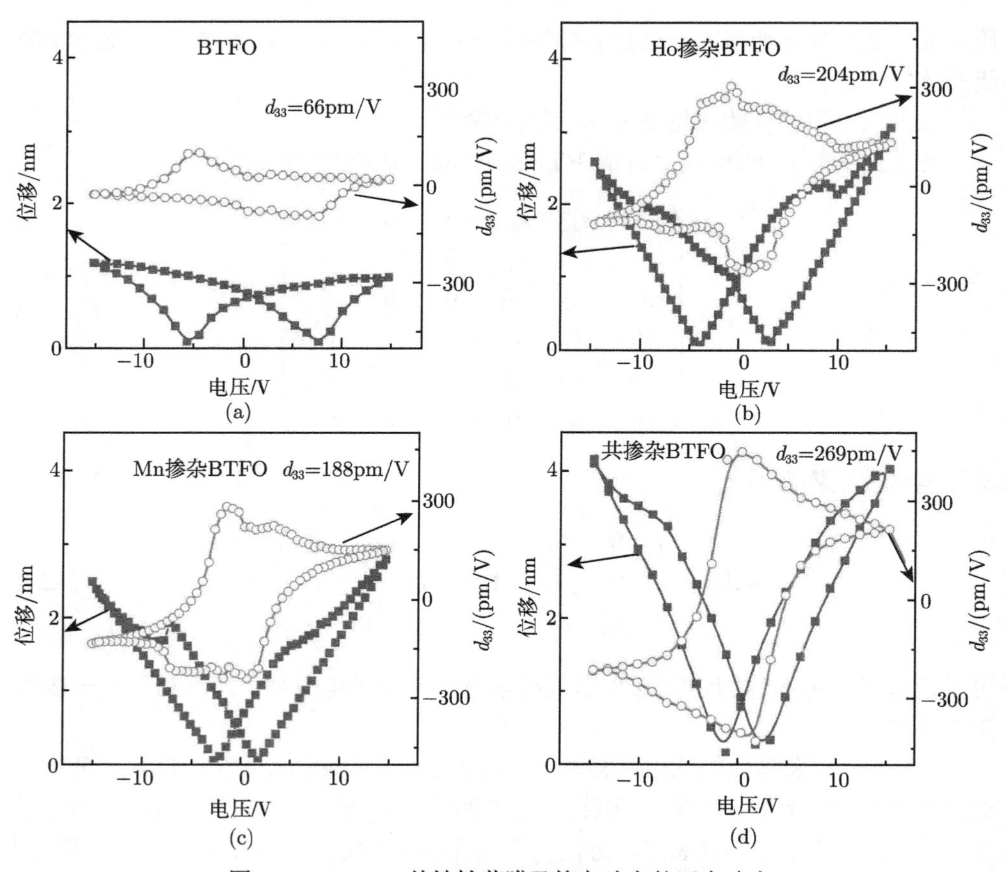

图 4.17 BTFO 基铁性薄膜及掺杂改良的压电响应

如图 4.18 中所示，未经过掺杂的 BTFO 薄膜压电性比较弱，A、B 和 AB 位共掺杂的薄膜压电性均有不同程度的提高，其中 AB 位共掺杂的纳米薄膜的压电性最好，A 位 Ho 元素掺杂次之，第三是 B 位 Mn 元素掺杂。根据逆压电效应从薄膜表面位移计算出压电系数 d_{33}，而这种元素等电子替位引起的压电增强的掺杂效应，可以从晶体的对称性角度来理解。母体基质元素与引入的杂质元素之间离子半径不一样，核电荷数不同，所以外层电子云密度空间对称性有差别，晶体内部电荷中心发生微小平移。这种情形可以看成一种微扰，用量子力学的微扰理论作一个定性的理解，掺杂后的原子构型如图 4.18 所示。在未进行元素掺杂的晶体中原子在平衡位置作简谐振动。掺杂后在晶体场作用下，由于不同核电荷数和电子的重叠排斥作用，原子产生位移，并在新的位置达到动态振动平衡。

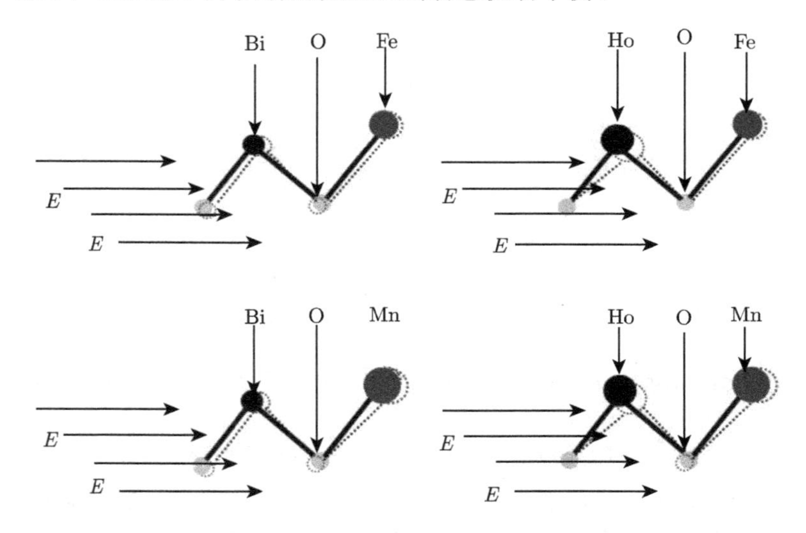

图 4.18 BTFO 基铁性薄膜原子掺杂调控压电响应示意图

3. *磁性能及其调控*

BTFO 薄膜的室温磁性来源于反铁磁本性下的短程自旋序倾斜，这极大地限制 BTFO 基薄膜的铁电铁磁耦合性能。自然需要对 BTFO 基薄膜磁性进行修饰和剪切，而元素替位掺杂是一种常见可行的手段。图 4.19 给出了不同元素及掺杂类型对磁性的修饰作用。

图 4.19 (a) 是单一元素修饰和 AB 位共同修饰的结果，图 4.19(b) 是 Dy 元素替位后择优生长对磁性能的修饰；图 4.19(c) 是不同元素和掺杂类型对饱和磁化和矫顽场的影响。从饱和磁化的角度可以清晰地看出过渡元素替位对磁性的增强作用较稀土 Ho 元素替位明显，AB 共替位掺杂优于单一 Ho、Mn 掺杂的效果，而实现择优生长的 Dy 掺杂对饱和磁化的修饰作用最强。再者从对矫顽场的修饰看，除 Dy 掺杂择优生长反常减小外，都服从和饱和磁化类似的调控规律。可以作如下的理解：

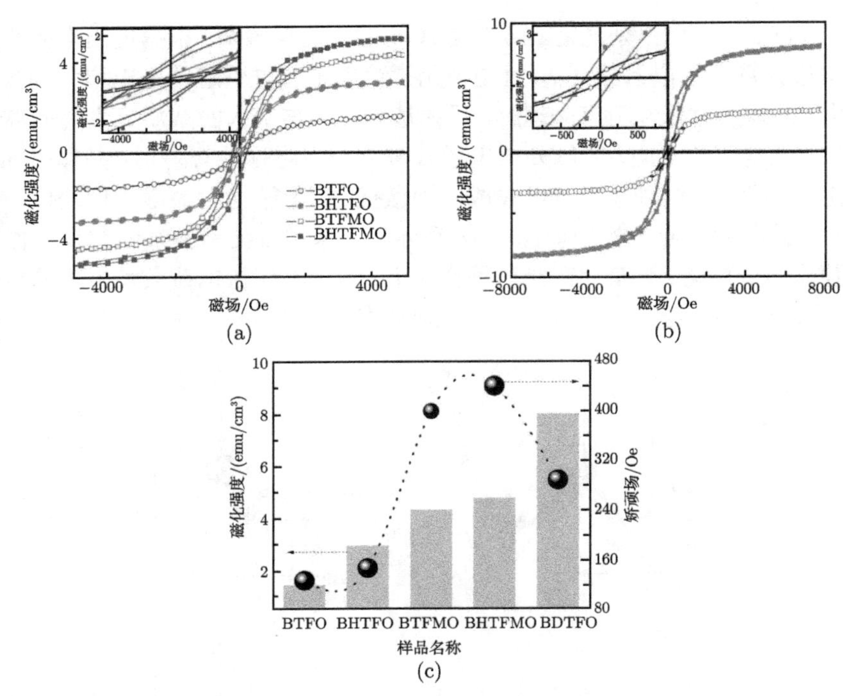

图 4.19　不同元素掺杂和掺杂类型对 BTFO 基铁性薄膜磁性的修饰图

(1) BTFO 薄膜的室温磁性来源于倾斜的短程磁有序自旋结构 [24]。

(2) 引入具有 4f 轨道的磁性离子 Ho^{3+}、Mn^{3+}、Dy^{3+} 后，时间和空间自旋对称性进一步缺失，短程磁有序结构易于倾斜，整体电子自旋方向趋于外磁场；具有择优生长取向的薄膜，反对称性自旋结构更为突出，矫顽力下降的最可能原因就是薄膜内缺陷的减少和残余应力的释放。因为择优生长有利于薄膜内缺陷的消失，并使薄膜内存在的残余应力减小或者消失。这样薄膜的矫顽力就会下降；其次择优生长也可以认为在一定程度上有相变的发生，故薄膜内部应力在生长的时候得到了适当的释放，矫顽场出现减小而饱和磁化最为明显。

(3) 用 Ho、Mn 分别部分替代 BTFO 中的 Bi、Fe, 实验结果表明大大改善了样品的铁磁性能。但掺 Mn 后，随机分布的 MnO_6 氧八面体和 FeO 氧八面体容易导致局部 Mn-O 团簇和 Fe-O 团簇双交换作用 [25]。此外，过渡金属离子未完全填满的 d 轨道极易与其周围氧离子的 2p 轨道发生杂化，导致氧八面体的高对称性或磁性离子与氧离子之间的化学键在相反方向上具有相似的键长 [26]。由图 4.14 中 BTFO 的晶体结构示意图可知，在两个 Bi-O 层之间，Fe^{3+} 可以占据两种不等价的氧八面体中心，其一是位于内氧八面体 $Ti/Fe(1)O_6$ 的中心，另一种则位于外氧八面体 $Ti/Fe(2)O_6$ 的中心，而且外氧八面体比内氧八面体的畸变程度更大 [27]。在

BTFMO 薄膜中会发生更加直接的 M-O-M 交换作用 (M 代表磁性离子)，而不是 M-O-Ti-O-M 的交换作用。另外，由于离子半径的差别，BHTFMO 的晶格畸变程度要大于 BTFO 的，这样就会引起 M 氧八面体的倾斜，所以磁性最强。

4. 多铁耦合及元素掺杂修饰

多铁耦合指两种以上的多铁性相互耦合调制，如铁电性 (ferroelectric)、铁磁性 (ferromagnetic)、铁弹性 (ferroelasticity)、铁涡性 (ferrotoroidic) 彼此之间相互耦合和调控 [12]。在本节中多铁耦合特指磁电耦合效应，外场下铁电性、铁磁性和铁弹性之间的耦合关系如图 4.20 的双三角形关联 [28] 所示。从点群的角度来看，在已知的 32 个非磁性点群中，有 11 个点群具有对称中心 (center-symmetric)，剩下的 21 个点群中除 432(不存在含极化轴 (polar axis)) 子群外的 20 个点群有可能产生压电性 (piezoelectric)，而在有可能产生压电性的这 20 个点群中有 10 个点群因为具有极化轴有可能自发产生电极化而具有热释电性 (pyroelectric)，只有在这 10 个有可能产生热释电性的点群中才有可能产生在外场可改变极化状态的热释电体即铁电体 (ferroelectric)。如果加入磁性，在 122 个磁性点群中 (Heesch-Shubnikov 表示法)，铁磁、铁电和铁涡旋性点群均为 31 个，其中两种铁性共存的点群均为 13 个，三者同时存在的点群为 9 个 [28]。其交集情形如图 4.21 所示，具体而言材料的各种多铁特性所属的点群分类如图 4.22 所示 [29]。

图 4.22 中 M 代指磁矩，P 代指自发极化，v 是一个矢量，指有相等的平移特性的线性动量 p 和自发漩涡 T_s。

BTFO 基纳米结构薄膜所属点群 $2mm$，按上面的讨论把 BTFO 划归到 Pv 共存的序列，故在室温下磁电耦合系数比较小，通过元素等电子替位掺杂改进磁电耦合效应，如图 4.23 所示。

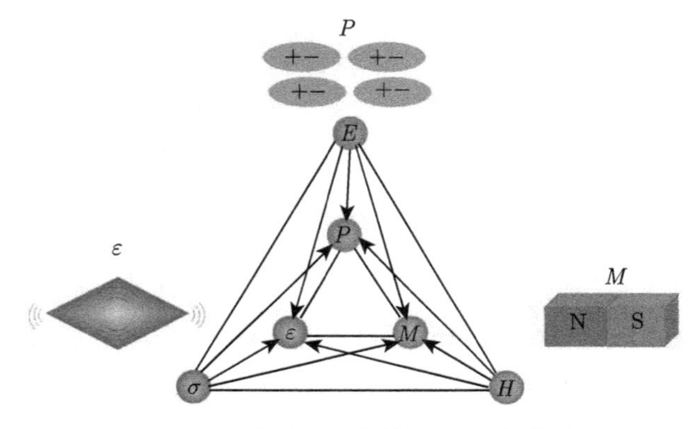

图 4.20　多铁耦合中的双三角关系图

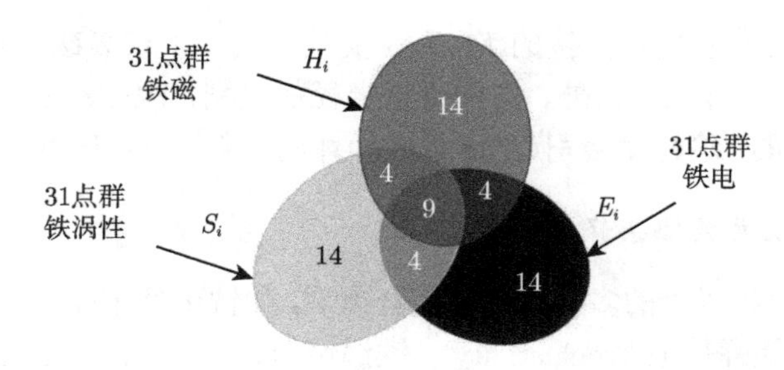

图 4.21　多铁序共存点群关系图

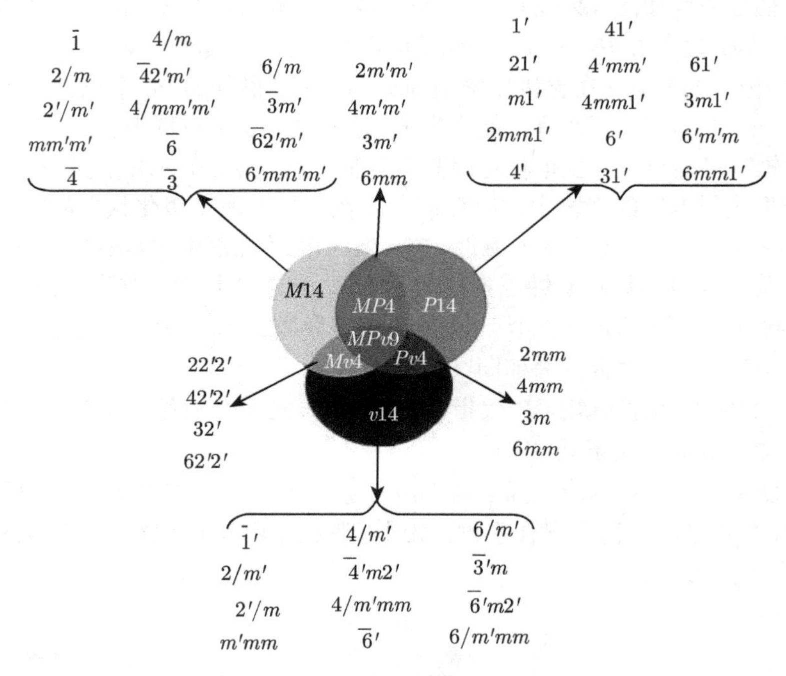

图 4.22　多铁性序参量点群关系图

磁电效应是与铁电效应和磁性相关的二级耦合效应，磁电效应可以根据吉布斯自由能从理论上导出。材料的吉布斯自由能可以表示为 [30]

$$\mathrm{d}G = -S\mathrm{d}T + P_i\mathrm{d}E_i + M_j\mathrm{d}H_j + x_{ij}\mathrm{d}X_{ij} \tag{4.18}$$

其中，G、S、P、M 和 x 分别为吉布斯自由能、熵、自发极化强度、自发磁化强度和弹性应变；T、E、H 和 X 分别为温度、外加电场、磁场和应力。在室温中测试可以认为温度是恒定的，$S\mathrm{d}T$ 项变为零；若同时没有外力的作用 X 为零，则上式中最后一项 $x_{ij}\mathrm{d}X_{ij}$ 也变为零。同时将上式扩充积分：

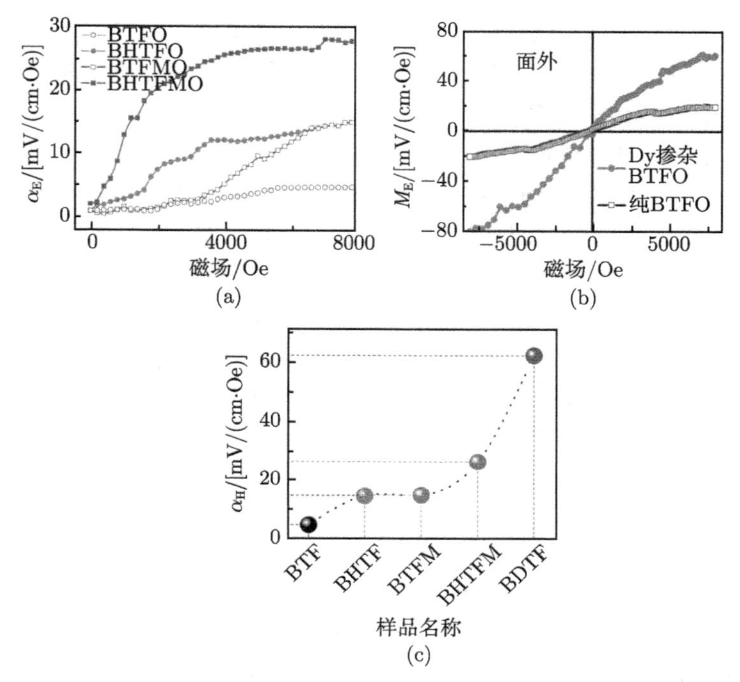

图 4.23 不同元素掺杂和掺杂类型对 BTFO 基铁性薄膜磁电耦合的修饰

$$G = P_i^s E_i + M_i^s H_i + \frac{1}{2}\varepsilon_0\varepsilon_{ik}E_iE_k + \frac{1}{2}\mu_0\mu_{ik}H_iH_k + \alpha_{ik}E_iH_k + \frac{1}{2}\beta_{ijk}E_iH_jH_k + \frac{1}{2}\gamma_{ijk}H_iE_jE_k + \cdots \tag{4.19}$$

其中，$\vec{E}$ 和 $\vec{H}$ 分别是响应的电场和磁场。上式分别对电场和磁场作微分可以得出电极化 (polarization)：

$$P_k\left(\vec{E},\vec{H}\right) = \frac{\partial G}{\partial E_k} = P_k^s + \frac{1}{2}\varepsilon_0\varepsilon_{ik}E_i + \alpha_{ki}H_i + \frac{1}{2}\beta_{kij}H_iH_j + \frac{1}{2}\gamma_{ijk}H_iE_j - \cdots \tag{4.20}$$

在电场为零时的自发电极化：

$$P_k^s = -\alpha_{ki}H_i - \frac{1}{2}\beta_{kij}H_iH_j \tag{4.21}$$

磁极化 (magnetization)：

$$M_k\left(\vec{E},\vec{H}\right) = \frac{\partial F}{\partial H_k} = M_k^s + \frac{1}{2}\mu_0\mu_{ik}H_k + \alpha_{ik}E_i + \frac{1}{2}\beta_{ijk}E_iH_j + \frac{1}{2}\gamma_{ijk}E_jE_k - \cdots \tag{4.22}$$

在磁场为零时的自发磁极化：

$$M_k^s = -\alpha_{ik}E_i - \frac{1}{2}\gamma_{kji}E_jE_k \tag{4.23}$$

P_k^{s} 和 M_k^{s} 分别是自发的电极化和磁极化；ε 和 μ 是电极化率和磁极化率；张量 α 是电 (磁) 场诱导出的磁 (电) 极化，这里特指线性磁电耦合效应。高阶的张量 β 和 γ 对应高阶的磁电效应，目前磁电效应主要集中在低阶张量 α 系数的研究。电子同时具有电荷序列和自旋的特性，可以认为是磁电耦合效应的微观起源 [31]。电子的轨道态密度可以被外场压缩或者拉伸以静电力、静磁力和洛伦兹力的形式改变电子的物理状态，同时决定材料磁性能电子的自旋状态也可以被外场调控发生倾斜和重构。

BTFO 薄膜在室温下有较弱的磁电耦合特性，耦合系数 α 约在 5mV/(Oe·cm)。对其进行元素替位掺杂后，室温磁电耦合效应明显增强；同时发现单一元素 Ho 和 Mn 进行 A 位和 B 位替换后，BTFO 所属的空间结构出现一定程度的时间和空间对称性破缺，双重对称性破缺出现使得磁电耦合效应增强，杂质元素与基质元素离子半径的差别和电子云取向的差异，使得 Ho 和 Mn 各自修饰了薄膜的铁电性和磁性能，磁电效应作为一种耦合效应，也都得到了提高。此外较大的晶格畸变导致晶体结构的斜交旋转，从而使得 Dzyaloshinskii-Moriya 相互作用增强进而自旋序和铁电序的耦合作用加剧，所以观察到了室温增强的磁电耦合效应。

对于出现 (119) 择优生长的 Dy 掺杂薄膜，择优生长即发生了 (119) 织构行为，其铁电性和铁磁性都明显优于多晶薄膜，如图 4.23 所示。BTFO 和 Dy 掺杂的 (119) 织构薄膜内铁电畴和铁磁畴沿着某一方向择优取向，整体表现出较强的自发铁电性和铁磁性，这可以由图 4.13 和图 4.19 得出。作为一种耦合效应，择优取向的铁电序和铁磁序的耦合一定要强于无序的铁电序和铁磁序的耦合 [25,27]。此外，从唯象理论的 (4.22) 式、(4.24) 式可以定性得出在织构生长的薄膜中可能有较大的磁电耦合。

5. 周期性电场对 BTFO 基薄膜 Ho 掺杂多铁耦合的调控

1) 周期性电场对铁电性的调控

铁电薄膜长时间在周期电场的环境中会出现老化，或者称之为疲劳。其特征表现出铁电极化下降。那么磁电耦合效应为核心的器件，经常在周期性的外场中工作，是否会影响其耦合行为值得研究。

以周期性电场对磁电耦合的影响作分析，关于铁电疲劳有许多杰出的工作，其疲劳的机理也是多种机制共存，如娄晓杰教授率先提出基于局域相分解的电荷注入机制 [32,33] 和铁电畴钉扎效应 [34]，这两种机制有着丰厚的实验数据和理论支撑，被大家广为接受。先回顾这两种铁电疲劳机制。

A. 铁电畴钉扎效应

铁电极化的本质是铁电畴的翻转，实现铁电翻转要经历四个步骤：成核，纵向生长，横向生长和畴翻转 [35]，如图 4.24 所示。在这四个步骤中任何一个出现问题，都会影响铁电畴的翻转速率，进而影响铁电极化的大小，在宏观上表现为疲劳行为。

图 4.24 铁电畴翻转成核生长过程示意图

铁电体中某些电畴与缺陷的相互作用导致其所有的畴壁被固定，同时电畴中不包含可形成反方向畴的籽畴，则畴壁被钉扎，电畴可翻转能力下降，引发疲劳 [36]。铁电畴壁在外电场中会产生束缚电荷进而形成内场 (内场方向与外加电场相反)，薄膜内部的固有缺陷如氧空位等游离载流子会与内场相互作用，增大了整体的自由能。根据稳定态时能量最小知，在循环的电场作用下，空间电荷将逐渐被束缚在畴壁上并且与游离的载流子之间发生静电耦合作用，形成一个畴壁和补偿电荷的电中性复合体，以降低体系自由能保持稳定。如果这个复合体中的载流子被牢牢地固定住，那么电畴壁也将无法移动。畴壁钉扎机制关键之处在于自由的载流子向畴壁上的束缚电荷定向移动，而这个过程是需要时间的。因此，如果电畴翻转一次的时间越长，则有足够的时间可让载流子向畴壁移动，钉扎将越严重，引发的电疲劳也将越严重。

B. 局域相分解 —— 电荷注入

Lou 等 2006 年在 *Physical Review Letters* (*PRL*) 撰文提出一种疲劳机制，每进行一次极化翻转籽畴核的数量就会减少，在电极附近会有大量的电荷积累产生高压，温度升高，导致钙钛矿薄膜局域相分解，电荷积累和局域分解，如图 4.25 所示。

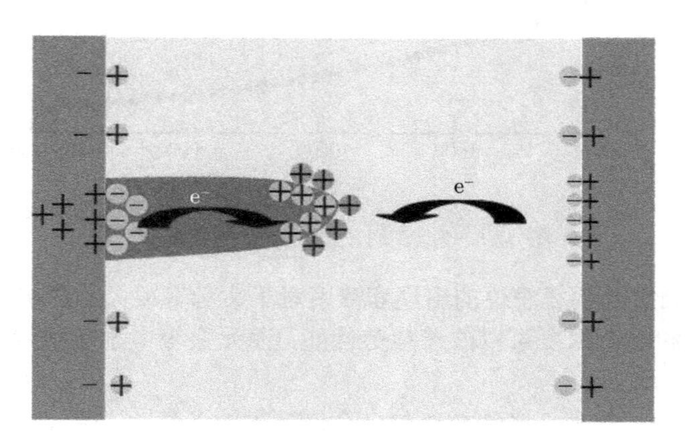

图 4.25 电荷注入疲劳机制示意图

假设铁电畴核的形成时间是数纳秒，铁电畴先进行纵向生长，接着依靠畴壁作横向的生长。铁电畴半球形结构尖端表面积累的电荷场 [32] 用下列公式定量表示：

$$E_{\mathrm{bc}} = \frac{P_{\mathrm{r}}}{3\varepsilon_{\mathrm{r}}\varepsilon_0} \tag{4.24}$$

其中，P_{r} 是剩余极化；ε_{r} 是相对介电常数。图 4.26 分别给出了介电频谱的疲劳测试曲线。从图中可以看出 $P_{\mathrm{r}} \approx 21.3\mu\mathrm{C/cm}^2$，$\varepsilon_{\mathrm{r}}$ 根据疲劳测试条件取值 300，可以估算出 $E_{\mathrm{bc}} \approx 0.31\mathrm{MV/cm}$。每经历一次电循环，铁电畴经受两个这样的高电场作用，并且由于尖端放电，电荷会通过 Fowler-Nordheim 隧道效应沿着电极注入薄膜内部，其电流密度可以用下列公式：

$$J = C_{\mathrm{FN}} E_{\mathrm{bc}}^2 \exp\left[-\frac{4\sqrt{2m^*}\left(q\Phi_{\mathrm{B}}\right)^{2/3}}{3q\hbar E_{\mathrm{bc}}}\right] \tag{4.25}$$

C_{FN} 称为 Fowler-Nordheim 系数，与接触势垒高度和界面电子的有效质量密切相关。在高压 E_{bc} 作用下注入电子与薄膜材料发生碰撞，造成局部温度过高使铁电薄膜成分分解，失去铁电效应，宏观上表现为电极化下降。

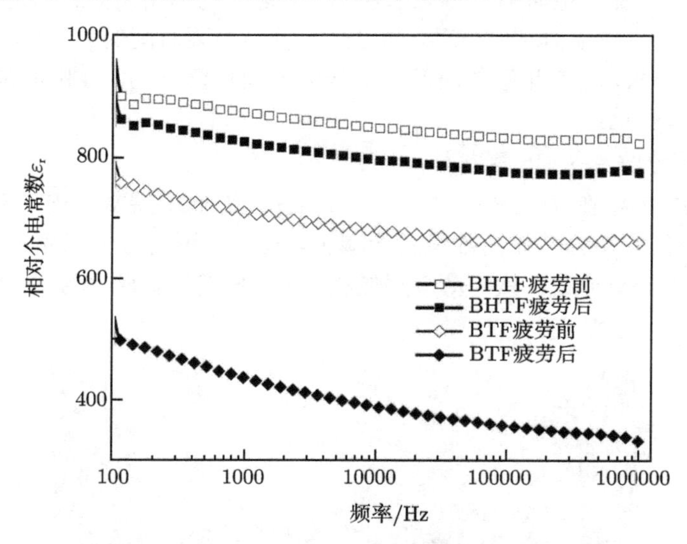

图 4.26 BTF、BHTF 疲劳介电频谱

许多学者研究表明氧空位的出现和浓度对于疲劳有很大的影响 [37]，所以抑制氧空位的生成和降低浓度可以改善疲劳性能，而元素等电子替换掺杂是一种有效的手段 [38]。

介电常数 (ε_{r}) 是表征多铁材料的一个最基本的参量。从图 4.26 中可以看出：BTF 和 BHTF 薄膜存在强烈的介电色散现象，即在低频区域铁电材料的相对介电常数随频率的升高而降低。有文献 [26] 给出了介电色散现象的机制：在叠加外部电场时，由于极化弛豫，电介质不可能立刻极化，从而导致介电常数的降低。在低频区域，铁电陶瓷中的所有极化，如原子极化、电子极化、偶极子极化、离子极化以及界面极化等，都会对电介质的整体极化产生贡献，但随着频率的增加，那些弛豫时间较长的极化就会跟不上电场的变化，从而导致介电常数降低。加上周期性电场后，所有薄膜的介电常数都出现了不同程度的下降。这是电极化疲劳所致，但是 Ho 元素掺杂后介电常数随频率下降较缓慢。对于 BTFO 薄膜，当测试频率从 800Hz 变化到 1.0MHz 时，样品的相对介电常数 ε_r 从 857 略微减小到 783。在加上周期性电场进行 10^{10} 次电极化翻转后，从图中还可以看出，介电常数 ε_r 在低于 10kHz 时，随频率增加而快速减小，在 10kHz 到 1.0MHz 高频段的介电常数的减小随着频率的加大变缓。介电常数的减小主要由漏导电流诱发，而氧空位被认为是导致漏导电流的主要原因之一，通过图 4.25 关于疲劳机制的分析可以得出电极化疲劳后薄膜–电极界面处有大量的注入电荷和氧空位，所以电极化翻转后介电常数下降了 56%。BHTFO 样品中 Ho 元素替代一定量的 Bi，高温烧结过程中 Bi 的挥发引起 Bi 空位，而且氧空位的浓度会得到很大程度的抑制，减少了漏电流，所以极化翻转前后的介电常数下降 10%左右。BHTFO 薄膜的介电常数在同频率或电极化翻转次数下，数值比 BTFO 高，这是由 Ho^{3+} 和 Bi^{3+} 的离子半径差异导致的晶格畸变，电极化对外场和频率的响应加大所致。图 4.27 是周期性电场对 BTFO 和 BHTFO 薄膜铁电性的调控。相应的 P_r 和 P_s 的改变归纳在表 4.3 中。

在铁电薄膜上施加周期性电场，经过一定数量的极化翻转后出现铁电疲劳特性，其典型特征为饱和极化和剩余极化随着电场循环次数的增加而降低。从薄膜的电滞回线中可以直观地反映出来，通过对电疲劳过程中电滞回线的测量，能够获得样品剩余极化强度随交变电场循环次数的变化曲线。在经历相同次数的极化翻转后，BTFO 的铁电疲劳行为表现明显，而 BHTFO 则无明显的铁电疲劳行为，这意味着 Ho 掺杂可以改良 BTFO 的铁电抗疲劳特性。可以从以下角度来理解：

(1) 由于 Bi 元素 6s 孤对电子与 O2p 轨道杂化形成的结构不稳定，而 Ho 替位可以形成较为稳定的结构，这种结构的 6s 孤对电子是铁电性的主要来源。同时 Bi 元素的稳定有利于氧空位浓度的减小，因此氧空位与铁电畴壁电荷的静电作用减弱，而这种静电作用会阻碍铁电畴的翻转，使铁电极化下降，所以 BHTFO 的抗疲劳性能增强。

(2) 电荷通过金属电极注入薄膜内部，导致在界面处存在电子–声子–铁电畴的相互作用。而电子–声子 (晶格) 作用使得电极–薄膜界面的局部温度升高，部分材料发生相分解或者化学分解。而 Ho 元素掺杂后使得薄膜的颗粒尺寸大幅度减小，如图 4.11、图 4.12 所示，小球形颗粒有大的体表面积可以加快热传导，快速地建立电极–薄膜界面的热平衡，使得界面薄膜不发生相分解，所以 Ho 掺杂的薄膜有

好的抗疲劳性能。

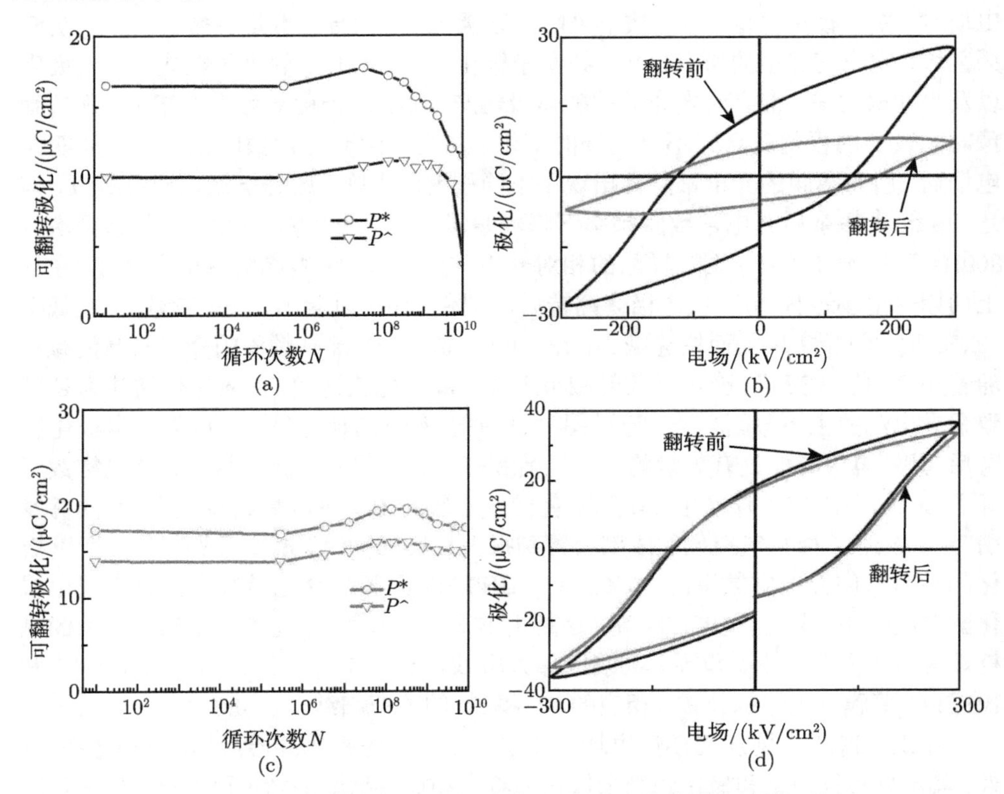

图 4.27　周期性电场对 BTFO 和 BHTFO 薄膜铁电性的调控

表 4.3　周期性电场对铁电极化的影响

样品	电极化循环后		电极化循环前		衰退极化	
	$P_s/(\mu C/cm^2)$	$P_r/(\mu C/cm^2)$	$P_s/(\mu C/cm^2)$	$P_r/(\mu C/cm^2)$	P_s	P_r
BTFO	27.76	14.11	8.35	5.76	70%	59%
BHTFO	36.63	18.52	33.71	17.36	8.0%	6.3%

(3) Ho 掺杂可以抑制颗粒和缺陷簇的生长速率，被夹持的铁电畴与颗粒的尺寸和缺陷的团聚成比例关系 [39]。此外，在 BHTFO 薄膜内压应力的减弱有助于缺陷在铁电畴壁处团聚的减少。

Ho 元素替位 Bi 元素后引起晶格畸变，颗粒尺寸减小和氧空位浓度的下降；这些改变抑制铁电畴的钉扎，同时弱化了畴的夹持效应，所以铁电疲劳性能得到了一定程度的改进。

同时对不同 BTFO 和 BHTFO 薄膜的漏电流进行了测试分析，施加电场为

200kV/cm。薄膜的电流密度 J 随电场 E 的变化显示在图 4.28 中，可以看出，随着电场的增加，漏电流密度逐渐增加。BTF 薄膜的漏电流密度在经过 10^9 次极化翻转后出现了数量级的变化，由原来的 $2.3\times10^{-6}A/cm^2$ 到 $1.33\times10^{-3}A/cm^2$，上升了约 578 倍，BHTFO 薄膜经过相同次数的极化翻转后漏电流密度仅略微增加，从原来的 $3.14\times10^{-6}A/cm^2$ 到 $9.1\times10^{-6}A/cm^2$，约增加了 2 倍。这种漏电流密度的突变行为可以从两个方面来理解：载流子 (氧空位) 浓度的改变和导电机制的改变。

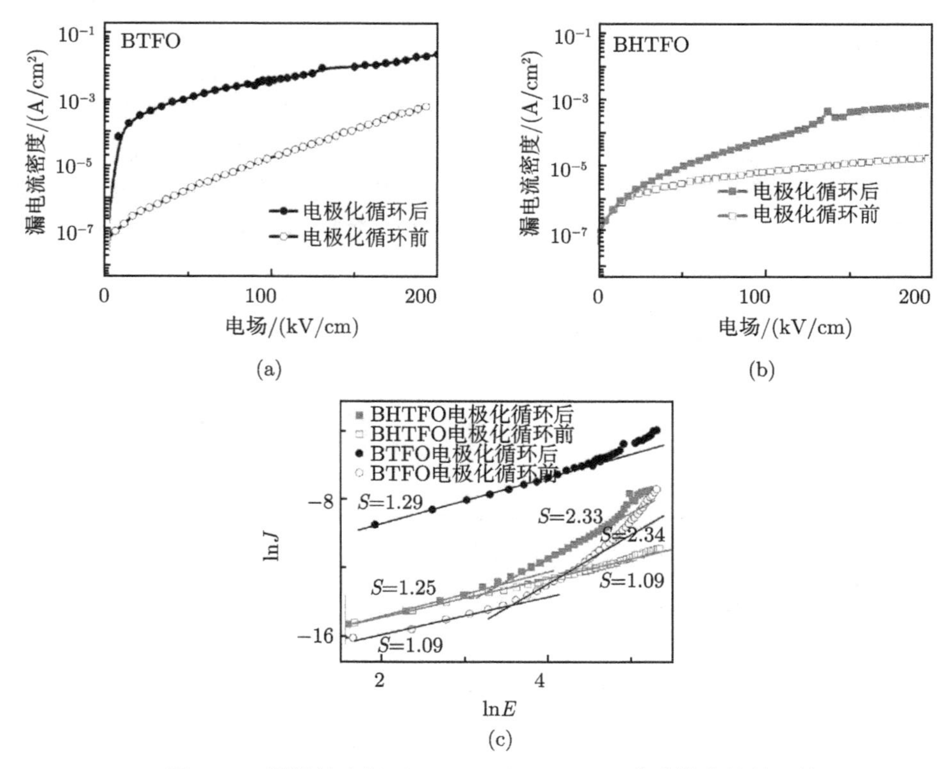

图 4.28 周期性电场对 BTFO 和 BHTFO 薄膜铁电性的调控

Ho 元素掺杂后 BTFO 晶体发生相变，从正交系 $A21am$ 到 $I4/mmm$ 空间群，而这种结构的转变可以抑制氧空位的产生和稳定钙钛矿结构，BTFO 薄膜在未施加周期性电场时，从图 4.28 (c) 可以看出，在低电场 $E<30$kV/cm 下斜率约为 1，是简单欧姆导电机制，在高电场 $E>30$kV/cm 下，拟合斜率约为 2.34，是 SCLC 导电机制机制起主导作用 [40]。在经历了 10^{10} 以上的周期性电极化翻转后，数据拟合的斜率在整个电场区域都接近 1，出现单一的欧姆导电机制。这是因为经过疲劳后有电荷在界面处注入并积累最终造成了雪崩放电，所以仅存在一种导电机制。Ho

元素替位后由于薄膜内部氧空位减少，存在较少的载流子没有满足发生 SCLC 导电机制的条件，仅有欧姆导电机制起作用。经过周期性电场后，由于电荷的局部注入载流子浓度升高，SCLC 导电机制发生。Ho 元素掺杂可以抑制电荷的注入和局部相分解，故而改良漏电特性和疲劳行为。

2) 周期性电场对铁磁性能的调控

在室温下磁滞回线测试结果如图 4.29 所示。对薄膜在从 $-3T$ 到 $3T$ 温度范围内进行了磁滞回线的表征，并且确定了其矫顽场、剩余磁化强度以及饱和磁化强度。BTFO 薄膜和 BHTFO 薄膜在室温下都具有弱铁磁性，且周期性电场对磁性能几乎没有影响。周期性电场引起氧空位积累和电极–界面高温，造成局域相分解，导致铁电疲劳行为的出现，而磁性能主要取决于电子的自旋取向和倾斜，二者之间没有明显的关联。Ho 掺杂之后 Dzyaloshinskii-Moriya 交换作用有所增强，时间对称性进一步破缺，自旋结构倾斜明显，所以 BHTF 的饱和磁矩 9.6emu/cm^3 强于 BTFO 在相同磁场下的 5.01emu/cm^3。BHTFO 薄膜 Ho 的 4f 次壳层和 Fe 的 3d 次壳层交互作用也会增强弱磁性 [41]。

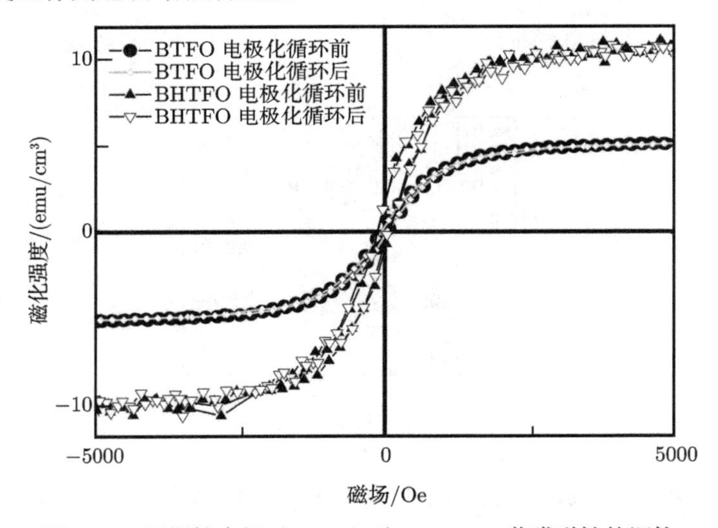

图 4.29 周期性电场对 BTFO 和 BHTFO 薄膜磁性的调控

3) 周期性电场对磁电耦合性能的调控

经过上面的讨论分析知道周期性电场可以引起电荷注入，并使得电极–薄膜界面局域相分解，破坏了铁电性；然后这种注入电荷对磁性能几乎没有影响，对磁电耦合效应的调控结果如图 4.30 所示。图 4.30(a) 是周期性的电场对 BTFO 薄膜的磁电耦合效应的调控。在加上周期性电场 10^{10} 次极化翻转后，BTFO 薄膜的磁电耦合系数 α 从 6.74mV/(cm·Oe) 下降到 3.23mV/(cm·Oe)，下降幅度达 52%，表现出明显的磁电疲劳行为，这种剧烈的下降严重地阻碍了实际应用。铁磁序与铁电序耦合发生正磁电效应，磁场作用在多铁薄膜材料上，由于多铁薄膜的压磁效应，薄膜内部会产生随外磁场同步变化的压应力或者张应力；内部应力作用在多铁薄膜本身，作为压电材料感受到应力作用诱导出表面极化电荷，通过测量表面电荷的大小来表征磁电耦合效应的大小。根据前面的讨论知道周期性的外电场会通过电极注入电荷到薄膜内部，电荷积累形成新的内部势垒阻碍铁电畴的翻转，不利于界面电荷的诱导，此外内部电–声子相互作用造成局部高温使电极–薄膜界面处多铁薄膜相分解，薄膜失去多铁性能，磁电耦合效应出现疲劳，耦合系数 α 急剧下降。

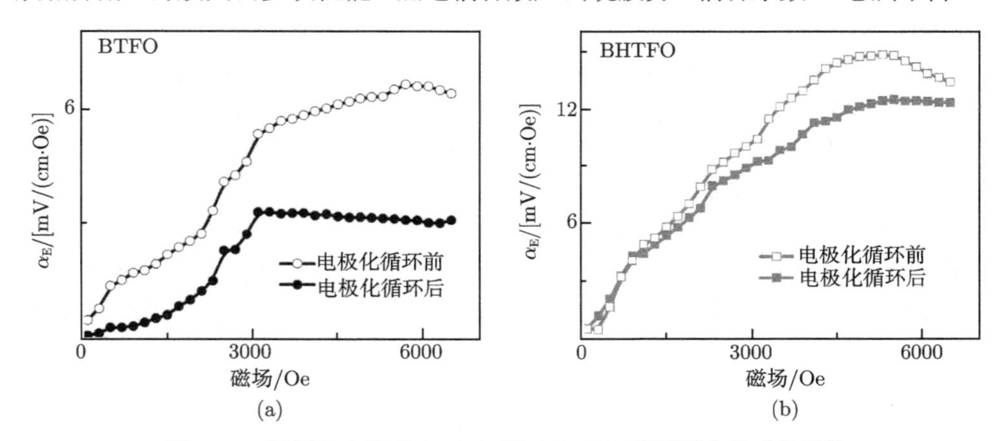

图 4.30 周期性电场对 BTFO 和 BHTFO 薄膜磁电耦合的调控

从图 4.27 可以看出 Ho 元素掺杂后，铁电抗疲劳性能大幅提升，这是由于 Ho 的替位掺杂后，稳定了对压电性能起重要作用的 $(Bi_2O_2)^{2+}$ 结构，使得薄膜的压电性没有遭到破坏。所以结合上一段单相薄膜磁电耦合效应的机理可以得出，施加同样的周期性电场后 BHTFO 薄膜磁电疲劳不明显。磁电耦合系数从原始的 14.8mV/(cm·Oe) 减小到 10^{10} 次后的 12.7mV/(cm·Oe)，下降了约 14%。而 BHTFO 薄膜的这种抗磁电疲劳特性可以从以下的角度去理解：

(1) Ho 掺杂的薄膜铁电耐疲劳性能提升，因此在受到同样的内部应力作用下，依然会有大量的表面电荷出现，致使抗磁电疲劳能力大幅增强。

(2) Ho 元素的引入增强了 DM 相互作用，铁磁序排列出现一定的倾斜，宏观上表现出铁磁性增强，而这种短程倾斜的铁磁序很容易与铁电序发生耦合，这也是 BHTFO 薄膜抗磁电疲劳能力大幅增强的原因。

4.4 Aurivllius 结构铁性薄膜的展望

本章中，主要利用溶胶凝胶法制备了 Aurivllius 相纳米结构薄膜。具体而言有

$Bi_4Ti_3O_{12}$ 双层状钙钛矿铁电薄膜和 $Bi_5Ti_3FeO_{15}$ 三层层状钙钛矿多铁薄膜。并且系统地研究了这两种 Bi 系层状钙钛矿结构的性能，以及通过元素掺杂和周期性外电场对铁电性、铁磁性和多铁耦合的调控。元素掺杂后薄膜的物相结构发生改变，伴随着性能的变化。改变了掺杂薄膜中颗粒尺寸的大小，同时铁电性有明显的提高，基于电荷注入的疲劳机制，元素替位掺杂可以抑制氧空位浓度和稳定 $(Bi_2O_2)^{2+}$ 结构，提高了抗疲劳性能。对于多铁性薄膜 $Bi_5Ti_3FeO_{15}$ 表现出室温铁磁性和室温磁电耦合效应。元素替位掺杂不仅提高了磁性和磁电耦合效应，同时也增强了薄膜的耐疲劳特性。室温磁电效应使得无铅基的层状薄膜材料的研究成为一个热点，同时也发现许多需改进之处：

(1) 化学溶胶凝胶法制备的薄膜受质量的影响，铁电极化和磁电耦合效应与理论值相比相差很大，因此改进制备方法和手段，使用分子束外延制备高质量的外延薄膜，是改善多铁材料多铁性能的有效方法。尺度纳米化增强界面效应、材料的铁磁性、研究纳米晶诱发磁性的内在机理将是未来可以开展的工作。

(2) 在多铁性材料中，磁电耦合的微观机制不完全清楚。虽然目前的工作提出一些解释，但很大程度上不是很清晰，还属于定性的理解。因此，设计铁电性和铁磁性耦合增强和多场调控更加明显的材料并且探索互相之间的调控物理机制是非常重要而又迫切的工作。

参考文献

[1] Chen X Q, Xiao J, Xue Y, et al. Room temperature multiferroic properties of Ni-doped Aurivillius phase $Bi_5Ti_3FeO_{15}$. Ceram. Int., 2014, 40(2): 2635-2639.

[2] 钟维烈. 铁电物理学. 北京：科学出版社, 1996.

[3] 任凤章, 周根树, 赵文轸, 等. 悬臂梁法测量不锈钢基体上铜膜和银膜残余应力. 稀有金属材料与工程, 2004, 32: 478-480.

[4] 张泰华, 杨业敏, 赵亚溥, 等. MEMS 材料力学性能的测试技术. 力学进展, 2002, 32(4): 545-562.

[5] Aurivillius B. Mixed bismuth oxides with layer lattices Ⅱ. Structure of $Bi_4Ti_3O_{12}$. Arkiv for Kemi, 1949, 1: 499-512.

[6] Zhang S T, Chen Y F, Wang J, et al. Ferroelectric properties of La and Zr substituted $Bi_4Ti_3O_{12}$ thin films. Appl. Phys. Lett., 2004, 84(18): 3660-3662.

[7] Toby B H. EXPGUI, a graphical user interface for GSAS. J. Appl. Cryst., 2001, 34(2): 210-213.

[8] Young R A. The Rietveld Method. Chap. 1. Oxford: Oxford University Press, 1993.

[9] Shulman H S, Damjanovic D, Setter N. Niobium doping and dielectric anomalies in bismuth titanate. J. Am. Ceram. Soc., 2000, 83(3): 528-532.

[10] Tomar M S, Melgarejo R E, Hidalgo A, et al. Structural and ferroelectric studies of $Bi_{3.44}La_{0.56}Ti_3O_{12}$ films. Appl. Phys. Lett., 2003, 83(2): 341-343.

[11] Du Y L, Zhang M S, Chen Q, et al. Investigation of size-driven phase transition in bismuth titanate nanocrystals by Raman spectroscopy. Appl. Phys. A, 2003, 76(7): 1099-1103.

[12] Kojima S, Imaizumi R, Hamazaki S, et al. Raman scattering study of bismuth layer-structure ferroelectrics. Jpn. J. Appl. Phys., 1994, 33(9S): 5559.

[13] Yau C Y, Palan R, Tran K, et al. Mechanism of polarization enhancement in La-doped $Bi_4Ti_3O_{12}$ films. Appl. Phys. Lett., 2005, 86(3): 032907.

[14] Lee J K, Kim C H, Suh H S, et al. Correlation between internal stress and ferroelectric fatigue in $Bi_{4-x}La_xTi_3O_{12}$ thin films. Appl. Phys. Lett., 2002, 80(19): 3593-3595.

[15] Wei L, Jun G, Chunhua S, et al. B-site doping effect on ferroelectric property of bismuth titanate ceramic. J. Appl. Phys., 2005, 98(11): 114104.

[16] 陈晓琴. 铋系层状钙钛矿铁电体的磁性掺杂及多铁性能研究. 华中科技大学博士学位论文，2014.

[17] Hervoches C H, Snedden A, Riggs R, et al. Structural behavior of the four-layer Aurivillius-phase ferroelectrics $SrBi_4Ti_4O_{15}$ and $Bi_5Ti_3FeO_{15}$. Solid. State. Chem., 2002, 164(2): 280-291.

[18] Suarez D Y, Reaney I M, Lee W E. Relation between tolerance factor and T_c in Aurivillius compounds. J. Mater. Res., 2001, 16(11): 3139-3149.

[19] Ahadi K, Mahdavi S M, Nemati A. Effect of chemical substitution on the morphology and optical properties of $Bi_{1-x}Ca_xFeO_3$ films grown by pulsed-laser deposition. J. Mater. Sci. Mater. Electron., 2013, 24(1): 248-252.

[20] Yang C H, Seidel J, Kim S Y, et al. Electric modulation of conduction in multiferroic Ca-doped $BiFeO_3$ films. Nat. Mater., 2009, 8(6): 485-493.

[21] Kianinia M, Ahadi K, Nemati A. Investigation of dark and light conductivities in calcium doped bismuth ferrite thin films. Mater. Lett., 2011, 65(19): 3086-3088.

[22] Walter H, Karl L, Wolfram W. Piezoelectricity Evolution and Future of a Technology. Berlin: Springer, 2008.

[23] 王春雷，李吉超，赵明磊. 压电铁电物理. 北京: 科学出版社, 2009.

[24] Zhao H Y, Kimura H, Cheng Z X, et al. Large magnetoelectric coupling in magnetically short-range ordered $Bi_5Ti_3FeO_{15}$ film. Sci. Rep., 2014, 4: 5255.

[25] Bai Y L, Chen J Y, Tian R N, et al. Enhanced multiferroic and magnetoelectric properties of Ho, Mn co-doped $Bi_5Ti_3FeO_{15}$ films. Mater. Lett., 2016, 164: 618-622.

[26] Zu H, Prijamboedi B, Nugroho A A, et al. Aurivillius phases of $PbBi_4Ti_4O_{15}$ doped with Mn^{3+} synthesized by molten salt technique: Structure, dielectric, and magnetic properties. J. Solid State Chem., 2011, 184: 1318-1323.

[27] Qiu Y D, Zhao S F, Wang Z P. Magnetoelectric effect of Dy doped $Bi_5Ti_3FeO_{15}$ films prepared by sol-gel method. Mater. Lett., 2016, 170: 89-92.

[28] 陆俊. 宽频电动力学测量技术在铁酸铋晶体上的应用. 北京科技大学博士学位论文，2009.

[29] Schmid. H. Some symmetry aspects of ferroics and single phase multiferroics. J. Phys.: Condens. Mat., 2008, 20(43): 434201.

[30] 唐振华. 多重铁性复合薄膜的制备及磁–力–电耦合性能研究. 湘潭大学博士学位论文，2015.

[31] Fiebig M. Revival of the magnetoelectric effect. J. Phys. D: Appl. Phys., 2005, 38: 123-152.

[32] Lou X J, Zhang M, Redfern S A T, et al. Local phase decomposition as a cause of polarization fatigue in ferroelectric thin films. Phys. Rev. Lett., 2006, 97(17): 177601.

[33] Lou X J. Polarization fatigue in ferroelectric thin films and related materials. J. Appl. Phys., 2009, 105(2): 024101.

[34] Tagantsev A K, Stolichnov I, Colla E L, et al. Polarization fatigue in ferroelectric films: Basic experimental findings, phenomenological scenarios, and microscopic features. J. Appl. Phys., 2001, 90(3): 1387-1402.

[35] Dawber M, Rabe K M, Scott J F. Physics of thin-film ferroelectric oxides. Rev. Mod. Phys., 2005, 77(4): 1083.

[36] 宇平凡. 铁电薄膜的极化疲劳机理研究. 太原理工大学硕士学位论文, 2009.

[37] Yoo I K, Desu S B. Mechanism of fatigue in ferroelectric thin films. Phys. Stat. Sol. (a), 1992, 133(2): 565-573.

[38] Bai Y L, Chen J Y, Zhao S F. Magnetoelectric fatigue of Ho-doped $Bi_5Ti_3FeO_{15}$ films under the action of bipolar electrical cycling. RSC Adv., 2016, 6(47): 41385-41391.

[39] Lupascu D C. Fatigue in ferroelectric ceramics due to cluster growth. Solid State Ionics, 2006, 177(35): 3161-3170.

[40] Zhu X H, Béa H, Bibes M, et al. Thickness-dependent structural and electrical properties of multiferroic Mn-doped $BiFeO_3$ thin films grown epitaxially by pulsed laser deposition. Appl. Phys. Lett., 2008, 93(8): 082902.

[41] Nayek C, Tamilselvan A, Thirmal C, et al. Origin of enhanced magnetization in rare earth doped multiferroic bismuth ferrite. J. Appl. Phys., 2014, 115(7): 073902.

第 5 章　无铅基 Bi 系多层状钙钛矿结构复合薄膜的多铁耦合

采用溶胶凝胶法制备出层状钙钛矿铁性薄膜$BiFeO_3$(BFO), $Bi_{0.5}(Na_{0.85}K_{0.15})_{0.5}Ti_3O_{12}$(BNKT), $Bi_4Ti_3O_{12}$(BTO), $Bi_5Ti_3FeO_{15}$(BTF), 以及反尖晶石结构的$CoFe_2O_4$(CFO) 强磁性薄膜，复合类型：铁电/多铁复合型，多铁/多铁复合型，反尖晶石/多铁复合型。两种不同功能成分的材料复合，其磁电耦合的来源不同，所以其性能也有很大的差异，从复合结构的铁电性、压电性能以及磁性一一表征，磁介电效应也是磁电耦合的一个特征，同时利用综合磁电测试系统测量了磁电耦合效应，在这些实验结果的基础上，根据磁电耦合的理论模型探讨了异质结的磁电耦合机制。

5.1　引　　言

铁电、压电、铁磁、压磁、磁致伸缩、电致伸缩等磁电功能材料以其电、磁、光、热、力及其耦合的机电、磁电、光电等丰富多样的功能和优良的“电-磁-力”转换功能以及响应速度快等优点而被广泛应用于高灵敏度传感器、存储器、换能器、声呐、微驱动器等各种功能器件中，对国民经济和国防建设有着极为巨大的影响。而基于铁电、铁磁 (或亚铁磁) 两相共存的新一代“多铁性磁电复合材料”则有望满足上述要求而受关注[1−4]。由于高质量薄膜制备技术如脉冲激光沉积、分子束外延、磁控溅射的飞速发展，薄膜磁电复合材料正在日益凸显出其优越性，与传统的块体材料相比，薄膜复合材料的主要特点如下：

(1) 磁电复合薄膜材料可与半导体硅材料相结合，有望实现器件的微纳米化和多功能化。

(2) 调控手段更加精细，通过应变工程 (strain engineering) 和界面工程 (interface engineering) 对相邻的铁电相和铁磁相的界面特性加以设计，实现铁电相与铁磁相在原子尺度上的应变耦合，从而进一步提高磁电耦合效应。

(3) 在高质量的外延磁电复合薄膜材料中可以实现“自旋-晶格-电荷-轨道”之间的多重耦合，从而更深入理解与界面相关的各种效应，揭示磁电耦合的微观物理机制。因此，针对磁电复合薄膜材料的制备、物理性能以及器件设计展开系统研究，阐明磁电复合薄膜材料“磁-电-力”耦合的物理本质，获得具有优异磁电耦合效应的磁电复合薄膜材料，并研制基于磁电复合薄膜的原型器件已成为当前材料科学和凝聚态物理学的研究热点。

5.2　磁电复合薄膜材料

在复合磁电薄膜中根据压电相和压磁相不同的耦合连通方式，最常见的有三种连通类型耦合[5]。

(1) 0-3 型复合。

将磁性纳米颗粒均匀分散在压电基质中得到 0-3 型磁电复合薄膜。由于纳米颗粒的表面积/体积比值远大于宏观物体，因此 0-3 型磁电复合薄膜的两相界面耦合度远大于薄膜表面积，有望在 0-3 型磁电复合薄膜中实现较大的磁电耦合效应，例如，将 CFO 纳米粒子分散在 PZT 基体中，所形成的 $CoFe_2O_4/Pb(Zr_{0.52}Ti_{0.48}O_3)$ (CFO/PZT) 复合薄膜就是一种典型的 0-3 型多铁复合薄膜[6,7]。0-3 型多铁复合薄膜，由于磁性纳米颗粒的电阻率和介电常数都远低于压电基质，所以在外电场中 0-3 型复合薄膜的磁性纳米颗粒的低电阻特性使得附近的电势线发生畸变，产生内场，存在局部场效应[8]。而这种局部场效应在一定程度上会抑制铁电畴的翻转，进而影响复合薄膜的强磁电耦合作用。

此外，由于磁性纳米粒子容易形成导电通道，其中的漏电流就远大于压电基质，故在 0-3 型多铁复合薄膜中得到的磁电耦合强度往往低于理论值，再加上实际制备比较困难，所以对 0-3 型磁电复合薄膜的研究较少。

(2) 1-3 型复合。

磁性纳米柱垂直镶嵌在压电基体中，形成一种自组装磁电纳米薄膜，即可以得到 1-3 型磁电复合薄膜。在外加掩模版等特定生长条件下，磁性纳米柱还可以被规则地排布在铁电基体中，有望实现磁畴阵列。因此对 1-3 型磁电复合薄膜的研究非常有意义[9]。这种 1-3 型磁电复合薄膜最早由 Zheng 等[10] 用 PLD 法制备得到。他们在 (001) $SrTiO_3$ 衬底上生长压电性能优越的 $BaTiO_3$ 基体并将磁致伸缩系数很大的 $CoFe_2O_4$ 纳米柱垂直嵌入其中。Zavaliche 等[11] 在 200nm 厚、体积百分比为 35/65 的 1-3 结构复合薄膜 $CoFe_2O_4$-$BiFeO_3$ 中发现电场可诱导磁化强度方向出现翻转，获得较大的垂直磁电耦合系数。一般认为在 1-3 型磁电复合薄膜中强的磁电耦合来源于：一方面硬质衬底的夹持 (clamping) 作用大幅度减少，由于铁磁纳米柱垂直镶嵌于铁电基体；另一方面纳米柱与铁电基质具有较大的接触面积且两者之间的外延生长使得界面上多重耦合更为明显和界面应变诱导的耦合更为有效。但是由于铁磁相的电阻通常较小，并联导电效应的存在会减弱磁电耦合效应。因此，铁磁相所占的体积百分数也不能太大，否则铁磁纳米柱之间易导通，使铁电基质薄膜很难完全极化。加上将纳米柱垂直地镶嵌于薄膜基体中的制备工艺相对复杂，所以对这种 1-3 连通的磁电复合薄膜的研究依然有许多困难。

(3) 2-2 型复合。

将铁电和铁磁两相一层一层地沉积在衬底上，即可得到 2-2 型磁电复合薄膜。根据制备方法的不同, 2-2 型多铁复合薄膜可以被分成三种类型，即多晶复合薄膜、外延复合薄膜和超晶格复合薄膜。在多晶复合薄膜中，晶粒直径、晶界宽度、晶格缺陷、晶轴方向等因素都会对其磁电耦合作用产生影响。因此其磁电耦合效应既可能是本征的，也可能是非本征的[7]。在外延复合薄膜中，磁性层和铁电层都沿特定晶向择优取向，并且其晶界很少或者没有晶界。由于磁性单晶具有易磁化轴和难磁化轴，同时铁电单晶也只能沿特定方向极化，这造成外延复合薄膜的磁化方向和电极化方向就具有取向性。超晶格复合薄膜是最近被提出的一种 2-2 型多铁复合薄膜，其制备方法选择晶格常数与要生长物质晶格常数相近的衬底，将若干原子层厚度的磁性层和铁电层交错地堆叠在单晶衬底上。在相同厚度的多铁复合薄膜中，超晶格复合薄膜的两相界面面积远大于其他复合薄膜，因此在超晶格复合薄膜中有望实现巨磁耦合效应[12]。2-2 型多晶磁电复合薄膜实用性强并且制备简单，同时由于高电阻铁电层与压磁层的串联作用对漏电流的抑制作用比较明显，不存在 0-3 型和 1-3 型复合薄膜中漏电流过大的问题，2-2 型复合磁电薄膜是目前研究最广泛的复合磁电纳米结构。图 5.1 给出三种连通方式的几何构型，接下来所研究磁电复合薄膜都是以 2-2 型多晶体系为例来说明磁电耦合的本质和调控。

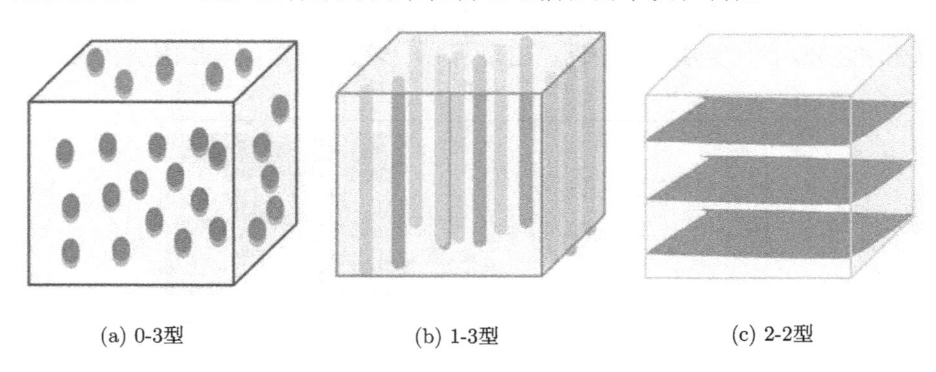

(a) 0-3型　　(b) 1-3型　　(c) 2-2型

图 5.1　薄膜异质结构的连通示意图

5.3 连通型多晶复合磁电薄膜

5.3.1 多铁型 BFO/BNKT 复合磁电薄膜的制备过程

BFO 和 BNKT 是两种研究较多的单层钙钛矿薄膜，相关制作过程可以参考第 3 章中的描述，采用浓度为 0.2mol/L 的溶胶。由于制作过程中 Bi、K、Na 元素在高温退火过程中会挥发，因此在配比溶胶时都给予一定比例的过量，Bi 过量 10%，K、Na 元素各过量 5%，成相温度较高的 BNKT 直接沉积在 Pt(100)/Ti/SiO_2/Si 单晶衬底上，成相温度较低的 BFO 最后制备，这样既能保证两相之间更好地结晶，使两相之间形成更好的耦合效应，又不至于不同的成相温度破坏薄膜。

5.3.2　多铁型 BFO/BNKT 复合磁电薄膜的物相分析

BFO/BNKT 磁电复合薄膜的晶体 XRD 图谱如图 5.2 所示，对比 ICSD 无机晶体库中标准单相正交结构的 BFO 和 BNKT 的衍射图谱 (No.01-071-2494，No.01-070-4760)，BFO/BNKT 磁电复合薄膜与两个标准 XRD 卡片可以较为完整地对应，BFO 与 BNKT 都是 Bi 系单层钙钛矿薄膜，具有相似的结构，它们的衍射峰基本重合，故不能将 BFO 和 BNKT 各自的衍射图谱在复合薄膜的 XRD 图中完全分辨出来。这也说明 BFO 与 BNKT 具有较为接近的晶体常数，两相形成了良好的晶格匹配，利于两相之间形成良好的界面耦合，以及界面应力的传递获得更大的磁电输出。XRD 图谱中的衍射峰比较锐利表明高质量的磁电复合多晶薄膜被制备出来了，且无杂相 (如 Fe_2O_3、Bi_2O_3 和 $Bi_2Ti_2O_7$ 等) 和中间相的峰出现，插入图给出了 BFO/BNKT 磁电复合薄膜的 SEM 截面图，从图中可以明显地看到衬底并且与 BFO/BNKT 复合薄膜具有明确可见的分界面。但是 BFO 层与 BNKT 层的分界面比较模糊，这是因为二者的晶格常数非常接近，颗粒大小接近，以目前的分辨率无法区分。同时无明显的中间相出现，进一步证明压电层与压磁层在退火过程

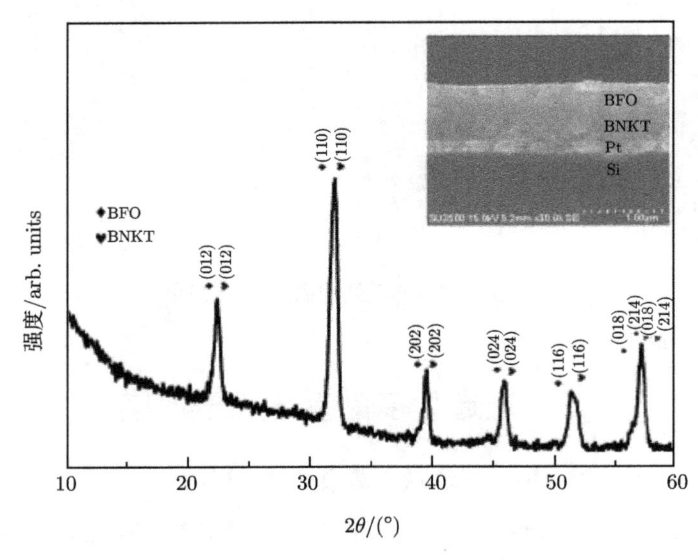

图 5.2　BFO/BNKT 复合磁电薄膜的 XRD 图谱，插图为截面图

中没有出现化学反应，两相在界面处没有出现相互的扩散和融合，这有利于界面之间应力的传递，使磁电复合薄膜获得优良的磁电效应。虽然 BFO 层和 BNKT 层的颗粒较为接近，但是二者在 SEM 视野中的颜色不一样，故对比标尺可以得出厚度分别为 400nm 和 367nm 的两层的厚度基本接近，二者的体积比接近 1:1。

5.3.3 多铁型 BFO/BNKT 复合磁电薄膜的多铁耦合

1. 多铁型 BFO/BNKT 复合磁电薄膜的电畴翻转特性

借助原子力显微镜的 PFM 模块对复合磁电薄膜的电畴结构和电畴翻转特性进行了研究。

在 ABO_3 晶体结构的 $BiFeO_3$ 中，其晶胞中 Bi^{3+} 分布在 8 个角上，Fe^{3+} 位于晶胞中心，O^{2-} 位于六个面的面心。外加电场会产生自发应变改变相结构，晶胞内部正负离子发生相对位移，正负电荷中心不再相互重合，导致自发极化的出现，而具有相同自发极化的晶胞就组成一个电畴，进而发生畴的翻转极化。电畴对外电场响应可以发生 90° 翻转或 180° 翻转。90° 的翻转会直接导致电畴极化方向和应变的改变。180° 的电畴翻转会导致极化方向的直接改变，并且导致压电顺度张量的改变，引起应变的产生。当自发极化方向和外加电场一样时，晶胞会沿其 c 轴伸长；当电场方向和极化方向相反时，晶胞会沿其 c 轴方向收缩[13]。

结合中心正离子 Fe^{3+} 向六个面偏移的情况不同，一个电畴可能有六种不同的取向，电畴的翻转就是从一种电畴类型转变为另一种电畴类型，使自由能达到最低值。而电畴翻转，尤其发生 180° 电畴翻转和 90° 电畴翻转的阈值也是不相同的，通过能量阈值来判断 180° 电畴翻转和 90° 电畴翻转。

薄膜的微观电畴取向和宏观极化、应变之间是一一对应的，通过建立描述微观电畴翻转与宏观非线性响应关系的局部坐标系和描述材料宏观的电位移、应变等物理量的总体坐标系，可以把二者统一起来。

电畴翻转时，一方面有释放电场和应力场而做功，另一方面需要克服一定的能量壁垒 (domain switching barrier)，若外加的力场和电场对电畴所做的功超过了所需要克服的能量壁垒，则可能不需要热涨落就发生铁电畴极化方向的翻转。以电畴的吉布斯自由能 (Gibbs free energy) 作为状态量，提出如下的电畴翻转的能量阈，当温度一定时，电畴的吉布斯自由能可以表示如下[14]：

$$g=\int_0^{\sigma}\vec{\varepsilon}:\mathrm{d}\vec{\sigma}-\int_0^{E}\vec{D}\cdot\mathrm{d}\vec{E} \tag{5.1}$$

而铁电薄膜中电畴的非线性本构方程可以写为[13]

$$\begin{aligned}\vec{D}&=\vec{D}^{*}+\vec{d}:\vec{\sigma}+\vec{k}\cdot\vec{E}\\ \vec{\varepsilon}&=\vec{\varepsilon}^{*}+\vec{\varepsilon}^{\mathrm{r}}+\vec{M}:\vec{\sigma}+\vec{E}\cdot\vec{d}\end{aligned} \tag{5.2}$$

其中，$\vec{D}^*$ 代表自发电位移矢量；$\vec{\varepsilon}^*$ 代表自发应变二阶张量；$\vec{d}$ 是三阶张量的压电应变常数；$\vec{k}$ 是二阶的张量应力-介电常数矩阵；$\vec{M}$ 是恒定电场下测得的四阶的弹性顺度张量；$\vec{E}$ 是外加电场；$\vec{\sigma}$ 是外加的应力场。

90° 电畴翻转的驱动力：

$$F_{90}\left(\vec{R},\sigma_{t+\mathrm{dt}},E_{t+\mathrm{dt}}\right)=\max\left\{g\left(\vec{R},\sigma_0,E,S_t\right)-g\left(\vec{R},\sigma_{t+\mathrm{dt}},E_{t+\mathrm{dt}},S_{t+\mathrm{dt}}\right)\right\}_{S\in\{A_{90}^{\mathrm{t}}\}}$$
$$F_{180}\left(\vec{R},\sigma_{t+\mathrm{dt}},E_{t+\mathrm{dt}}\right)=\left\{g\left(\vec{R},\sigma_0,E,S_t\right)-g\left(\vec{R},\sigma_{t+\mathrm{dt}},E_{t+\mathrm{dt}},S_{t+\mathrm{dt}}\right)\right\}_{S\in\{A_{90}^{\mathrm{t}}\}} \tag{5.3}$$

图 5.3(a)~(c) 分别给出了 BFO/BNKT 磁电复合薄膜在 0.5μm×0.5μm 扫描范围内的未施加针尖偏压的表面形貌图、振幅图和相位图，表面形貌图是通过原子力显微镜形貌模块获得的，而振幅图和相位图是通过压电力模块获得的，通过压电力显微镜直接观察到 BFO/BNKT 磁电复合薄膜的局部的初始态和极化状态的静态铁电畴。压电力显微镜，其工作原理可以简述为：先将探针移动到感兴趣的位置，然后对针尖施加一个 −20V 的直流偏压，样品表面产生电致伸缩现象，通过压电力显微镜记录形变与电压之间的关系即为所说的压电响应信号。在压电力显微镜振幅图和相位图中不同颜色分别代表不同大小的表面位移和不同取向的局部电畴极化。从图 5.3(a) 中可以看出，BFO/BNKT 复合薄膜表面展现出光滑、无龟裂和均匀的球形颗粒表面形态，但是可以明确观察到不同颗粒的边界，颗粒尺寸大约为 100nm。初始态的压电力显微镜振幅图和相位图展现出 BFO/BNKT 磁电复合薄膜具有清晰的电畴结构，同时不同铁电畴之间展现分形生长的状态，并且畴界与晶界基本重合，这表明晶界抑制了电畴的继续长大，将其抑制在晶界之内，因此晶界的存在能够影响薄膜的电畴结构[15]。复合薄膜中的电畴形状呈现出鱼鳞片状，而且大尺寸的晶粒内出现多种极化状态形成多畴结构，而小尺寸的晶粒能够抑制多畴结构，所以往往形成的是单畴结构[16]。而对于 BFO/BNKT 磁电复合薄膜体系，较大的晶粒尺寸使其形成了较大的电畴尺寸和电畴结构，并且形成了多畴结构。

由于 BFO/BNKT 复合薄膜的电畴较大，所以具有较小的电畴密度，其获得了更低的漏电特性[17]。

BFO/BNKT 复合薄膜电畴翻转特性与所加偏压的依赖关系，可以通过压电力显微镜针尖施加一个偏压去观察 BFO/BNKT 磁电复合薄膜极化区域的电畴图。图 5.3(d)~(f) 分别给出了施加 15V 针尖偏压在 0.5μm×0.5μm 相同扫描范围的表面形貌图、振幅图和相位图。从图 5.3(a) 和 (d) 对比可以发现，施加 15V 针尖电压并没有破坏原始的表面形貌，这表明针尖电压对表面的晶粒影响非常小。然而从图 5.3(e) 和 (f) 中可以看出针尖电压对振幅和相位的影响就非常大。

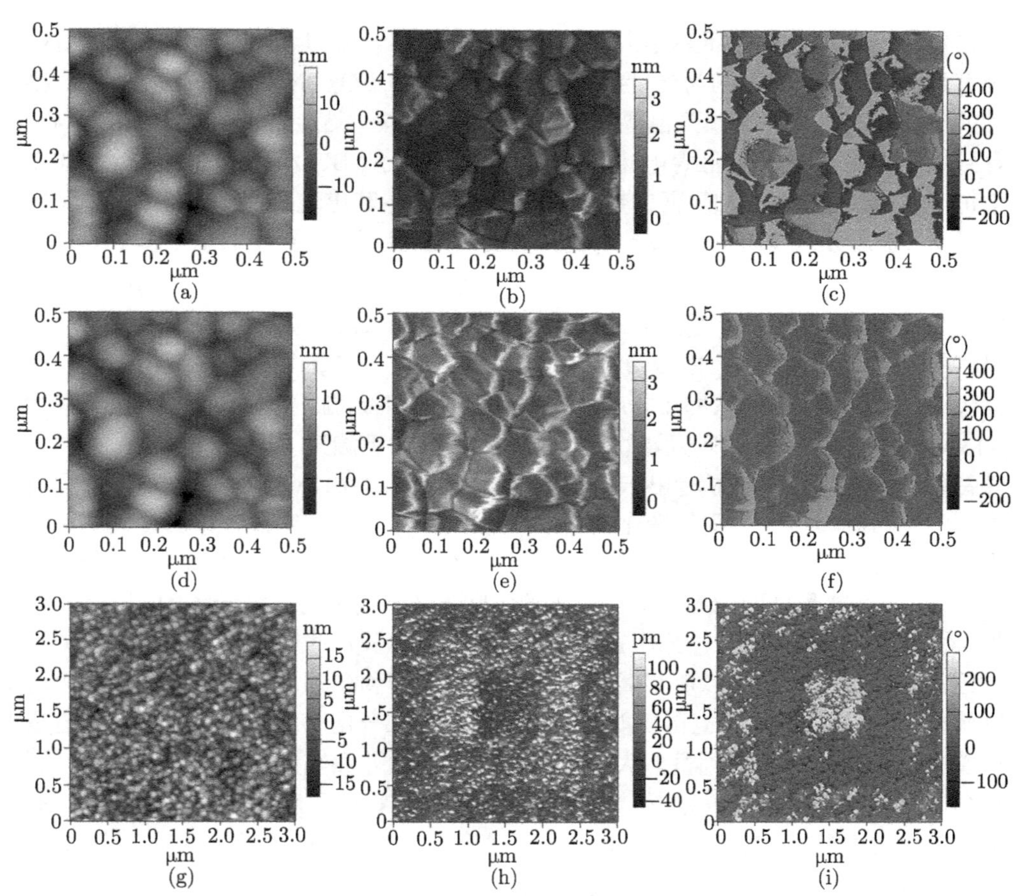

图 5.3 BFO/BNKT 磁电复合薄膜的原始的 (a) 表面形貌图、(b) 振幅图、(c) 相位图，加压的 (d) 表面形貌图、(e) 振幅图、(f) 相位图，施加 +15V 和 −15V 针尖偏压的 (g) 写畴后的表面形貌图、(h) 写畴后的振幅图、(i) 写畴后的相位图 (扫描封底二维码可看彩图)

从图 5.3(b) 和 (e) 可以发现，通过施加 15V 针尖电压出现了明显的电致伸缩效应，这也可以证明 BFO/BNKT 磁电复合薄膜具有良好的压电特性，施加 15V 针尖电压后绝大多数电畴翻转为同一取向。通过对比图 5.3(c) 和 (f) 可以看出，未施加针尖电压和施加针尖电压相图出现明显的对比。在压电力显微镜相图中可以明显观察到畴界与晶界基本重合，BFO/BNKT 复合薄膜的电畴在经过 15V 针尖偏压后取向更为均一，在晶界内电畴取向基本一致。BFO/BNKT 复合薄膜的铁电畴展现出分粒生长的特性，电畴尺寸与晶粒尺寸基本重合，也就是说压电响应在晶粒内基本是一致的。对于 BFO/BNKT 复合薄膜的铁电畴，图 5.3(e) 和 (f) 施加针尖偏压后的振幅图和相位图出现明显的变化，压电响应和相位信号在晶粒内部十分统一，经过施加适当的针尖电压之后大部分电畴翻转为同一取向。另外，从图 5.3

中可以看出施加针尖电压后绝大部分电畴翻转为同一取向，只有少部分电畴出现没有翻转的现象，这是因为当针尖偏压施加到多晶 BFO/BNKT 复合薄膜上时，移动的电荷载流子移动聚集到晶界，形成一个新的势垒，这会使晶界成为钉扎中心，导致畴壁的钉扎进一步阻碍电畴的翻转[18,19]。但是从 BFO/BNKT 复合薄膜体系中可以看出，薄膜在施加较低的针尖电压下大部分电畴出现了明显的翻转现象，这也说明 BFO/BNKT 复合薄膜具有较为优良的压电特性和易翻转的铁电畴。

由于 BFO/BNKT 复合薄膜良好的电畴翻转特性，可以实现电畴的读写，图 5.3(g)~(i) 分别给出了写畴后在 3μm×3μm 范围内的表面形貌图、振幅图和相位图。写畴的具体过程如下：在中心 0.8μm×0.8μm 施加 −15V 的写畴电压，与此同时在刨除 0.8μm×0.8μm 区域的 2μm×2μm 的范围内同时施加 +15V 的写畴电压进行 −15~+15V 的写畴特性研究，最后在压电力显微镜下测试 3μm×3μm 范围内的电畴特性，这样就可以明显看出未施加写畴电压和施加 +15V 与 −15V 不同的写畴电压的电畴翻转特性的明显变化。从图 5.3(g) 和 (i) 可以观察到在中心 −15V 写畴电压区间出现了规则的正方形区域，而且在 +15V 写畴电压区间电畴取向翻转为同一方向，而在最外面未施加写畴电压的区间电畴取向还是杂乱无章的。以上证明了 +15V 和 −15V 写畴电压对 BFO/BNKT 复合薄膜产生了较为显著的影响。通过施加正负写畴电压可以明显看到施加电压后电畴和振幅出现了显著的变化，通过施加正负 15V 的写畴电压就能够使区域内的大部分电畴翻转为相同取向。但是从图中也可以明显观察到虽然大部分电畴通过施加针尖电压出现翻转，还是有小部分没有出现明显的电畴翻转，这可能是因为 +15V 的写畴电压并不能够使所有电畴完全发生翻转，有一部分电畴可能还需要更大的电压使其发生翻转，另外，底电极与薄膜界面处可能存在内部电场，这会影响晶界附近的电畴翻转。

2. 多铁型 BFO/BNKT 复合磁电薄膜的铁电性能

BFO/BNKT 复合薄膜的电极化和电场之间的关系曲线由图 5.4(a) 给出。在施加电场区间 BFO/BNKT 复合薄膜获得了典型的电滞回线。当施加高电压后电滞回线没有出现明显的极化衰退现象和不对称性。当施加电场为 470kV/cm 时，复合薄膜的剩余极化强度、饱和极化强度和矫顽场分别为 21.6μC/cm^2，34.7μC/cm^2 和 238kV/cm，其铁电特性也优于一些文献报道的类似复合薄膜的铁电性[20,21]。

铁电回线是 BFO/BNKT 复合薄膜铁电性的宏观特征，电畴翻转特性是微观特征。易于翻转的铁电畴，可以获得较大的铁电极化。另外，铁电性也与漏电流特性有密切关系。

图 5.4(b)[22] 给出了 BFO/BNKT 复合磁电薄膜的漏电特性曲线，BFO/BNKT 表现出了卓越的漏电特性，在电场为676kV/cm时其漏电流密度为8.76×10^{-7}A/cm^2。其漏电特性明显优于单一的 BFO 和 BNKT 薄膜[23,24]。铁电性也与漏电流特性有

密切关系 [22]。这是因为复合薄膜界面处没有发生扩散从而使复合薄膜界面处形成势垒，这样就能够有效地阻止界面处电荷的移动，使 BFO/BNKT 复合薄膜获得较小的漏电流密度。另外，电畴壁有良好的导电性能，较小密度的电畴壁出现在 BFO/BNKT 磁电复合薄膜，能够有效地降低复合薄膜的漏电流密度从而提高其漏电特性。漏电流密度的不同伴随着不同的导电机制，图 5.4(b) 插入图给出了 BFO/BNKT 磁电复合薄膜的漏电流机制图，从图中可以看出通过对漏电特性图的横纵坐标分别作对数处理得到 ln$J$-ln$E$ 图。从图中可以确定复合薄膜的漏电流机制，BFO/BNKT 磁电复合薄膜在施加电场区间内其漏电流机制图所对应的斜率为 1.29，这个数值接近于 1，BFO/BNKT 复合薄膜的漏电流机制为单一的欧姆机制[25]。单一的欧姆机制电流密度随外场呈线性关系，有利于复合薄膜获得优良的漏电特性。

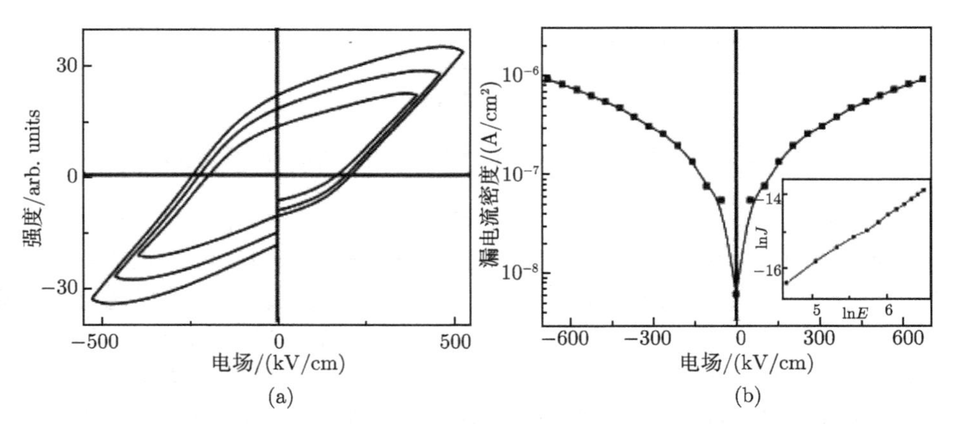

图 5.4 BFO/BNKT 复合薄膜 (a) 电滞回线；(b) 漏电特性及机制分析

3. 多铁型 BFO/BNKT 复合磁电薄膜的介电性能

图 5.5 给出 BFO/BNKT 复合薄膜的频率与介电常数之间的关系图，插图给出了频率与介电损耗之间的关系图，其测量的频率范围为 100Hz~1MHz。从图中可以看出 BFO/BNKT 复合薄膜具有较高的相对介电常数，其在频率 100Hz 时介电常数最大数值为 385，BFO/BNKT 复合薄膜获得较大介电特性的主要原因是其具有致密的微观结构和较大的晶粒尺寸，特别当 BFO/BNKT 复合薄膜具有较大晶粒尺寸时往往会使其获得较大的极化和较高的介电常数。另外值得注意的是 BFO/BNKT 复合薄膜在 100Hz~1kHz 的范围内介电常数随着频率不断减小，但是薄膜在高于 1kHz 的高频范围内介电常数维持在一个稳定的数值区间。在低频区域内存在氧空位引起了空间电荷极化导致介电常数随频率不断减小[26]。而在高频率区域 Fe^{2+} 和 Fe^{3+} 或者 Ti^{3+} 和 Ti^{4+} 之间存在跃迁的电子不能够跟上应用电场的变化，因此其

不能够对介电常数产生显著的影响。

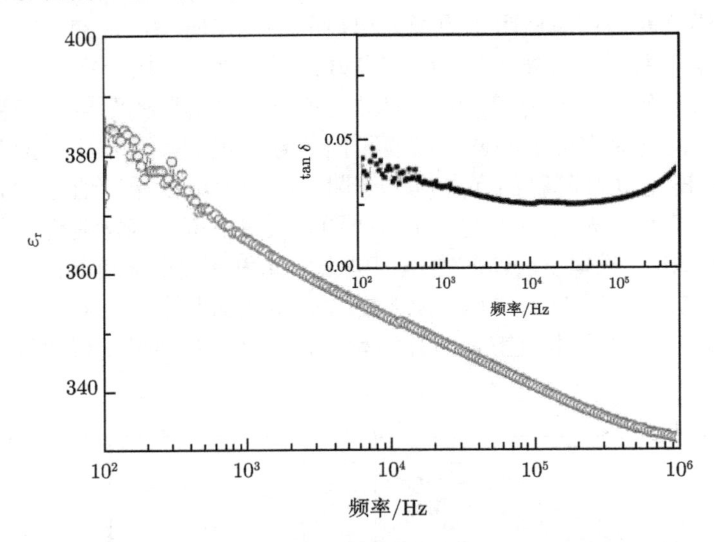

图 5.5　BFO/BNKT 复合磁电薄膜室温介电频谱和介电损耗

图 5.5 插图给出了介电损耗随着频率的变化关系图，BFO/BNKT 复合薄膜在测量频率范围内均获得了较小的介电损耗值，在频率为 100Hz 时其介电损耗数值为 0.04。众所周知，介电损耗主要来源于电阻损耗和弛豫损耗。电阻损耗与漏电流密度有关，而弛豫损耗与偶极子紧密相关。介电损耗特性与多种因素有关，例如，畴壁的钉扎、复合薄膜界面的扩散、晶界处空间电荷的积累[27]，较好的电畴翻转特性和电畴结构使 BFO/BNKT 复合薄膜获得较低的介电损耗。另外，从图中可以看出薄膜在低频区域介电损耗变化缓慢，但是随着频率的上升在大于 100kHz 之后出现了剧烈的上升现象，在低频区域出现较高的介电损耗是由于在薄膜和电极界面处的电荷积累[28]。随着频率的增加电荷积累显著减小，导致介电损耗值不断减小，但是当频率增加到一定数值之后，介电损耗数值突然显著增加，这主要是因为在高频率区域电场频率高，偶极子不能及时响应电场的变化，使得介电常数减小，介电损耗数值突然增加。从以上分析可知，BFO/BNKT 复合薄膜在频率范围 100 Hz~1 MHz 内均获得了较高的介电常数和较低的介电损耗，表明其具有优良的介电特性，介电常数的实验结果与复合薄膜铁电性和铁电畴的讨论结果一致。

4. 多铁型 BFO/BNKT 复合磁电薄膜的压电性能

图 5.6 给出了 BFO/BNKT 复合薄膜的压电系数 (d_{33}) 和表面形变 (D) 随着电压的变化关系图。表面位移大小是通过 PFM 在薄膜表面施加 −20~+20V 的针尖电压，收集针尖与薄膜系统共振振幅信号来获取的。BFO/BNKT 复合薄膜获得

优良的压电特性，典型的表面位移-电压 (D-V) 蝶形曲线被观察到，而且在 20V 获得复合薄膜最大的表面位移是 4nm，形变率达到了 5.2 ‰。通过逆压电效应根据测量出的 D-V 曲线可以得到压电系数 d_{33} 与外加电场的曲线图 (d_{33}-V)[29]。

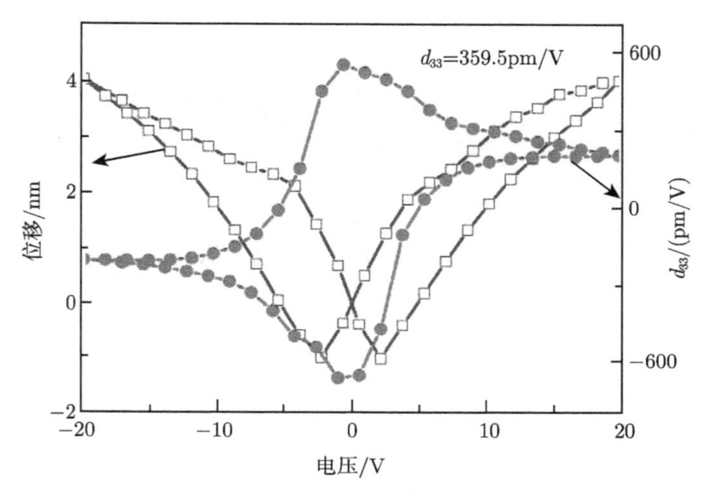

图 5.6 BFO/BNKT 复合薄膜的压电特性曲线

从 BFO/BNKT 复合薄膜的 d_{33}-V 曲线可以看出，复合薄膜在 20V 时获得了最大的压电系数 359.5pm/V。这表明 BFO/BNKT 复合磁电薄膜有大的压电特性，这主要是因为复合薄膜具有优良的铁电性和较大的自发极化特性。通过第 3 章的讨论可知有效电致伸缩系数、自发极化强度和介电常数对压电系数 d_{33} 的大小起了决定性作用。BFO/BNKT 复合薄膜获得了较大的介电常数和较小的介电损耗，这都有利于其获得较大的压电系数，并且伴随着 BFO/BNKT 复合薄膜较大的介电常数的产生，其获得了较大的自发极化强度是 BFO/BNKT 复合薄膜获得较大压电系数的另一个重要原因。结合上述分析，BFO/BNKT 薄膜容易翻转的电畴使其获得了较大的自发极化强度、剩余极化和饱和极化，这也是 BFO/BNKT 复合薄膜有较强的压电特性的原因[30]。另外，从图 5.3(e) 可以明显地看出在施加针尖偏压后出现明显的电致伸缩现象，因此直接证明其具有较强的电致伸缩效应。

5. 多铁型 BFO/BNKT 复合磁电薄膜的磁性能

多铁材料的另一个特性是磁性能，BFO/BNKT 复合薄膜在室温下的磁性能如图 5.7 所示。磁滞回线表明其具有明显的铁磁性，其饱和磁化强度高达 13.5emu/cm^3，剩余磁化强度和矫顽场分别为 3.2eum/cm^3 和 500Oe，其磁性可以与纯相的 BFO 的磁性相媲美。BFO/BNKT 复合薄膜的磁性主要来源于多铁材料 BFO 层中 FeO_6 八面体的自旋、离子格的极位移，而压电层 BNKT 层对磁性无直接贡献[31]。局域的

Fe-O 团簇和 Fe^{2+} 的存在引起了元素价态的波动 (Fe^{2+}/Fe^{3+})，也对 BFO/BNKT 复合薄膜的铁磁性有重要影响。另外，由于界面电荷的存在，两相的界面自旋发生重构，$BiFeO_3$ 的 62nm 的周期性自旋结构出现了一定程度的破缺，使得弱铁磁性有一定的增强。

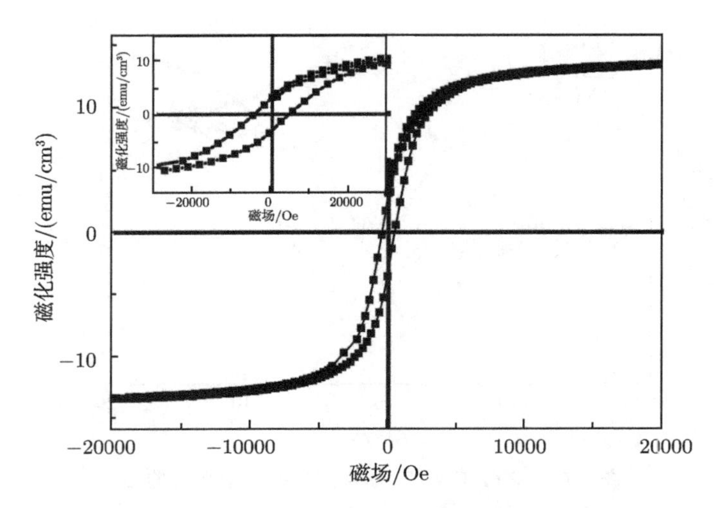

图 5.7　BFO/BNKT 复合磁电薄膜的室温磁滞回线

6. 多铁型 BFO/BNKT 复合磁电薄膜的多铁耦合

BFO 作为一种单相的多铁材料有室温磁电耦合效应，但是自身的漏电流特性限制了室温磁电输出，BFO/BNKT 复合磁电薄膜可以改善漏电流特性，在室温下获得较大的磁电耦合效应。

复合薄膜中兼具铁电性和铁磁性，因而理论上可以产生磁电耦合效应。磁电耦合效应是外加磁场 H 诱导的材料电场强度 E 的变化，其强弱可以用磁电耦合系数 $\alpha = \partial E/\partial H = \partial U/\partial H \cdot t$ 的大小来表征。磁电复合薄膜是利用复合薄膜中磁性薄膜的磁致伸缩效应和压电相薄膜的压电效应的乘积特性来实现磁-力-电性能的直接转换。磁致伸缩材料产生的磁-力转换和压电材料产生的力-电转换，通过两相界面的应力传递和耦合作用，即

$$\text{磁电效应} = \frac{\text{磁化}}{\text{机械}} \times \frac{\text{机械}}{\text{电极化}}, \quad \text{磁电效应} = \frac{\text{电极化}}{\text{机械}} \times \frac{\text{机械}}{\text{磁化}} \tag{5.4}$$

可以产生磁电效应。在乘积效应的协同作用下，实现新的磁电耦合效应。其耦合过程可以用下式表示：

$$\frac{\mathrm{d}E}{\mathrm{d}H} = k_1 k_2 x(1-x)\frac{\mathrm{d}S}{\mathrm{d}H}\frac{\mathrm{d}E}{\mathrm{d}S} \tag{5.5}$$

式中，k_1 和 k_2 是两相材料相互稀释而引起的各单相特性的减弱系数；x 及 $1-x$ 分别为复合材料中铁磁相和铁电相的体积分数；$\mathrm{d}S/\mathrm{d}H$ 和 $\mathrm{d}E/\mathrm{d}S$ 分别代表铁磁相的磁致伸缩效应与铁电相的压电效应。

图 5.8 是 BFO/BNKT 磁电复合薄膜的磁电系数 α_E 随着外加磁场的变化。磁电耦合系数随着直流磁场的增加而不断增加，当磁电系数达到最大之后，α_E 逐渐趋近于稳定。磁电系数在 7kOe 时达到了最大值 31mV/(cm·Oe)。该数值可以与其他无铅基复合薄膜的磁电系数相比拟[32,33]。

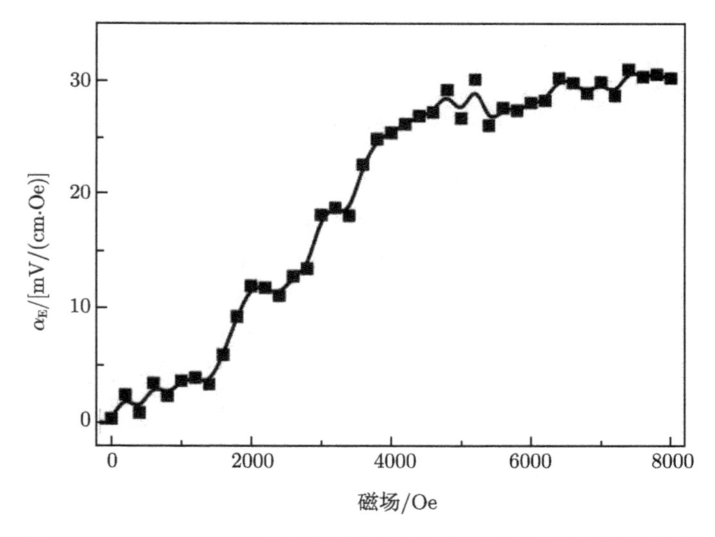

图 5.8 BFO/BNKT 复合薄膜的磁电系数随着磁场变化的曲线

复合磁电薄膜磁电效应的获得主要是通过铁电相与铁磁相界面处磁-力-电三者之间的有效的机械耦合获得的[34]。在 BFO/BNKT 磁电复合薄膜中 BFO 作为压磁相为复合薄膜提供磁弹耦合，其主要是由畴壁运动和磁畴旋转引起，压电相主要来源于铁电相 BNKT 层。变化的磁场引起压磁相的压磁效应，通过界面应力传递到压电相，再通过压电相的压电效应在表面出现磁场诱导产生面电荷[35]。同时，BFO 作为单相磁电薄膜对复合薄膜的磁电输出也有一定的贡献。因此，对复合磁电薄膜而言，如果铁电相和铁磁相都分别拥有良好的铁电性和铁磁性并且两相之间形成良好的界面机械耦合效应，就能够使复合磁电薄膜获得优良的磁电效应。BFO/BNKT 复合薄膜的铁电相和铁磁相都具有卓越的单相性质，这有利于 BFO/BNKT 复合薄膜获得卓越的磁电效应。相反，如果两相之间存在较大的晶格错配位，会使两相之间的耦合效应变弱，从而严重影响磁电复合薄膜的磁电输出。在 BFO/BNKT 磁电复合薄膜体系中，由于 BFO 和 BNKT 均为单层钙钛矿结构，这两种材料具有相似结构，能够有效地抑制晶格失配，使两种材料界面处形成良好的界面耦合效应，这有利于 BFO/BNKT 磁电复合薄膜获得更为优异的磁电输出。此外，衬底的夹持效应是严重影响磁电输出的一个重要原因，但是在 BFO/BNKT 复合薄膜体系中，由于其相对较厚的薄膜厚度 (760nm) 能够部分或者完全抑制夹持效应对磁电耦合的抑制作用[36]，这也是有利于复合薄膜中应力的传递从而获得良好磁电效应的一个重要因素。

5.3.4　多铁型 BFO/BTO 复合磁电薄膜的制备过程

与 5.3.1 节中提到的 BFO/BNKT 复合磁电薄膜的制备类似，选用相应的溶胶，在各自的成相温度退火，BFO 成相温度为 550℃，BTO 成相温度为 750℃。

5.3.5　多铁型 BFO/BTO 复合磁电薄膜的物相分析

图 5.9(a) 为 BFO/BTO 复合薄膜在 Pt(100)/Ti/SiO_2/Si 衬底上的 X 射线衍射图谱。BFO/BTO 复合薄膜与单相 BTO 和 BFO 的 PDF 卡片 JCPDS38-1257 和 JCPD 20-0169 相对应。同时衍射峰很锐利，这表明复合薄膜形成结晶程度良好的多晶薄膜。

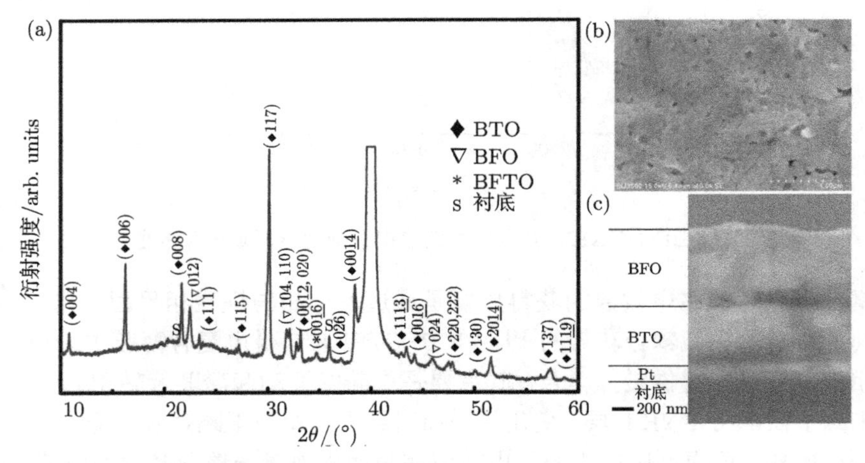

图 5.9　BFO/BTO 复合薄膜 (a)X 射线衍射图；(b)、(c) 分别对应形貌图、截面图

通过对比相应的 PDF 卡片分析可以从 BFO/BTO 复合薄膜中拆分出一套属于 BTO，而另一套属于 BFO 的 X 射线衍射图谱。在 X 射线衍射图谱中可以看出 BFO/BTO 复合薄膜都没有杂相产生，例如，Fe_2O_3、Bi_2O_3 或 $Bi_2Ti_2O_7$。BFO/BTO 复合薄膜中 BTO 的结构信息是正交钙钛矿结构，其点群信息为 $B2cb$ 群，而 BFO 的 (104) 峰和 (110) 峰几乎完全分开，基于这点说明其是菱形钙钛矿结构，其点群信息为 $R3c$ 群[37,38]。从 X 射线衍射图谱可以得出 BFO/BTO 复合薄膜中铁电相 BTO 层与铁磁相 BFO 层是共存的，然而在复合薄膜的衍射图谱中发现了较弱的

$Bi_5Ti_3FeO_{15}$ 的 (0016) 峰衍射峰，这表明 BTO 层和 BFO 层的界面层在退火过程中有少量 $Bi_5Ti_3FeO_{15}$ 中间层产生, 形成一种特殊的过渡结构。

图 5.9(b) 展现出 BFO/BTO 复合薄膜在 Pt(100)/Ti/SiO_2/Si 衬底上的表面形貌图，从图中可以看出 BFO/BTO 复合薄膜的表面十分致密与平整。而且可以从图 5.9(b) 观察到多种不同尺寸的晶粒存在于 BFO/BTO 复合薄膜的表面，这有利于减少薄膜内部的颗粒与颗粒间的孔洞，而相对致密的微观结构有利于复合薄膜获得优异的漏电特性、介电特性和压电特性。

图 5.9(c) 进一步展示了 BFO/BTO 复合薄膜的截面的扫描电镜图，从图中可以明显地观察到铁电层 (BTO) 与铁磁层 (BFO) 的薄膜厚度，它们分别为 600nm 和 750nm。而且可以看到在 BFO 层和 BTO 层之间截面分界清晰，而且层与层之间产生了一个非常薄的 $Bi_5Ti_3FeO_{15}$ 层，大约为 80nm。这表明 BFO 层和 BTO 层主体成分没有杂相产生，只是在 BTO 和 BFO 中间接触层有少量的化学反应和原子扩散生成 $Bi_5Ti_3FeO_{15}$ 三层钙钛矿结构的多铁薄膜，这种多铁薄膜中间层的产生有利于 BTO 层与 BFO 层之间的应力传递，使层与层之间结合得更为紧密。而 BFO/BTO 复合薄膜铁电层与铁磁层良好的耦合效应是其获得较大磁电输出的必备条件。

5.3.6 多铁型 BFO/BTO 复合磁电薄膜的多铁特性

1. $BiFeO_3/Bi_4Ti_3O_{12}$ 复合薄膜的电畴结构及翻转特性

通过压电力显微镜对薄膜畴结构的表征，在图 5.10 中展现了 BFO/BTO 复合薄膜样品的局部极化结构和静态的铁电畴。图 5.10(a) 展现了 1.2μm×1.2μm 扫描区域的 BFO/BTO 复合薄膜的原子力形貌图 (atomic force microscopy (AFM) morphologies)。

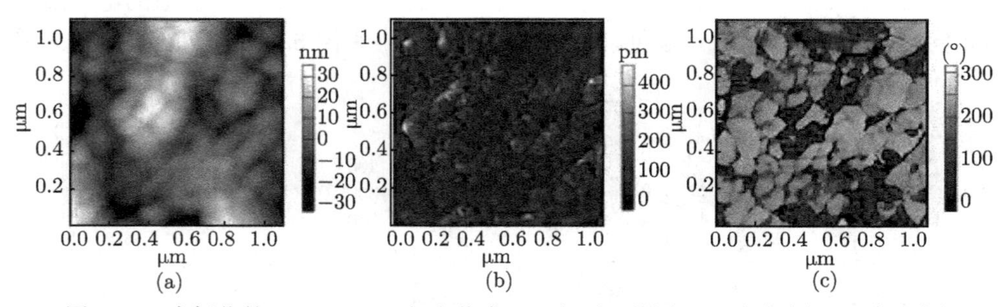

图 5.10 未极化的 BFO/BTO 复合薄膜 (a) 表面形貌图；(b) 振幅图；(c) 相位图
(扫描封底二维码可看彩图)

图 5.10(b) 和 (c) 同时获得未极化状态下 BFO/BTO 复合薄膜的 PFM 的振幅图和相位图。在 PFM 的振幅和相位图中不同的颜色分别代表不同的响应强度和

极化取向。从图 5.10(a) 中可以观察到 BFO/BTO 复合薄膜样品具有光滑的表面清晰的晶粒边界和统一的晶粒尺寸。BFO/BTO 复合薄膜平均的颗粒尺寸大约为 120nm，这个结果与 SEM 结果相一致。图 5.10(b) 和 (c) 中通过观察 PFM 的振幅图和相位图展现了原始的 BFO/BTO 复合薄膜具有清晰的电畴结构。BFO/BTO 复合薄膜的铁电畴展现出分块生长的现象，而且晶界与畴界是基本重合在一起的，这也说明晶界能够影响畴界的产生从而影响电畴结构。与此同时，观察原始的 BFO/BTO 复合薄膜，一些晶粒内部的电畴被限制在畴界内部，同时同一畴界内部存在两种不同形式的电畴。而且薄膜拥有较大晶粒尺寸，那么它在晶粒内部应该展现的是一种多畴结构。相反，如果薄膜拥有较小的晶粒尺寸，那么它在晶粒内部一般展现的是一种单畴结构，较小的畴壁密度也会使 BFO/BTO 复合薄膜获得较小的漏电流，一般情况下畴界与晶界是重合的，电畴一般会钉扎在晶界内而形成规则的畴界。而且在小晶粒或大晶粒中不同畴壁密度、畴壁间的内建电场等都会对铁电极化翻转产生影响。而 BFO/BTO 复合薄膜的这种电畴结构是其获得良好电学性质的基础。BFO/BTO 复合薄膜特殊的电畴结构也有利于大的铁电极化，并且更容易发生翻转。为了进一步研究 BFO/BTO 复合薄膜施加针尖偏压后的电畴翻转现象，通过 PFM 得到了 BFO/BTO 复合薄膜施加针尖偏压极化后的 AFM 图、振幅图和相位图。

图 5.11(a) 展现了施加针尖 10V 偏压后的 1.2μm×1.2μm 范围内的 BFO/BTO 复合薄膜的 AFM 表面形貌图，图 5.11(b) 和 (c) 分别表示 1.2μm×1.2μm 相同的扫描区域中施加 10V 针尖偏压后 BFO/BTO 复合薄膜的振幅图和相位图。通过图 5.10(a) 和图 5.11(a) 的对比发现施加 10V 针尖电压后没有对样品表面产生显著的破坏，而且图 5.11(a) 没有明显改变，这也说明施加针尖电压对 BFO/BTO 复合薄膜的晶粒没有明显的影响，但是施加针尖电压后电畴的变化却是十分显著的。在图 5.11(b) 和 (c) 中可以显著观察到在施加 10V 的针尖电压后绝大多数的电畴翻转为相同的取向，表现为同一颜色。通过对比图 5.10(c) 和图 5.11(c)，可以发现在未施

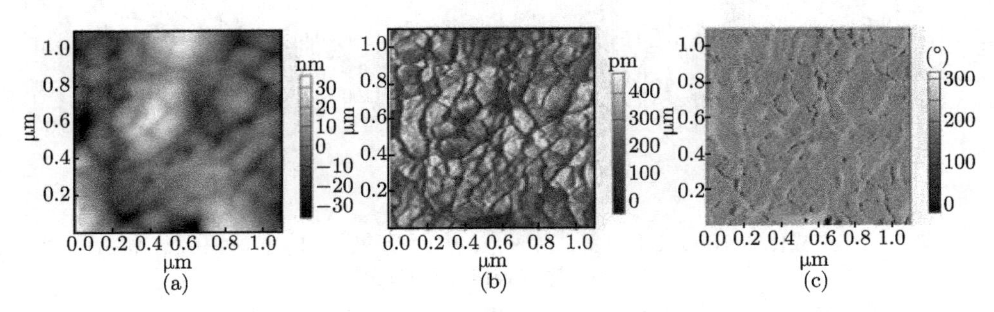

图 5.11 10V 偏压极化后的 BFO/BTO 复合薄膜 (a) 表面形貌图；(b) 加压振幅图；(c) 加压相位图 (扫描封底二维码可看彩图)

加电压和施加 10V 针尖电压后 PFM 相图变化得十分明显，从图 5.11(c) 中可以看出 BFO/BTO 复合薄膜在施加 10V 偏压后电畴大部分翻转为相同取向，从整张相图中也可以看出大部分颜色的基调一致、晶界和畴界明显，并且电畴钉扎在晶界。而且相比于未施加电压的区域来说，在同一区域施加 10V 针尖电压之后畴界的密度在施加针尖电压后明显变小，在畴界内部电畴取向十分统一。施加针尖电压后电畴钉扎在晶界中，而且晶界内的电畴取向更加一致，极化后的 BFO/BTO 复合薄膜的畴壁浓度小于未极化的 BFO/BTO 复合薄膜。此外，极化后的 BFO/BTO 复合薄膜铁电畴呈现出电畴尺寸相似于晶粒尺寸的现象，而不像原始的 BFO/BTO 复合薄膜那样电畴无序生长。对于电畴的翻转，一方面，在图 5.11(b) 和 (c) 观察到较强振幅信号和清晰的相位，而且压电响应信号在晶粒内趋于一致说明 BFO/BTO 复合薄膜的电畴具有较好的翻转特性。另一方面，在施加偏压后大部分电畴的极化方向发生了改变，但是还有一小部分电畴没有翻转。而对于没有翻转的电畴可能归因于移动的电荷移动到晶界并且钉扎在晶界导致了畴壁的钉扎效应并且阻碍了电畴的翻转。

通过读写电畴研究 $BiFeO_3/Bi_4Ti_3O_{12}$ 复合薄膜电畴翻转特性，在 0.8μm×0.8 μm 区域内写入了一个负电压被 2μm×2μm 的相等正电压区域所包裹着。图 5.12 (a)~(c) 分别为原始未加偏压的 BFO/BTO 复合薄膜的表面形貌图、振幅图和相位图。从相位图可以得出电畴的写入和读出。

写畴偏置电压如图 5.12(g) 所示，其中黑色部分是施加 −15V 直流偏压区域而白色部分是 +15V 直流偏压区域。在未加偏压的 BFO/BTO 复合薄膜中可以看到同一晶粒内和不同晶粒间压电信号都不是十分统一，表现出一种随机生长的电畴。而在整个原始的 BFO/BTO 复合薄膜样品中，相邻的两个畴界间大多也表现出不同的电畴取向，这是由于电畴极化取向不同。在图 5.12(b) 和 (c) 中没有观察到有明显的图形出现，但是与之不同的是在图 5.12(e) 和 (f) 施加 −15V 和 +15V 的直流偏压去进行写畴过程后，明显可以观察到一个标准的正方形出现在振幅图和相位图中。在一个 0.8μm×0.8μm 的中心区域上施加 −15V 的直流偏压，而相应的在 2μm×2μm 的其余区域施加一个 +15V 的直流偏压，从而获得了理想的写畴图形。

通过与原始的 BFO/BTO 复合薄膜的比较，对比图 5.12(a) 和图 5.12(d) 发现薄膜表现出与原始薄膜一致的表面形貌，极化过程并没有改变薄膜的表面形貌。相反，振幅图和相位图出现了明显的变化。在图 5.12(e) 的振幅图中明显在负电压区域出现了正方形，而这个正方形的出现是由于 BFO/BTO 复合薄膜具有明显的电致伸缩效应，这也表明 BFO/BTO 复合薄膜是一种良好的压电材料。另外，在图 5.12(f) 中表现出外加直流偏压诱发的电畴翻转的 BFO/BTO 复合薄膜的电畴图。通过与图 5.12(c) 的对比可以明显观察到图 5.12(f) 在 −15V 的直流偏压区域形成了正方形，绝大多数电畴在 −15V 的直流偏压区域翻转到相同的极化状态，BFO/BTO

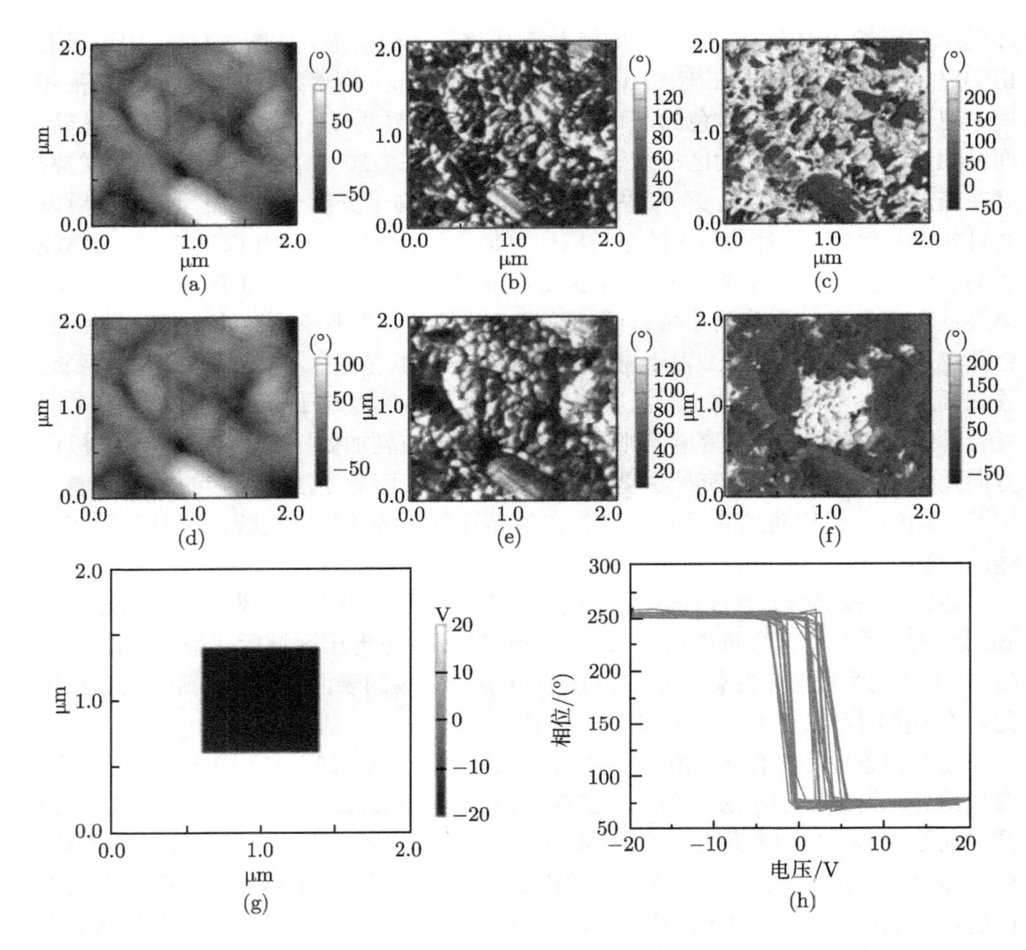

图 5.12　未极化 BFO/BTO 复合薄膜 (a) 表面形貌，(b) 振幅图，(c) 相位图；电畴写入后的 (d) 表面形貌，(e) 振幅，(f) 相位；(g) 写入电压信号机制图；(h) BFO/BTO 复合薄膜的相滞回线 (扫描封底二维码可看彩图)

复合薄膜的振幅图和相位图在中心区域均出现了规则的正方形，因此在正方形区域内的电畴随着极化状态的变化而发生了翻转，虽然大部分电畴翻转到同一方向，仅有一小部分电畴没有发生翻转。而在施加 +15V 直流偏压的区域中，铁电畴在施加 +15V 电压后又翻转到另外一个极化方向，所以在施加负电压的正方形区域内和施加正电压区域内的电畴取向不一致，而在图中的直观反映就是色调不一致，在正电压区域也是大部分电畴翻转到同一方向，只有一小部分电畴没有发生翻转。而未翻转的电畴可以通过以下几点原因进行解释：首先，这可能是由于底部电极存在内部场，而这个内部场抑制了晶界上的电畴的翻转。其次，电畴翻转的阈值与矫顽场息息相关，15V 的外电场不足以使电畴发生完全翻转，另外也有可能是电畴的极化方向与施加的偏压方向垂直致使电畴很难发生翻转。因此，只有大部分正方形区域出现了电畴翻转，而且通过观察图中的深色部分的相位图和浅色部分的相位图可以发现绝大多数电畴的极化方向在晶界内部趋于一致，也就是说在 −15V 和 +15V 区域电畴都发生翻转，这些结果表明在 BFO/BTO 复合薄膜样品中存在着对称的相滞回线。也就是说电畴翻转所需要的正向偏压和所需要的负向偏压基本保持一致，而在实验中也得到了证明。

图 5.12(h) 展现了 PFM 相位信号与针尖偏压的关系图，这是局部的电滞回线与电畴翻转的关系。采用双频追踪模式在极度小体积下 ($10^3 \sim 10^5 \text{nm}^3$)，PFM 能够使单纳米或原子级别缺陷的翻转的研究成为可能。首先随机地从薄膜的一些区域获得一组局部机电电滞回线，结果在施加针尖偏压为 ±20V 时，始终获得的是闭合的回线，这表明存在一个较高的铁电矫顽场，而且绝大多数的电畴在施加翻转电压后都能够实现良好的翻转。可以看出正饱和偏压大约为 8V，相反负饱和偏压大约为 −8V，正饱和偏压与负饱和偏压基本一致，而这也印证了之前的预测：BFO/BTO 复合薄膜存在着对称的矫顽场。因此小部分电畴不能翻转的原因可归结为在不同晶粒和杂质中的晶体的局部应力、畴壁的密度、畴壁的代替、畴壁的产生、电畴状态 (单畴结构或多畴结构) 的变化。这些因素也是致使 +15V 区域和 −15V 区域只有一小部分电畴没有发生翻转的客观因素。

2. $BiFeO_3/Bi_4Ti_3O_{12}$ 复合薄膜的铁电性

图 5.13(a) 给出了 BFO/BTO 复合薄膜的电滞回线，其采用的测试频率为 1kHz，测试温度为室温。可以看出在各个电场下 BFO/BTO 复合薄膜的电滞回线均趋近于饱和状态，而且铁电图形在不同电场下也十分对称，饱和极化强度、剩余极化强度随着外电场的增加依次递增。在电场为 600kV/cm 时 BFO/BTO 复合薄膜获得了巨大的饱和极化强度 (P_s) 和剩余极化强度 (P_r)，它们分别为 142μC/cm² 和 191μC/cm²。为了探究所测量的 BFO/BTO 复合薄膜极化强度的真实性，在给定一定的脉冲宽度 (P_W) 和脉冲延时下对 BFO/BTO 复合薄膜进行了 PUND (positive up negative down) 测试。在 PUND 测试中所获得的一系列数据中最为重要的数据为 ΔP。

图 5.13(a) 插图中显示了从脉冲宽度为 1ms 和脉冲延时为 1000ms 的 PUND 测试中得到了翻转极化值 (ΔP) 和电场之间的回线图。在频率为 1kHz，电场为 600kV/cm 时 BFO/BTO 复合薄膜 $2P_r$ 为 190μC/cm²，同时在测量同一点的 PUND 测试中得到的 600kV/cm 的 ΔP 值为 193μC/cm²。这个结果表明翻转极化强度 ΔP 与 2 倍的剩余极化强度 ($2P_r$) 是基本一致的，从以上结果就可以证明出所测量的 BFO/BTO 复合薄膜的铁电特性的饱和和剩余极化强度是可信的，其是内在的本

征属性, 而且漏电流造成的赝极化几乎没有。BFO/BTO 复合薄膜电畴易于翻转的特性使其获得了卓越的铁电特性。

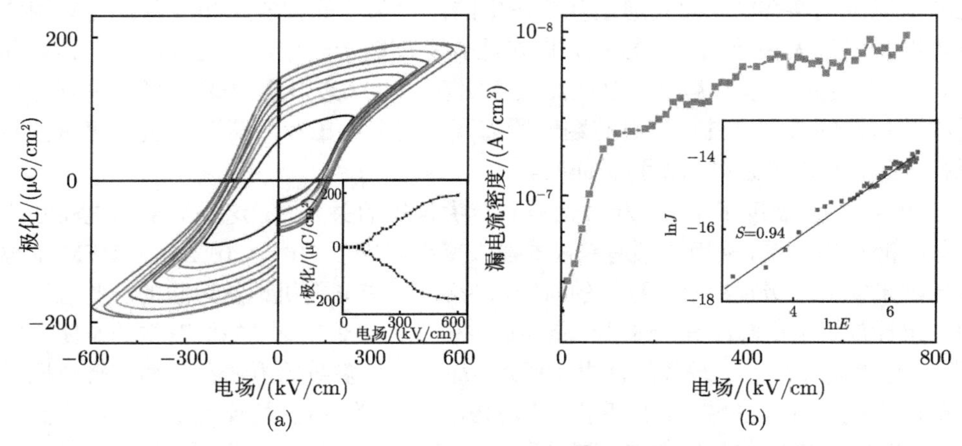

图 5.13　(a)BFO/BTO 复合薄膜的电滞回线; (b) 漏电流和机制分析

图 5.13(b) 进一步展现了 BFO/BTO 复合薄膜的漏电特性，其横坐标为漏电流密度 (J)，纵坐标为电场 (E)。在电场为 735kV/cm 的时候 BFO/BTO 复合薄膜的漏电流密度为 9.5×10^{-4}A/cm^2，这明显优于之前所做的 BFO/BTO 复合薄膜的低漏电和高剩余极化特性，可以从以下两个方面来理解：

(1) BTO 内部结构中存在 $(Bi_2O_2)^{2+}$ 层，它能够补偿电极附近的空间电荷[39]，从而能够提升薄膜-电极的界面电阻率，减小漏电流，进而获得较好的铁电特性。

(2) 因为 BTO 和 BFO 的逸出功和能带带隙有显著的不同，在层与层之间的界面出现了接触的肖特基势垒，形成了对应载流子移动的一种阻碍层，它限制了漏电流的传导[40]。

对漏电流密度 (J) 和电场 (E) 分别作对数处理得到 ln$J$-ln$E$ 图，即图 5.13(b) 插图，可以分析在不同电场区域可能的漏电流导电机制。图 5.13(b)BFO/BTO 复合薄膜的漏电流传导机制，在全电场下 ln$J$-ln$E$ 图的斜率为 0.94 接近于 1，这表明其漏电流传导机制为欧姆机制。在全电场范围内 BFO/BTO 复合薄膜漏电机制是单一的欧姆机制，而正是由于其是单一的欧姆机制才有利于 BFO/BTO 复合薄膜获得卓越的漏电特性。

3. $BiFeO_3/Bi_4Ti_3O_{12}$ 复合薄膜的介电性

多铁薄膜的铁电性和介电性有密切的关系，图 5.14(a) 展现了介电常数 ε_r 随着频率变化的关系图，而图 5.14(b) 展现的是介电损耗随着频率变化的关系图，其中频率测试范围是 100Hz~1MHz。可以从图 5.14(a) 观察到 BFO/BTO 复合薄膜在频率为 100Hz 时介电常数达到了最大值 1100，这主要是由于其致密的微观结构和较大的晶粒尺寸，尤其是较大的晶粒尺寸能够使薄膜获得较大的极化值和较高的介电常数。但是值得注意的是 BFO/BTO 复合薄膜的介电常数的趋势是先随着频率的增大而减小，到了高频时，这种减小趋势变小，介电常数几乎不变。而介电常数随频率的这种变化趋势可以归结为以下几个原因：

(1) 存在氧空位导致了空间电荷极化，致使 BFO/BTO 复合薄膜在低频时的介电常数随着频率的增加而减小[26]。

(2) 在高频的时候电偶极子的响应频率低于外加频率故出现了一个相位滞后，导致 BTO/BFO 复合薄膜在高频的时候极化为一常数[41]。而且在复合薄膜中，Fe^{2+} 和 Fe^{3+} 或者 Ti^{3+} 和 Ti^{4+} 之间的电子跃迁导致了铁电相的定向极化，在较高频率下 Fe^{2+} 和 Fe^{3+} 或者 Ti^{3+} 和 Ti^{4+} 的电子跃迁跟不上外加电场的变化，因此在高频下电子的跃迁对介电常数的变化没有直接的贡献作用[42]，表现为一个较为稳定的常数。

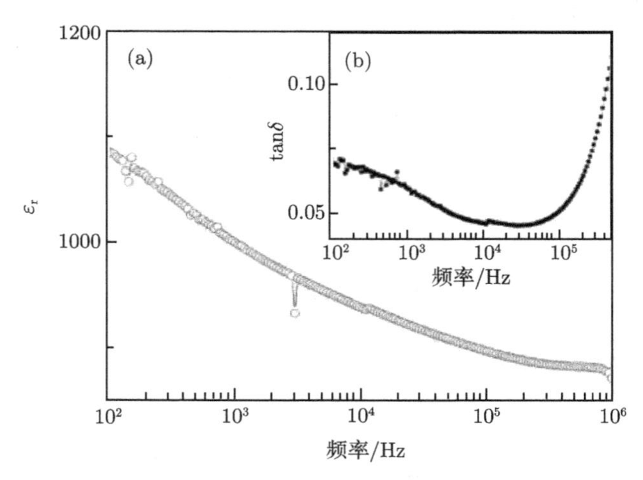

图 5.14 BFO/BTO 复合薄膜的介电常数和介电损耗随频率变化

在图 5.14(b) 中展现了 BFO/BTO 复合薄膜介电损耗随频率变化的规律图，BFO/BTO 复合薄膜有较低的介电损耗 tanδ 值，其在频率为 100kHz 的时候大约为 0.05。众所周知，介电损耗的主要来源是电阻损耗和弛豫损耗。电阻损耗与漏电流密度密切相关，而弛豫损耗与电偶极子密切相关。另外，铁电薄膜的介电损耗还与其他因素有关，例如，电畴的钉扎效应，薄膜和衬底之间的界面扩散，还有颗粒边界空间电荷的积累[43]。BFO/BTO 复合薄膜较好的电畴结构和翻转特性导致了复合薄膜较低的介电损耗。此外，介电损耗在频率为 100Hz~100kHz 的范围内随着频率的增加而减少，但是在 100kHz 以后显著增加。在低频时较高的介电损耗的出现是因为样品和电极之间界面层自由电荷的积累[44]。随着频率的增加，周期性变化的电场变化得越来越快，在电场方向上没有过多的电荷扩散，因此电荷积累的减少导致了介电损耗随着频率的增加而减少。在频率为 100kHz 以后，介电损耗随着频率的增加突然增加，这是因为在高频率时 BFO/BTO 复合薄膜中翻转的电偶极子与外加电场响应不同步。BFO/BTO 复合薄膜获得了卓越的介电性能，相对较大的介电常数和较小的介电损耗在复合薄膜体系中，这有利于其获得较好的压电特性和铁电特性。

4. $BiFeO_3/Bi_4Ti_3O_{12}$ 复合薄膜的压电性

图 5.15 展现了 BFO/BTO 复合薄膜的压电系数曲线 (d_{33}) 和形变随着应用电压变化的关系图，即 BFO/BTO 复合薄膜的压电特性，其在 20V 时最大的电致伸缩值为 4.48nm，复合薄膜的表面形变率为 3.73 ‰。基于逆压电效应可以通过 D-V 曲线得出压电系数 d_{33} 回线 (d_{33}-V)[45]，可以从图中得出 BFO/BTO 复合薄膜压电系数，压电系数是表面位移曲线的斜率值。

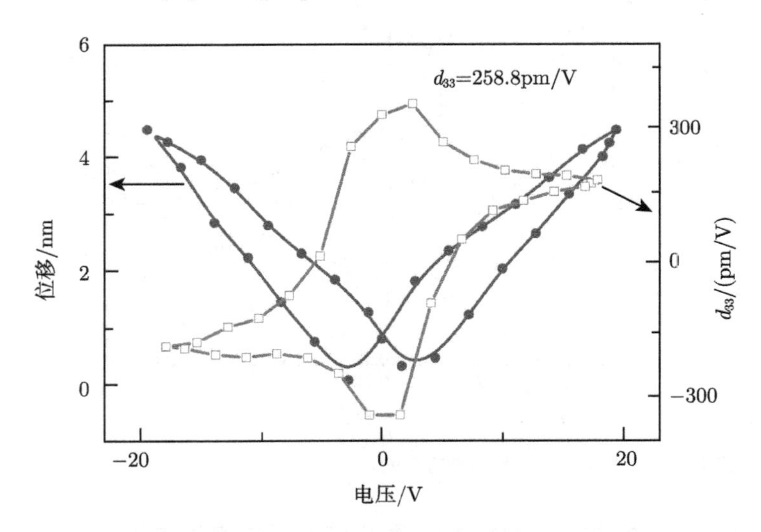

图 5.15　BFO/BTO 复合薄膜的压电特性图

BFO/BTO 复合薄膜获得了较大的压电系数，在 20V 时为 258.8pm/V。这展现出 BFO/BTO 复合薄膜优异的压电效应，这源于复合薄膜具有较大的自发极化强度。具体地说，多畴区域的压电效应可以分为两个部分：一个是每个基本单元上的压电形变 (内部压电)，另一个是移动的非 180° 畴壁导致的附加形变 (外部压电)[46]。首先，BFO/BTO 复合薄膜较大的自发极化强度和较高的介电常数是其获得较大压电系数的主要因素。而较大的自发极化强度、剩余极化强度和饱和极化强度是由 BFO/BTO 复合薄膜内部电畴易于翻转的特性所决定的。其次，从图 5.11(e) 可以观察到 BFO/BTO 复合薄膜具有良好的电致伸缩现象。因此较大电致伸缩系数有利于 BFO/BTO 复合薄膜获得较大的压电系数，此外较高的介电常数和较低的介电损耗也有利于 BFO/BTO 复合薄膜获得较大的压电系数。因此无铅基钙钛矿复合薄膜可以替代铅基薄膜，使其能够更为广泛地应用于工业生产。

5. $BiFeO_3/Bi_4Ti_3O_{12}$ 复合薄膜的磁性

图 5.16 展现了室温下 BFO/BTO 复合薄膜的磁滞回线，磁滞回线没有表现出任何反铁磁特性。BFO/BTO 复合薄膜获得了一个良好的磁滞回线，以及较强的饱和磁化 (M_s)~16emu/cm^3，相应的剩余极化强度 (M_r) 和矫顽 (H_c) 的值分别为 7.5emu/cm^3 和 500Oe，其值优于大部分铁电/铁磁复合薄膜或 BFO 单相薄膜[47]。BFO/BTO 复合薄膜获得较大磁性主要是由于 BFO/BTO 复合薄膜存在不同尺寸的晶粒，未被补偿的磁矩出现在晶界，而这种变化能够使磁化强度取值发生变化。另外，整数倍的自旋摆线长度能够补偿磁结构，晶粒尺寸小于或大于自旋摆线的长度可能提供未被补偿的磁矩，实际上获得晶粒尺寸一致的薄膜是一种不可行的方法，因此磁化强度是晶界上未补偿磁矩的累积效应，而且晶粒尺寸能对表面自旋和体积比产生重要影响[48]。在室温下，BFO/BTO 复合薄膜中获得一个较大的磁化强度，也就是说形成合适的晶粒尺寸、晶粒分布，而且良好的结晶度有助于复合薄膜获得较大的磁性。其次在退火过程中 BFO 层和 BTO 层出现了 BTF 中间层，中间层没有抑制磁性，相反其提高了复合薄膜的磁性，这主要是由于 BTF 薄

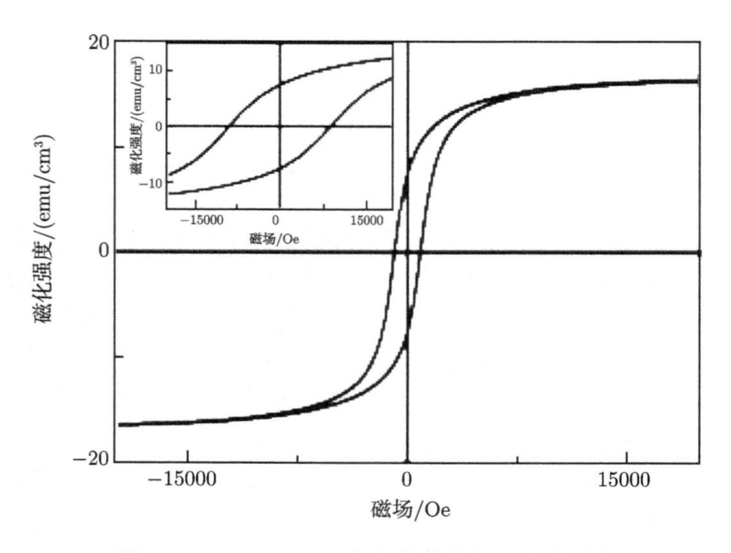

图 5.16 BFO/BTO 复合薄膜的室温磁滞回线

膜体现的是铁磁性[49]，而且层与层之间的超交换作用也会使复合薄膜获得较强的磁性。

6. $BiFeO_3/Bi_4Ti_3O_{12}$ 复合薄膜的多铁耦合

$BiFeO_3/Bi_4Ti_3O_{12}$ 复合薄膜具有室温磁电耦合效应。图 5.17 是磁电耦合系数 α_E 随着偏置磁场 (H_{bias}) 的变化规律图，依据动态磁场法去确定 BFO/BTO 复合薄膜的磁电耦合系数[50]。BFO/BTO 复合薄膜的磁电耦合测试是在平行于膜面条件下应用一个偏置磁场伴随着一个较小的交变磁场 H_{ac} =7.07Oe，在频率 1kHz 下进行测量。磁电系数起初是随着应用磁场的增加而增加，当达到最大的磁电系数之后就保持稳定，在磁场为 6kOe 时 BFO/BTO 复合薄膜获得了较大的磁电系数 45.38mV/(cm·Oe)。BFO/BTO 复合薄膜获得的较大的磁电系数可以比得上报道过的一些较为优异的磁电复合薄膜[51,52]。

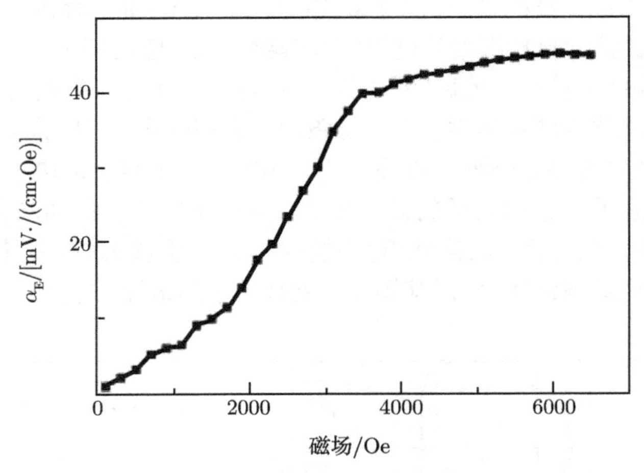

图 5.17 BFO/BTO 复合薄膜的磁电磁电系数随偏置磁场的变化规律图

磁电耦合主要是压磁相和压电相之间通过界面应力的传导去实现磁电效应[53]。动态磁弹性主要是通过铁磁相 BFO 的磁致伸缩效应获得的，产生机理是磁畴畴壁的运动和磁畴的旋转，而压电特性的主要来源是压电相 BTO 的压电效应。通过铁电相与压电相之间的界面耦合将在变化磁场下的铁磁相 (磁致伸缩效应) 和铁电相 (压电效应) 联系起来，实现铁电相与铁磁相之间的应力传递从而实现复合薄膜中的磁电效应[54]。对于 BFO/BTO 复合薄膜，其铁电相 (BTO) 和铁磁相 (BFO) 各项单相性能突出，而且相与相之间形成了良好的耦合效应，这些因素都有利于 BFO/BTO 复合薄膜获得较大的磁电输出。而且中间层 BTF 的形成也使其界面耦合形式更为复杂，BTF 作为一种层状钙钛矿结构，其与 BTO 具有相似的结构，这样能够使 BTO 层、BTF 层和 BFO 层形成很好的耦合效应，而且其较强的磁性和铁电性也有利于 BFO/BTO 复合薄膜获得较大的磁电输出。

5.3.7 $Bi_4Ti_3O_{12}/Bi_5Ti_3FeO_{15}$ 复合薄膜的制备

采用溶胶凝胶的方法制备复合薄膜，溶胶浓度均采用相对较合适的 0.2mol/L，这里面的硝酸铋过量 10%以补偿退火过程中 Bi 元素的挥发，具体流程如 BFO/BNKT 复合磁电薄膜的制备过程。

5.3.8 $Bi_4Ti_3O_{12}/Bi_5Ti_3FeO_{15}$ 复合薄膜的物相分析

复合磁电薄膜 $Bi_4Ti_3O_{12}/Bi_5Ti_3FeO_{15}$ 以及各单相薄膜的物相分析如图 5.18 所示，(a) 展示了 BTO 薄膜、BTF 薄膜、BTO/BTF 复合薄膜在 $Pt(100)/Ti/SiO_2/Si$ 衬底上的 XRD 图谱。通过对比 BTO 和 BTF 的 PDF 卡片发现 BTO 薄膜和 BTF 薄膜的衍射峰分别与 JCPDS No. 38-1257 和 JCPDS No. 81-1428 相符合，这里可以看出三种薄膜衍射峰都很锐利，表明三种薄膜都形成结晶程度很好的多晶薄膜。更为重要的是 BTO 和 BTF 都是多层状钙钛矿结构，这两种材料具有相似的衍射峰和晶格结构，正是出于此原因，BTO 和 BTF 的复合薄膜能够形成良好的晶格匹配。且在 XRD 图谱中可以看到三种薄膜都没有杂相 (Fe_2O_3，Bi_2O_3，$Bi_2Ti_2O_7$) 和中间相的出现。

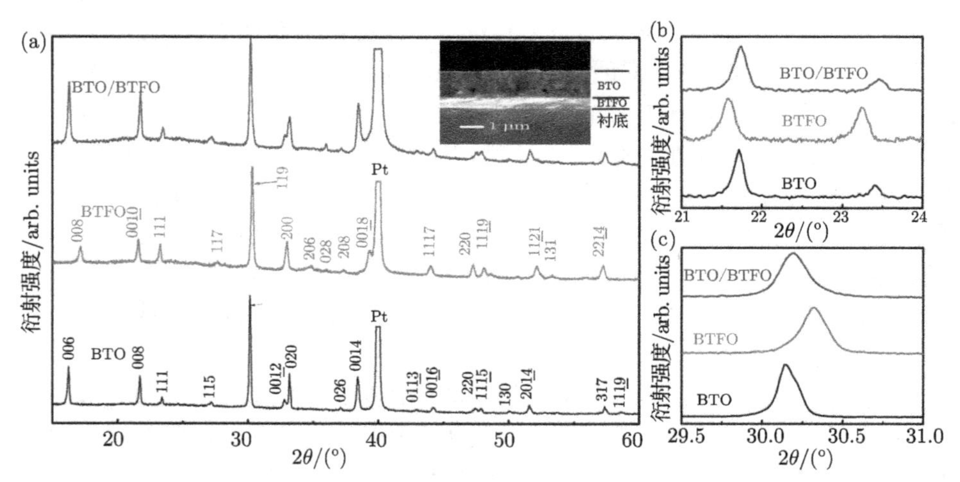

图 5.18 BTO、BTF、BTO/BTF 复合薄膜的 (a)XRD 图，(b) 局部放大图和 (c) 复合薄膜截面 SEM

图 5.18(a) 插图进一步展现了 BTO/BTF 复合薄膜的 SEM 横截面图，从 SEM 截面图可以观察到在 BTO 层和 BTF 层之间截面分界清晰，没有发现中间层，这都是磁电复合薄膜获得较大磁电效应的必备条件。此外，观察到 BTO 层和 BTF

层的厚度分别为 1100nm 和 510nm。通过对比发现 BTO/BTF 复合薄膜的 XRD 图谱是两相单独的衍射图谱的叠加，即 BTO 衍射图谱和 BTF 衍射图谱，这是因为 BTO 和 BTF 都是层状钙钛矿的正交晶系，这种相似的结构促使 BTO 的一些衍射峰和 BTF 的一些衍射峰位置接近，在 BTO/BTF 复合薄膜中只体现为一个衍射峰。

图 5.18(b) 和 (c) 是 $2\theta = 21.74°$，$30.19°$ 附近的 XRD 图谱的局部放大图，而从图中可以观察到 BTO/BTF 复合薄膜的 XRD 峰的变化，2θ=21.72° 附近的 BTO 的衍射峰和 2θ=21.58° 附近的 BTF 的衍射峰合并为 BTO/BTF 复合薄膜 2θ=21.74° 的一个衍射峰。而从图 5.18(c) 可以明显观察到在 2θ=30.14° 附近的 BTO 的衍射峰和 2θ=30.32° 附近的 BTF 的衍射峰经过薄膜复合过程之后合并为 BTO/BTF 复合薄膜 2θ=30.19° 的一个衍射峰。以上衍射峰的合并现象都可以证明 BTO 层和 BTF 层形成的良好的晶格匹配，并且没有改变它们的层状钙钛矿结构，而合并现象的出现主要是由于 BTO 和 BTF 具有相似的晶格和结构。以上结果表明结晶度良好的 BTO 薄膜、BTF 薄膜和 BTO/BTF 薄膜被有效地制备出来。

5.3.9 $Bi_4Ti_3O_{12}/Bi_5Ti_3FeO_{15}$ 复合薄膜的多铁特性

1. $Bi_4Ti_3O_{12}/Bi_5Ti_3FeO_{15}$ 复合薄膜的铁电性能

图 5.19(a) 展现了 BTO 薄膜、BTFO 薄膜和 BTO/BTFO 复合薄膜的电滞回线。通过对电滞回线的分析可以看出 BTO 薄膜、BTFO 薄膜和 BTO/BTFO 复合薄膜都展现出对称性良好的电滞回线，且随着外电场的增加达到饱和状态。图 5.19(b) 进一步直观展现了在电场 E=230kV/cm 下 BTO 薄膜、BTF 薄膜和 BTO/BTFO 薄膜的饱和极化强度和剩余极化强度。从图 5.19(a) 和 (b) 观察可知 BTO 薄膜的 2 倍的剩余极化值 ($2P_r$) 和饱和极化值 P_s 分别为 13.2μC/cm^2 和 14.1μC/cm^2，相应的 BTFO 薄膜的 $2P_r$ 和 P_s 分别为 24.6μC/cm^2 和 26.4μC/cm^2，BTO/BTFO 复合薄膜 $2P_r$ 和 P_s 分别为 55.8μC/cm^2 和 64.7μC/cm^2，与 BTFO 薄膜相比其 $2P_r$ 和 P_s 增加了一倍多，与 BTO 薄膜相比增加了 3 倍多。复合薄膜的铁电性能得到了极大的提升，可以用以下两点来解释：

首先 BTO 和 BTFO 具有相似的层状的钙钛矿结构，而正是这种相似的结构使 BTO 层和 BTFO 层之间形成了良好的耦合作用，促使复合薄膜获得大的铁电极化。其次，观察到 BTO 薄膜和 BTO/BTFO 复合薄膜都有 $(Bi_2O_2)^{2+}$ 结构单元，而 $(Bi_2O_2)^{2+}$ 可以抑制漏电流，同时活化 Bi^{3+} 拥有的 6s^2 孤对电子，而正是这种特殊的结构才使 BTFO 薄膜和 BTO/BTFO 复合薄膜都具有较为优异的铁电性[55,56]。同时优异的铁电性的获得也伴随着较低的漏电特性。

图 5.20(a) 是 BTO 薄膜、BTFO 薄膜和 BTO/BTFO 复合薄膜的漏电图，其纵坐标为漏电流密度 (J)、横坐标为电场 (E)。

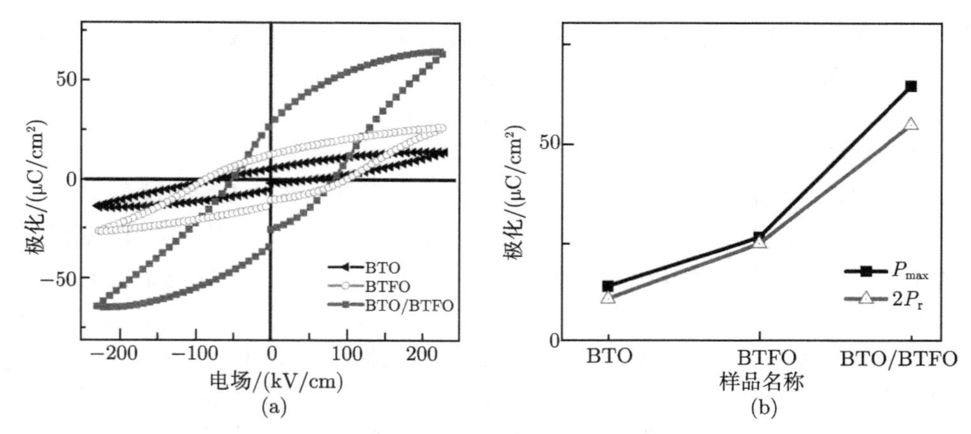

图 5.19 BTO、BTFO、BTO/BTFO 薄膜的 (a) 电滞回线图；(b) 饱和极化强度和剩余极化强度

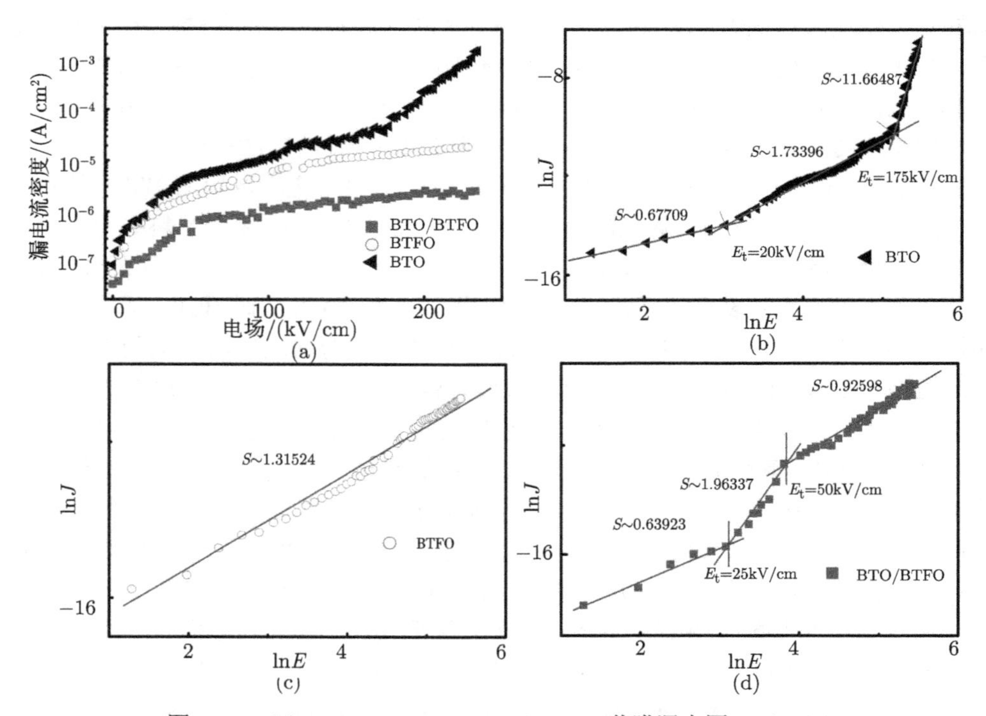

图 5.20 (a)BTO、BTFO、BTO/BTFO 薄膜漏电图；(b)～(d) 分别对应各自的导电机制分析

在电场为 200kV/cm 的条件下，BTO 薄膜和 BTFO 薄膜对应的漏电流密度分别为 2.45×10^{-4}A/cm^2 和 1.58×10^{-4}A/cm^2。相比于单相的 BTO 薄膜和 BTFO 薄

膜，BTO/BTFO 复合薄膜的漏电流密度随着电场的增加而缓慢增加，它的漏电特性也是三种薄膜最优秀的。在电场为 200kV/cm 下 BTO/BTFO 复合薄膜漏电流密度为 2.57×10^{-6}A/cm^2，在相同电场下其漏电流密度比 BTO 薄膜和 BTFO 薄膜低两个数量级。

BTO/BTFO 复合薄膜低漏电流密度的获得可以从以下三个方面来解释：

(1) 不同的电流传导机制。三种薄膜漏电流特性的不同是由于其漏电流传导机制的不同。三种漏电流传导机制分别为欧姆传导机制、SCLC 传导机制及 ILSE 传导机制。欧姆机制所对应的斜率为 1，SCLC 机制所对应的斜率为 2，ILSE 传导机制所对应的斜率远大于 2，其中欧姆导电机制对应最小的漏电流。图 5.20(a) 中的 BTO 薄膜、BTFO 薄膜和 BTO/BTFO 薄膜的漏电特性图中的纵坐标漏电流密度 (J) 和横坐标电场 (E) 分别作对数处理得到 ln$J$-ln$E$ 图。然后进行线性拟合可以得出如图 5.20(b)~(d) 所示的 BTO 薄膜、BTFO 薄膜和 BTO/BTFO 薄膜的导电机制分析图，通过分析各段所对应的斜率获得各种薄膜所对应的传导机制。BTFO 薄膜在整个电场区域的斜率为 1.32 接近于 1，这也说明 BTFO 薄膜的机制为欧姆机制。但是 BTO 薄膜在测量的电场范围内展现出在全电场范围内三种机制并存，可以观察到图中存在着三种不同斜率的线段，在电场范围 $\leqslant$ 20kV/cm 时 BTO 薄膜对应的斜率约是 0.677，在低电场区域 BTO 薄膜以欧姆机制占主导。当电场范围为 20~175kV/cm 时 BTO 薄膜对应的斜率是 1.734，在这个电场区域时 BTO 薄膜以 SCLC 传导机制为主。当电场范围为 175~230kV/cm 时 BTO 薄膜的斜率为 11.66，在这个电场区域内 BTO 薄膜以 ILSE 传导机制为主。对于 BTO/BTFO 复合薄膜，由两条不同斜率的线段组成，可以看出在电场 $E\leqslant 106$kV/cm 时 BTO/BTFO 复合薄膜的斜率为 0.639，这个电场范围内 BTO/BTFO 复合薄膜以欧姆机制为主。在电场范围为 25~50kV/cm 时 BTO/BTFO 复合薄膜的斜率是 1.96，在这个电场范围内 BTO/BTFO 复合薄膜以 SCLC 传导机制为主。而在较高电场 ($E\geqslant 50$kV/cm) 下，BTO/BTFO 复合薄膜的斜率为 0.926，在这个电场区间 BTO/BTFO 复合薄膜斜率等于 1，在这时 BTO/BTFO 复合薄膜漏电流传导机制又转变成欧姆传导机制，BTO/BTFO 复合薄膜的漏电流传导机制在较高电场下转变为欧姆传导机制。从以上结果可以得出 BTO/BTFO 复合薄膜在全电场范围内表现出欧姆传导机制和 SCLC 传导机制并存的现象。对于三种薄膜，传导机制与漏电性能是密切相关的，由此不难得出结论，单一欧姆机制的 BTFO 薄膜获得了相对优良的漏电性能，然而对于 BTO 薄膜来说在场范围为 175~250kV/cm 时为 ILSE 传导机制，这种机制导致了 BTO 薄膜较差的漏电性能的出现。然而对于 BTO/BTFO 复合薄膜来说漏电流传导机制在电场范围为 1 ~25kV/cm 时为欧姆机制，在电场范围为 25~50kV/cm 时为 SCLC 传导机制，在电场范围为 50~250kV/cm 时又变为欧姆传导机制，BTO/BTFO 复合薄膜的这种欧姆机制—SCLC 机制—欧姆机制的变化过程使它获得了最为优异的漏电特性。为了方便观察各种机制的变化关系，制作了表 5.1，把相应三种薄膜机制变化过程汇集起来。传导机制对薄膜漏电特性有很大的影响，三种薄膜中 BTO/BTFO 复合薄膜获得了最为优异的漏电性能，主要归功于其特殊的传导机制，换句话说，两种机制共存使复合薄膜获得了最为优异的漏电性能。

表 5.1 BTO、BTFO、BTO/BTFO 薄膜漏电流传导机制对比

薄膜	漏电流机制		
	第一导电机制	第二导电机制	第三导电机制
BTO	欧姆	SCLC	ILSE
BTFO	欧姆	无	无
BTO/BTFO	欧姆	SCLC	无

(2) 相同的层状钙钛矿结构。BTO 和 BTFO 具有相似的晶格参数和晶体结构，这有利于 BTO 层和 BTFO 层形成良好的耦合效应，而正是这种耦合效应进一步抑制了漏电流密度的增大。

(3) 功函数和带隙的差异。由于 BTO 层和 BTFO 层的逸出功和能带带隙有显著的不同，所以有一个界面势垒层出现在 BTO 层和 BTFO 层中间，这将抑制层与层之间电子的传导从而降低漏电流[57]。

2. $Bi_4Ti_3O_{12}/Bi_5Ti_3FeO_{15}$ 复合薄膜的压电性能

图 5.21 展现了 BTO 薄膜、BTF 薄膜和 BTO/BTFO 复合薄膜的压电特性。针尖施加的电压为 $-20\sim20$V 的直流偏压。BTO 薄膜和 BTFO 薄膜在 20V 的时候分别对应的最大的电致伸缩值为 3.84nm 和 4.63nm，相应的形变率分别为 0.1%和 0.272%。

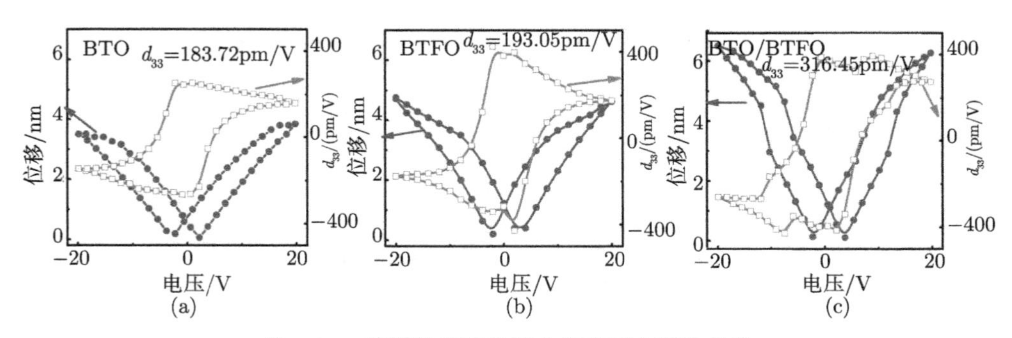

图 5.21 薄膜的表面位移曲线和压电系数曲线

压电系数是另外一个体现压电特性的重要参数，BTO 薄膜和 BTFO 薄膜都获得了较大的压电系数，在 16V 时分别为 183.72pm/V 和 193.05pm/V。与此同时，在图 5.21(c) 中展现了 BTO/BTFO 复合薄膜的压电回线。在 20V 时获得了较大的电致伸缩值为 6.5nm，相应的伸缩比为 0.31%。而复合薄膜的压电系数在 16V 时高达 316.45pm/V，比同等电压下的 BTO 薄膜和 BTFO 薄膜的压电系数大了很多。对于 BTO/BTFO 复合薄膜获得较大的铁电极化的原因可以从以下几点来说明：首先，BTO/BTFO 复合薄膜优秀的铁电特性致使其具有较大的自发极化强度，使其获得了最为卓越的压电特性[58]；其次，BTO 和 BTFO 都是 Bi 系层状钙钛矿结构，使得 BTO 层与 BTFO 层之间形成良好的耦合效应，获得了良好的压电特性。因此环境友好型钙钛矿复合薄膜是一种替代铅基的最好的选择，使其能够更为广泛地应用于压电设备。

3. $Bi_4Ti_3O_{12}/Bi_5Ti_3FeO_{15}$ 复合薄膜的铁磁性能

BTO/BTFO 复合薄膜的磁性主要来源于 BTFO 层，BTO 没有磁性，图 5.22 是 BTFO 薄膜和 BTO/BTFO 复合薄膜的室温磁滞回线。相较于块体 BTFO 在室温下展现的反铁磁性，BTFO 薄膜却展现出弱的铁磁性[59−61]。宏观上 BTFO 薄膜和 BTO/BTFO 薄膜获得了良好的磁滞回线，它们的饱和磁化强度分别为 4.3emu/cm^3 和 4.4emu/cm^3。另外，从图 5.21 可以观察到 BTFO 薄膜的剩余极化强度和矫顽场分别为 0.45emu/cm^3 和 110Oe，而 BTO/BTFO 复合薄膜的剩余极化强度和矫顽场分别为 0.39emu/cm^3 和 80Oe，矫顽场数值低于曾经报道过的复合薄膜[62]。

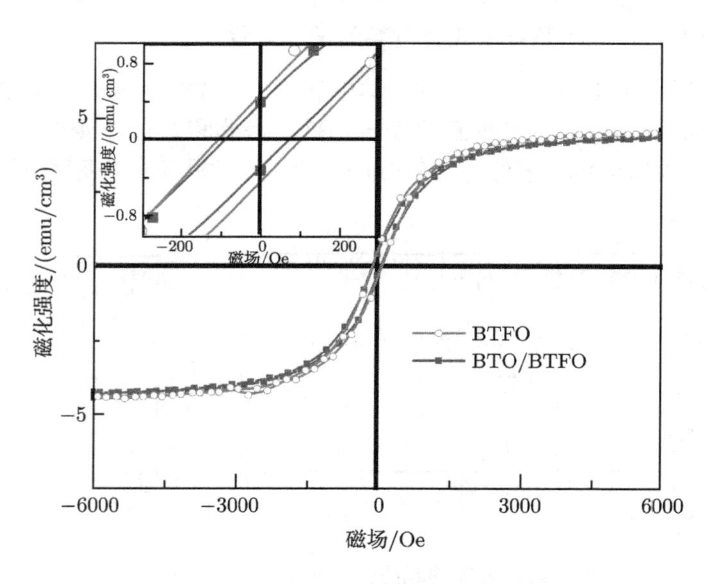

图 5.22 BTFO、BTO/BTFO 薄膜的室温磁滞回线

BTO/BTFO 薄膜的室温弱铁磁性的主要来源：

(1) 复合薄膜铁氧八面体和钛氧八面体中的 Fe—O 键的随机分布。

(2)Fe-O 团簇的存在，使得部分 Fe-O-Fe 反铁磁超交换作用被破坏，因此铁磁性出现在 BTFO 薄膜和 BTO/BTFO 复合薄膜。

4. $Bi_4Ti_3O_{12}/Bi_5Ti_3FeO_{15}$ 复合薄膜的多铁耦合磁电效应

复合薄膜的室温磁电耦合效应如图 5.23 所示。(a) 是BTFO薄膜和BTO/BTFO复合薄膜在直流偏磁场 H_{bias} =4000Oe 下磁电系数 α_{ME} 随频率变化的关系曲线。从图中可以看出 BTFO 薄膜的磁电系数在低频下随着频率有略微的增加，之后随着频率的增加 BTFO 薄膜的磁电系数基本不变。而 BTO/BTFO 复合薄膜的磁电耦合系数随频率的变化就十分明显，磁电系数刚开始有明显的上升现象，但是在频率为 3.5kHz 的时候磁电系数达到最大值 α_{ME}=39.23mV/(cm·Oe)，然后随着频率的增加磁电系数下降，可以说明薄膜体系在该频率下达到共振状态。以上结果主要是说明磁电复合薄膜中在固定直流偏磁场下频率和施加磁场下的电极化关系。

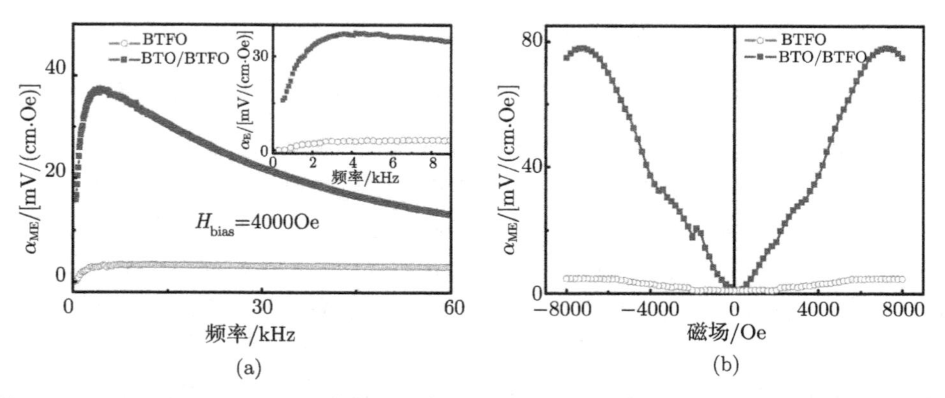

图 5.23 BTFO、BTO/BTFO 薄膜的磁电系数 (a) 随频率的变化；(b) 随偏置磁场的变化

而 BTO/BTFO 复合薄膜磁电系数随着频率的变化趋势可由下面几条来解释：

(1) 在低频时由于活跃的磁电偶极子相互作用，所以磁电系数在低频率时随着频率的增加而增加。

(2) 在高频时更多的磁电偶极子之间的相互作用允许更多的偶极子排列在所施加的磁场方向上，但是偶极子的响应跟不上外部应用磁场的频率，所以磁电系数随着频率的增加而减小。

图 5.23(b) 展示了 BTO/BTFO 复合薄膜和 BTFO 薄膜直流磁场平行于薄膜表面 (面内测量模式) 的磁电系数和直流偏磁场的关系图。采用的是一个较小的交变磁场 H_{ac}=7.07Oe 和频率 f=1000Hz 施加到平行于薄膜表面方向，BTFO 薄膜采用相同的测量条件。从图 5.24(b) 可以看出 BTFO 薄膜的磁电系数较小，只有 4.5mV/(cm·Oe)。相比于纯的 BTFO 薄膜，BTO/BTFO 复合薄膜展现出强烈的磁

电耦合现象，随着直流偏磁场的增加磁电耦合系数也增加，在 7.2kOe 磁电耦合系数达到了最大值 78mV/(cm·Oe)，之后磁电耦合系数出现了下降现象，室温磁电耦合系数的数值可以与其他报道中的结果相比[51,52]。

BTO/BTFO 复合磁电薄膜的磁电耦合来源于两种耦合机制：①界面耦合。铁电相和铁磁相之间的压电性和磁致伸缩之间的相互转换，通过施加磁场致使铁磁相产生伸缩现象，界面应力传到压电薄膜，铁电薄膜表面出现了极化电荷相产生电信号。BTO/BTFO 磁电复合薄膜中，BTO 和 BTFO 具有相似层状钙钛矿结构，铁电相与铁磁相之间能够形成良好的晶格匹配，进而形成良好的应力耦合效应，利于磁-力-电的传导过程 [63]。②BTFO 作为单相多铁材料对 BTO/BTFO 复合磁电薄膜的磁电耦合效应，也有一定的贡献。

5.3.10　多晶体多铁型复合纳米磁电薄膜——$Bi_5Ti_3FeO_{15}/BiFeO_3$ 的制备

采用溶胶凝胶法，制备多铁与多铁 2-2 型 $Bi_5Ti_3FeO_{15}/BiFeO_3$ 磁电复合薄膜，具体方法可以参考前面相关章节。

5.3.11　多铁型 $Bi_5Ti_3FeO_{15}/BiFeO_3$ 复合纳米磁电薄膜的物相结构

为了确定所制备的两相复合的薄膜沉积质量，对 BTFO/BFO 复合薄膜和 BTFO 以及单相的 BFO 薄膜样品作了 XRD 结构分析，表征结果如图 5.24 所示。所有的衍射峰都已经根据 BTFO 和 BFO 的标准粉末比对卡标注。从图中可以看出，复合薄膜中具有 BTFO 和 BFO 两种钙钛矿结构的特征峰 (119) 和 (110)。通过对比单一薄膜，发现复合以后的薄膜几乎就是两相衍射峰的相互叠加。除此之外，没有发现其他衍射峰，说明在复合薄膜的沉积中，两相在生长过程中界面处没有发生化学反应，从而没有引入其他杂相或中间相，这点对复合薄膜的制备很重要，否则会影响到薄膜的磁电耦合性能。特征峰的半高宽很窄，也从侧面说明了薄膜的结晶良好。由于 BTFO 受到来自 BFO 的张应力，这一张应力导致 BTFO 在 c 轴方向的晶格常数变小。复合薄膜中 BFO 衍射峰的强度也相对单相 BFO 薄膜变弱，这说明了上层的 BFO 薄膜导致了 BTFO 薄膜的晶格畸变，由于上层薄膜的钳制作用，下层薄膜的衍射强度减弱。

用 SEM 表征薄膜异质结的断面扫描形貌图，从图中可以清楚地看到 BTFO 多铁薄膜层和 BFO 多铁薄膜层，并且没有扩散层和过渡层出现。在薄膜异质结中一种多铁层和另一种多铁层仍然保持较好的独立性，这样能够保证薄膜异质结能够获得良好的磁电耦合效应。在薄膜异质结中之所以没有发生层间的扩散或反应，主要受益于成相温度差异大和二者不同的物质相结构。BTFO 的成相温度在 700℃而 BFO 的成相温度在 550℃，在沉积过程中先沉积 BTFO 形成稳定结构后，再累积沉积 BFO，这样较低的成相温度不会影响 BTFO 的稳定结构，二者之间无过渡相形成，就可以有效地避免两种相之间的扩散和反应。保证了薄膜异质结中各层材料的独立性质。

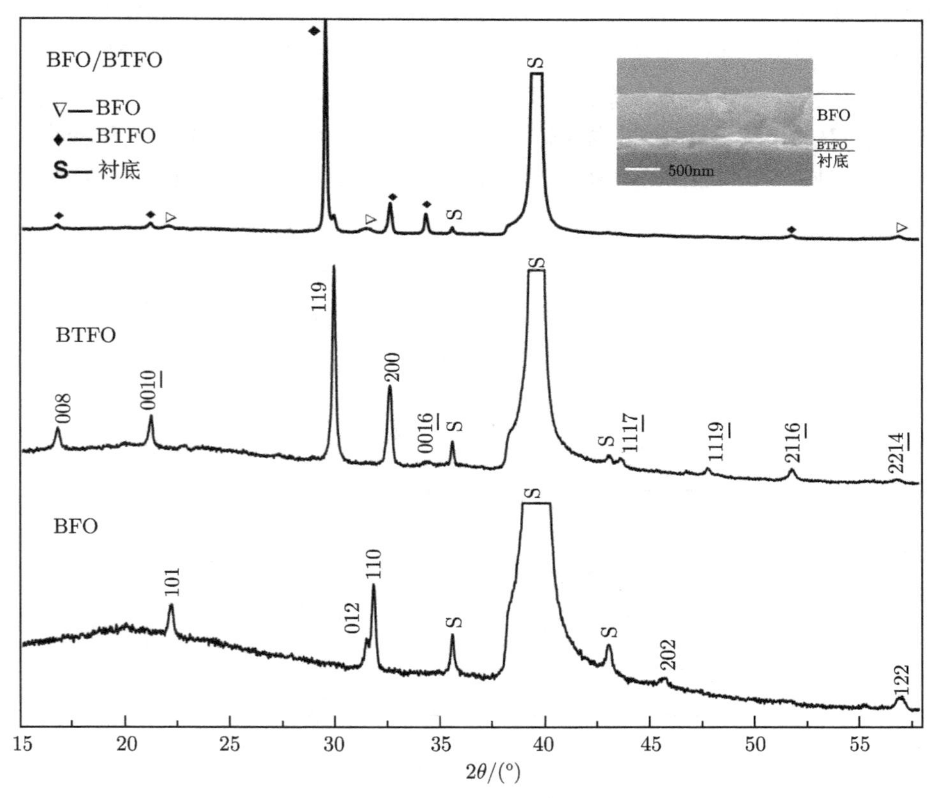

图 5.24 BTFO/BFO 复合薄膜的 XRD 图

5.3.12 多铁型 $Bi_5Ti_3FeO_{15}/BiFeO_3$ 复合纳米磁电薄膜的多铁特性

1. 铁电压电性能

首先，分析单相 BFO 薄膜中的铁电性。图 5.25 的插图是 BFO 薄膜在电场下不同的电滞回线。由图可以看出，随着测试电场的增大，薄膜电滞回线的方形度在逐渐加大，最大电极化值慢慢趋于饱和。同时 BFO 薄膜的剩余极化强度 P_r、饱和极化强度 P_s 和矫顽场 E_v 都在增加，且 $2P_r$ 值在 225kV/cm 的电场下高达 47.8 μC/cm^2，这与之前文献报道的一致[64]。与此同时也得到了 BTF 的电滞回线，为了形成有效的对比，复合纳米薄膜在同一电场下测试，一个明显的特征是 BTFO 和复合纳米薄膜可以经受高电场，达 450kV/cm，在相同的电场下测试，BFO 无法获得完整的电滞回线，表现出很大的漏电性能。复合薄膜的饱和极化 P_s 几乎是单相

BTF 的 2 倍，在电场为 450kV/cm 时分别是 67.2 μC/cm² 和 33.1μC/cm²，剩余极化 P_r 分别是 24.5μC/cm² 和 14.2μC/cm²。这可能归因于界面效应，铁电相与铁磁相的耦合效应及界面应力的差异：BTFO 和 BFO 同属的层状钙钛矿复合能够形成良好的界面接触，BFO 晶胞是 BTFO 晶胞的一个子单元，二者晶格适配度小，在界面处产生额外的张应力，有利于极化电荷的产生[17]；Fe^{3+} 和 Ti^{4+} 在晶粒边界产生的空间电场，能够调控铁电翻转极化的取向和速率，这样有助于饱和极化和剩余极化的增加[18]。同时矫顽场也有所减小，从单相 BTFO E_c=213kV/cm 到复合薄膜 E_c=152kV/cm。

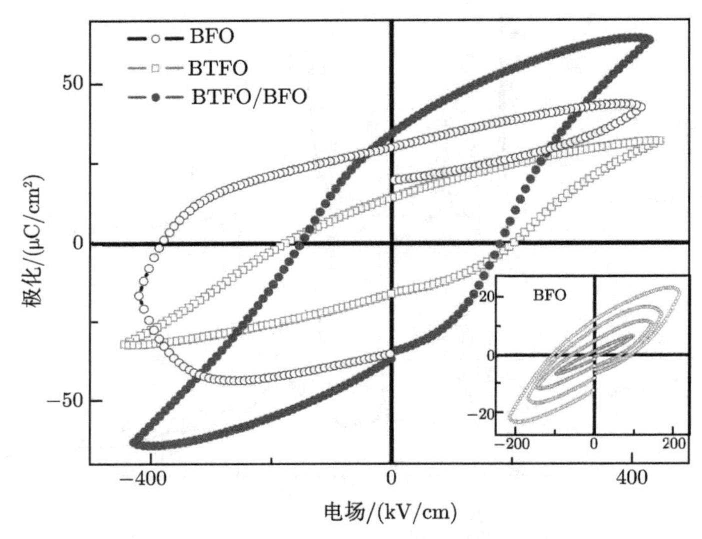

图 5.25 BTFO/BFO 纳米复合薄膜的铁电回线图

BTFO/BFO 纳米复合薄膜的漏电流机制分析如图 5.26 所示。从图中可以看出，纳米结构复合薄膜具有更低的漏电特性。相比之下 BFO 单层钙钛矿薄膜的漏电流显然较大，Aurivillius 相结构三层钙钛矿 $Bi_5Ti_3FeO_{15}$ 多铁薄膜的漏电流与纳米复合薄膜相比在相同的数量级。钙钛矿铁电薄膜的漏电流导电机理主要有以下几种[65]：在外加电场较低时，电流-电压遵从欧姆定律；在中等电场下，电荷从电极注入薄膜内，电流与电压平方呈线性关系；在强电场下，由 PF 发射 (Pool-Frenkel emission) 产生的载流子参加导电过程，电流的对数与电压的平方根呈线性关系。BTFO 和 BFO 薄膜接触界面会形成界面势垒，阻止电荷的自由移动，降低漏电流；在施加强电场下薄膜内杂质能级畸变，隧穿势垒变窄变低，隧穿概率大幅增加，会使得漏电流增大。单层状的 BFO 薄膜由于不能经受高的电压，0~200kV/cm 的区域内一直是以欧姆导电机制为主，BTFO 薄膜由于其独特的 $(Bi_2O_2)^{2+}$ 结构可以抑制漏电流，所以 BTFO 薄膜可以加上 450kV/cm 的高电场。在 270kV/cm 以下是以欧姆导电机制为主，270kV/cm 以上 PF 发射产生的载流子参加导电过程，漏电流随电场快速增强，PF 导电机制发生。BTFO/BFO 纳米复合薄膜相比之下可以经受 500kV/cm 的高电场，且仅欧姆机制发生，也从侧面说明了复合薄膜有最高的电极化值，即铁电性能最优。不过单相和复合薄膜的漏导也都在 10^{-5}A/cm^2 的较小量级，这为后面的磁电耦合性能的测量提供了可靠条件。

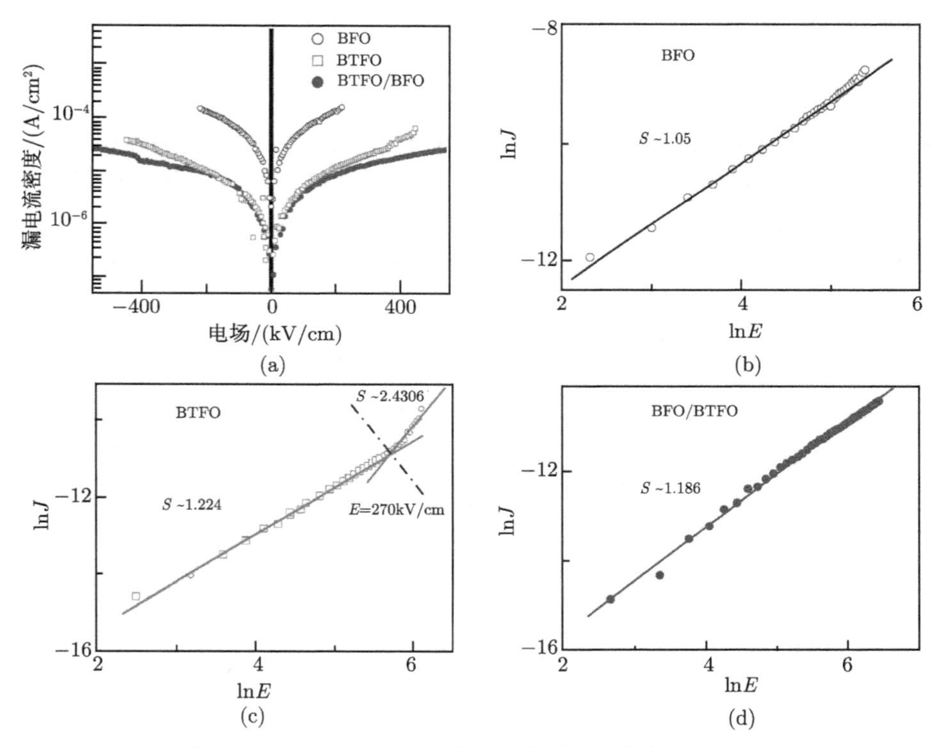

图 5.26 BTFO/BFO 纳米复合薄膜的漏电流机制分析

多铁薄膜的一个特性是压电效应，用原子力显微镜测试了薄膜材料的压电力系数 d_{33} 和表面位移，如图 5.27 所示。压电效应表征了多铁材料机械能与电能的转换能力，可以用下式对这种机电耦合现象进行描述：

$$\begin{aligned}\vec{D} &= d\vec{T} + \varepsilon^T \vec{E} \\ \vec{S} &= s^E \vec{T} + d\vec{E}\end{aligned} \tag{5.6}$$

其中，$\vec{D}$ 为电位移；$\vec{T}$ 为应力；$\vec{E}$ 为电场强度；$\vec{S}$ 为应变；d 为压电常数；s 为材料的弹性柔顺系数；ε 为介电常数。上标表示某一参数保持常量的边界条件：比如

ε^T 表示应力恒定条件下 (即机械自由) 的介电常数，s^E 表示电场强度恒定条件下 (即电学短路) 的材料弹性柔顺系数。压电常数 d 则反映了压电材料把机械能 (或电能) 转化为电能 (或机械能) 的能力[66]。单相 BTFO、BFO 和 BTFO/BFO 复合薄膜的表面位移随电场的变化呈蝶形曲线，纳米复合薄膜获得了最大的表面位移 4.2nm，在外加 20V 偏压时，BTFO 和 BFO 薄膜在同样电压条件下仅出现 3.1nm 和 3.2nm 的表面位移。根据逆压电效应通过位移电压曲线作一阶导数可以计算出纵向压电系数 d_{33}。纳米复合薄膜的压电力系数最大是 543pm/V，压电力系数和电致伸缩系数满足如下关系：

$$d_{33} = 2Q_{11}\varepsilon_0\varepsilon_{\rm r}P_{\rm s} \tag{5.7}$$

其中，$P_{\rm s}$ 是自发电极化；Q_{11} 是横向的电致伸缩系数；ε_0 是真空介电常数；$\varepsilon_{\rm r}$ 是相对介电常数。从 (5.2) 式可以看出压电系数 d_{33} 与 $P_{\rm s}$ 成正比，从图 5.25 可以看出纳米复合薄膜有最大的自发极化 $P_{\rm s}$；相似的结构在界面处产生张应力可以顺利传递到表面，所以表面形变变大，此外在 BTF 结构中包含非 180° 畴，这种畴是压电畴[67]。

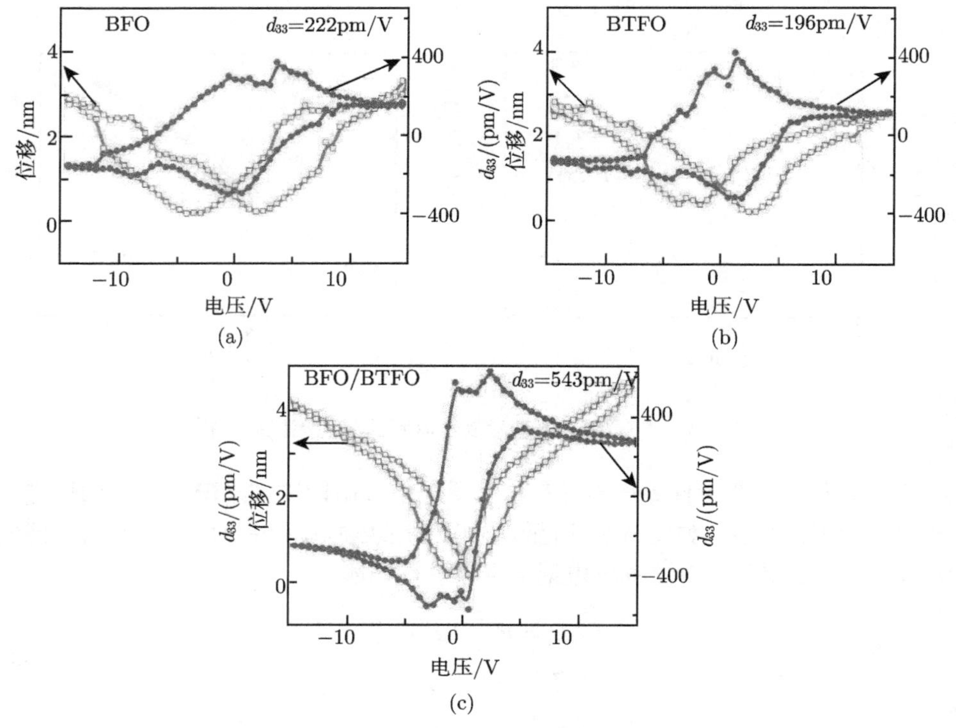

图 5.27　BTFO/BFO 纳米复合薄膜的压电效应系数 d_{33}

2. 铁磁性能

在室温下单相多铁薄膜 BFO、BTFO 和复合磁电薄膜 BTFO/BFO 均表现出弱铁磁性，如图 5.28 所示。在 ±3T 的测试范围内，单相的 BFO 的弱铁磁性最强，饱和磁化强度 M_s、剩余磁化强度 M_r、矫顽场 H_c 分别为 8.3emu/cm^3、1.4emu/cm^3、105Oe；BTFO 相应的数值为 $M_s \sim 5.1$emu/cm^3、$M_r \sim 1.6$emu/cm^3、$H_c \sim$170Oe；复合磁电薄膜的磁性能参数值介于两个单相薄膜之间，$M_s \sim 7.7$emu/cm^3、$M_r \sim$ 1.5emu/cm^3、$H_c \sim$140Oe。这样的弱磁性排序是非常合理的，BFO 的 620nm 空间自旋周期结构被薄膜的物理边界所打破，表现出未补偿的反铁磁本质下的弱铁磁性。单相 BTFO 薄膜，Ti—O、Fe—O 短程磁有序，以及八面体的自旋倾斜使得其表现出室温弱铁磁性。复合薄膜由这两种单相薄膜构成，自然表现为二者的叠加效应，磁性能介于中间。同时存在一个奇异的现象，这三种薄膜的饱和场不尽相同，BFO 最大 H_s 接近 2T；BTFO 薄膜 H_s 在 1T 附近；复合薄膜 H_s 在 0.7T。复合薄膜易于饱和，在两相界面处的自旋重构使得界面自旋比内部自旋易于发生翻转，在 BFO 薄膜中仅存在 Fe-O 八面体，而在 BTFO 薄膜中有 Ti-O、Fe-O 两种八面体，存在磁邻近作用，八面体容易倾斜，所以所需饱和磁化场复合薄膜最小，BFO 薄膜最大，BTFO 薄膜次之。

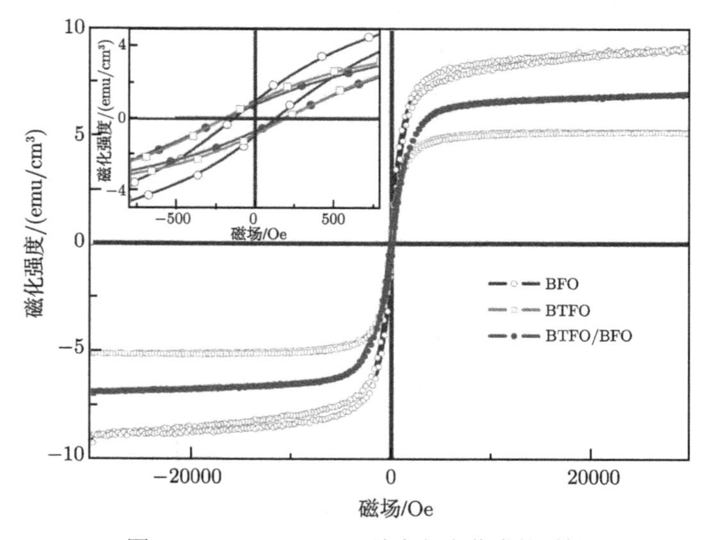

图 5.28 BTFO/BFO 纳米复合薄膜的磁性

3. 多铁耦合磁电效应

从乘积效应可以推断，为使磁电复合材料获得大的磁电效应，必须选用单相效应较强的铁电相和铁磁相材料，且这两相间要有可观的耦合效率。而且为了获得最优的磁电效应，复合材料中的铁电相和铁磁相必须选择最佳的体积比和合适的连通方式，更重要的是要尽量减少铁电相和铁磁相之间的反应，以避免出现其他杂相和反应界面造成的耦合效率的大幅下降。

电致伸缩效应在上面已经讨论，现简要说明磁致伸缩效应。

磁致伸缩效应引起的体积和长度变化虽是微小的，但其长度变化比体积变化大得多，是人们研究应用的主要对象，又称之为线磁致伸缩。线磁致伸缩的变化量级为 $10^{-5} \sim 10^{-6}$，它是焦耳在 1842 年发现的。相反，如果对材料施加一压力或张力，使材料的长度发生变化，则材料内部的磁化状态也会随之发生变化，这是磁致伸缩的逆效应，通常称之为压磁效应。与压电材料的电-机方程类似，反映磁-机械作用的压磁方程可表示为[21]

$$\begin{aligned} {}^{\mathrm{m}}S_i &= {}^{\mathrm{m}}s_{ij}\,{}^{\mathrm{m}}T_j + {}^{\mathrm{m}}q_{ki}\,{}^{\mathrm{m}}H_k \\ {}^{\mathrm{m}}B_k &= {}^{\mathrm{m}}q_{ki}\,{}^{\mathrm{m}}T_i + {}^{\mathrm{m}}\mu_{kn}\,{}^{\mathrm{m}}H_n \end{aligned} \tag{5.8}$$

其中，${}^{\mathrm{m}}S_{\mathrm{i}}$ 和 ${}^{\mathrm{m}}T_{\mathrm{j}}$ 分别表示压磁相的应变和应力张量；${}^{\mathrm{m}}B_k$ 和 ${}^{\mathrm{m}}H_n$ 是磁感应强度和磁场矢量；${}^{\mathrm{m}}s_{ij}$ 和 ${}^{\mathrm{m}}q_{ij}$ 是材料的弹性顺度系数和压磁系数张量；${}^{\mathrm{m}}\mu_{kn}$ 则是磁导率张量。由于两种材料结构相似，在界面处很好地粘接在一起，具有良好的界面耦合，而粘接在一起的两层薄膜不受到任何外力的夹持作用，处于自由状态，这样在外磁场中压磁效应的形变可以完全转移给压电薄膜。在边界条件：

$$\begin{aligned} &{}^{\mathrm{m}}T_3 = {}^{\mathrm{p}}T_3 = 0 \\ &{}^{\mathrm{m}}S_i = {}^{\mathrm{p}}S_i \quad (i=1,2) \\ &{}^{\mathrm{p}}T_i\,{}^{\mathrm{p}}v + {}^{\mathrm{m}}T_i\,{}^{\mathrm{m}}v = 0 \quad (i=1,2) \\ &{}^{\mathrm{p}}D_3 = 0 \end{aligned} \tag{5.9}$$

其中，${}^{\mathrm{p}}v$，${}^{\mathrm{m}}v$ 分别表示压电和压磁的体积。

在以上假设下，对于压电材料，其本构方程为

$$\begin{pmatrix} S \\ B \end{pmatrix} = \begin{pmatrix} s & -q^T \\ q & \mu \end{pmatrix} \begin{pmatrix} T \\ H \end{pmatrix} \tag{5.10}$$

而对于磁致伸缩材料，其本构方程可以写为

$$\begin{pmatrix} S \\ D \end{pmatrix} = \begin{pmatrix} s & -d^T \\ d & \varepsilon \end{pmatrix} \begin{pmatrix} T \\ E \end{pmatrix} \tag{5.11}$$

由此得出双层磁电复合材料的力-磁-电三场耦合的本构方程为

$$\begin{pmatrix} S \\ D \\ B \end{pmatrix} = \begin{pmatrix} s & -d^T & -q^T \\ d & \varepsilon & \alpha \\ q & \alpha & \mu \end{pmatrix} \begin{pmatrix} T \\ E \\ H \end{pmatrix} \tag{5.12}$$

以上三个式子中，S、D、B、T、E、H 分别是应变、电位移、磁感应强度、应力、电场强度和磁场强度；s、ε、μ 分别是弹性柔顺系数、介电常数和真空磁导率；q、d、α

分别是压磁系数、压电系数和磁电电压系数。根据本构方程 (5.8) 和双层结构的边界所满足的条件，可以在理论上推导出在横向方向上的磁电电压系数[20]：

$$\begin{aligned}\alpha_{E,31} &= \delta E_3/\delta H_1 \\ &= \frac{v\,(1-v)\,({}^{\mathrm{m}}q_{11}+{}^{\mathrm{m}}q_{21})\,v_m{}^{\mathrm{p}}d_{31}}{({}^{\mathrm{m}}s_{11}+{}^{\mathrm{m}}s_{12}){}^{\mathrm{p}}\varepsilon_{33}v+({}^{\mathrm{p}}s_{11}+{}^{\mathrm{p}}s_{12}){}^{\mathrm{p}}\varepsilon_{33}\,(1-v)-2\,({}^{\mathrm{p}}d_{31})^2\,(1-v)}\end{aligned} \tag{5.13}$$

在纵向方向上的磁电电压系数为

$$\begin{aligned}\alpha_{E,33} &= \delta E_3/\delta H_3 \\ &= \frac{2v\,(1-v){}^{\mathrm{p}}\,d_{31}{}^{\mathrm{m}}q_{31}}{({}^{\mathrm{m}}s_{11}+{}^{\mathrm{m}}s_{12}){}^{\mathrm{p}}\varepsilon_{33}v+({}^{\mathrm{p}}s_{11}+{}^{\mathrm{p}}s_{12}){}^{\mathrm{p}}\varepsilon_{33}\,(1-v)-2\,({}^{\mathrm{p}}d_{31})^2\,(1-v)}\end{aligned} \tag{5.14}$$

以上两式中，上角标 m 和 p 分别代表磁致伸缩层和压电层；$v={}^{\mathrm{p}}v/({}^{\mathrm{p}}v+{}^{\mathrm{m}}v)$ 表示压电相的体积分数。无论是横向的磁电压系数还是纵向的磁电压系数，都受压电系数、压磁系数、磁致伸缩层与压电层的体积分数以及组元材料的弹性常数和界面的耦合状态的共同影响。

在 2-2 多铁复合型纳米薄膜中，由于 BTFO 和 BFO 都是多铁材料，所以磁电耦合效应可以看成 BTFO 作为压磁相，BFO 作为压电相的耦合；BTFO 作为压电相，BFO 作为压磁相的耦合；以及 BTFO 和 BFO 自身作为多铁的单相耦合，这四种磁电耦合效应的积累。

测量了当小信号交变磁场频率为 1kHz 时，沿着薄膜面内的方向施加交变小磁场是 7.07Oe，受样品尺寸的限制，施加的直流磁场的范围是 0~8kOe，采用磁电压系数的增量来表征异质结的磁电耦合效应。研究发现，薄膜异质结的磁电电压增量 $|\Delta V_{\mathrm{ME}}|$ 随外加直流偏磁场 H_{bias} 的变化是不断变化的。图 5.29 是纳米复合

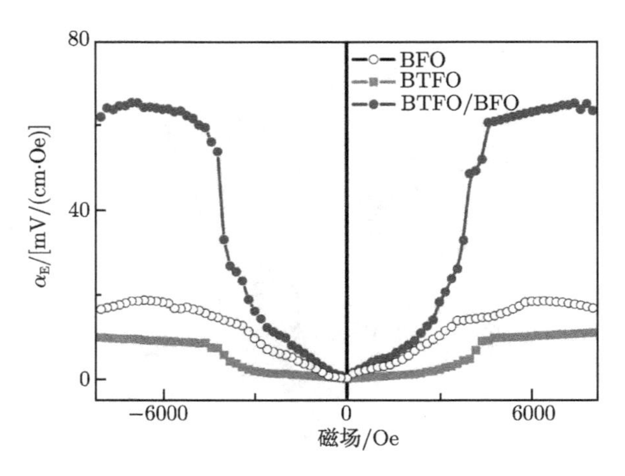

图 5.29 BTFO/BFO 纳米复合薄膜的磁电耦合系数

薄膜的磁电耦合系数随着外磁场变化的曲线图。从图中可以看出，薄膜异质结展示出非常强的磁电耦合效应。随着直流偏磁场的增加，磁电电压增量值 $|\Delta V_{\text{ME}}|$ 迅速增加，当直流偏磁场 H_{bias}=7.0kOe 时，异质结的磁电电压增量值达到最大，随着直流偏磁场的进一步增加，磁电压增量值开始下降。通过磁电电压系数的计算公式，可以得到磁电压系数的增量的最大值高达 70mV/(cm·Oe)，薄膜异质结展示出非常强的磁电耦合效应。

5.3.13　尖晶石型 $CoFe_2O_4/Bi_5Ti_3FeO_{15}$ 复合纳米磁电薄膜的制备

5.3.12 节详细讨论了多铁型磁电纳米复合薄膜，观察到了明显的室温磁电耦合，但数值依然有待于提高。就 BTFO/BFO 纳米复合薄膜而言，限制其磁电耦合效应的主要原因是压磁相太弱，这是由 BTFO 和 BFO 的室温反铁磁本性决定的，表现出的弱铁磁性是短程反铁磁性自旋倾斜所致。于是用强铁磁材料 $CoFe_2O_4$ 作为压磁相，BTFO 依然作为压电相，设计磁电纳米复合薄膜。

在讲述 $CoFe_2O_4/Bi_5Ti_3FeO_{15}$ 磁电纳米复合薄膜的制备之前，先简述 CFO 的结构和铁磁性。

尖晶石型铁氧体的化学分子式为 MFe_2O_4，M 是指离子半径与 Fe^{2+} 相近的二价金属离子 Mn^{2+}、Zn^{2+}、Cu^{2+}、Co^{2+} 等。使用不同的替代金属，可以得到不同类型的铁氧体，Co^{2+} 替代 Fe^{2+} 合成的 $CoFe_2O_4$ 称为钴铁氧体。反尖晶石型的 $CoFe_2O_4$ 属于立方晶系，它的晶体结构为面心立方 (fcc) 结构，其中 O^{2-} 作面心立方密堆积，单位晶胞含有 8 个分子，氧离子为 32 个，金属离子为 24 个，如图 5.30 所示。32 个氧原子共组成 64 个四面体位，32 个八面体位。64 个四面体位中仅有 8 个被金属离子所占据，标记为 A 位。同样，32 个八面体位中仅有 16 个

图 5.30　$CoFe_2O_4$ 晶胞示意图

被金属离子所占据，标记为 B 位。因此，材料的磁性与 A 位和 B 位上金属离子的种类与数量有密切的关系。也正是由于间隙的存在，金属离子的掺杂和取代成为可能，从而改变和优化样品的性能。

纯钴铁氧体是一种亚铁磁性材料，它的磁性性质由晶格和内部的超交换作用决定。$CoFe_2O_4$ 可以表示为 $(Co_xFe_{1-x})[Co_{1-x}Fe_{1+x}]O_4$ 的形式，其中小括号和中括号分别代表四面体的 A 位和八面体的 B 位。当 $x = 0$，即 A 位完全被铁离子所占据时，得到的 $CoFe_2O_4$ 为反尖晶石结构，可以标记为 $(Fe)[CoFe]O_4$。理论上，磁矩可以用公式 $M_{\text{Total}} = M_{\text{B}} - M_{\text{A}}$，其中 M_{Total}、M_{A} 和 M_{B} 分别代表样品总磁矩、A 位总磁矩和 B 位总磁矩。Fe^{3+}、Co^{2+} 的离子磁畴分别为 $5\mu_{\text{B}}$、$3\mu_{\text{B}}$。由于 A 位和 B 位 Fe(A)/Fe(B) 的大小不同，$CoFe_2O_4$ 的磁化强度变化也很大[68]。

溶胶凝胶旋涂法制备 $CoFe_2O_4$(CFO) 薄膜的方法相对简单，工艺过程也与 BTFO/BFO 的类似。制备复合薄膜时，先制备压磁相，在压磁相上覆盖 BTFO 完成磁电纳米复合薄膜的制备。

5.3.14 尖晶石型 $CoFe_2O_4/Bi_5Ti_3FeO_{15}$ 复合纳米磁电薄膜的物相结构

对制备的 CFO/BTFO 纳米磁电复合薄膜进行 XRD 表征，如图 5.31 所示，$2\theta=$ 17.23°，21.58°，30.27°，32.87°, 43.17°, 47.19°，48.10°, 52.15°, 57.12° 的衍射峰对应 BTF 钙钛矿相晶面指数分别为 (008)、(00$\underline{10}$)、(111)、(119)、(11$\underline{13}$)、(220)、(11$\underline{19}$)、(11$\underline{21}$)、(22$\underline{14}$)。$2\theta=$ 30.27°，35.51°，43.92°，53.16°, 55.51° 对应于 CFO 的尖晶石相，其对应的晶面指数分别为 (220)、(311)、(400)、(422)、(511)。除了 BTF 和 CFO 衍射峰以及衬底峰之外，没有发现其他的衍射峰，XRD 测试结果表明制备的复合薄膜是没有择优取向的多晶薄膜，且从断面的 SEM 可以看出在退火的过程中无界面扩散

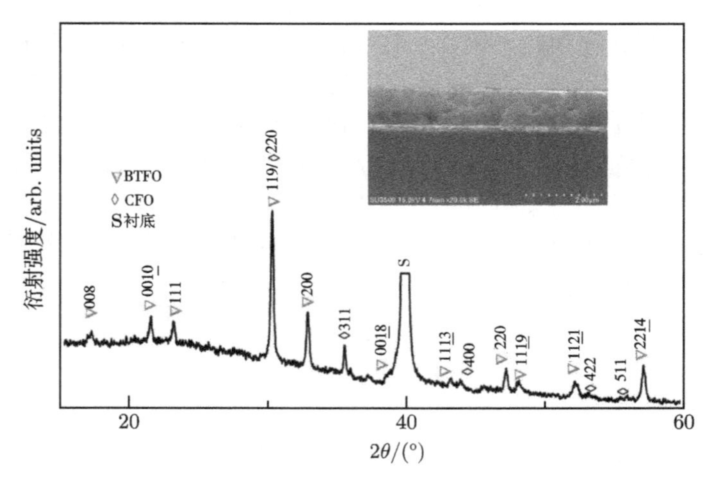

图 5.31 $CoFe_2O_4/Bi_5Ti_3FeO_{15}$ 的 XRD 结果

和界面反应，没有中间相出现。良好的相结构是复合薄膜具有良好铁电性和磁性的必要条件。

5.3.15 尖晶石型 $CoFe_2O_4/Bi_5Ti_3FeO_{15}$ 复合纳米磁电薄膜的多铁特性

1. 铁电压电性能

磁电复合薄膜由于包含压铁电薄膜作为压电相，所以具有自发极化的特征，且可以随外电场发生翻转。铁电畴的翻转在宏观上表现为铁电极化的增加，在外电场作用下各铁电畴内电偶极矩排布与外电场大体一致，极化强度 P 与外场 E 之间有非线性的关系，在峰值固定的交变电场反复作用下，P 与 E 的关系曲线出现明显的滞后，呈回线形式，如图 5.32 所示。

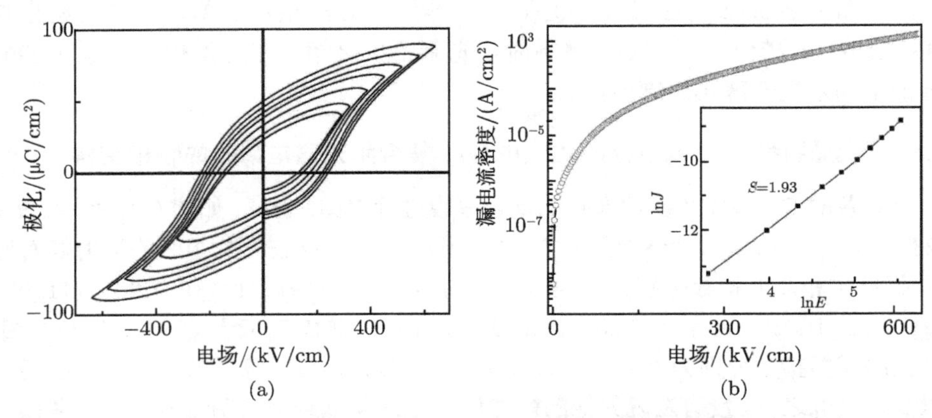

图 5.32 $CoFe_2O_4/Bi_5Ti_3FeO_{15}$ 纳米复合薄膜的电滞回线和漏电流分析

从图 5.32 中可以看出，随着外加电场的增大，$CoFe_2O_4/Bi_5Ti_3FeO_{15}$ 纳米复合薄膜的铁电极化逐渐趋于饱和，在 700kV/cm 的外电场下达到最大值 $P_s \sim 91\mu C/cm^2$, 尽管引入低电阻的压磁相，但是漏电流对铁电极化造成的影响比较小，在纳米复合薄膜测到极化值可以与单相的 BTFO 相比较[69]。图 5.32 (b) 所示是磁电纳米薄膜的漏电流测试结果。在 700kV/cm 的高电场下，依然保持很好的漏电流特性在 $8\times10^{-4}A/cm^2$。对漏电流密度和电场作对数变换后，二者呈线性关系且斜率 ~1.93 接近 2，是 SCLC 导电机制。这种导电机制的成因是注入的载流子 n_i 浓度超过薄膜内部的固有载流子浓度 n_0，可以用如下公式来描述二者的关系：

$$J_{SCLC} = \frac{9\mu\varepsilon_0\varepsilon_r V^2}{8d^3} \tag{5.15}$$

μ 是载流子的迁移率。

对于纳米复合薄膜，上下层分别接触不同金属电极，形成肖特基接触势垒，同时在 CFO 和 BTF 界面处由于不同的结合能，会有空间电荷出现。在外加电场时，电场驱动界面电荷和内部载流子以及一些缺陷做定向运动，使得载流子浓度升高，SCLC 导电机制发生。

作为一种磁电纳米薄膜，对其压电性能的测试是必不可少的，借助 PFM 在纳米尺度下进行了薄膜的压电性能测试。图 5.33 所示是 CFO/BTFO 纳米复合薄膜的表面位移和压电系数 d_{33} 随着外加电压的变化曲线。在 20V 电压下，表面位移可以达到 4.7nm，根据逆压电效应计算出压电系数 d_{33} 蝶形曲线，最大数值在 253 pm/V，是相对比较大的压电系数。对于钙钛矿材料的压电系数和电极化之间有关系如 (5.3) 式，从 (5.7) 式可以看出，大的介电常数和铁电极化可以得到大的压电系数，从上面的讨论可以得出 P 与单相 BTFO 的饱和极化可以相比，甚至在 CFO 和 BTFO 界面电荷的作用下饱和电极化有所提升，所以得到的压电系数 d_{33} 也是可以与单相的 BTFO 多铁材料比拟的，此外较低的矫顽场有利于铁电畴的翻转，在相同的外电场下可以发生大的表面形变，故而表现出大的压电系数。大的压电系数有可能产生较大的室温磁电耦合效应，这与设计 $CoFe_2O_4/Bi_5Ti_3FeO_{15}$ 纳米复合薄膜的初衷是一致的，获得室温增强的磁电输出。

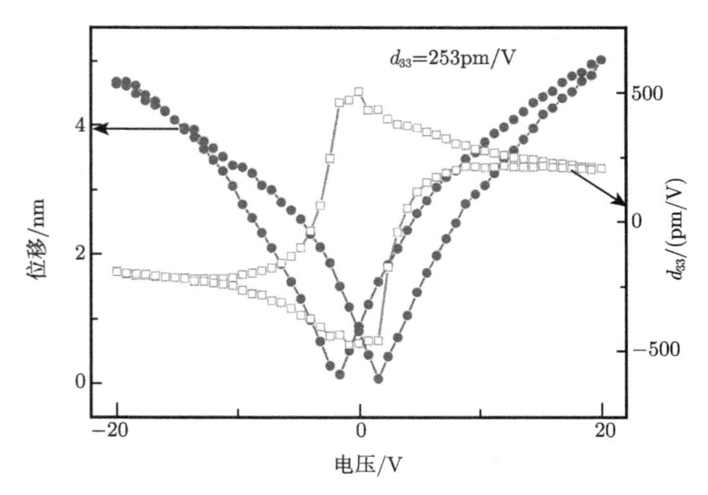

图 5.33 $CoFe_2O_4/Bi_5Ti_3FeO_{15}$ 纳米复合薄膜的表面位移和 d_{33} 曲线

在设计复合薄膜制备时，上层制备多铁性的 BTFO 薄膜，所以在外加电场复合薄膜时会有压电效应出现。压电力显微镜测试结果如图 5.33 所示。尽管引入了无压电性的 CFO 薄膜，但是漏电流没有影响复合薄膜的压电性能，图中的表面位移 D 与外加电场的关系曲线呈蝶形。最大位移接近 5nm，表面形变率达到 15‰，丝毫不弱于多铁复合型的磁电薄膜。用压电系数 $d_{33}=\delta l/V$ 来作近似描述，表面位移越大，d_{33} 值越大，压电性能就越好，复合薄膜的 $d_{33}\sim 253$pm/V。

2. 铁磁性能

磁电复合薄膜的磁性能对磁电耦合至关重要，CFO/BTFO 磁电纳米复合薄膜的室温磁性能曲线如图 5.34 所示。在尖晶石结构的 CFO 晶胞中，一个 Fe^{3+} 占据 A 位，Co^{2+} 与另一个 Fe^{3+} 占据 B 位。两个 B 位磁性离子之间存在铁磁交换作用, 而 A 位磁性离子与 B 位磁性离子之间则存在反铁磁交换作用，因此 CFO 晶胞的分子饱和磁矩等于一个 Co^{2+} 的磁矩 $3\mu_B$ [69]。由于 CFO 层中亚铁磁序的存在, 薄膜表现出明显的铁磁性, 且有明显的各向异性。在外加 3T 磁场下，面外饱和磁矩可以达到 480emu/cm^3，剩余磁矩 190emu/cm^3，矫顽场 2100Oe；在同样的外加磁场下，面内饱和磁矩可以达到 280emu/cm^3，剩余磁矩 120emu/cm^3，矫顽场 2020Oe，复合薄膜有明显的各向异性。

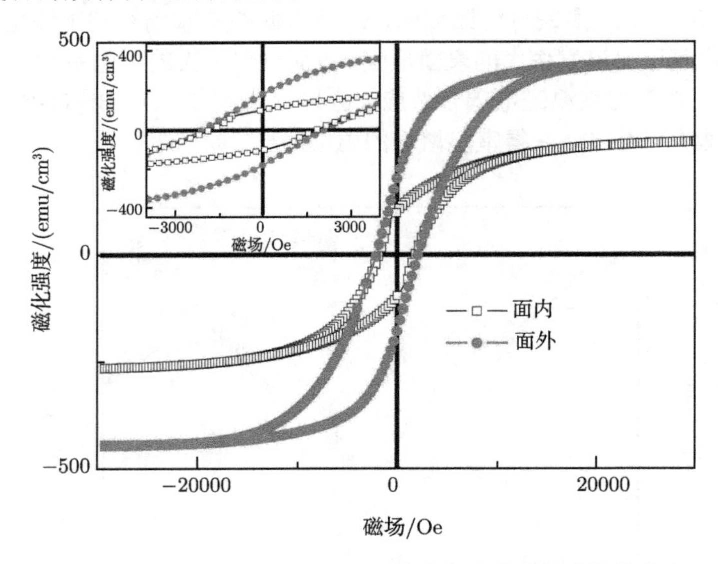

图 5.34 $CoFe_2O_4/Bi_5Ti_3FeO_{15}$ 纳米复合薄膜的磁性能曲线

二维薄膜材料的磁各向异性是沿不同方向薄膜材料表现出来的不一样的磁学性能，如矫顽场、饱和场、饱和磁化、剩余磁化。磁各向异性的起源按其物理机制可分为磁晶各向异性、形状磁各向异性、感生磁各向异性、磁弹各向异性、交换磁各向异性和界面磁各向异性[70]。

1) 磁晶各向异性

当用外磁场对铁性材料进行磁化时，沿着某些方向很容易达到饱和，而沿着另外一些方向则比较困难，容易饱和的方向叫做易轴。如于 Fe 单晶, 沿着 [100] 晶轴可以很容易磁化到饱和状态, 而沿着 [111] 晶轴则很难，Ni、Co 单晶的易轴分别是 [111]、[0001]，它们的难磁化轴分别是 [100] 和 [1010]。可以从磁化能的角度对磁晶各向异性作一个简述。

铁磁体从退磁状态磁化到饱和状态，磁化曲线与纵轴包围的面积等于磁化过程中做的功 (磁能积)W：

$$W = \int_0^{M_s} H \mathrm{d}M \tag{5.16}$$

M_s 是饱和磁化。

磁晶各向异性能可以用磁晶各向异性常数 K 来衡量。如在 Fe 单晶中磁晶各向异性常数 K 定义为单位体积的铁磁单晶体沿 [111] 轴和 [100] 轴饱和磁化所需的能量差，用公式定量表述：

$$K = \frac{1}{V}\left(\int_{0[111]}^{M_s} H \mathrm{d}M - \int_{0[100]}^{Ms} H \mathrm{d}M\right) \tag{5.17}$$

Fe 和 Co 的 K 是正值，而 Ni 的 K 是负值。磁性薄膜自发磁化的稳定方向定义为 c 轴。在外磁场的作用下，磁化方向偏离 c 轴形成夹角 θ，磁晶各向异性能也随之增大，当磁化方向与 c 轴成 90° 时，磁晶各向异性能达到最大。随着磁化方向继续转动，磁晶各向异性能开始减小，当磁化方向转动了 180° 时, 磁晶磁各向异性能回到原来的最小值。单轴磁晶各向异性能 (anisotropy energy) E_a 可以展开成 θ 正弦函数的级数：

$$E_a = K_1 \sin^2\theta + K_2 \sin^4\theta + \cdots \tag{5.18}$$

根据实际描述精确度的需要，可以取二阶项、四阶项或者高阶项。表 5.2 给出了 Fe、Ni、Co 这三种物质的磁各向异性常数。

表 5.2 Fe、Co、Ni 单晶的磁各向异性常数[70]

单晶	晶体结构	$K_1/(\times 10^6 \mathrm{erg/cm^3})$	$K_2/(\times 10^6 \mathrm{erg/cm^3})$
Fe	立方	0.472	0.0075
Co	六角	4.61	
Ni	立方	−0.057	−0.023

2) 磁弹各向异性

磁弹各向异性在磁致伸缩材料中非常明显，由于逆磁致伸缩效应的存在，对于磁电复合薄膜而言磁弹各向异性是磁各向异性的一个主要来源，也称为应力各向异性 (stress anisotropy)。

3) 界面各向异性 (interface anisotropy)

界面各向异性表现出来的往往是一种单轴磁各向异性，易磁化轴从平行膜面向垂直膜面转变的现象，即面内磁各向异性从平行于薄膜表面 (in-plane magnetic anisotropy) 向垂直于薄膜磁各向异性 (perpendicular magnetic anisotropy) 的转变。有效磁各向异性能 (effective magnetic anisotropy energy)K_{eff} 与薄膜厚度 t 的关系：

$$K_{\mathrm{eff}} \times t = K_{\mathrm{v}} \times t + K_{\mathrm{i}} \tag{5.19}$$

其中，K_{v} 是体各向异性能 (包括磁晶各向异性能和应力各向异性能 (stress anisotropy energy))；K_{i} 是界面各向异性能。

4) 形状各向异性 (shape anisotropy)

形状磁各向异性指沿磁体不同方向的磁化与磁体几何形状有关的特性。在磁体内，当磁矩取向一致时，就会在磁体表面产生磁极。磁极的方向与磁矩方向相反，在内部产生一个退磁场 (这一点与铁电材料在外电场中有内场一致)，退极化场与磁化强度 M 的关系可以类比铁电材料的内场与外加电场关系，$H_{\mathrm{d}} = -NM$，其中 N 称为退磁因子。

磁体在退磁场中所具有的退磁能 E_{d} 的大小可以通过对 M 积分求得：

$$E_{\mathrm{d}} = -\int_{o}^{M} \mu_0 H_{\mathrm{d}} \mathrm{d}M = \mu_0 \int_{0}^{M} NM \mathrm{d}M = \frac{1}{2}\mu_0 NM^2 \tag{5.20}$$

不同的形状或者沿着不同的方向磁化时，退磁能是不同的，且退磁因子在不同形状的材料中不同，如垂直于薄膜方向，相当于一个无限大的平面，退磁因子 $N_x = N_y=0$，$N_z=1$，在平行于薄膜的方向，由于实际材料的有限性 $N_x = a$，$N_y = b$，$N_z=0$。

$CoFe_2O_4/Bi_5Ti_3FeO_{15}$ 纳米复合薄膜的磁各向异性主要来源有上述几种因素，饱和磁化与剩余磁化之比、矫顽场和各向异性能总结在表 5.3 中。

表 5.3 $CoFe_2O_4/Bi_5Ti_3FeO_{15}$ 纳米复合薄膜的平行或垂直于薄膜方向磁各向异性常数

$H_{\mathrm{c}//}$/Oe	$H_{\mathrm{c}\perp}$/Oe	$(M_{\mathrm{r}}/M_{\mathrm{s}})_{\perp}$	$(M_{\mathrm{r}}/M_{\mathrm{s}})_{//}$	K_{s1}/(erg/cm^3)	$K_{\mathrm{s3}//}$/(erg/cm^3)	$K_{\mathrm{s3}\perp}$/(erg/cm^3)
1400	2300	52.1%	33.7%	1.51×10^6	-4.5×10^5	1.2×10^6

从表 5.3 中得出在平行于薄膜 (面内) 方向，M_{r} 和 M_{s} 分别为 90emu/cm^3 和 267emu/cm^3，二者之比是 33.7%。在垂直于薄膜 (面外) 方向，M_{r} 和 M_{s} 的值都比面内的大，分别是 229emu/cm^3 和 440emu/cm^3，二者之比是 52.1%。在面内方向 $M_{\mathrm{r}}/M_{\mathrm{s}}$ 小于 50%，定义该方向为难轴；在面外方向 $M_{\mathrm{r}}/M_{\mathrm{s}}$ 大于 50%，定义该方向为易轴。此外，从矫顽场看，在面内 $H_{\mathrm{c}//}$=1400Oe，在面外方向 $H_{\mathrm{c}\perp}$=2300Oe，是 $H_{\mathrm{c}//}$ 的 1.6 倍，这是因为自旋结构沿着面外方向结构稳定、对称性高，在面内方向对称性低，所以对外场的响应不同，面内外向需要较高的外场是自旋重构，面内方向相比之下会低一点，这也是造成矫顽场大小不同的主要原因。

结合上面的讨论从能量的角度来阐述各向异性的成因，薄膜的总各向异性能可以表示为[71,72]

$$E_{\mathrm{t}} = K_{\mathrm{s1}} + \frac{2K_{\mathrm{s2}}}{t} - K_{\mathrm{s3}} \tag{5.21}$$

其中，K_{s1} 是应力 (弹性) 各向异性能；K_{s2} 是界面各向异性能；K_{s3} 是形状各向异性能；t 是薄膜的厚度；M_s 是饱和磁化。在现有的 $CoFe_2O_4/Bi_5Ti_3FeO_{15}$ 纳米复合薄膜体系中厚度约为 1μm，所以上式中第二项可以略去。形状各向异性能 K_{s3} 对于薄膜材料可以近似认为是二维模型，加入面内面外的方向性后有计算公式[73]：

$$K_{s3} = \pm 2\pi M_s^2 \tag{5.22}$$

其中，+ 和 − 分别对应于面内和面外方向。

(5.21) 式中的第一项是应力各向异性能 K_{s1}，CFO 有很大的磁致伸缩效应，而 BTFO 的磁致伸缩效应比 CFO 弱很多，因此复合薄膜应力各向异性能由 CFO 决定，结合上面正负号的规定，所以纳米复合薄膜的易轴在面外方向。应力各向异性的计算公式：

$$K_{s1} = \pm \frac{3}{2}\lambda Y \varepsilon \tag{5.23}$$

其中，λ 是 CFO 磁致伸缩系数 (-350×10^6)；Y 是杨氏模量 (~141.6GPa)；ε 是薄膜的收缩应变 $(\sim -1.1\%)$[74]。用 CFO 薄膜的磁致伸缩系数 λ 的值替代纳米复合薄膜的磁致伸缩系数来估计复合薄膜的各向异性能 K_{s1} 的数值，如表 5.3 中所示。自旋与界面畸形成的自旋跳跃耦合效应也有助于 CFO/BTFO 纳米磁电复合薄膜表现出明显的各向异性，面外方向是易轴[75,76]。

3. *磁介电效应*

磁电复合薄膜在外磁场中会有电极化，而电极化与介电性密切相关，因此测试了外磁场中介电性的变化。先定义磁介电效应，磁介电效应 (magnetodielectric, MD) 是指材料的介电常数随外加磁场显著改变的现象。由于介电常数一般是通过测量电容或者介电常数来获得，因而也叫磁致电容效应 (magnetodielectric constant, MDC)，同样可以定义磁介电损耗 (magneto-dielectric loss，MDL)，表达式通常定义为

$$\begin{aligned} \mathrm{MDC} &= \frac{\varepsilon(0) - \varepsilon(H)}{\varepsilon(0)} \times 100\% \\ \mathrm{MDL} &= \frac{\tan\delta(0) - \tan\delta(H)}{\tan\delta(0)} \times 100\% \end{aligned} \tag{5.24}$$

其中，$\varepsilon(H)$ 和 $\varepsilon(0)$ 分别是施加磁场 H 和没有磁场时材料的介电常数，相应的介电损耗 $\tan\delta(H)$ 和 $\tan\delta(0)$ 指施加磁场 H 和没有磁场时薄膜的值。图 5.35 给出了室温下的介电常数和磁介电效应。可以看出纳米磁电复合薄膜的相对介电常数 ε_r 比较大，如图 5.35(a) 是室温 1000Hz 下的 ε_r 随着外磁场的增大而近似线性地减小。在 0.8T 时面内外的磁介电常数分别为 $\varepsilon_{rin} \sim 1732, \varepsilon_{rout} \sim 1717$。磁场对介电常数有抑制作用，磁介电效应使这种抑制作用强弱的表征同时也是二级耦合的度量。磁介

电效应对外场的依赖关系如图 5.35(b) 所示，MDC 的值随着外磁场的增大而增大，在 0.8T 达到最大值，面内 (平行) 方向约为 0.8%，面外 (垂直) 方向约为 1.6%。磁介电效应的出现意味着自旋的重新取向与电偶极子之间存在着抑制作用[77]。在外磁场中介电损耗变化，磁介电损耗效应出现，随外磁场增大，MDL 的值也增大，在 0.8T 时达到最大值，面内 (平行) 方向约为 0.5%，面外 (垂直) 方向约为 0.7%。发现磁介电效应也存在着各向异性，磁介电效应的出现说明了磁场对电荷有调控作用，可以用一组相邻的自旋对 $\langle S_i \cdot S_j \rangle$ 来阐述磁介电效应：

$$\varepsilon(T) = \varepsilon_0(T=0)[1+\alpha(\langle S_i \cdot S_j \rangle)_B] \tag{5.25}$$

$\langle S_i \cdot S_j \rangle_B$ 是在确定的外磁场 B 中一组关联的自旋对；α 是一个正常数，其数值大小取决于自旋轨道耦合和自旋相互作用，同时也是自旋晶格的耦合项[78]。磁介电效应就是来源于 $\langle S_i \cdot S_j \rangle_B$ 在外磁场中的改变。

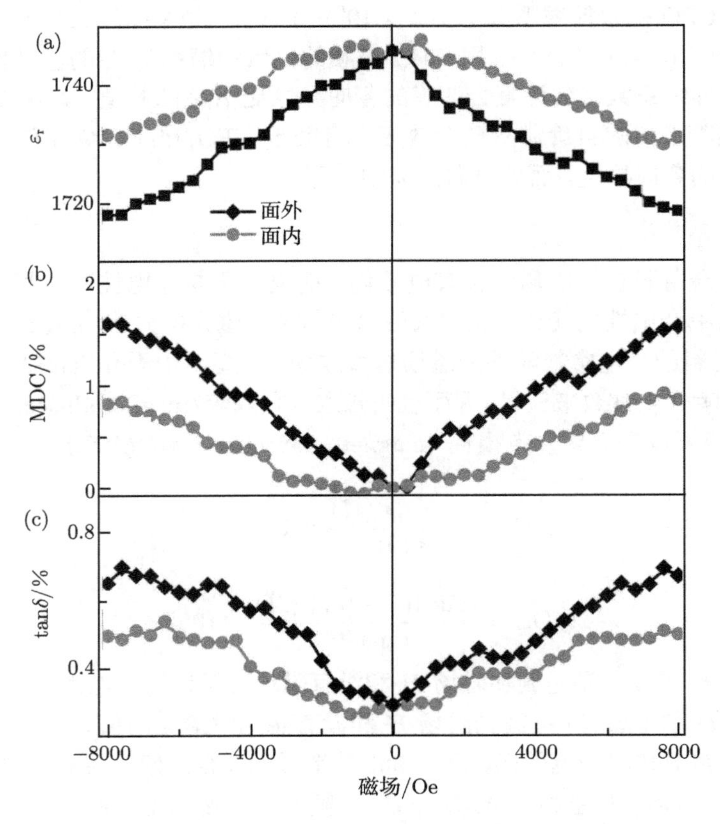

图 5.35　$CoFe_2O_4/Bi_5Ti_3FeO_{15}$ 纳米复合薄膜的磁介电曲线

CFO 层与 BTFO 层相互作用是纳米磁电复合薄膜磁介电各向异性的主要来源。BTFO 的磁性和 CFO 相比弱很多，纳米复合薄膜中磁性主要由 CFO 决定，复合薄膜的磁各向异性由 CFO 的各向异性主导。在外加磁场时纳米复合薄膜在面内和面外对外场响应不一样，在两个方向上对介电性能的抑制不同，故出现了磁介电各向异性和磁介电损耗各向异性。

4. 多铁耦合磁电效应

多铁性纳米磁电复合材料中的磁电效应强烈地依赖于它们的微观结构和铁磁-铁电界面的耦合作用。虽然有好多理论已经能描述和评价磁电耦合效应，如上面讨论过的基于弹性力学构造本征方程的方法结合边界条件推导出磁电耦合系数的表达式 (5.9)、(5.10)。而这些理论大多是基于块体发展起来的，对于铁电纳米薄膜与纳米磁致伸缩材料组成的铁电纳米薄膜/磁致伸缩基底的描述必然有许多不尽如人意的地方，因此对 CFO/BTFO 纳米磁电复合薄膜的描述需要在基于块体的模型上进行修正。朗道-金兹堡-德文希尔 (Landau-Ginzburg-Devonshire，LGD) 唯象理论，简称 LGD 理论，是铁电体材料的宏观热力学理论，其基本思想是将自由能展开为电极化强度的各次幂之和，根据自由能极小原理可以建立展开式中各系数与宏观参量之间的关系，从而确定铁电体的物理性质。LGD 热力学理论不但适用尺度远大于晶格常数的均匀体材料，而且对纳米尺寸的薄膜和异质结构也适用[79]。通过考虑有效剩余应变、自发极化和复合结构中磁致伸缩的影响，应用修正的本构方程结合 LGD 热力学理论来研究铁电薄膜和磁致伸缩基底的磁电耦合作用。因此纳米复合薄膜中的磁电耦合系数应该用表达式：

$$\alpha_{ij}=\frac{\partial P_i}{\partial u_{11}}\frac{\partial u_{11}(H)}{\partial H_j}+\frac{\partial P_i}{\partial u_{22}}\frac{\partial u_{22}(H)}{\partial H_j}+\frac{\partial P_i}{\partial u_{12}}\frac{\partial u_{12}(H)}{\partial H_j} \tag{5.26}$$

其中，u_{ij} 是铁电薄膜上的应变大小，取决于复合薄膜上的铁电错位应变和磁致伸缩应变；$u_{ij}(H)$ 铁电薄膜感受到的是磁致伸缩应变。

单位薄膜厚度的磁电耦合系数可表示为[80]

$$\begin{aligned}\alpha_{\mathrm{E33}}&=\left(\frac{\partial E_3}{\partial u_{11}}\frac{\partial u_{11}}{\partial H_3}+\frac{\partial E_3}{\partial u_{22}}\frac{\partial u_{22}}{\partial H_3}\right)\cdot\frac{t_{\mathrm{p}}}{t_{\mathrm{m}}+t_{\mathrm{p}}}=\frac{h_{3\mathrm{m}}q_{31}^{\mathrm{eff}}t_{\mathrm{p}}}{(t_{\mathrm{m}}+t_{\mathrm{p}})}\\\alpha_{\mathrm{E31}}&=\left(\frac{\partial E_3}{\partial u_{11}}\frac{\partial u_{11}}{\partial H_1}+\frac{\partial E_3}{\partial u_{22}}\frac{\partial u_{22}}{\partial H_1}\right)\cdot\frac{t_{\mathrm{p}}}{t_{\mathrm{m}}+t_{\mathrm{p}}}=\frac{\left(q_{31}^{\mathrm{eff}}+q_{33}^{\mathrm{eff}}\right)}{2}\frac{h_{3\mathrm{m}}t_{\mathrm{p}}}{(t_{\mathrm{m}}+t_{\mathrm{p}})}\end{aligned} \tag{5.27}$$

其中，t_{p} 和 t_{m} 分别是铁电薄膜和铁磁薄膜的厚度；$h_{3\mathrm{m}}$ 是铁电薄膜与面内应变相关的压电劲度系数。有效压磁系数定义为

$$q_{31}^{\mathrm{eff}}=\frac{\partial u_{\mathrm{m}}}{\partial H_3} \tag{5.28}$$

假设铁电薄膜、铁磁薄膜和基底的晶格常数分别为 a_{p}、a_{m}、a_{s}，厚度分别为 t_{p}、t_{m}、t_{s}，且薄膜的大小与衬底相同。在外加磁场应力的作用下，衬底、铁磁薄膜、铁电薄膜三者达到一个力学平衡，有统一的晶格常数 a。此时可以列出力学平衡方程：

$$t_{\mathrm{s}}G_{\mathrm{s}}u_{\mathrm{s}}+t_{\mathrm{m}}G_{\mathrm{m}}u_{\mathrm{m2}}+t_{\mathrm{p}}\sigma_{\mathrm{p}}=0 \tag{5.29}$$

其中，$G_{\mathrm{p}}=\dfrac{1}{s_{11}^{\mathrm{p}}+s_{12}^{\mathrm{p}}},G_{\mathrm{m}}=\dfrac{1}{s_{11}^{\mathrm{m}}+s_{12}^{\mathrm{m}}},G_{\mathrm{s}}=\dfrac{1}{s_{11}^{\mathrm{s}}+s_{12}^{\mathrm{s}}},s_{ij}^{\mathrm{p}},s_{ij}^{\mathrm{m}},s_{ij}^{\mathrm{s}}$ 分别为铁电薄膜、铁磁薄膜和衬底的弹性柔度系数；$u_{\mathrm{m2}}=\dfrac{a-a_{\mathrm{m}}-a_{\mathrm{m}}q_{31}H_3}{a_{\mathrm{m}}},u_{\mathrm{s}}=\dfrac{a-a_{\mathrm{s}}}{a_{\mathrm{s}}}$ 为在外磁场中铁磁相薄膜和衬底的弹性应变；σ_{p} 为铁电薄膜中平面方向的应力，其大小可以由吉布斯自由能结合边界条件获得，具体过程如下。

铁电材料的弹性吉布斯自由能表达式[81]：

$$\begin{aligned}G=&a_1\left(P_1^2+P_2^2+P_3^2\right)+a_{11}\left(P_1^4+P_2^4+P_3^4\right)+a_{12}\left(P_1^2P_2^2+P_1^2P_3^2+P_2^2P_3^2\right)\\&+a_{111}\left(P_1^6+P_2^6+P_3^6\right)+a_{112}[P_1^4\left(P_2^2+P_3^2\right)+P_3^4\left(P_1^2+P_2^2\right)+P_2^4\left(P_1^2+P_3^2\right)]\\&+a_{123}P_1^2P_2^2P_3^2-\frac{1}{2}s_{11}\left(\sigma_1^2+\sigma_2^2+\sigma_3^2\right)-s_{12}\left(\sigma_1\sigma_2+\sigma_1\sigma_3+\sigma_2\delta_3\right)\\&-\frac{1}{2}s_{44}\left(\sigma_4^2+\sigma_5^2+\sigma_6^2\right)-Q_{11}\left(\sigma_1P_1^2+\sigma_2P_2^2+\sigma_3P_3^2\right)\\&-Q_{12}[\sigma_1\left(P_2^2+P_3^2\right)+\sigma_3\left(P_1^2+P_2^2\right)+\sigma_2\left(P_1^2+P_3^2\right)]\\&-Q_{44}\left(P_2P_3\sigma_4+P_1P_3\sigma_5+P_2P_1\sigma_6\right)\end{aligned} \tag{5.30}$$

考虑薄膜的物理边界条件：

$$\begin{aligned}&\frac{\partial G}{\partial\sigma_1}=\frac{\partial G}{\partial_2}=-u_{\mathrm{m}}\\&\frac{\partial G}{\partial\sigma_6}=0\end{aligned} \tag{5.31}$$

可以得出应力的表达式：

$$\begin{aligned}&\sigma_1=\frac{u_{\mathrm{m}}}{s_{11}+s_{12}}-\frac{\left(s_{11}Q_{11}-s_{12}Q_{12}\right)P_1^2+\left(s_{11}Q_{12}-s_{12}Q_{11}\right)P_2^2}{s_{11}^2-s_{12}^2}-\frac{Q_{12}}{s_{11}+s_{12}}-P_3^2\\&\sigma_2=\frac{u_{\mathrm{m}}}{s_{11}+s_{12}}-\frac{\left(s_{11}Q_{12}-s_{12}Q_{11}\right)P_1^2+\left(s_{11}Q_{11}-s_{12}Q_{12}\right)P_2^2}{s_{11}^2-s_{12}^2}-\frac{Q_{12}}{s_{11}+s_{12}}P_3^2\\&\sigma_6=-\frac{Q_{44}}{s_{44}}P_1P_2\end{aligned} \tag{5.32}$$

$\sigma_1=\sigma_{\rm p}$ 为铁电薄膜中平面方向的应力。

现在讨论 (5.24) 式，由于薄膜的平面对称性 $P_1=P_2$，结合 (5.24) 式可以解出复合薄膜的晶格常数 a:

$$a=\frac{a_{\rm m}a_{\rm q}a_{\rm s}[G_{\rm m}t_{\rm m}\left(1+q_{31}H_3\right)+G_{\rm p}t_{\rm p}\left(1+Q_{11}P_3^2\left(Q_{11}+Q_{12}\right)P_1^2\right)+G_{\rm s}t_{\rm s}]}{a_{\rm p}a_{\rm s}G_{\rm m}t_{\rm m}+a_{\rm m}a_{\rm s}G_{\rm p}t_{\rm p}+a_{\rm p}a_{\rm m}G_{\rm s}t_{\rm s}} \tag{5.33}$$

其中，P_1 和 P_2 是与铁电相的面内晶格失配应变 $u_{\rm m}=(a-a_{\rm p})/a_{\rm p}$ 有关的电极化强度。

$u_{\rm m}$ 对 H 求导数可以得出有效压磁系数，忽略掉较高阶项后，可以得出

$$q_{31}^{\rm eff}=\frac{\partial u_{\rm m}}{\partial H_3}\approx\frac{a_{\rm m}a_{\rm s}G_{\rm m}t_{\rm m}q_{31}}{a_{\rm p}a_{\rm s}G_{\rm m}t_{\rm m}+a_{\rm m}a_{\rm s}G_{\rm p}t_{\rm p}+a_{\rm p}a_{\rm m}G_{\rm s}t_{\rm s}} \tag{5.34a}$$

$$q_{11}^{\rm eff}=q_{33}^{\rm eff}=\frac{\partial u_{\rm m}}{\partial H_1}\approx\frac{a_{\rm m}a_{\rm s}G_{\rm m}t_{\rm m}q_{11}}{a_{\rm p}a_{\rm s}G_{\rm m}t_{\rm m}+a_{\rm m}a_{\rm s}G_{\rm p}t_{\rm p}+a_{\rm p}a_{\rm m}G_{\rm s}t_{\rm s}} \tag{5.34b}$$

把 (5.29) 式代入 (5.23) 式可以得出修正后的磁电耦合系数的表达式。实验测试出的 $\rm CoFe_2O_4/Bi_5Ti_3FeO_{15}$ 纳米复合薄膜的磁电耦合系数如图 5.36 所示。磁电耦合系数有明显的各向异性。

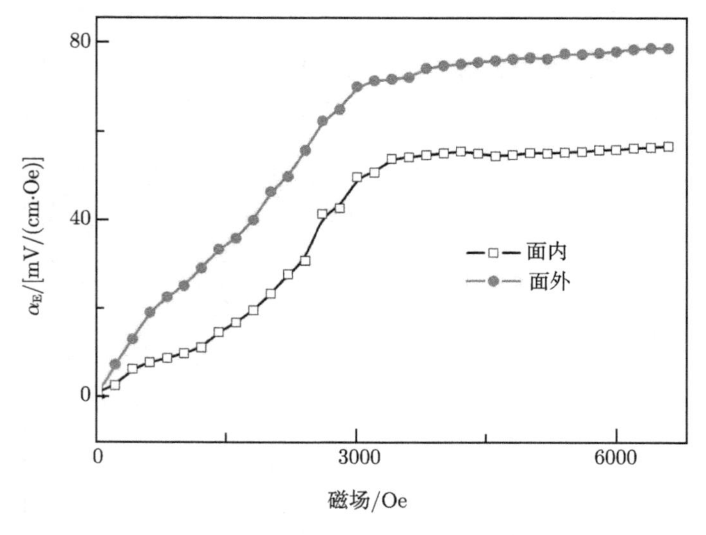

图 5.36 $\rm CoFe_2O_4/Bi_5Ti_3FeO_{15}$ 纳米复合薄膜的磁电曲线

结合 (5.23) 式可以得出

$$\frac{\alpha_{\rm E31}}{\alpha_{\rm E33}}=\frac{q_{31}^{\rm eff}+q_{33}^{\rm eff}}{2q_{31}^{\rm eff}}=\frac{1}{2}+\frac{q_{33}^{\rm eff}}{2q_{31}^{\rm eff}}>\frac{1}{2} \tag{5.35}$$

即面内和面外的磁电耦合系数之比的理论值是大于 1/2 的，有文献[39] 给出 $CoFe_2O_4$ 薄膜的压磁系数，q_{31} ~$5.0\times10^{-12}Oe^{-1}$，q_{33} ~$2.2\times10^{-12}Oe^{-1}$，根据 (5.35) 式可以从理论计算出 $\alpha_{E31}/\alpha_{E33}$=0.724。实际测试出的是 α_{E31}=57mV/(cm·Oe), α_{E33} = 80mV/(cm·Oe), $\alpha_{E31}/\alpha_{E33}$=0.7125。二者非常接近，所以用上述理论即 (5.29) 式、(5.23) 式来描述复合薄膜的磁电耦合效应是合适和准确的。基于上述理论就不难理解磁电耦合效应随外磁场的变化趋势。随着外磁场的增大，薄膜界面和磁致伸缩相发生应变，应变导致薄膜的铁电相对应有状态的变化，薄膜的压电劲度系数增大，故磁电耦合系数增大，在 3500Oe 处应变的积累使得铁电薄膜从 c 相转变到 r 相，或者部分转变，劲度系数有所减弱，磁电耦合系数随外磁场的增加变缓，在 5800Oe 达到饱和，分别对应面内和面外的最大磁电耦合系数。此时铁电薄膜进入了 aa 相，铁电薄膜的劲度系数 h_{3m} 减小为零，所以磁电耦合系数不再增加。

5.3.16 尖晶石型 $CoFe_2O_4/Bi_4Ti_3O_{12}$ 复合纳米磁电薄膜的制备

$CoFe_2O_4/Bi_4Ti_3O_{12}$ 复合磁电薄膜的制备完全类同于 $CoFe_2O_4/Bi_5Ti_3FeO_{12}$ 复合磁电薄膜的制备过程，在此不作重复。

5.3.17 尖晶石型 $CoFe_2O_4/Bi_4Ti_3O_{12}$ 复合纳米磁电薄膜的物相分析

$Co_2Fe_2O_4/Bi_4Ti_3O_{12}$ 复合磁电薄膜的室温 X 射线衍射图如图 5.37 所示。可以通过对比 PDF 卡片 JCPDS 38-1257 得出 BTO 是正交钙钛矿结构的 $B2cb$ 群，BTO

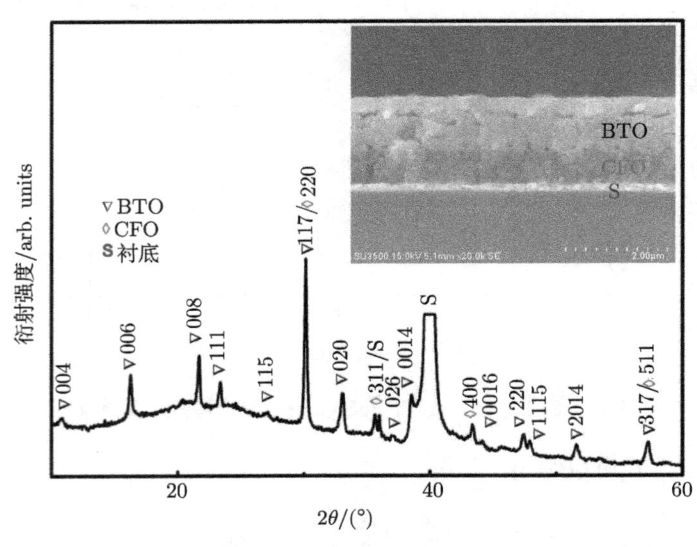

图 5.37 CFO/BTO 复合薄膜的 X 射线衍射图；SEM 截面图

的相结构被标记为 X 射线衍射图谱中的倒三角标记。而通过对比 PDF 卡片 JCPDS 22-1086 发现 CFO 是尖晶石结构的 $Fd\text{-}3m$ 群，CFO 的相结构被标记为图中钻石标记。通过观察 X 射线衍射图谱可以看出 BTO 的 X 射线衍射峰与 CFO 的 X 射线衍射峰有明显的不同，而且通过退火过程后没有中间相和杂相产生。这也就说明 CFO/BTO 磁电复合薄膜中的 BTO 相和 CFO 相各自的单相性能被完好地保存在复合薄膜中，没有任何的两相之间的化学反应和扩散现象的出现。为了证明以上结论，对 CFO/BTO 磁电复合薄膜继续进行了 SEM 界面的扫描，在图 5.37 插图中可以看出明显的分层现象，通过 CFO/BTO 磁电复合薄膜截面的测量可以知道 BTO 层和 CFO 层厚度分别为 600nm 和 900nm，层与层之间分层明显，这点也可以证明 BTO 层、CFO 层和衬底之间的化学反应和分子间的扩散问题已经降到最低。而且铁电相与铁磁相之间的较为明确的分层结构使其界面与界面间形成良好的连通，这样有利于 CFO/BTO 磁电复合薄膜获得较好的磁电效应，而且铁电相与铁磁相之间的化学反应可能会导致铁电性或铁磁性能的降低[82]。

5.3.18 尖晶石型 $CoFe_2O_4/Bi_4Ti_3O_{12}$ 复合纳米磁电薄膜的多铁耦合

1. $Co_2Fe_2O_4/Bi_4Ti_3O_{12}$ 复合磁电薄膜的铁电畴结构

CFO/BTO 复合磁电薄膜局部极化结构和静态的铁电畴结构如图 5.38 所示。图 5.38(a) 展现了 1μm×1μm 扫描区域的 CFO/BTO 磁电复合薄膜的原子力形貌图。

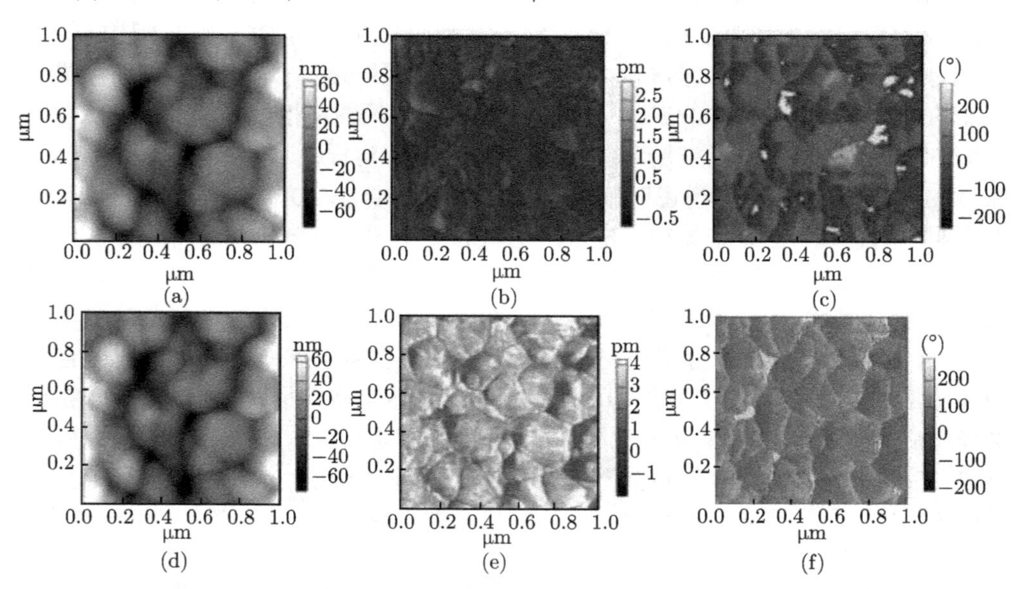

图 5.38 原始 CFO/BTO 复合薄膜的 (a) 表面形貌图，(b) 振幅图，(c) 相位图；施加针尖偏压后 CFO/BTO 复合薄膜的 (d) 表面形貌图，(e) 振幅图，(f) 相位图 (扫描封底二维码可看彩图)

图 5.38(b) 和 (c) 同时获得未极化状态下 CFO/BTO 磁电复合薄膜的 PFM 的振幅图和相位图。在 PFM 的振幅和相位图中不同的颜色分别代表响应强度和极化取向。从图 5.38(a) 中可以观察到 CFO/BTO 磁电复合薄膜样品具有光滑的表面、明确的晶界和均一的晶粒尺寸。CFO/BTO 磁电复合薄膜平均的晶粒尺寸大约为 200nm。图 5.38(b) 和 (c) 中通过观察 PFM 的振幅图和相位图展现了原始的电畴结构。CFO/BTO 磁电复合薄膜的铁电畴展现出分块产生的现象，而且晶界与畴界是基本重合在一起的，这也说明晶界能够影响畴界的产生从而影响电畴结构，且大的晶粒拥有多畴结构而较小的晶粒一般为单畴结构[83]。从图 5.38(b) 和 (c) 中可以观察到 CFO/BTO 磁电复合薄膜拥有较大电畴尺寸和较小密度的畴壁，这些都归因于 CFO/BTO 磁电复合薄膜拥有较大尺寸的晶粒。晶粒尺寸会影响电畴的畴壁密度从而影响电畴的翻转，由于畴壁间存在着内建电场，它会影响铁电畴的移动和翻转。也就是说，在小晶粒或大晶粒中的不同畴壁密度、畴壁间的内建电场都会对铁电极化翻转产生影响。而且较小密度的畴壁也会使 CFO/BTO 磁电复合薄膜获得较小的漏电流。CFO/BTO 磁电复合薄膜的这种电畴结构是其获得良好电学性质的基础。CFO/BTO 磁电复合薄膜特殊的电畴结构也证明它能承受相对较高的电场，并且更容易被极化。

为了进一步研究复合薄膜施加针尖偏压后的电畴翻转现象，通过 PFM 得到了 CFO/BTO 磁电复合薄膜施加针尖偏压极化后的 AFM 图、振幅图和相位图。图 5.38(d) 展现了施加针尖 20V 偏压后的 1μm×1μm 范围内的 CFO/BTO 磁电复合薄膜的 AFM 表面形貌图，图 5.38(e) 和 (f) 分别表示 1μm×1μm 相同的扫描区域中施加 20V 针尖偏压后 CFO/BTO 磁电复合薄膜的振幅图和相位图。通过图 5.38(a) 和图 5.38(d) 的对比发现施加 20V 针尖电压后没有对样品表面产生显著的破坏。图 5.38(d) 没有明显改变也说明施加针尖电压对 CFO/BTO 磁电复合薄膜的晶粒没有明显的影响，但是施加针尖电压后电畴的变化却是十分显著的。在图 5.38(e) 和 (f) 中可以显著观察到在施加 20V 的针尖电压后绝大多数的电畴翻转成同一取向。通过对比图 5.38(c) 和图 5.38(f)，可以发现在未施加电压和施加 20V 针尖电压后 PFM 相位图变化得十分明显，从图 5.38(f) 中可以看出 CFO/BTO 磁电复合薄膜在施加 20V 偏压后晶界明显，并且绝大部分畴界与晶界是重合在一起的，在施加偏压后电畴大部分翻转为同一方向，从相位图中也可以看出大部分颜色的基调一致、晶界和畴界明显，并且电畴钉扎在晶界。此外，极化后 CFO/BTO 磁电复合薄膜的铁电畴呈现出电畴尺寸相似于晶粒尺寸的现象。对于电畴的翻转，一方面，在图 5.38(e) 和 (f) 中观察到较强的振幅信号和清晰的相位，而且压电响应信号在晶粒内趋于一致说明 CFO/BTO 磁电复合薄膜的电畴具有较好的翻转特性。由于移动的电荷移动到晶界并且钉扎在晶界导致了畴壁的钉扎效应并且阻碍了电畴的翻转，所以在施加偏压后大部分电畴的极化方向发生了改变，但是还有一小部分电畴没有翻转。畴壁是解释极化翻转机制和铁电特性的一个重要因素，CFO/BTO 磁电复合薄膜的电畴结构和畴壁密度也证明其能够承受较高的电场和更容易发生极化翻转现象。

2. $CoFe_2O_4/Bi_4Ti_3O_{12}$ 复合磁电薄膜的铁电性能

CFO/BTO 复合薄膜的室温铁电滞回线如图 5.39 所示。图 5.39(a) 展示了 CFO/BTO 磁电复合薄膜的电滞回线，可以从图中看出 CFO/BTO 磁电复合薄膜在各电场下的电滞回线均达到饱和状态，且没有展现出任何不对称状态和极化衰退现象，而且随着电场的逐渐增加电滞回线展现出规律性的递增现象。

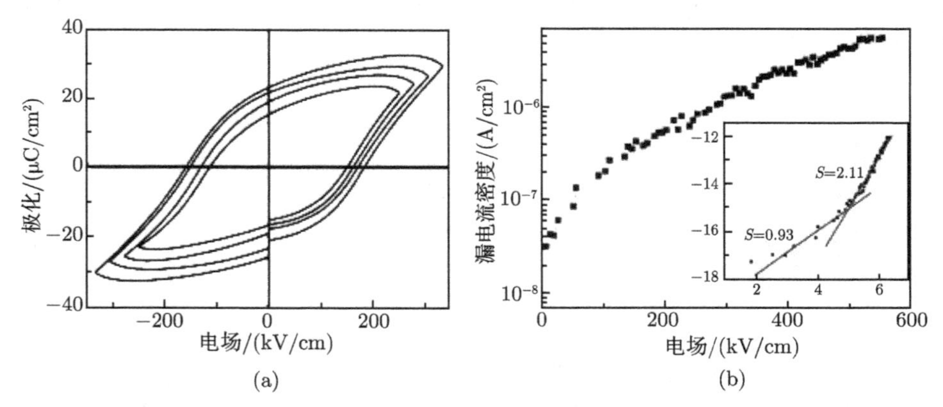

图 5.39 CFO/BTO 复合薄膜 (a) 电滞回线；(b) 漏电流传导机制

在电场为 300kV/cm 时，CFO/BTO 磁电复合薄膜的剩余极化强度 (P_r)、饱和极化强度 (P_s) 和矫顽场 (E_c) 分别为 22.3μC/cm^2、29.2μC/cm^2 和 170kV/cm。从以上结果可以看出，CFO/BTO 磁电复合薄膜获得了良好的铁电特性，接近于之前报道过的大部分复合薄膜的铁电性[84,85]，说明复合之后铁电性能没有出现衰退现象，与 BTO 铁电性能相比有明显增强。铁电畴的易翻转程度是大铁电极化获得的重要因素，此外低的漏电密度特性和氧空位缺失也是良好铁电性获得的重要因素，较好的漏电特性与较好的铁电特性密不可分。

图 5.28(b) 进一步展现了 CFO/BTO 磁电复合薄膜的漏电特性。CFO/BTO 磁电复合薄膜的漏电流密度随着电场的增加而规律性地增加，在电场为 555kV/cm 时其漏电流密度为 5.9×10^{-6}A/cm^2，CFO/BTO 磁电复合薄膜拥有良好的漏电特性。为了确定 CFO/BTO 磁电复合薄膜漏电流传导机制，采用与前文类似的双对数法，在漏电流传导机制图中曲线被分为两段，两段所对应的斜率决定了两段的漏电流传导机制。对于 CFO/BTO 磁电复合薄膜，在低电场时斜率接近 1，证明其在低电场时是欧姆机制，随着电场的逐渐增加，漏电流传导机制也发生相应的改变，在高电

场时斜率接近 2，表明该机制由欧姆机制转变为 SCLC 机制。因此，对于 CFO/BTO 磁电复合薄膜，它在全电场范围内是欧姆机制和 SCLC 机制共存的。由于 BTO 层和 CFO 层之间没有界面扩散现象的出现，界面之间可能形成势垒从而阻碍载流子的移动，低电场下外电场不足以克服界面肖特基势垒，薄膜内的载流子浓度较小，发生欧姆导电机制；外电场升高超过肖特基势垒，有大量的载流子在界面穿梭，而漏电流密度增大，SCLC 导电机制发生。

3. $CoFe_2O_4/Bi_4Ti_3O_{12}$ 复合磁电薄膜的介电性能

图 5.40 给出了 CFO/BTO 磁电复合薄膜的室温下的介电常数和介电损耗随着频率变化的关系图，相应的测试频率区间为 100Hz~1MHz。其中复合材料介电常数的计算公式如下所示：

$$\varepsilon' = \varepsilon' - \mathrm{j}\varepsilon'' \tag{5.36}$$

其中，复合介电常数实部部分根据下式获得：

$$\varepsilon' = \frac{C_{\mathrm{p}}d}{\varepsilon_0 A} \tag{5.37}$$

介电损耗可以根据下式获得：

$$\tan\delta = \frac{\varepsilon''}{\varepsilon'} \tag{5.38}$$

这里 A 代表的是样品的面积；d 代表的是薄膜的厚度；C_{p} 代表的是并联电容；ε_0 代表的是真空电容率。介电性能通常与构成材料的化学成分、合成工艺和晶粒尺寸密切相关[86]。而复合薄膜有两个部分对其介电常数的变化起到主要作用，一部分是传统的铁电材料 BTO 层，另一部分是麦克斯韦-瓦格纳 (Maxwell-Wagner) 型极化，主要来源是两层之间界面处的界面极化和空间电荷极化。因为 BTO 层和 CFO 层的传导机制显著不同，会在界面处形成麦克斯韦-瓦格纳型极化。当电流通过两层及其界面处时，不同的电导率会导致界面处电荷堆积，可能会增加介电常数的数值[87,88]。CFO/BTO 磁电复合薄膜有较好的介电特性，较大的介电常数 (ε_{r}) 和较小的介电损耗 ($\tan\delta$)，介电常数越大也证明其绝缘特性越好漏电性能越好。具体地说就是在 100Hz 的时候 CFO/BTO 磁电复合薄膜的介电常数值为 1340。另外，较大介电常数的获得可能还归因于致密的微观结构和较大的晶粒尺寸，较大的晶粒尺寸通常能使薄膜样品获得较大的极化和较高的介电常数。从图中可以清晰地观察到介电常数 (ε_{r}) 和介电损耗 ($\tan\delta$) 随着频率的增加在低频段和高频段的变化趋势不一致。较高介电常数在低频段获得较大数值是因为 CFO/BTO 具有非均匀的介质结构和麦克斯韦-瓦格纳型界面极化[89,90]，这一结果也与 Koops 唯象理论相吻合[91,92]。因为 BTO 层和 CFO 层具有不同的微观结构，随着频率的增加，铁电层、铁磁层和界面层的介电响应都会有显著的变化。适当的铁磁厚度层的引入会增加介电常数，但是无限制地增加铁磁层的厚度会减少偶极子在复合材料中的比例，这样就会减小介电常数。

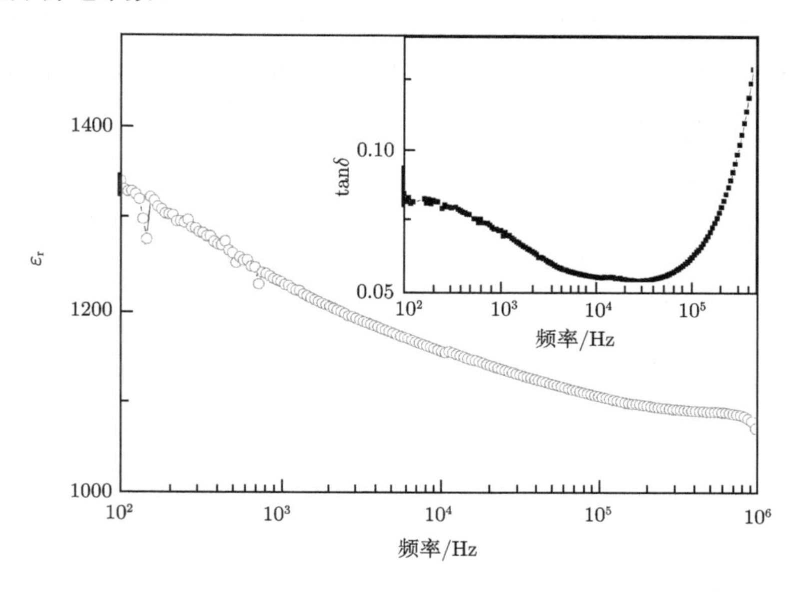

图 5.40 CFO/BTO 复合薄膜介电常数、介电损耗随频率变化图

图 5.40 进一步展现了 CFO/BTO 磁电复合薄膜介电损耗 ($\tan\delta$) 随着频率的变化规律，可以观察到在频率为 100 kHz 的时候介电损耗值为 0.06，CFO/BTO 磁电复合薄膜展现了良好的介电损耗特性。首先可以看到介电损耗随着频率的增加开始是逐渐减小的，但是在高频段又突然增加。较高的介电损耗值出现在低频段是因为界面处积累了空间电荷。随着频率的增加周期性翻转的电畴变得越来越快，这样会使在电场方向上过剩电荷的扩散现象完全消失。因此电荷的累积效应减小导致介电损耗值随着频率而减小。而在高频时突然增加主要是因为 CFO/BTO 磁电复合薄膜内翻转的电偶极子跟不上如此高频的电场的变化。因此在高频的时候介电损耗突然增加。CFO/BTO 磁电复合薄膜获得了较大的介电常数和较小的介电损耗，这也证明 CFO/BTO 磁电复合薄膜应有卓越的介电特性，而卓越的介电特性有助于复合薄膜获得优良的漏电特性、铁电特性和压电特性。

4. $CoFe_2O_4/Bi_4Ti_3O_{12}$ 复合磁电薄膜的压电性能

图 5.41 展现了 CFO/BTO 磁电复合薄膜的压电系数曲线 (d_{33}) 和位移随着应用电压变化的关系图。在 20V 时最大的电致伸缩值为 3.94nm，复合薄膜展现出较高的伸缩比 2.63‰。CFO/BTO 磁电复合薄膜获得了较大的压电系数 d_{33}=230pm/V。CFO/BTO 复合薄膜优异的压电效应，源于较大的自发极化强度。

首先，CFO/BTO 复合薄膜较大的自发极化强度和较高的介电常数是其获得较大压电系数的主要因素。而较大的自发极化强度、剩余极化强度和饱和极化强度是由 CFO/BTO 复合薄膜内部电畴易于翻转的特性所决定的。其次，从图 5.38(e) 可以观察到 CFO/BTO 复合薄膜具有良好的电致伸缩现象。此外，较高的介电常数和较低的介电损耗也有利于 CFO/BTO 复合薄膜获得较大的压电系数。因此 CFO/BTO 磁电复合薄膜获得了较大的压电特性，而 CFO/BTO 磁电复合薄膜表现出良好的压电特性有利于其获得较大的磁电输出。

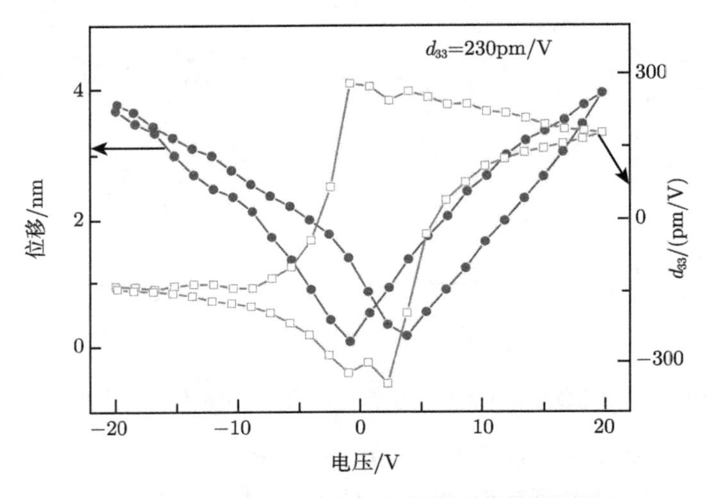

图 5.41 CFO/BTO 复合薄膜的压电特性图

5. $CoFe_2O_4/Bi_4Ti_3O_{12}$ 复合磁电薄膜的磁性分析

图 5.42 展现了平行于膜面的 CFO/BTO 磁电复合薄膜的室温磁滞回线，其中横坐标为磁场，纵坐标为磁化强度，而测量所施加的磁场范围为 $-30 \sim 30$kOe。图中展现出 CFO/BTO 磁电复合薄膜具有良好的磁滞回线，证明其具有良好的铁磁性，其饱和磁化强度为 690emu/cm^3，剩余磁化强度为 275emu/cm^3，证明复合薄膜的磁性没有降低，这有利于获得较大的磁电输出。CFO/BTO 磁电复合薄膜的磁性主要来源于强磁性材料 CFO，而 CFO 磁性主要来源于其尖晶石结构特性。此外，CFO/BTO 磁电复合薄膜具有较大的剩磁比，约为 40%，而较大的剩磁比有利于提高铁磁性。CFO/BTO 磁电复合薄膜具有较大的剩磁比和铁电特性、压电特性及磁性，这些良性因素都能有利于复合薄膜获得较大的磁电输出。

6. $Co_2Fe_2O_4/Bi_4Ti_3O_{12}$ 磁电复合薄膜的多铁耦合效应

图 5.43 展现了 CFO/BTO 磁电复合薄膜的磁电耦合系数 (α_E) 随着偏置磁场的 (H_{bias}) 变化规律图，而偏置磁场是施加在平行于膜面方向上的。可以从图中观察

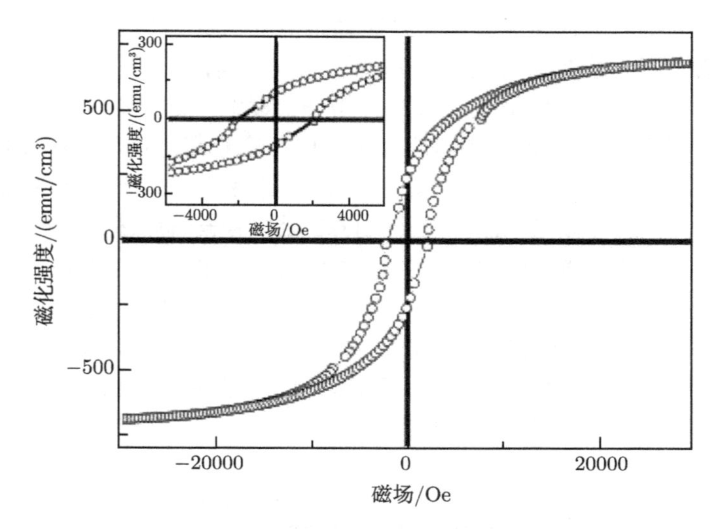

图 5.42 CFO/BTO 复合薄膜的室温磁滞回线

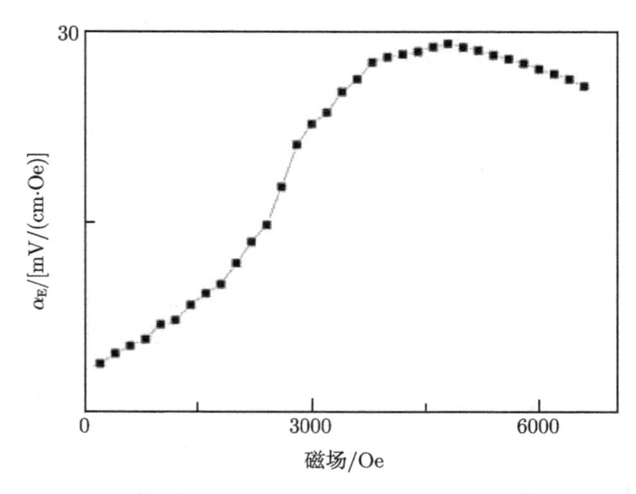

图 5.43 CFO/BTO 复合薄膜磁电耦合系数随偏置磁场的变化规律图

到 CFO/BTO 磁电复合薄膜的明显的磁电效应。依据动态磁场法去确定 CFO/BTO 磁电复合薄膜的磁电耦合系数[93]。CFO/BTO 磁电复合薄膜的磁电耦合测试是在平行于膜面条件下应用一个偏置磁场伴随着一个较小的交变磁场 H_{ac}= 6.5Oe，在频率 1kHz 下进行测量。磁电系数起初是随着应用磁场的增加而增加，当达到最大的磁电系数之后就保持稳定，在磁场为 4.8kOe 的时候 CFO/BTO 磁电复合薄膜获得了较大的磁电系数，为 29.23mV/(cm·Oe)。

磁电耦合主要是压磁相和压电相之间通过界面应力的传导去实现的。铁磁相 CFO 的磁致伸缩效应主要是通过磁畴壁的运动和磁畴的旋转获得的，而压电性主要来源于压电相 (BTO)。磁电效应通过施加外加磁场引起复合薄膜内部的磁致伸缩效应，通过界面间应力传递使压电相通过压电效应获得电信号。所以不难得出结论，层与层之间优异的耦合效应、性能优良的铁电相和铁磁相这些因素都有利于复合薄膜获得较大的磁电输出。对于 CFO/BTO 磁电复合薄膜体系，通过观察 XRD 图和截面的扫描电子显微镜图知道 CFO/BTO 磁电复合薄膜没有形成中间的界面层、层与层之间没有明显的扩散现象出现、形成了良好的界面，以上因素都有利于 CFO/BTO 磁电复合薄膜获得较大的磁电效应。另外，铁电相与铁磁相都具有各自优良的单相性质：较大的压电系数、优异的磁性、较大的铁电极化，这些都有利于 CFO/BTO 磁电复合薄膜获得较大的室温磁电效应。

5.4 Bi 系多层状复合磁电薄膜的展望

本章中，主要利用溶胶凝胶法制备了 2-2 连通型纳米结构的磁电复合薄膜。制备出了各自单相 $BiFeO_3$、$Bi_4Ti_3O_{12}$、$Bi_5Ti_3FeO_{15}$ 多铁/多铁复合型纳米磁电复合薄膜，复合薄膜中的多畴和单畴电畴结构使得薄膜表现为铁电极化容易翻转的特性，同时由于界面的存在打破薄膜材料的物理空间结构，复合薄膜的铁磁性有一定的增强，基于界面应力为主的磁-力-电耦合模型的磁电耦合系数更是明显增强，可以达到 70mV/(cm·Oe)，为提高室温磁电耦合效应开辟了一条可行的途径。

分析了现有的几种多铁纳米复合体系$BiFeO_3/Bi_4Ti_3FeO_{12}$、$BiFeO_3/Bi_5Ti_3FeO_{15}$、$Bi_4Ti_3FeO_{12}/Bi_5Ti_3FeO_{15}$，各自单相材料的反铁磁本质制约大的室温磁电输出，因此引入反尖晶石结构的 $CoFe_2O_4$ 强磁材料来改进复合材料的磁性，进而提高复合材料的磁电耦合性能。制备出的 $CoFe_2O_4$ 薄膜由于有很明显的磁各向异性，复合薄膜也同样表现出了磁各向异性，同时还观察到了各向异性的磁介电效应，这是偶极子和外磁场相互作用的结果，也是磁电耦合发生的一个证据，在 0.8T 有最大的磁介电效应，面内 (平行) 方向约为 0.5%，面外 (垂直) 方向约为 0.7%。运用 LGD 唯象理论结合弹性力学方程，对已有的磁电耦合表达式进行修正，修正的理论计算值与实际测试的值很接近，所以修正的表达式来描述 $CoFe_2O_4$-$Bi_5Ti_3FeO_{15}$ 纳米磁电复合薄膜体系是准确的。同时也发现许多需改进之处：

(1) 对于层状多铁性复合薄膜，降低基底薄膜厚度比能减小基底对薄膜应变的夹持作用从而提高复合薄膜的磁电电压系数，当然这有赖于薄膜制备技术的提高。另外，选取合适的铁电相含量比有助于获得可观的磁电性能，过大或过小的铁电相含量都可能使磁电性能减弱。这些都可以有许多精细的工作来做，需要进一步把工作细化。

(2) 衬底的选取，用基底晶格常数来调控磁电耦合性能，进而对本章中的理论进行进一步的扩充和推广。

参 考 文 献

[1] Eerenstein W, Wiora M, Prieto J L, et al. Giant sharp and persistent converse magnetoelectric effects in multiferroic epitaxial heterostructures. Nature Materials, 2007, 6(5): 348-351.

[2] Zheng H, Wang J, Lofand S E. Multiferroic $BaTiO_3$-$CoFe_2O_4$ nanostructures. Science, 2004, 303(5658): 661-663.

[3] Martin L W, Chu Y H, Ramesh R. Advances in the growth and characterization of magnetic, ferroelectric, and multiferroic oxide thin films. Mater. Sci. Eng. R, 2010, 68(4): 89-133.

[4] 郑仁奎, 李晓光. 多铁性磁电复合薄膜研究. 物理学进展, 2013, 23 (6): 359-368.

[5] Nan C W, Bichurin M I, Dong S X, et al. Multiferroic magnetoelectric composites: Historical perspective, status, and future directions. J. Appl. Phys., 2008, 103(3): 1.

[6] Gao X S, Rodriez B J, Li L F, et al. Microstructure and properties of well-ordered multiferroic $Pb(Zr,Ti)O_3/CoFe_2O_4$ nanocomposites. ACS Nano, 2010, 4(2): 1099-1107.

[7] 陈波. 多铁氧化物复合薄膜的磁电耦合特性及其调控. 南京大学博士学位论文，2014.

[8] 殷之文. 电介质物理学. 北京: 科学出版社, 2003.

[9] Scott J F. Applications of modern ferroelectrics. Science, 2007, 315(5814): 954-959.

[10] Zheng H, Wang J, Ardabili L M, et al. Three-dimensional heteroepitaxy in self-assembled $BaTiO_3$-$CoFe_2O_4$ nanostructures. Appl. Phys. Lett. , 2004, 85(11): 2035-2037.

[11] Zavaliche F, Zheng H, Mohaddes-Ardabili L, et al. Electric field-induced magnetization switching in epitaxial columnar nanostructures. Nano Letters, 2005, 5(9): 1793-1796.

[12] Dong S, Dagotto E. Full control of magnetism in a manganite bilayer by ferroelectric polarization. Phys. Rev. B , 2013, 88(14): 140404.

[13] 张阳军. 热力电耦合场下铁电薄膜非线性行为的畴变理论分析. 湘潭大学硕士学位论文, 2013.

[14] Lu W, Fang D N, Li C Q, et al. Nonlinear electric-mechanical behavior and micromechanics modeling of ferroelectric domain evolution. Acta Mater., 1999, 47(10): 2913-2926.

[15] Kim Y, Cho Y, Hong S, et al. Tip traveling and grain boundary effects in domain formation using piezoelectric force microscopy for probe storage applications. Appl. Phys. Lett. , 2006, 89(17): 172909.

[16] Fu C L, Yang C R, Chen H W, et al. Domain configuration and dielectric properties of $Ba_{0.6}Sr_{0.4}TiO_3$ thin films. Appl. Surf. Sci. , 2005, 252(2): 461-465.

[17] Catalan G, Scott J F. Physics and applications of bismuth ferrite. Adv. Mater., 2009, 21(24): 2463-2485.

[18] Wu A, Vilarinho P M, Wu D, et al. Abnormal domain switching in Pb(Zr,Ti)O_3 thin film capacitors. Appl. Phys. Lett. , 2008, 93(26): 262906.

[19] Lou X J. Four switching categories of ferroelectrics. J. Appl. Phys. , 2009, 105(9): 094112.

[20] Chen J Y, Bai Y L, Nie C H, et al. Strong magnetoelectric effect of $Bi_4Ti_3O_{12}$/$Bi_5Ti_3FeO_{15}$ composite films. J. Alloy. Compd., 2016, 663: 480-486.

[21] Tang Z H, Tang M H, Lv X S, et al. Enhanced magnetoelectric effect in $La_{0.67}Sr_{0.33}MnO_3$/$PbZr_{0.52}Ti_{0.48}O_3$ multiferroic nanocomposite films with a $SrRuO_3$ buffer layer. J. Appl. Phys. , 2013, 113(16): 164106.

[22] Tang Z H, Tang M H, Lv X S, et al. Microstructure, magnetoelectric properties and leakage mechanisms of $La_{0.7}Ca_{0.3}MnO_3$/$Bi_{3.15}Nd_{0.85}TiO_3$ composite thin films. Solid State Sci., 2013, 17: 35-39.

[23] Chen J Y, Xing W Y, Yun Q, et al. Effects of Ho, Mn co-doping on ferroelectric fatigue of $BiFeO_3$ thin films. Electron. Mater. Lett. , 2015, 11(4): 601-608.

[24] Chen J Y, Tang Z H, Tian R N, et al. Domain switching contribution to the ferroelectric, fatigue and piezoelectric properties of lead-free $Bi_{0.5}(Na_{0.85}K_{0.15})_{0.5}TiO_3$ films. RSC Adv., 2016, 6(40): 33834-33842.

[25] Xing W Y, Ma Y N, Ma Z, et al. Improved ferroelectric and leakage current properties of Er-doped $BiFeO_3$ thin films derived from structural transformation. Smart Mater. Struct. , 2014, 23(8): 085030.

[26] Hang Q, Xing Z, Zhu X, et al. Dielectric properties and related ferroelectric domain configurations in multiferroic $BiFeO_3$-$BaTiO_3$ solid solutions. Ceram. Int., 2012, 38: 411-414.

[27] Guo D Y, Zhang L M, Li M Y, et al. Effect of Ho content on microstructure and ferroelectric properties of $Bi_{4-x}Ho_xTi_3O_{12}$ thin films prepared by sol-gel method. J. Am. Ceram. Soc. , 2008, 91(10): 3280-3284.

[28] Wang Y, Wang Y B, Rao W, et al. Dielectric, ferromagnetic and ferroelectric properties of the $(1-x)Ba_{0.8}Sr_{0.2}TiO_3$-$xCoFe_2O_4$ multiferroic particulate ceramic composites. J. Mater. Sci. Mater. Electron., 2012, 23(5): 1064-1071.

[29] Yang Y C, Song C, Wang X H, et al. Giant piezoelectric d_{33} coefficient in ferroelectric vanadium doped ZnO films. Appl. Phys. Lett., 2008, 92(1): 012907.

[30] Cross E. Materials science-lead-free at last. Nature, 2004, 432(7013): 24, 25.

[31] Xing W Y, Ma Y N N, Bai Y L, et al. Enhanced ferromagnetism of Er-doped $BiFeO_3$ thin films derived from rhombohedral-to-orthorhombic phase transformations. Mater. Lett., 2015, 161: 216-219.

[32] Li T, Zhang F, Fang H, et al. The magnetoelectric properties of $La_{0.7}Sr_{0.3}MnO_3/BaTiO_3$ bilayers with various orientations. J. Alloy. Compd., 2013, 560: 167-170.

[33] Chen B, Wang J, Zhou M, et al. Enhanced magnetodielectric effect in graded $CoFe_2O_4$/ $Pb(Zr_{0.52}Ti_{0.48})O_3$ particulate composite films. J. Am. Ceram. Soc., 2014, 97: 1450-1455.

[34] Zhang Y, Deng C Y, Ma J, et al. Enhancement in magnetoelectric response in $CoFe_2O_4$-$BaTiO_3$ heterostructure. Appl. Phys. Lett., 2008, 92: 062911.

[35] Duong G V, Groessinger R, Schoenhart M, et al. The lock-in technique for studying magnetoelectric effect. J. Magn. Magn. Mater., 2007, 316: 390-393.

[36] Tang Z H, Chen J Y, Bai Y L, et al. Magnetoelectric coupling effect in lead-free $Bi_4Ti_3O_{12}/CoFe_2O_4$ composite films derived from chemistry solution deposition. Smart Mater. Struct., 2016, 25: 085020.

[37] Huang F, Chen X, Liang X, et al. Fatigue mechanism of yttrium-doped hafnium oxide ferroelectric thin films fabricated by pulsed laser deposition. Phys. Chem. Chem. Phys., 2017, 19(5): 3486-3497.

[38] Chen J, Nie C, Bai Y, et al. The photovoltaic spectral response regulated by band gap in Zr doped $Bi_4Ti_3O_{12}$ thin films. J. Mater. Sci.: Mate. Electron., 2015, 26(8): 5917-5922.

[39] Park B H, Hyun S J, Bu S D, et al. Differences in nature of defects between $SrBi_2Ta_2O_9$ and $Bi_4Ti_3O_{12}$. Appl. Phys. Lett. , 1999, 74: 1907.

[40] Lee S Y, Tseng T Y. Electrical and dielectric behavior of MgO doped $Ba_{0.7}Sr_{0.3}TiO_3$ thin films on Al_2O_3 substrate. Appl. Phys. Lett., 2002, 80(10): 1797-1799.

[41] Kumar P, Kar M. Effect of structural transition on magnetic and optical properties of Ca and Ti co-substituted $BiFeO_3$ ceramics. J. Alloy. Compd., 2014, 584: 566-572.

[42] Dercz J, Starczewska A, Dercz G. Dielectric and structural properties of $Bi_5Ti_3FeO_{15}$ ceramics obtained by solid-state reaction process from mechanically activated precursors. Int. J. Thermphys., 2011, 32(4): 746-761.

[43] Li D B, Bonnell D A. Controlled patterning of ferroelectric domains:Fundamental concepts and applications. Annu. Rev. Mater. Res., 2008, 38: 351-368.

[44] Herz L M. Charge-carrier dynamics in organic-inorganic metal halide perovskites. Annu. Rev. Phys. Chem., 2016, 67: 65-89.

[45] Shvartsman V V, Dkhil B, Kholkin A L. Mesoscale domains and nature of the relaxor state by piezoresponse force microscopy. Annu. Rev. Mater. Res., 2013, 43: 423-449.

[46] Kholkin A L, Akdogan E K, Safari A, et al. Characterization of the effective electrostriction coefficients in ferroelectric thin films. J. Appl. Phys. ,2001, 89(12): 8066-8073.

[47] Yun Q, Xing W, Chen J, et al. Effect of Ho and Mn co-doping on structural, ferroelectric and ferromagnetic properties of $BiFeO_3$ thin films. Thin Solid Films, 2015, 584: 103-107.

[48] Richardson J T, Yiagas D I, Turk B, et al. Origin of superparamagnetism in nickel oxide. J. Appl. Phys. , 1991, 70(11): 6977-6982.

[49] Zhao H, Kimura H, Cheng Z, et al. Large magnetoelectric coupling in magnetically short-range ordered $Bi_5Ti_3FeO_{15}$ film. Sci. Rep. , 2014, 4: 5255.

[50] Mahesh K M, Srinivas A, Suryanarayana S V, et al. An experimental setup for dynamic measurement of magnetoelectric effect. Bull. Mater. Sci., 1998, 21(3): 251-255.

[51] Li T, Zhang F, Fang H, et al. The magnetoelectric properties of $La_{0.7}Sr_{0.3}MnO_3$/ $BaTiO_3$ bilayers with various orientations. J. Alloy. Compd. , 2013, 560: 167-170.

[52] Chen B, Wang J Y, Zhou M X, et al. Enhanced magnetodielectric effect in graded $CoFe_2O_4$/Pb $(Zr_{0.52}Ti_{0.48})O_3$ particulate composite films. J. Am. Ceram. Soc., 2014, 97(5): 1450-1455.

[53] Zhang Y, Deng C, Ma J, et al. Enhancement in magnetoelectric response in $CoFe_2O_4$-$BaTiO_3$ heterostructure. App. Phys. Lett., 2008, 92(6): 2911.

[54] Duong G V, Groessinger R, Schoenhart M, et al. The lock-in technique for studying magnetoelectric effect. J. Mag. Mag. Mater., 2007, 316(2): 390-393.

[55] Srinivasan G, Priya S, Sun N. Composite Magnetoelectrics: Materials, Structures, and Applications. Amsterdam: Elsevier, 2015.

[56] Yun K Y, Ricinschi D, Kanashima T, et al. Enhancement of electrical properties in polycrystalline $BiFeO_3$ thin films. Appl. Phys. Lett., 2006, 89(19): 2902.

[57] Lee S Y, Tseng T Y. Electrical and dielectric behavior of MgO doped $Ba_{0.7}Sr_{0.3}TiO_3$ thin films on Al_2O_3 substrate. Appl. Phys. Lett. ,2002, 80(10): 1797-1799.

[58] Hosono Y, Harada K, Yamashita Y. Crystal growth and electrical properties of lead-free piezoelectric material $(Na_{1/2}Bi_{1/2})TiO_3$-$BaTiO_3$. Jpn. J. Appl. Phys., 2001, 40(9S): 5722.

[59] Roy S, Majumder S B. Recent advances in multiferroic thin films and composites. J. Alloy. Compd. , 2012, 538: 153-159.

[60] Yun K Y, Noda M, Okuyama M, et al. Structural and multiferroic properties of $BiFeO_3$ thin films at room temperature. J. Appl. Phys. , 2004, 96: 3399-3403.

[61] Nakashima S, Nakamura Y, Yun K Y, et al. Preparation and characterization of Bi-layer-structured multiferroic $Bi_5Ti_3FeO_{15}$ thin films prepared by pulsed laser deposition. Jpn. J. Appl. Phys., 2007, 46(10S): 6952.

[62] Wang J, Li Z, Wang J, et al. Effect of thickness on the stress and magnetoelectric coupling in bilayered $Pb(Zr_{0.52}Ti_{0.48})O_3$-$CoFe_2O_4$ films. J. Appl. Phys., 2015, 117(4): 044101.

[63] Gupta R, Shah J, Chaudhary S, et al. Magnetoelectric dipole interaction in RF-magnetron sputtered $(1-x)BiFeO_3$-$xBaTiO_3$ thin films. J. Alloy. Compd., 2015, 638: 115-120.

[64] Yun Q, Xing W Y, Chen J Y, et al. Effect of Ho and Mn co-doping on structural, ferroelectric and ferromagnetic properties of $BiFeO_3$ thin films. Thin Solid Films. , 2015, 584: 103-107.

[65] Hasan M, Hakim M A, Basith M A, et al. Size dependent magnetic and electrical properties of Ba-doped nanocrystalline $BiFeO_3$. AIP Advances, 2016, 6(3): 035314.

[66] 郁琦. 溶胶凝胶法制备外延压电薄膜的相结构及电学性能. 清华大学博士学位论文, 2014.

[67] Bai Y L, Zhao H L, Chen J Y, et al. Strong magnetoelectric coupling effect of $BiFeO_3$/ $Bi_5Ti_3FeO_{15}$ bilayer composite films. Ceram. Int. , 2016, 42(8): 10304-10309.

[68] 任小珍. 磁性 $CoFe_2O_4$ 与荧光 Y_2O_3: RE^{3+} 纳米复合材料的研究. 吉林大学博士学位论文, 2015.

[69] Fritsch D, Ederer C. First-principles calculation of magnetoelastic coefficients and magnetostriction in the spinel ferrites $CoFe_2O_4$ and $NiFe_2O_4$. Phys. Rev. B , 2012, 86(1): 014406.

[70] 陈喜. 界面电子结构对纳米多层膜的磁性影响研究. 北京科技大学博士学位论文, 2015.

[71] Bai Y L, Chen J Y, Zhao S F, et al. Magneto-dielectric and magnetoelectric anisotropies of $CoFe_2O_4$/$Bi_5Ti_3FeO_{15}$ bilayer composite heterostructural films. RSC Adv. , 2016, 6(57): 52353-52359.

[72] Chen A, Poudyal N, Xiong J, et al. Modification of structure and magnetic anisotropy of epitaxial $CoFe_2O_4$ films by hydrogen reduction. Appl. Phys. Lett. , 2015, 106(11): 111907.

[73] Dubowik J. Shape anisotropy of magnetic heterostructures. Phys. Rev. B , 1996, 54(2): 1088.

[74] Zheng H, Kreisel J, Chu Y H, et al. Heteroepitaxially enhanced magnetic anisotropy in $BaTiO_3$-$CoFe_2O_4$ nanostructures. Appl. Phys. Lett. , 2007, 90(11): 113113.

[75] Qiu D Y, Ashraf K, Salahuddin S. Nature of magnetic domains in an exchange coupled $BiFeO_3$/CoFe heterostructure. Appl. Phys. Lett. , 2013, 102(11): 112902.

[76] Zhang W, Jian J, Chen A, et al. Strain relaxation and enhanced perpendicular magnetic anisotropy in $BiFeO_3$: $CoFe_2O_4$ vertically aligned nanocomposite thin films. Appl. Phys. Lett. , 2014, 104(6): 062402.

[77] Sun H, Lu X, Xu T, et al. Study of multiferroic properties in $Bi_5Fe_{0.5}Co_{0.5}Ti_3O_{15}$ thin films. J. Appl. Phys. , 2012, 111(12): 124116.

[78] Kimura T, Goto T, Shintani H, et al. Magnetic control of ferroelectric polarization. Nature, 2003, 426(6962): 55-58.

[79] Ahn C H, Rabe K M, Triscone J M. Ferroelectricity at the nanoscale: Local polarization in oxide thin films and heterostructures. Science , 2004, 303(5657): 488-491.

[80] 徐斌. 多铁性纳米复合薄膜磁电耦合性能的理论研究. 浙江工业大学硕士学位论文, 2012.

[81] Pertsev N A, Zembilgotov A G, Tagantsev A K. Effect of mechanical boundary conditions on phase diagrams of epitaxial ferroelectric thin films. Phy. Rev. Lett. , 1998,

80(9): 1988-1991.

[82] Zhong X L, Wang J B, Liao M, et al. Multiferroic nanoparticulate $Bi_{3.15}Nd_{0.85}Ti_3O_{12}$-$CoFe_2O_4$ composite thin films prepared by a chemical solution deposition technique. Appl. Phys. Lett., 2007, 90(15): 152903.

[83] Fu C, Yang C, Chen H, et al. Domain configuration and dielectric properties of $Ba_{0.6}Sr_{0.4}TiO_3$ thin films. Appl. Sur. Sci., 2005, 252(2): 461-465.

[84] Jian G, Zhou D, Yang J, et al. Microstructure and multiferroic properties of $BaTiO_3$/$CoFe_2O_4$ films on Al_2O_3/Pt substrates fabricated by electrophoretic deposition. J. Eur. Ceram. Soc., 2013, 33(6): 1155-1163.

[85] Zheng R Y, Wang J, Ramakrishna S. Electrical and magnetic properties of multiferroic $BiFeO_3$/$CoFe_2O_4$ heterostructure. J. Appl. Phys., 2008, 104(3): 034106.

[86] Wagner K W. The theory of imperfect perfect dielectrics. Ann. Phys., 1913, 40: 817.

[87] Ciomaga C E, Neagu A M, Pop M V, et al. Ferroelectric and dielectric properties of ferrite-ferroelectric ceramic composites. J. Appl. Phys., 2013, 113(7): 074103.

[88] Jana P K, Sarkar S, Chaudhuri B K. Maxwell-Wagner polarization mechanism in potassium and titanium doped nickel oxide showing giant dielectric permittivity. J. Phys. D: Appl. Phys. , 2007, 40(2): 556.

[89] Yager W A. The distribution of relaxation times in typical dielectrics. Phys., 1936, 7(12): 434-450.

[90] Kumar A, Yadav K L. Synthesis and characterization of $MnFe_2O_4$-$BiFeO_3$ multiferroic composites. Phys. B: Conden. Mat. , 2011, 406(9): 1763-1766.

[91] Koops C G. On the dispersion of resistivity and dielectric constant of some semiconductors at audiofrequencies. Phys. Rev. B, 1951, 83(1): 121.

[92] Zhang J X, Dai J Y, So L C, et al. The effect of magnetic nanoparticles on the morphology, ferroelectric, and magnetoelectric behaviors of CFO/P (VDF-TrFE) 0-3 nanocomposites. J. Appl. Phys., 2009, 105(5): 054102.

第6章　总结与展望

无铅基 Bi 系层状钙钛矿结构多铁薄膜同时具有铁电、(反) 铁磁、铁弹、铁涡等两种或两种以上铁性有序, 并且由于多种序参量之间的相互耦合作用而产生新的效应。其中铁电性和铁磁性的磁电耦合研究得最为广泛，简易的溶胶凝胶制备方法可以与半导体工艺结合，深受广大研究者的青睐，在新型磁电器件、自旋电子器件、高性能信息存储与处理等领域展现出巨大的应用前景。多铁性磁电耦合有丰富的物理内涵，涉及电荷、自旋、轨道、晶格以及磁电多场耦合等凝聚态物理的多个范畴, 已成为一个新的前沿研究领域。因此本书主要介绍了以 Aurivillius 相结构的单层 ($BiFeO_3$)、三层 ($Bi_4Ti_3O_{12}$)、四层 ($Bi_5Ti_3FeO_{15}$) 为主的钙钛矿多铁薄膜的单相磁电耦合效应；以及它们各自之间的 2-2 连通型耦合和与尖晶石结构的 $CoFe_2O_4$ 之间的耦合。利用溶胶凝胶法在 Pt(100)/TiO_2/SiO_2/Si 衬底上沉积纳米结构的单相和复合磁电薄膜，并系统地研究了相结构、微结构及与铁电性、铁磁性、磁电耦合之间的关联关系，以及磁电耦合机制。同时通过元素替位掺杂和周期性电场对单相磁电薄膜的多铁性能进行调控。所获得的主要结论如下：

(1) 利用溶胶凝胶法在单晶 Pt(100)/TiO_2/SiO_2/Si 衬底上制备了纳米结构单相层状钙钛矿薄膜。

三层结构 $Bi_4Ti_3O_{12}$ 薄膜元素 Zr 替位 Ti 元素之后，XRD 测试结果表明由于离子半径的差异，纳米晶结构薄膜的峰位向小角度微小平移，晶格结构发生畸变，EXPGUI 精修结果对其进行确认。同时观察到了 Zr 掺杂的拉曼增强，由于 Ti-O 八面体的扭曲出现了新的拉曼峰。掺杂对铁电性和铁电疲劳的改性尤为明显，Ti-O，Zr-O 八面体的邻近作用以及扭曲，降低了矫顽场，有利于电畴的翻转。同时薄膜内出现类 90° 畴壁，可以形成畴核和电畴的移动，抑制了畴的钉扎。

四层结构 $Bi_5Ti_3FeO_{15}$ 薄膜，通过 A、B、AB 位共掺来改良单相薄膜的磁电耦合效应。A 位 Dy 元素替位掺杂后，由于 Dy^{3+} 和 Bi^{3+} 半径非常接近，出现了 (119) 织构。(119) 织构薄膜内部应力小，薄膜致密，室温磁电耦合系数比 Ho、Mn、Ho-Mn 共掺杂中最大数量值的 2 倍还要多。周期性电场对掺杂体系的调控以 Ho 掺杂的 BTF 薄膜为例，引入 Ho 元素之后 Bi-O 八面体趋于稳定，抑制氧空位的产生，同时颗粒变小有利于声子的散射，可以缓解注入电荷产生的局部高温，从而改进了抗疲劳性能。

(2) 利用溶胶凝胶法在单晶 Pt(100)/TiO_2/SiO_2/Si 衬底上制备了纳米结构层

状钙钛矿多铁/多铁 2-2 连通型磁电复合薄膜。由于界面磁电耦合和各自多铁的单相磁电耦合的累积效应，相比于单相磁电薄膜磁电耦合系数有很大的提升。同时界面电荷增强的铁电极化和铁磁性也大幅度提升。因此，磁电复合薄膜为纳米层次下磁电耦合器件材料的开发提供了一个新的思路。

(3) 利用溶胶凝胶法在单晶 $Pt(100)/TiO_2/SiO_2/Si$ 衬底上制备了纳米结构层状钙钛矿反尖晶石/多铁 2-2 连通型磁电复合薄膜。引入了强磁性材料 $CoFe_2O_4$，同时其磁致伸缩效应的数值能够达到与一些合金相比拟。通过构建本征方程来定量描述磁电耦合效应，结合理论模型得到磁电耦合系数的理论表达式，并在反尖晶石/多铁 2-2 连通型磁电复合薄膜体系中得到了证明，该体系的磁电耦合系数与理论模型所得到的结论是一致的。从而该理论模型可以为反尖晶石/多铁 2-2 连通型磁电复合薄膜的控制提供理论上的指导。

基于无铅基 Bi 系层状钙钛矿基的单相以及复合磁电薄膜的成功制备和表现的室温增强的磁电耦合性能唤起了对 Bi 系层状薄膜的研究热情，也更加坚定了在未来几年我们深入耕织在多铁这一领域的信心。针对目前实验工作的进展情况，笔者认为还有很多工作能够进一步改善和提高，这里也对将来的工作作一些展望。

首先，要提高薄膜的制备工艺，采用先进的制备工艺如分子束外延技术，在原子尺度操纵薄膜。制备高致密度二维薄膜材料进一步改善多铁材料的室温磁电效应，进而做成器件。

其次，通过界面工程和畴工程在外观上设计纳米磁电材料。界面磁电效应更为突出。制备纳米电畴或者磁畴阵列复合薄膜，使得维度效应更为突出，界面电荷-晶格-自旋在表面和界面的耦合更为明显，有可能获得性能不断得以提高的超室温磁电薄膜。

最后，对于各种耦合之间的微观本质，多铁性畴动力学的相场计算、第一性原理计算和唯象理论进行模拟计算。单相化合物合成、磁电响应与电控磁性实验方面侧重新材料探索与微结构表征研究，但在高水平微观机制研究方面十分缺乏。因此，可以依托当前积累，建立高水平硬件计算条件与高质量外延薄膜制备进行“联姻”十分关键。借助这些手段可以将多铁性向深层次方向深入细致研究与展示物理本质结合，经过雾里看花后终见天日，会描绘出一幅物理科学发现与新材料探索的精妙图画。

因此，更加深入的研究有待于不断地去努力探索，我们也更加坚信在学术的高峰上，通过不懈的努力一定可以找到一条幽径，在多铁耦合和多场耦合功能材料的纳米世界里演奏出辉煌的乐章!

索　　引